Beyond
the Safety
(BTS)

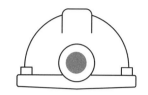

안전 사회
새 지평열기

인식 전환을 통한 새로운 안전문화 구축

김형준 저

박영사

김영헌_한국코치협회 회장

　우리 사회가 예전보다 훨씬 더 안전한 사회로 나아가기 위해 지속적으로 노력해
온 저자가 이번에 안전 관련 연구의 집대성 차원에서 출판한 「안전사회 새 지평 열기」
책이 나와 매우 반가운 마음입니다.

　저자는 기업에서 안전담당임원을 역임하였고, 대학에서 위험관리론을 강의하면서
교재를 편찬하였으며, 미국 국제경영대학원에서 학습한 이론과 사례 연구 그리고 실제
조직에서의 경험 등을 토대로 편찬한 이 책은 우리나라 안전문화 역사상 금자탑으로
일컫게 되리라 생각합니다.

　저자는 안전관리를 유지하기 위해 고도의 추상성을 구체적인 과제로 변환시켜 실
천해 나가야 한다고 강조하며 그 과제들을 하나하나씩 짚어주고 있습니다. 우리가 지
켜야 할 가치 중에서 생명을 지키는 안전보다 더 귀중한 가치는 없다고 강조한 저자의
의견에 전적으로 공감합니다. 제가 조직 생활 당시에도 안전은 모든 업무에서 0순위라
고 강조했습니다만, 현실에서는 생산, 품질, 원가 등에 더 신경을 쓰는 경향이 아직도
잔존하는 것은 왜일까요? 실제 안전은 함께 근무하는 동료와 가족의 건강과 행복을 위
해 모든 업무의 최우선 가치가 되어야 합니다.

　이 책은 안전에 대한 패러다임의 전환으로 지금까지의 대응방식과는 다른 관점에
서 접근, 즉 조직행동론, 심리학, 코칭학, 문화학, 법철학 등을 바탕으로 연구한 내용으
로 저자의 표현대로 인문학 서적이라고 할 수 있습니다.

　이 책에는 안전 사회를 구현하고자 수평선 이론, 시스템사고, 신뢰성 공학 등 저

자가 직접 연구한 내용들이 담겨져 있습니다. 특히 ESG 경영과 안전, 4차산업혁명과 안전, 인문학적 관점과 안전, 사회구조 혁신과 안전 등을 논의하면서 많은 선진국 및 우리나라 사례를 살펴보고 우리가 나아가야 할 방향과 실천사항을 제시해 주고 있습니다.

안전문화는 조직 구성원들의 소속감, 안정감, 표준행동을 불러와 조직성과에 기여하는 것으로 나타나고 있습니다. 조직의 CEO 및 리더와 실무자 모두 이 책을 통해 안전문화가 어떻게 작동되는지를 알게 되면 인간존중 가치와 더불어 조직의 생산성도 크게 높아지리라 생각합니다.

저자는 안전문화의 3대 축으로 의식, 제도, 인프라를 들고 있습니다. 특히 인식 전환, 행동 변화와 관련, 우리의 생각과 마음을 바꾸고 깨어 있어야 하며 이를 위해 코칭적 접근이 필요하다는 데에 전적으로 공감하며 한국코치협회 차원에서 향후 안전분야에 코칭적 연구도 강화해 나가도록 하겠습니다.

또한 저자는 안전모델 정착 모습을 실천할 수 있도록 〈자가진단 ― 목표 수립 ― 대안선택 ― 동기부여 ― 실행 ― 보상 및 피드백〉의 여섯 단계 모델을 제시했는데 이는 독자들이 직접 활용할 수 있는 실용적 가치가 매우 크다고 생각합니다. 조직을 책임지고 있는 CEO를 비롯한 조직 구성원들과 조직 코칭 등을 하는 코치들 그리고 생활 속에서 안전을 통해 행복을 추구하시는 모든 분들에게 이 책을 추천합니다. 감사합니다.

박영태_재단법인 스마트건설교육원 이사장

「안전 사회 새 지평 열기」는 단순히 안전만을 얘기하고 있지 않습니다. 우리 사회가 이제는 인식 전환을 통해 새로운 안전문화를 확산해야 하는 이유와 방안에 대해서 이해하기 쉽고 수긍이 가는 방식으로 서술하고 있습니다.

이 책은 글로벌 안전 선진국의 발전과정을 잘 분석하면서 우리의 안전문화를 성찰하는 가운데, 4차산업혁명 등 현재와 미래의 환경 변화에 대응하는 측면에서 안전문제를 고민하고 있습니다. 특히, 인문학적 관점에서 안전에 대한 인식 전환 방안과 안전모델을 제시하고 있고, 무엇보다도 사례를 통해 느끼고 실감할 수 있도록 하고 있으며, 제도적 차원에서의 정책 제안도 하고 있습니다.

이 책은 우리 사회의 안전문제를 해결하는 데에 실질적으로 도움을 주고, 우리나라가 안전사회로 한 단계 더 업그레이드되고 안전문화의 새 지평을 여는 데 크게 기여할 것으로 믿습니다. 건설기술인 법정 교육에서도 이 책이 안전교육을 위한 최적의 지침서가 될 것으로 기대됩니다.

이철_선진경영연구회 회장, 서강대 경영대학 명예교수

우리 사회는 끊임없는 재난과 사고에 직면해 있습니다. 대형 재난이 반복되면서 우리는 안전관리의 중요성에 대해 다시 한 번 생각하게 되었습니다. 이런 측면에서 김형준 교수의「안전 사회 새 지평 열기」는 우리나라 안전문화의 성찰과 혁신적인 전환 방안을 제안하는 책입니다. 이 책은 안전에 대한 이론적 토대를 조직 행동론, 심리학, 인문학 등 다양한 학문과 연결짓고, 국내외 안전관리 사례를 통해 실질적인 문제 해결 방안을 모색합니다. 각 장에서는 안전문화의 배경과 이해, 글로벌 안전 선진국의 발전 과정, 중대재해처벌법 대응, 환경 변화에 대응하는 안전, 4차산업혁명과 안전, 인문학적 관점에서의 안전 등을 심도 있게 다루며, 국내외 다양한 안전 관련 문제와 그 대응책을 제시합니다.

안전은 우리 삶의 모든 측면에 영향을 미칩니다. 일터에서의 안전, 환경의 안전, 교통의 안전, 그리고 우리가 일상에서 마주치는 수많은 상황들에서의 안전 등, 이 모든 것이 우리의 삶의 질을 결정짓는 중요한 요소입니다.「안전 사회 새 지평 열기」는 단순히 안전에 관한 정보를 제공하는 것을 넘어, 안전을 일상생활과 밀접하게 연관시켜 이해하고자 하는 독자들에게 깊은 통찰을 제공합니다.

또한 본서에서 안전의 중요성을 강조하고, 안전문화를 개선하기 위한 구체적인 방안을 제시하고 있습니다. 특히, 안전에 대한 다양한 학문적 접근과 현장에서의 응용 사례들은 이 책을 통해 실제로 안전문화를 어떻게 개선할 수 있는지에 대한 방향을 제시해 줍니다. 이 책을 추천하는 이유는 다음과 같습니다.

① 심도 있는 학문적 연구와 실제 사례의 조화로운 결합
② 현재 우리나라 안전관리의 문제점과 그 해결책에 대한 깊이 있는 분석
③ 안전문화를 실질적으로 개선할 수 있는 다양한 제안과 구체적인 정책 방안 제시

안전관리에 관심 있는 일반 독자는 물론, 정책 입안자, 기업의 안전 관리 담당자,

안전 관련 학과의 학생과 교수 등에게도 유용한 지침서가 될 것입니다. 안전은 단순히 개인의 문제가 아니라, 사회 전체의 중대한 이슈입니다. 이 책을 통해 독자들이 안전에 대한 인식을 새롭게 하고, 우리 사회의 안전관리 수준을 한 단계 더 높이는 데에 기여할 수 있을 것으로 기대합니다.

김태환_사단법인 한국재난정보학회 회장, 용인대 교수

현대를 살아가는 우리에겐 재난 없는 안전한 삶을 요구하지만 매년, 매번, 크고 작은 사고와 참사로 인명 피해와 재난 피해를 반복적으로 경험하고 있습니다.

우리의 안전에 대한 인식이 안전불감증을 벗어나 안전문화 정착으로 거듭나야 하지만 현실은 그렇지 못합니다. 특히, 안전은 공짜이고 국가나 정부가, 내가 아닌 남이 한다는 고정관념이 아직도 우리 주위에 많이 남아 있습니다.

「안전사회 새 지평 열기」는 개개인의 안전문화와 습성, 인식 그리고 안전환경에 대한 고민과 인문 사회학적 관점에서 안전 전환을 혁명적 혁신으로 바라보고자 하는 저자의 고민을 담고 있다고 생각합니다.

본 도서는 사회구조를 안전과 안심, 그리고 안전이 꼭 필요한 21세기에 인식 변화와 문화정책, 구조혁신을 통한 새로운 안전 패러다임 변화에 맞추고 있어 우리가 주목해야 할 도서입니다.

김경원_前 SK이노베이션 엔지니어링본부장, 울산과학기술원 교수

저는 엔지니어로서 폭발, 화재, 누유, 가스누출, 인체 상해 등 대형사고의 위험이 도사리고 있는 정유·석유화학 현장에서 오래 근무했던 터라 항상 '안전제일!'을 기본으로 삼아 왔습니다. 전담조직 설치, 시스템 구축, PSM, 변경관리, 안전점검, 교육, 비상훈련, 위반자 징계 등 법규 충족을 넘어 선도하는 수준까지 관리하였습니다. 그토록 철저히 관리함에도 불구하고 크고 작은 안전사고들은 여전히 발생하고 있습니다. 가까운 예로 2024년 6월 24일 경기도 화성의 일차전지 제조공장 화재로 근로자 23명이 사망하고 8명이 부상하였습니다.

왜 그럴까? 어떻게 예방할 수 있을까? 이 책은 이런 근원적인 물음에 대해 해답을 제시하고 있습니다.

저자는 안전관리를 문화와 인문학이라는 새로운 관점에서 접근하여, 안전에 대한 인식의 전환, 사회구조의 혁신, 안전모델의 정착이라는 범주 안에서 과거의 사례를 반추하고 안전 선진국들과의 비교를 통해 구체적인 해법들을 흥미롭게 제시하고 있습니다.

기술적 관점이 아닌 인문학과 경영학의 해박한 지식과 경험의 축적을 통해 제시된 새로운 관점과 해법들을 안전에 종사하는 사람이라면 누구나 반드시 이해하고 실천의 지침으로 삼아야 할 것입니다. 아울러 4차산업혁명과 중대재해처벌법의 확대시행 등 새로운 경영 환경의 변화에 어떻게 대응할지 그 방향과 방법을 가르쳐 주고 있습니다.

수십 개가 넘는 방대한 사례 연구는 이 책의 백미로서 다각적인 해법에 대한 논리적 근거를 뒷받침하고 있습니다. 사례 연구만 읽어도 답을 찾을 수 있을 정도입니다.

이 책을 통해 안전에 대한 인식 전환과 안전문화의 정착을 통해 한국 사회와 기업이 안전을 비용이 아닌 성장동력으로 인식하는 계기가 되기를 소망합니다.

김필제_안전분야 전공, 안전문화코칭 전문가

오늘날 더욱 빠르게 발전하는 세계, 그러나 인류에게 다가온 위기들은 발전이라는 것이 어떠해야 하는지 무거운 화두를 던져 주고 있습니다. 핵 위협을 차치하고라도 기후위기, 환경오염, 자원고갈, AI와 로봇기술은 우리 미래의 생활 모습을 예측하기조차 어렵게 하고 있습니다. 그나마 다행스러운 일은 ESG라고 하는 새로운 패러다임에 세계인이 들어섰다는 것입니다. 전 인류가 지혜롭게 함께하는 실질적인 노력만이 불안하고 두려운 미래로부터 우리와 후손들에게 희망을 줄 수 있다고 봅니다.

이러한 상황에서 우리 한국 사회에 꼭 필요한 책을 만났습니다. 이 책에서 이야기하고 있는 안전은 단편적인 것이 아닙니다. 끊임없이 변화하는 위험과 도전에 적응하는 역동적인 안전문화에 대한 이야기입니다. 환경, 사회, 거버넌스 요소를 강조하는 ESG 패러다임이 대두되면서 안전이 단순한 법적 요구사항이 아닌 기본적인 인권이라는 인식이 확산되고 있습니다. 최근 국제노동기구가 안전과 보건을 다섯 번째 기본권으로 지정한 것은 우리 시대에 안전을 최우선으로 삼아야 한다는 당위성을 강조하는 것입니다.

「안전 사회 새 지평 열기」는 안전, 인권, 사회적 책임의 중요한 교차점을 깊이 탐구합니다. 이는 단순한 학문적 탐구가 아니라 우리가 안전을 인식하는 방식의 패러다임 전환을 위한 강력한 행동 촉구입니다. 법 규정 준수를 넘어 안전을 공동의 노력과 지속적인 적응이 필요한 역동적인 문화 현상으로 받아들일 것을 요구합니다.

그리고 근본적인 질문인 안전문화를 구성하는 것은 무엇인가를 다루고 있습니다. 저자는 세심한 분석과 다양한 실제 사례를 통해 다각적인 개념을 풀어내고, 4차산업혁명, 디지털 혁신과 같은 시대적 변화에 비춰 그 의미를 조명합니다. 더욱이 부패 등 사회 문제를 다루면서 안전에 대한 인식의 근본적인 전환이 시급하다는 점을 강조합니다.

눈에 띄는 특징 중 하나는 강력한 안전문화를 형성하는 데 있어서 개인의 역할을 강조한다는 것입니다. 저자는 선진 조직의 사례를 바탕으로 변화를 주도하는 데 있어 개인이 수행하는 중추적 역할을 설명합니다. 그리고 더 나아가 사회의 모든 계층에 스며드는 안전문화를 육성하기 위한 실용적인 통찰력도 제공합니다.

안전에 종사하고 관심이 많은 저로서는 이 책의 총체적인 접근방식이 신선했습니다. 세상의 여러 경계를 초월하여 안전을 보편적인 사회적 가치로 강조하고 있습니다. 점점 더 상호의존이 커지는 세상에서 안전의 상호 연결된 특성을 강조하고 독자들이 글로벌 렌즈를 통해 접근방식을 다시 생각하도록 유도합니다.

특히 흥미로운 점은 코칭을 기업의 안전문화 변화의 촉매제로 탐구한다는 것입니다. 신념과 가치의 복잡한 상호작용을 탐구함으로써 저자는 안전태도의 형성에 있어서 코칭의 혁신적인 잠재력에 대한 설득력 있는 사례를 제시합니다.

책의 전반에 걸쳐 저자는 존경받는 안전전문가의 통찰력을 능숙하게 통합하여 흥미로운 일화와 실행 가능한 권장 사항으로 담론을 풍부하게 제시하였습니다. 인간의 신념과 가치에 대한 인본주의적 관점은 안전문화와 사회규범 사이의 중요한 가교역할을 수행하고 있음을 강조합니다.

본질적으로 「안전사회 새 지평 열기」는 학문적 탐구를 넘어 행동을 촉구하는 강력한 구호 역할을 합니다. 학문적 엄격함, 실용적인 예시, 실행 가능한 지침이 담긴 이 책은 더욱 안전하고 탄력적인 사회를 향한 길을 제시합니다. 이 길은 안전인식과 사회적 회복력의 새로운 시대를 여는 청사진이라고 할 수 있을 것입니다.

머리말

"All for One, One for All"이란 구호는 알렉상드르 뒤마의 소설 삼총사에 나옵니다. 이 구호를 먼저 제시한 이유는 우리 사회 구성원 모두(All)가 안전에 몰입(One)하고, 안전을 위한 몰입(One)은 사회 전체(All)를 위한다는 의미를 담고자 함입니다.

우리 사회에 연이은 재난 참사로 충격을 더해 주고 있습니다. 예상치 못했던 2022년 10월 이태원 군중 밀집 사고에 이어 2023년 7월 집중 호우 피해, 세계 잼버리대회 폭염 무방비, 2024년 6월, 일차전지 제조공장 화재사고 등으로 우리의 실상이 드러나고 있습니다. 저자는 끊이지 않는 재난사고를 예방하기 위해 국가 시책으로 다루고 있음에도 획기적인 전환이 이루어지지 않는 원인이 무엇인지, 원인을 파악한다면 어떻게 하면 좋을지에 대해 숙고해 왔습니다.

저자가 인식하기로는 '안전'은 고도의 추상명사이므로 '삶'을 정의하기가 어려운 것과 마찬가지로 대응이 쉽지 않다는 것입니다. 안전을 유지하기 위해서는 고도의 추상성을 구체적인 과제로 변환시켜 실천해 나가야 하므로 실체적 구현이 어려운 것입니다. 더욱이 안전은 다양한 요소가 결합되어 있고 모든 일상생활과 연계되어 범위가 넓습니다.

우리 사회가 추구해야 할 가치 중에서도 생명을 지키는 안전보다 더 귀중한 가치가 없다 해도 과언이 아닙니다. 이러한 안전가치를 구현하고자 다각도의 인식 전환 방안을 엮어서 사회에 전하고자 함이 집필 동기입니다.

인식 전환의 효과적인 방안으로서 수평선 이론, 덧셈 뺄셈 법칙, 접근 동기, Safety−II 개념, 시스템사고, 신뢰성 공학 등 다양한 방안을 제시하였습니다. 이는 안전에 대한 패러다임의 전환으로서 지금까지의 대응 방식과는 다른 시각으로 접근해야 한다는 것을 말합니다. 이를 위한 이론적 토대로서 조직행동론, 심리학, 인문학, 코칭학, 문화학, 예술론, 협상론, 법철학 등을 소개하고 있으며, 궁극적으로 본서는 인문학 서적이라 할 수 있습니다.

저자는 기업에서 안전담당 임원을 역임하고, 대학에서 위험관리론을 강의하면서 교재를 편찬하였으며, 미국 국제경영대학원에서 학습한 이론을 기초로 삼았습니다. 당시 우리 사회에 대형 재난사고가 연이어 발생하여 학생들에게 안전의 중요성을 각인시키고 기업, 경제 단체, 학회 등에 강의하면서 인식 전환의 중요성을 역설하였습니다.

재난사고는 매뉴얼이 아니라 예외적인 상황들이 겹칠 때 일어납니다. 우리나라가 경제성장과 더불어 기후변화로 인한 복합재난이 연이어 발생하고 있지만 미리 준비하고 대응하면 피해를 막거나 최소화할 수 있습니다. 그동안 국가적으로 막대한 투자와 규제 강화, 제도개선, 경각심 고취 등 온갖 대책을 동원하고 있습니다만, 정부 시책과 더불어 모든 국민이 안전을 자신의 일이라고 여기는 인식 전환이 있어야 안전 사회를 구현할 수 있다고 믿습니다.

2020년 산업안전보건법 전면 개정, 2024년 중대재해처벌법 적용 전면 확대는 특단의 강행 수단을 동원해서라도 안전한 사회를 구현하고자 함입니다. 안전문화 선진국들은 톱 클라스의 안전을 추구하면서 자국의 안전뿐 아니라 국제사회에 기여하는 방안도 모색하고 있습니다. 우리나라도 세계 경제 대국의 대열에 동참하기 위해서는 이에 걸맞은 K-안전문화(K-Safety Culture)를 정착시키고 전파시켜 나가야 하겠습니다.

이 책이 나오기까지 지도편달해 주신 분들께 감사드립니다. 한국ESG학회 고문현 회장님, 한국코치협회 김영헌 회장님, 한국재난정보학회 김태환 회장님, 스마트건설교육원 박영태 이사장님, 고려대 김인현 교수님, 선진경영연구회 이철 회장님, 안전문화코칭사업지원단 배용관 단장님, 오토런 이명재 부회장님과 최기철 대표님, SF글로텍 우일영 대표님, 이엘씨 김성식 대표님, 유니스트 김경원 교수님, 동아대 서순근 교수님께 감사드립니다. 아울러 고견을 주신 숭실대 박교식 교수님과 정종수 교수님, 서울한강로타리클럽 이영석 총재님과 가유회 정상설 교수님, 황정순 회장님과 회원 여러분들께 감사드립니다.

그리고 총리실, 행정안전부, 고용노동부, 국토교통부, 산업통상부, 기획재정부를 위시한 여러 정부 기관과 지방자치단체, 재난 및 안전 전문기관, 학계 및 협회 등 전문단체, 학술전문지 등 사회 각계각층에서 안전을 위해 진력하시는 모든 분들께 충심으로 존경심을 표합니다.

끝으로 세밀하게 교정을 봐준 입사동기 이상탁 님과 출판에 대한 아이디어를 아끼지 않으신 박영사 장규식 팀장님, 정연환 과장님 그리고 예술작품 만들 듯이 완벽하게 편집을 맡아주신 전채린 차장님의 노고에 대해 깊이 감사드립니다.

CHAPTER 08 **안전 인식 전환 방안**

CHAPTER 09 **사회구조 혁신과 안전**

CHAPTER 10 **안전모델 정착 모습**

CHAPTER 11 **정책 제안**

안전 이해도 테스트(SQ-Safety Quotient)

01 듀폰의 브래들리 커브에 의하면 성숙한 안전문화에 도달하려면 몇 단계를 거쳐야 한다고 하는데 몇 단계인가요?

① 2단계 　　② 4단계 　　③ 6단계 　　④ 8단계

02 안전문화 개념은 다음 중 어느 사건 후 정립되었나요?

① 체르노빌 원전사고 　　　　　　② 삼풍백화점 붕괴

③ 북해 유전 탐사시설 폭발사고 　　④ 우주선 챌린지호 폭발사고

03 미국 911사태 시 수년간 비상훈련을 실시한 결과, 많은 사람을 신속히 대피시켜 인명을 지킨 주인공은 누구일까요?

① 래리 핑크 　　② 레이 클라인 　　③ 릭 레스콜라 　　④ 멜빌 허스코비츠

04 미국 최장수 연방 재난위원장(전)으로서 현장방문 시 예외적 상황을 중점적으로 점검하는 것으로 유명한 사람은 누구일까요?

① 크레이그 퓨게이트 　　② 폴 오닐 　　③ 레이먼 윌리암스 　　④ 보로포스키

05 대형 산업안전사고의 발생 전에 반드시 전조 현상이 있다고 합니다. 경미한 사고가 여러 차례 발생하면 반드시 대형사고로 이어진다는 것입니다. 이를 최초로 실증적으로 규명한 사람은 누구일까요?

① 에드워드 타일러 　　② 프란츠 보아스 　　③ 마빈 해리스 　　④ 허버트 하인리히

06 재해사고 발생 시 가장 나중에 고려할 사안은 다음 중 무엇일까요?

① 근본 원인 분석　　　　② 관계기관 보고

③ 책임자 문책　　　　　④ 재발 방지 조치수립

07 안전보건경영시스템의 출발점은 다음 어느 항목이 될까요?

① 비상대응 훈련　② 리스크 평가　③ 내부 심사　④ 표준 작업절차서 마련

08 안전제일(Safety First)을 경영 모토로 처음 제창한 사람은 누구일까요?

① US Steel, 개리 회장　　　　② 알 코아 CEO, 폴 오닐

③ 미국 심리학자 여키스와 도슨　④ 모건 스탠리, 릭 레스콜라

09 사고는 의지와 노력과 상관없이 정상 상태에서도 일어날 수 있다는 '정상 사고' 개념과 극복 방안을 제시한 사람은 누구일까요?

① 예일대 사회학과 찰스 페로 교수　② 옥스퍼드대 인류학자 메리 더글러스

③ 스탠포드대 스코트 새건 교수　　④ 하버드대 로버트 퍼트남 교수

10 "사고는 여러 요인이 우연히 겹칠 때 지체 구간에서 일어나며 이를 제거해야 사고를 막을 수 있다"라는 내용의 유명한 '스위스 치즈이론'을 주장한 학자는 누구인가요?

① 코칭학 박사 셔먼 세브린　　② 생리학자 한스 셀리

③ 하버드대 교수 타룬 칸나　　④ 심리학자 제임스 리즌

※ 위에 나오는 인물은 책 속에 나오는 인물이며 책을 다 읽고 나면 만점을 받을 수 있습니다.

정답: 순서대로 2, 1, 3, 1, 4, 3, 2, 1, 1, 4

안전 사회 새 지평열기

인식 전환을 통한 새로운 안전문화 구축

CHAPTER

01

안전문화
배경 및 이해

문화에 대한 이해

안전문화에 앞서 먼저 문화에 대해 살펴본다. 문화는 다양하게 정의되고 문화권마다 다른 속성을 지니고 있으며 오랜 기간 형성되어 동일 문화권 사람들의 일상을 지배하고 있다. 문화는 관념, 태도, 행동, 대상물 등으로 이루어져 있다. 타 문화권의 문화와 사고방식을 짧은 기간 내에 체득하는 것이 대단히 어렵다. 마찬가지로 안전수준을 높이려면 안전 기법의 발전과 함께 지속적으로 안전문화를 정착시켜 나가야 한다.

Culture의 어원은 라틴어 Cultus에서 유래된 것으로 '경작하다', 즉 자연에 노동을 가하여 수확과 가치를 창조하는 의미를 지니고 있으며,[1] 동사로 "미생물 등을 배양하다."라는 의미도 있다. Culture와 연관된 단어를 보면 오랜 시간이 소요됨을 알 수 있다.[2]

1 다문화와 복합문화

우리 사회가 다문화사회로 변모하고 근로 현장에 외국인 근로자가 증가하고 있

---

[1] 기업의 안전문화 평가 및 개선사례 연구, 산업안전보건연구원 연구보고서, p.9. (2016. 10)
[2] Culture와 연관된 단어는 Cultivate(경작하다), Agriculture(농업), Aquaculture(양식업), Pomiculture(과수 재배), Horticulture(원예학), Acculturate(새 문화에 적응하다), Culturology(문화학), The Science of Culture(문화 과학) 등이다.

어[3] 짚고 넘어가야 할 명제가 다문화(Multi-culture)와 복합문화(Poly-culture)이다. 영국은 이민자 정책에서 이들의 문화를 지켜주면서 영국 문화를 공유하는 사회를 이루고자 해 왔으나(문화 다원주의-Cultural pluralism), 사회갈등이 커져 대안을 모색하고 있다. 무슬림 중심으로 테러, 폭력, 마약 사범 등이 증가하고 자국민 실업과 납세 증가로 사회 문제로 대두되고 있으며[4] 이에 따라 복합문화 개념이 거론되고 있다. 즉 "다문화주의자가 '문화란 우리가 그 속에서 태어나는 어떤 것이며 획득하는 것이 아니다'라는 신념을 고집하나, 근본 해결책을 찾으려면 문화는 변할 수 있고 새롭게 만들어가야 한다"는 것이다.[5]

다문화(Multi-culture)와 복합문화(Poly-culture)는 차이가 있다. 다문화는 다른 문화들의 병렬적 공존이지만 복합문화는 얽혀 있는 요소들의 혼합이며 전체의 합보다 더 큰 것을 의미한다.[6] 복합문화는 문화들 사이의 연결을 강조하여 응집력이 크고 긍정적인 개념이다. 다양한 악기들이 각자 다른 소리를 내면서 음악을 창출하는 오케스트라의 의미는 우리 사회가 나아가야 할 방향이 될 수 있다.[7]

외국인에 대한 이해도를 높여야 하는 이유는 문화적 충돌과 적대감은 핵폭탄보다 무섭고 지워지지 않는 상처를 남기고 분노를 키우기 때문이다. 농촌 이주 여성은 고향의 어머니가 되고 있다.[8] 여성가족부의 2015년 다문화 수용성 조사에 의하면 수용성 지수가 낮다(53.95점). 타 민족, 종교, 문화를 받아들이는 데에 부정적 시각이 크며, 혈통, 피부색, 음식, 한국어 미숙 등으로 완고한 성향이 높다.[9] 이에 대한 이해의 폭을 넓히기 위해 글로벌 시민 정신 과정을 개발하고 참여하는 것이 필요하며,[10] 우리 사회

---

3) 대한민국은 이미 다인종, 다문화사회이다. 국내 체류 외국인 수는 2007년에 백만 명을 넘어선 이래 9년 만인 2016년에 2백만 명을 돌파했다.

4) 유해석 박사, CTS 방송 내용. 사무엘 헌팅턴의 '문명의 충돌'에서 저임금 노동자 입국금지법안 이야기가 나오는데 이는 단순히 저임금 노동자 확보수단으로 생각하면 단기적으로 이득을 볼 수 있으나 장기적으로 경쟁력 있는 산업생산기반을 붕괴시키며 자국민의 실업 증가로 국가 부담이 늘어나게 된다고 하며, 문호개방을 통해 공존공영의 방안을 찾아야 한다는 점을 강조하고 있다.

5) 박지향, 제국의 품격, 21세기북스, 제8장 제국이 만든 다문화, 다인종 사회, pp.289-321.

6) 이민자 정책 중 다문화 정책(Multicultural policy)의 보완책으로서 상호문화 정책(Intercultural policy)이 등장하였으며 통합주체로서 문화간 협력을 촉진하는 정책이다.

7) 경영학의 구루 피터 드러커는 "미래 기업은 오케스트라 같은 조직이라야 한다"고 하였다.

8) 한국 사회의 다문화현상 이해, 경희사이버대학교 임정근 교수 강의록

9) 안상수 등 국민 다문화 수용성 조사연구 p.58, 한국여성정책연구원, 2015. 11.

10) 우리나라는 2014년 문화다양성 보호와 증진에 관한 법률을 제정, 시행 중이며, 동년 12월 유네스

안전수준을 높이는 것과 직결된다.

2 문화에 대한 정의

문화는 인류학의 선구자 에드워드 타일러(Edward B. Tylor) 교수가 처음 소개하였으며, '원시사회(Primitive Culture, 1871)'에서 "지식, 신앙, 예술, 법률, 도덕, 관습 그리고 사회의 한 구성원으로서의 인간에 의해 얻어진 다른 능력이나 관습들을 포함하는 복합총체"로 기술하고 있다. 현대 인류학 선구자 프란츠 보아즈(Franz W. Boaz)는 "한 사회집단을 구성하는 개인들의 행위를 특징지우는 정신적, 육체적인 반응과 활동의 복합총체(Totality)"라 하였고, 미국 인류학자 멜빌 허스코빗츠(Melville J. Herskovits)는 "한 기존집단을 구성하는 개인들의 행위를 특징지우는 일련의 유형화된 반응들"이라 하였다.[11] 캠브리지대 교수 레이먼드 윌리엄스(Raymond Williams)는 "문화는 영어 단어 중 가장 복잡한 단어이다."라고 하였고, 공공인류학자 하와이 퍼시픽대 교수 보로포스키 (R. Borofsky)는 "문화를 정의하는 것은 바람을 멈춰 세우려는 것과 같다."라고 하였다. 이처럼 문화에 대한 논의는 간단하지 않다.

3 타 문화 이해도 제고

문화인류학의 궁극적 관심은 '인간이란 무엇인가'에 있다. 학자들은 인간의 원초적 모습을 간직한 원주민 사회를 찾아 항해의 닻을 올렸다(말리노우스키 혁명). 이들이 직접 참여하여 실체적인 규명 결과, 미개하고 열등한 것으로 간주해 오던 원시인 문화가 열악한 환경에서 생존을 위한 고도의 적응기제이며 지혜의 산물임을 밝혀낸다. 이후 문화인류학에서 미개인, 원시인이란 용어가 사라지고 서구문화도 다양한 문화 중

코에 문화다양성 협약이행 국가보고서를 제출하였다. 우리나라도 2010년 7월에 발효된 유네스코 문화다양성 협약에 따라 각국 정부가 준수해야 할 문화다양성 정책의 의무사항을 확인하고 이행해야 하는 의무를 지니고 있다.

11) 레스리 화이트, 이문웅 역, 문화의 개념, 일지사, 제3장 인간, 문화의 다양성, 그리고 문화의 개념 pp.40-55.

일부라는 인식이 일반화된다.[12]

미국 인류학자 마빈 해리스(Marvin Harris)의 저서 '문화의 수수께끼(The riddles of culture, Cows, Pigs, Wars and Witches)'는 이를 구체적인 예를 통해 입증하고 있으며 이를 통해 타 문화를 존중해야 할 당위성을 찾게 된다. 외국인 근로자가 늘어나고 있는 작업장에서 관리자는 이에 대한 이해도를 높여야 한다.[13]

4 문화의 소재지와 안전문화

안전문화와 관련, 인식대상으로서의 문화 그리고 추상적 개념으로서의 문화가 어떠한 모습으로 어디에 존재할까? 문화를 관찰할 수 있는 실재(實在)적 사물과 사안들로 구성되어 있다면 어디에 위치하고 있을까? 이에 대해 미시간대 레스리 화이트 교수의 이론에서 단서를 찾았다. 화이트 교수는 문화가 시간적, 공간적으로 다음의 세 군데에 존재한다고 주장한다.[14] ① 인간 유기체의 내부에 개념, 신앙, 감정, 태도 등의 무형(Intangible)의 모습. ② 사람들 사이의 사회적 상호작용 과정. ③ 인간 유기체의 바깥에 있지만 그들 간의 사회적인 상호작용의 제반 유형의 테두리 안에 있는 물질적 대상(예: 도끼, 공장, 철로, 도자기 주방 세트 등)에 존재한다는 것이다.

이처럼 문화는 유기체 내부(Intraorganismal)에 존재하거나, 유기체들 사이(Interorganismal)에 있거나, 유기체 외부(Extraorganismal)에 존재한다는 것이다. 다음 그림은 문화의 소재지를 표시하고 있으며 동그라미는 사람, 별표는 대상 목적물(Objects), 연결선은 상호작용을 나타낸다.

이를 통해 파악하게 된 점은 문화를 추상적으로 생각하는 범주에서 한걸음 더 나아가 구체적으로 적용해야 할 대상을 인식한 다음에 안전문화로 확장해 나갈 수 있다는 것이다. 즉 우리 사회의 안전문화는 조직 내 구성원의 인식 속에 존재하거나, 구성원들 간의 관계에 존재하거나, 조직 외부에 존재하므로, 이에 해당하는 안전 요소들을

---

12) 이야베 쓰네오, 이종원 역, 문화를 보는 열 다섯 이론, 도서출판 인간사랑, pp.236-237.
13) 타 문화에 대한 이해도 제고는 우리와 다른 문화 즉 사고방식, 언어, 행동 등이 크게 다른 외국인 근로자를 고용하는 작업현장의 안전 확보와 밀접하다.
14) 레스리 화이트, 이문웅 역, 문화의 개념, 일지사, p.150, 문화의 소재지.

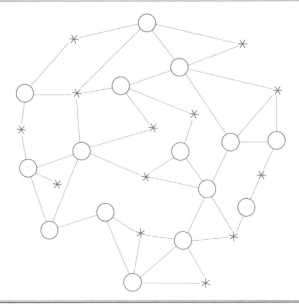

출처: 레스리 화이트 교수

관찰, 발굴하고, 관리해 나가야 한다는 것이다. 앞으로 서술할 내용들은 여기에 근거하고 있으며, 특히 우리의 인식 전환과 안전수준 제고에 초점을 맞추고 있다.

5 밈과 아비투스의 이해 및 활용

문화와 연계된 개념으로 '특정 집단에서의 동질적 사회현상'을 규명하는 이론인 '밈'과 '아비투스'가 있다. 조직 내 안전문화 추구과정에서 구성원들의 동질성과 일관성을 갖는 것이 중요하다. 이를 위해 안전은 지속적으로 추구되어야 하며, 안전 관련 활동이 사회적 현상인 밈과 아비투스로 정착되어야 하며 이에 대한 개념을 이해할 필요가 있다.[15]

---

15) 물고기 떼가 한 방향으로 헤엄치다가 눈 깜빡할 사이에 방향을 바꾸는 광경을 목격한다. 리더의 지시나 물고기들이 같은 생각으로 움직이는 것이 아니라 모든 일이 동시에 일어난다. 식물 세계에서 한 톨의 씨앗도 계절에 때맞추어 정확하게 발아한다. 이렇듯 무언가 보이지 않는 존재는 물고기, 씨앗 안에도 있고 우리 내면에도 존재한다. 자연의 질서를 유지하는 위대하고도 보편적인 지성이다(디팩 초프라, 바라는 대로 이루어진다, 고도원의 아침편지).

1) 밈(Meme)

밈(Meme)은 한 개인이나 집단에서 다른 곳으로 생각이나 믿음이 전달될 때 수용 가능한 사회적 단위이며, 1976년 리차드 도킨스의 '이기적 유전자'에서 문화의 진화를 설명하면서 소개되었다. 밈 주장자들은 밈이 유전자(gene)처럼 생명 진화과정의 자기복제이며 모방을 거쳐 뇌에서 뇌로 생각과 신념을 전달한다고 주장한다. 복제되는 밈은 그 밈의 유용성과 상관없이 전파된다는 점에서 유전자와 유사하다.[16] 그러나 밈은 유전자의 뉴클레오타이드[17]나 코돈(codon)[18]처럼 고정 단위가 없고, 유전자와 다른 방향으로 숙주 행동을 조절하는 경우가 있다는 점에서 유전자와 구별된다. 밈학은 1990년대에 다윈적으로 해석하려는 시도와 함께 등장하였으나 학문으로 인정하는 것에 대해 비판적 의견이 있으며, 문화를 단위로 나누는 것이 불가능하다는 점을 들어 밈의 개념에 의문을 제기했다. 그럼에도 밈은 다양한 사회현상과 문화의 관계를 설명하는 유용한 도구이다. 안전과 관련해서 기업의 안전문화 수준을 높이기 위한 다양한 활동을 지속하게 되면 기업 내에 안전풍토가 조성되어 밈을 구성할 수 있게 된다.

2) 아비투스(Habitus)

'무의식적 성향'을 뜻하는 아비투스는 꼴레주 드 프랑스(Collège de France) 사회학과 교수이자 사회학자인 피에르 부르디외(1930-2002)가 처음 사용하였으며 '특정한 환경에 의해 형성된 성향, 사고, 인지, 판단과 행동체계'를 의미한다(위키백과). 아비투스는 개인의 사회적 지위와 개인이 속한 사회구조에 의해 산출되고 내면화된다. 구조의 산물이나 작동 기제이지만 완결된 법칙이 없으므로 아비투스를 형성시키기 위해서는 문화적 자의성(상징성, 임의성)을 지속해서 주입해야 한다. 안전과 관련하여 조직 내

---

16) 밈이란 관점에서 우리말을 보면 같은 한국말인 데에도 지방마다 사투리가 있으며 성장 과정에서 몸에 밴 사투리는 성인이 되어도 억양이 남아 어느 지방 출신인지 짐작할 수 있다.

17) 뉴클레오타이드(nucleotide)는 뉴클레오사이드와 인산으로 구성된 유기분자이며 기본적인 세포 수준에서 물질대사에 중추적인 역할을 한다. 음식물로 섭취 또는 간에서 일반적인 영양소로부터 합성되기도 한다.

18) 유전부호(genetic code)는 각 코돈(codon)이 어떤 아미노산을 부호화(encoding)할지를 정해놓은 규칙이다. 유전부호에 속하는 하나하나의 부호(code)를 코돈이라 부르며, 코돈은 유전자 발현에서 하나의 아미노산을 지정하는 전령 RNA와 운반 RNA의 유전정보이다(위키백과).

에 아비투스를 형성시키기 위해서는 다양한 행사가 도움이 된다. 안전교육, 세미나, 공감대 형성 이벤트, 독서토론회, 칭찬 릴레이, 감사편지, 신문고, 문화행사, 가족 참여 행사(체육대회, 창립기념일, 송년 모임 등), 안전골든벨 행사, 안전 영웅(Safety Hero) 시상제, 안전수필 공모, 사생대회, 사내합창대회, 가족사진, 그림 전시회, 안전표어 공모 등이다.[19]

---

19) 근로자 참여 제고 방안에 대해서는 양정모, 새로운 안전관리론 pp.253－260을 참조하기 바란다.

안전문화란 무엇인가

1 안전문화의 정의[20]

　　안전문화는 작업장의 안전과 관련된 조직 구성원들이 공유하는 기본가정으로서 안전행동의 동기이자 기본이며 안전의 총합 표지(標識)이다.[21] 안전문화의 보편적인 정의는 다음과 같다. "조직의 안전보건프로그램에 대한 의지, 운영방식 및 기량 등을 결정짓는 개인과 집단의 가치, 태도, 역량, 행동 유형의 산물이다(The safety culture of an organization is the product of individual and group values, attitudes, competencies and patterns of behavior that determine the commitment to and the style and proficieny of, an organization's health and safety programmes)"[22]

　　영국 사회심리학자 제임스 리즌(James Reason)은 그의 저서 '조직 사고의 리스크 관리하기(Managing the risks of organizational accidents)'에서 안전문화 구성요소를 다음과 같이 설명하고 있다. ① 높은 지식과 정보의 공유 문화(Informed Culture), ② 자유로운

---

20) 박홍윤 외(2011), 한국코치협회 박홍식 이사, 리케코리아 이상택 대표 강의(2022)

21) 친숙한 용어인 안전문화가 쉽게 느껴지지 않는 이유는 안전문화가 구성개념(Construct)이기 때문이다. 구성개념은 어떠한 현상을 설명하기 위해 만들어낸 개념으로서, 보거나 만져볼 수 없어 정확히 정의하거나 설명하기가 쉽지 않다. 안전문화도 친절, 배려처럼 분명히 존재하고 중요한 개념인데 관찰할 수 없으므로 쉽게 설명하기 어렵고 사람마다 의미하는 바가 조금씩 달라진다(안전문화 길라잡이, 한국산업안전공단, 2021. 1).

22) 한국안전문화진흥원, 사업장 안전문화

보고문화(Reporting Culture), ③ 공정성 및 신뢰 문화(Just Culture), ④ 유연한 조직문화 (Flexible Culture), ⑤ 학습 문화(Learning Culture)로 구성된다."

다음 도표상의 다양한 안전문화 정의들은 안전문화를 다각도로 이해하는 데에 도움이 된다.[23]

❖ 안전문화 정의

영국안전보건위원회 (1993)	조직문화의 한 부분이며 안전에 헌신하도록 하는 행동과 숙련도, 개인 및 집단 가치, 태도, 지각 등의 산물
맥도날드 외(1998)	위험한 상황을 최소화하는 태도나 신념, 규범과 역할을 실행하고 이를 강화는 관습과 행동
미국화학공업협회 (CCPS)	공정의 안전관리를 정확하게 실시하기 위해 모든 구성원이 공동으로 안전의식을 가지고 참여하는 것
Cox 외(1991)	안전환경이나 안전과 관련된 근로자의 태도, 믿음, 인식, 가치를 재인식하게 만드는 것
Ostrom(1993)	안전 성과를 달성하기 위한 행위, 정책, 절차에서 명료화된 조직의 믿음, 태도에 대한 인식
Berends(1996)	조직 구성원의 안전에 대한 집합적 정신적 체계화 프로그래밍
Ciavarelli & Figlock(1996)	안전에 대한 개인 및 집단적 태도뿐 아니라 조직 의사결정을 좌우할 수 있는 공유된 가치, 믿음, 가정 및 규범
Helmreich & Merritt(1998)	집단 내 개인들이 자신의 행동을 안전에 대한 중요성을 믿고 따르는 것이며, 모든 구성원이 집단의 안전규범을 기꺼이 지지하고 공통 목적을 위해 다른 구성원들을 지원하는 공유된 인식
Minerals Council of Australia (1999)	경영자, 감독부서, 경영체계 및 조직의 인식과 관련하여 기업 내에서 제기되는 공식적인 안전문제와 관계
Glendon & Stanton(2000)	훈련 및 개발과 같은 인적 자원의 특성 이외에 태도, 행태, 규범,및 가치와 개인 책임 등으로 구성
Pidgeon(2001)	위험, 안전과 관련되어 형성되는 일련의 가정 및 관행
Mohamed(2003)	조직문화의 하위체계로서 조직의 지속적인 안전성(Safety outcome)과 관련 있는 근로자의 태도와 행태
Richter & Koch (2004)	안전, 사고, 예방에 대하여 사람들의 행동에 지침이 되는 일과 안전에 대하여 공유하고 학습된 의미, 경험, 판단
Fang 외(2006)	안전과 관련, 조직이 소유하고 있는 일련의 널리 퍼져 있는 지표, 믿음 및 가치

출처: Douglas A. Wiegmann 외 (2002), 기존 연구 종합

조직 구성원 스스로의 안전과 공공의 안전을 최우선으로 하는 영속적 가치로서, 개인 및 집단이 안전을 위해 스스로 책임을 다하고, 안전이 유지될 수 있도록 행동하

---

23) 박계형, 안전문화에 영향을 미치는 요인들에 관한 연구(2011)

고, 안전에 대한 관심을 증대시키기 위해 대화를 많이 하고, 배우기 위해 노력하며, 실수를 교훈삼아 매뉴얼과 행동을 수정하고, 이러한 가치와 행동들이 일관성 있게 지속되도록 보상하는 문화[24]

2 안전문화의 의의와 기원

1) 안전문화의 의의

안전문화가 중요한 이유는 안전이 확보되지 않으면 개인 및 가족 공동체의 불행은 물론 기업과 사회에 엄청난 비용을 발생시키고, 국가 경쟁력 저하로 직결되기 때문이다.[25] 조직의 안전문화가 조직의 성과에 영향을 미친다는 많은 실증적인 연구가 제시되고 있으며(1989 케네스 등), 안전문화는 집단 내 구성원들의 소속감, 안정감, 표준행동을 불러와 조직성과에 크게 영향을 미친다.

2) 안전문화의 기원

안전문화 개념은 구 소련 체르노빌 원전사고 발생(1986.4.26)을 계기로 세계적인 원자력 전문기관에서 규명하면서 발전되어 오고 있다.[26]

체르노빌 사고는 한마디로 직원의 보고를 무시하여 발생한 것이다. 공식적인 사망자는 5,772명, 부상자는 70만 명이다. 국제원자력기구의 조사에 의하면 1984년부터 문제가 제기되었지만 관리자들은 대수롭지 않게 생각하였다. 사고 당일 저녁 근무자가

---

24) 안전문화와 유사한 개념으로 안전풍토(Safety Climate)가 있다. 안전문화는 겉으로 드러나지 않는 가치, 기본 가정(Basic assumptions)을 포함하는 개념이나, 안전풍토는 겉으로 드러난 안전과 관련된 인공물 등 관찰 가능한 안전문화에 대한 공유된 지각을 말한다. 안전문화가 더 포괄적인 개념이다(심리학과 함께하는 안전문화 첫걸음, 안전보건공단 유튜브).

25) 이형복 책임연구위원, 안전문화운동 확산 및 안전의식 제고 방안, 대전발전연구원 도시기반연구실 (2015)

26) 국제 원자력안전 자문그룹 보고서(1992)에 의하면 직접적 사고 원인 외에도 발전소 설계, 제작, 건설, 운영 등 전 과정에서 안전문화의 부재가 근본 원인이라 지적하고 있다. HBO 제작 체르노빌 드라마에도 지속적인 자원 부족, 비현실적 일정, 보여주기식 조직문화, 폐쇄적 의사결정 등의 조직적, 사회적 문제를 잘 보여주고 있다. 원전 폭발사고 후 주변국과 지역주민들에게 알리지 않아 피해를 키운 행동은 사고 원인이 단순한 기술적인 문제만이 아님을 여실히 보여준다. 안전문화 길라잡이 1, 한국산업안전보건공단(2021. 1)

발전기 출력을 줄이는 중에 냉각 펌프 작동상에 문제점을 발견하고 책임자인 부서장에게 보고하였으나 쓸데없는 것을 보고한다고 화를 내며 묵살하였고, 야간 근무자에게 인수인계도 하지 않고 퇴근하였다. 그리고 다음날 1시에 발전소가 폭발하였다. 주민들에게 알리고 대피를 지시한 것은 사고 발생 30시간 이후였고, 언론에도 알리지 않고 관공서에 보고도 하지 않았다.[27]

3) 원자력 전문기관의 안전문화에 대한 견해[28]

국제원자력기구(IAEA)의 국제안전자문단(INSAG; International Nuclear Safety Advisory Group)이 1988년 발행한 보고서(INSAG−1: Summary Report on the Post−Accident Review Meeting on the Chernobyl Accident)에서 사고의 중요 원인으로 미흡한 안전문화를 지목하였으며, 1991년 INSAG−4(Safety Culture)를 통해 안전문화 개념의 틀을 제시하고, 2002년 INSAG−15에서 핵심 이슈들을 제시했다. 원자력 관련 전문기관들의 안전문화 정의는 다음과 같다.

기관	국문 정의	영문 정의
국제 원자력 기구	안전 이슈들을 그 중요성에 합당하게 최우선적으로 고려하는 조직 및 개인의 특성과 태도의 집합	the assembly of characteristics and attitudes in organizations and individuals which establishes that, as an overriding priority, nuclear power plant safety issues receive the attention warranted by their significance
영국 원자력 규제기관 자문위원회	조직의 보건 및 안전관리에 대한 헌신과 스타일 및 숙련도를 결정하는 개인 및 집단의 가치, 태도, 인식, 역량 및 행동 양식의 산물	the product of individual and group values, attitudes, perceptions, competencies and patterns of behavior that determine the commitment to, and the style and proficiency of, an organization's health and safety management
미국 원자력 규제위원회	안전을 다른 목표들보다 더 강조하고 사람과 환경의 보호를 확보하기 위하여 조직의 리더와 개인이 함께 노력함으로써 귀결되는 핵심가치와 행동	the core values and behaviors resulting from a collective commitment by leaders and individuals to emphasize safety over competing goals, to ensure protection of people and the environment

---

27) 손석원, CEO 경영철학 시리즈(5), 위기를 기회로, 한계를 뛰어넘다, 체르노빌 원전사고의 교훈, pp.82−90.

28) 서울대 원자력정책센터의 견해를 보완하여 소개한다.

3 안전문화 구성요소[29]와 특성

1) 구성요소

안전문화 구성요소를 정책적 차원(Policy Level), 관리자 차원(Manager Level), 개인적 차원(Individual Level)으로 나눈다. ① 정책적 차원에서 안전정책을 수립하고 공표한다. 중심역할 조직을 설치하고, 인력과 예산을 배정한다. 정부는 법체계를 확립하고 규제기관을 설립하여 기술 및 관리역량을 갖춘다. 조직 구성원의 안전태도는 작업환경에 크게 영향을 준다. 관리자는 안전을 최우선으로 하는 환경과 관행을 조성한다. ② 관리자 차원에서 관리자는 모범을 보이고 직원의 책임과 권한을 분명히 하며 문서체계를 확립한다. 직원 채용 시 자질을 확인하고 주기적 교육훈련과 적절한 자격요건에 대해 관리한다. 평소에 사고가 발생하지 않아 안전에 소홀해지기 쉽다. 공정한 상벌제도를 통한 동기부여도 필요하다. 지나친 제재나 처벌 위주로 하면 실수를 은폐하거나 허위 보고 우려가 커지므로 경계해야 한다. ③ 개인적 차원에서 안전문화 정착은 구성원들의 자발적인 이행 여부에 달려 있다. 평소 의문을 가져야 하며, 신중하고 소통하는 자세가 중요하다. 업무수행 전에 상황을 파악하고, 잘못될 가능성을 막으려면 어떻게 해야 할지 자문해서 잠재요인을 찾아야 한다. 업무 절차를 이해하고 준수하며, 문제 발생 시 작업을 멈추고 지휘계통을 통해 보고해야 한다. 임무 중 취득한 정보를 공유하고 작업 내용을 기록하며, 안전성 확보를 위한 새로운 방안을 제시한다.

2) 안전문화가 지녀야 할 다섯 가지 특성[30]

국제원자력기구는 안전문화가 지녀야 할 다섯 가지 특성을 다음과 같이 제시하고 안전문화 수준을 평가한다. ① 안전은 분명하게 인정받는 가치이다. ② 안전을 위한 리더십이 분명하다. ③ 안전에 대한 책임 소재가 분명하다. ④ 안전이 모든 업무 활동과 연계되어 있다. ⑤ 안전 관련 내용에 대해 지속적인 학습을 추구한다.

---

29) 안전문화의 특성을 처음으로 체계화한 INSAG-4(1991)의 핵심 내용이다.
30) IAEA GS-G-3.1(Application of the Management System for Facilities and Activities)

4 긍정적인 안전문화 조성방안[31]

미국 원자력규제위원회는 긍정적 안전문화 조성을 위한 아홉 가지 방안을 다음과 같이 제시한다. ① 리더는 자신의 결정과 행동에서 안전에 대한 의지를 분명히 보여준다. ② 안전에 영향을 미칠 수 있는 문제는 신속하게 확인, 평가하고 중요도에 따라 해결하고 바로잡는다. ③ 모든 개인은 안전에 대해 개인적인 책임을 진다. ④ 작업 계획과 통제 프로세스는 안전이 유지되도록 이행되어야 한다. ⑤ 안전확보 방법을 찾아 학습하고 실행한다. ⑥ 직원들이 보복, 협박, 괴롭힘, 차별을 두려워하지 않고 안전문제를 제기할 수 있도록 안전중시 환경(심리적 안전감)을 조성한다. ⑦ 안전에 관한 소통을 통해 안전에 대한 집중적 관심을 유지한다. ⑧ 구성원 간 신뢰와 존중감이 조직 내에 퍼져 있다. ⑨ 오류, 실수, 착오 등 불안전 행동 유발 요인을 식별하기 위해 자만하지 않고 기존 조건과 행동에 의문을 갖고 개선방안을 모색한다.

5 시대별 재해 예방 수단과 안전문화의 변화

안전에 대한 관심사가 다음과 같이 시대별로 변천 과정을 겪어옴에 따라 안전문화에 대한 주안점도 변하고 있다.

시기	변천 내용
1940-1960년	보호장비, 설비보강 등이 주요 재해 예방 수단(하드웨어 차원)
1960-1980년	작업자 행동에 초점을 맞추기 시작(구성원 차원)
1980-2000년	조직의 안전관리 시스템에 주안점을 두기 시작(조직적 차원).
2000년대 이후	사회적 복합재난 발생으로 예방수단 및 대상의 고도화, 안전관리 기법의 발전. 작업자 의식과 행동 변화 추구, 사회 전체 안전문화 정착 노력 강화 등(사회적 차원)

재해 예방 대응책의 변천은 많은 시사점을 주며, 시대변화에 따라 새로운 패러다임으로 대응책을 모색해야 한다. 재해 원인과 대응책을 현재 모습과 새 패러다임 모습을 비교하면 다음과 같다.

---

31) U.S NRC 안전문화 정책 성명(2011)

	현재	새 패러다임
재해 원인	• 인간의 불안전 행동 • 인적/ 기술적 요인 • 과도한 생산성 강조 • 갈등/소통 미흡 • 안전문화 미형성	• 조직, 시스템, 프로세스 접근 • 안전사고는 지식, 기술 부족보다는 안전문화와 관련성 높음
대책	• 사고 후 수습 • 원인 규명 및 처벌 • 재발 방지책 수립	• 사전 예방책 수립, • 안전문화 체계 정착 • 심리적 안전 분위기 조성(소통, 동기 부여 등)
안전 확보	• 규정 준수 • 감시 통제	• 비전과 미션, 시스템, • 리더십, 안전가치, 절차 • 사전 예방체계(보고, 격려, 학습, 훈련 등) • 자율안전, 협력, 배려

6 안전문화의 3대 축과 행동 변화

안전문화의 3대 축으로 의식, 제도, 인프라를 들고 있다. ① 의식은 '안전제일'의 가치관이 개인 생활, 조직 활동에 체화되어 있는 상태이고, ② 제도는 안전활동과 인프라 구축을 촉진하는 법과 제도를 말하며, ③ 인프라는 안전한 상태의 설비와 안전활동 유지 시스템을 말한다.

의식 전환, 행동 변화와 관련, 우리의 생각과 마음을 바꾸고 깨어있어야 하며 (Mindfulness), 이를 위해 코칭적 접근이 큰 힘을 발휘한다.[32] 코칭 철학은 "모든 사람에게 무한한 가능성이 있으며, 그 사람에게 필요한 해결책은 그의 내부에 있고, 이를 모색하기 위해 파트너가 필요하다"는 것이다. 코칭은 개인과 조직이 잠재력을 극대화시켜 최상의 가치를 실현할 수 있도록 돕는 수평적 파트너십이다. 안전분야에 코칭을 접목하면 구성원의 자발적 참여의식으로 변화될 수 있다.

---

32) 박홍식 교수, 한국코치협회, 안전보건공단 자료

7 안전문화의 안전확보에 대한 실증적 효과

많은 과학적 연구에 의하면 안전문화가 실제로 작업장 안전확보에 중요한 역할을 한다는 다수의 증거를 제시하고 있다. 위스콘신대 심리학과 Jang 교수팀이 아래 표와 같이 2019년에 발표한 통합연구 결과가 이를 입증하고 있다. 연구 참여자 수가 5만 명을 넘었으며 상관계수가 1에 가까우면서 숫자가 커지면 관계가 강함을 의미한다.

결과 변인	연구 수	참여자 (명)	수정상관계수
안전 행동	86	53,647	0.49
사고 재해	47	29,003	-0.14

첫째, '안전문화'와 '안전행동' 관계 연구에는 참여자가 5만 명을 상회하며 양자의 관계가 플러스이면서 커진다. 이는 안전문화 수준이 높은 조직일수록 구성원들이 안전행동을 한다는 것을 의미한다.

둘째, '안전문화와 사고 재해' 관계 연구에서는 참여자가 3만여 명 수준이며 여기에서 숫자가 마이너스인 것은 안전문화 수준이 높을수록 사고 재해율이 줄어듦을 의미한다. 사고 재해 요인은 천재지변과 같이 통제할 수 없는 요인이 많지만 안전문화는 안전행동과 관련이 있으므로 심리학에서는 사고 재해 자체보다는 사람의 행동에 초점을 맞추고 이러한 점을 규명하며 이를 통해 사고율을 현저히 낮출 수 있다고 본다.

'안전행동'은 작업자 본인과 주위 사람들에게 도움이 되는 행동을 말하며 '안전준수행동'은 규칙, 절차를 준수하는 행동이며(개인 안전장비 착용 등), '안전참여행동'은 안전한 작업장을 만들기 위한 자발적 행동을 말한다.

작업장의 모든 일을 절차서와 규정집으로 만들 수 없으므로 안전준수 행동만으로는 완벽하게 사고 재해를 막을 수 없다.

따라서 구성원들의 자발적 안전참여 행동이 매우 중요하며, 예를 들면 다음과 같다.

① 동료가 안전하게 작업할 수 있도록 도움 제공,
② 동료가 불안전한 행동을 하면 안전행동을 하도록 이야기해 주고 필요 정보제공
③ 작업장 위험요소를 적극 찾아 내부 보고 및 개선요청
④ 불안전 또는 부당한 작업을 지시받을 때 사유를 밝히고 거부

MEMO

CHAPTER

02

글로벌 안전 선진국
발전과정

주요 선진국 산재 평가 및 대응

우리나라는 최근 20년간 사고사망만인율이 2001년에 1.23에서 2021년에 0.43으로 1/3 감축하였으나 OECD 38개국 중 34위이며 안전 선진국보다 30년에서 50년 뒤처져 있다(1974년 영국 0.34, 1994년 독일 0.42, 1994년 일본 0.46). 국내 사고사망만인율이 감소해 오고는 있으나 선진국과 비교하면 영국 0.08(2018년), 독일 0.07(2020년), 일본 0.15(2021년), 미국 0.35(2021년)에 비해 훨씬 높다. 2007년에 국민소득이 2만 달러에 진입하면서 1.0 이하로 진입하였지만 최근 8년간 0.4~0.5수준에 머물고 있다. 선진국의 경우 사고사망만인율이 낮은데에도 불구하고 꾸준히 감소하고 있다는 것은 시사하는 바가 크다. 따라서 선진국의 안전관리 사례를 살펴보는 의의가 크다.[1)

우리나라는 독일, 영국에 비해 사망사고율이 5~6배 높다. 이렇게 차이나는 이유는 정책 패러다임이 반대이기 때문이다. 규제 위주로 줄이겠다는 것과 자율 체계를 법

❖ **주요 선진국 사망률 비교**

	한국	독일	영국	일본	미국	OECD 평균
만명당 사망률	0.43	0.07	0.08	0.13	0.35	0.29
(연도)	(21)	(20)	(18)	(20)	(20)	

자료: 고용노동부, 중앙일보 2022. 11. 24

---

1) 영국, 미국, 일본의 사례는 한국산업안전보건공단 국제협력센터에서 발간한 '해외 주요국가 산업안전 보건제도집(2022. 10)'을 참고하였다.

적 의무와 동일한 수준으로 인정하는 것의 차이다. 강제, 처벌 위주 규제와 자율 규제 차이에서 안전수준이 나뉜다는 것이다.[2] 자율안전체제를 구축하기 위해서는 기업문화, 관습이 바뀌어야 하며 이는 가치판단의 문제이며 성찰이 필요하다. 아울러 안전관리는 안전관리 담당자의 업무가 아니라 전사적 안전(Holistic Safety) 추구라는 관점을 가져야 한다. 나 자신을 필두로 사회 각계각층 사람들의 일상에서 안전이 생활화되어야 한다.[3]

---

2) 강원대 법학전문대학원 전형배 교수의 중앙일보 기고문 "영국, 독일 확 줄었는데 한국 그대로…, 중대재해법, 이게 달랐다"(2022. 11. 24)에서 인용하였다.

3) 일상에서 안전을 소홀히 여기다가 사망사고로 연계된 대표적 케이스가 판교 신도시 환풍구 사고이다. 2014. 10. 17 오후 5시 50분경 유스페이스 광장에서 걸그룹 포미닛 공연 중 관람객 27명이 지하주차장과 연결된 환풍구 위에 올라가 있다가 환풍구가 붕괴되면서 전원 아래로 추락하는 참사가 일어났다(지하 18.7m). 이 사고로 16명 사망, 11명 부상, 행사 담당자 경기과학기술진흥원 오모 과장이 죄책감으로 생을 마감하였다.

1 영국의 기업살인법은 안전문화 출발점

영국은 1988년 7월 6일 북해 유전의 파이퍼 알파(Piper Alpha) 플랫폼에 화재가 일어나 붕괴되면서 167명이 사망한 초대형사고가 발생하였다. 이를 계기로 세계 각국에서 유사 시설에 보완조치가 이루어졌으며, 수습이 완료되는 1990년을 영국의 안전문화 캠페인의 원년으로 삼는다.

영국은 1974년에 안전보건법(Health and Safety Work etc. Act 1974)을 제정하였다. 당시 안전 관련 수많은 개별법이 따로 존재하였으므로, 복잡하게 얽히고 산재되어 있는 내용을 정비하고, 규제방식 전환을 통해 안전 선진국으로 가는 길을 열기 시작하였다.4) '지시적 규제'에서 '목표기반 규제'로 선회하고 '강행 규정'은 ① 절대 의무, ② 실현 가능 의무, ③ 합리적으로 실현 가능한 의무 단계의 세 단계로 나누어 실현 가능성을 높였다. 아울러 산업재해 발생 입증책임을 사업주에게 물어 책임의식을 높이고, 감독기관의 감독 내용을 상세히 규정하고, 보건안전청(HSE-Health and Safety Executive)의

---

4) 재단법인 피플 미래일터 안전보건포럼 임영섭 공동대표 강의 자료에서 인용(2023. 4. 28). 영국의 산업안전보건법은 당시 산업안전보건위원회의 의장인 로벤스 경(Lord Robens) 주관하여 만든 로벤스 보고에서 제시한 방향을 토대로 하고 있다(규제의 일원화, 자발적 노력 촉진을 위한 법률 비중 낮춤, 실행 준칙 중심 운영, 담당기관 권한 강화 등). 정진우, 산업안전보건법 국제비교, pp.183 – 248.

감독행위에 따른 비용 발생분을 업체가 부담하도록 하였다(FFI-Fee for Intervention, 감독비 제도).[5] 이에 따라 영국은 사망만인율이 1/10 이하로 감소되고 세계적인 벤치마킹의 대상이 된다.

2 기업살인법 제정[6]

영국은 2007년 기업살인법(Corporate Manslaughter and Homicide Act, 2007) 제정 이래 사망사고율이 절반 이하로 줄었다. 동법은 1987년 3월 6일 헤럴드 오브 프리엔터프라이즈 페리호 침몰사고(193명 사망)를 계기로 만들어졌다. 이 사고로 7명이 중과실 치사 혐의로 기소되고 운항회사(P&O European Ferry)도 살인혐의로 기소되었다. 그러나 선장과 1등항해사를 제외한 임원 5명과 기업은 무죄 판결을 받았다.[7] 그럼에도 불구하고 이 사건은 기업을 살인혐의로 기소한 최초의 사례로 의미가 크다.

기업살인법은 기업에 대한 유죄선고가 이전 법으로는 제약이 있었기 때문에 산업안전보건법을 보완한 것으로서 기업에 대한 처벌이 가능하도록 만들어졌으며, 유죄선고 사유가 경영층의 조직, 관리방식이 중대한 위반 요인이 되어 근로자가 사망한 경우이다(적극적 보살핌 의무의 중대 위반 등).[8] 그러므로 산업안전보건법을 충실히 이행하면

---

5) 2012. 10. 1부터 시행된 FFI에 의거 산업안전법 중대위반사업장은 HSE의 감독, 조사, 집행비를 납부해야 한다. 감독비 시간 산정은 감독관의 사업장 방문시간, 보고서 작성 시간, 전문가 조언 확보 시간, 사업장 방문 후 면담 시간, 근로자와 면담 시간 등이다. 시간당 단가는 시행 초기에 124파운드, 2023. 4. 1부터 166파운드(한화 약 28만원)이다(출처: HSE홈페이지 www.hsw.gov.uk).

6) 영국에서 기업체는 법인(Juristic person)으로 보며 범죄행위에 대해 판결을 받고 처벌 가능하다. 기존 법상으로 기업체 귀책으로 사망사고가 발생했을 때 살해 의도 유무가 중요하다. 실제 사람이 아닌 기업체의 의도 파악이 불가하므로 기업 내 특정인이 사망사고를 일으켰을 때 처벌이 가능했으며 18세기부터 문제의식이 제기된다. 1965년부터 Corporate Manslaughter Act가 시행되고 있었으나 실제 적용은 제한적이었다. 2005년 13세, 14세 두 소녀가 철로를 건너다가 기차에 치여 사망하는 사건이 발생한다. 이 기찻길은 2001년에 위험성이 높다는 조사보고가 있었으나 4년간 아무런 조치 없이 방치되었다. 귀책사유가 명확한데도 동법이 적용되지 않고 안전보건법 관련 규정에 따라 백만 파운드 벌금형만 구형되어 대중의 공분을 크게 산 적이 있다.

7) 영국법상 기업이 사망사고 책임자로 인정되기 위해서는 현장 지휘자, 즉 고위급 임원이 사고를 일으킨 당사자라야 한다. 이후 유사 사고들이 발생하면서 기업의 과실치사를 별도 입법을 통해 처벌해야 한다는 주장이 계속 제기되고 유족들과 관련 단체 활동 등 사회적 논의를 통해 동법이 제정되었다.

8) 적극적 보살핌 의무(Actively caring)의 중대 위반이라 함은 경영층이 조직하고 관리 방식이 실질

기업살인법을 두려워할 필요가 없다. 동법 시행 후 14년간 33건의 유죄판결이 있었으며 이마저도 최악의 경우에만 기소한 것이다.[9]

이 법 전문가는 동법 시행목적이 기업 구성원들의 주인 의식과 자율적 안전관리를 통해 사망률을 감축하는 것이며(예방 우선), 선고받은 기업은 자사 비용으로 선고받은 내용을 공포해야 하므로 주요 억제책이 된다고 한다. 이는 영국기업들이 평판 리스크를 중시하여 기업살인법에 의한 기소를 더 두려워하기 때문이다.[10] 그리고 벌금 상한선이 없으며 재판부 재량으로 기업 규모에 따라 벌금을 선고한다. 양형 기준을 대기업, 중소기업으로 나누어 정하며, 산업안전법과 동시에 기소도 가능하나 중소기업은 개별적인 범죄로 기소하는 경향이 크다.

영국 노덤브리아대학교(Northumbria University)의 빅토리아 로퍼(Victoria Roper) 교수는 동법 시행 후 사망자가 줄어든 것은 1970년 이후 안전개선 노력을 지속해 온 결과가 더 크다고 한다. 그렇지만 동법을 통해 기업들의 안전에 대한 긍정적인 행동을 유도하는 효과가 컸다고 한다. 동법의 성과로는 많은 기소와 유죄 판결, 형량 기준의 설정으로(67만 파운드-한화 약 11억 원) 평균 벌금액 증가, 유죄판결 비율 증대(기소 2/3가 유죄), 중견 및 대기업에 대한 유죄 평결, 범죄행위 알리기 등이다. 로퍼 교수는 안전수준 향상을 위해 강행 규정만으로는 안 되며 궁극적으로 자율성을 높여야 하므로 인내심이 필요하다고 한다.

적으로 중대한 위반 요인이 되어 사망에 이르게 된 것을 말하며, 중대함이란 보살핌 기준에 상당히 못 미치는 경우, 즉 최악의 경우에 적용하는 것이다. 여기서 사망은 근로자, 현장 방문자, 서비스 및 상품 사용자 등 범위와 유형이 넓고 다양하다. 적극적 보살핌은 환경, 사람, 행동 요인에 대한 계획적이고 의도적인 행동으로서 사고 예방에 중요한 역할을 한다.

9) 유죄 판결은 최악의 경우에만 기소된 것으로 대략 100만 파운드의 벌금이며 두 건은 200만 파운드를 상회하였다(한화로 약 33억 원). 벌금은 기업이 내는 것이나 범죄의 경중에 따라 개인이 낼 수도 있으나 액수는 낮다. 기존 사망사고의 미반영 또는 반복 발생 시 구금될 수 있으며 양형이 늘어난다. 중소기업이 유죄판결을 많이 받는 이유는 낮은 마진, 부도사태, 예산 부족, 안전교육 미실시 등으로 상대적으로 과실치사가 많이 발생하기 때문이며 중대 위반사항은 근로자 추락, 충돌, 부상, 끼임 등에 의한 사망사고이다.

10) 영국 노덤브리아대 빅토리아 로퍼 교수의 강연내용에서 발췌하였다(안전보건공단 국제협력센터 국제세미나, 2022. 7. 5).

영국의 규제 패러다임 전환[11]

1) 영국 산업안전보건법 체계 변화

① 기존의 명령통제형 규제방식에서 노사정에 의한 사업장의 산업안전보건 관리 시스템을 통한 규제방식으로 전환하였다. ② 9개 유형의 산업안전보건 법규와 7개 종류의 감독관이 있는 복잡한 구조를 개선하여 1개의 포괄적 기본법과 1개의 행정기관으로 일원화하였다(중복 규제, 감독대상에서 제외되는 경우에 대응). ③ 사업주와 근로자의 자발적 안전관리를 촉진하기 위해 법률의 비중을 낮추었다. ④ 사업주와 근로자 기본 의무를 일반원칙으로 하고, 실시준칙 중심으로 규제하도록 하였다. ⑤ 담당 기관에 산재 예방 이행확보 권한을 부여하였다. 산업재해 발생 후 배상체계를 정하여 사업장에서의 산업재해 최소화를 유도한다. ⑥ 규칙 및 준칙의 유연성을 확보한다. 안전보건위원회의 제안으로 소관 부처가 안전보건규칙을 제정하고, 사용자단체, 노조 의견을 거쳐 의회에 제출되고, 반대하지 않으면 3주 후 효력이 발생된다.[12] 시대에 맞지 않은 규정을 폐지 또는 개정하고, 관련 조항의 실효성 확보를 위해 전문기관을 설립한다. 실시준칙은 관계 장관의 동의하에 안전보건청(HSE)[13]이 승인하면 되고 의회의 동의는 필요하지 않다. 법적 구속력은 없으나 재판에 인용된다. 지침은 HSE 및 자문위원회에서 발의하고 공표를 통해 효력을 발휘하며, 법적 구속력은 없으나 연평균 350여 건을 제공한다.

---

11) 영국 러프버러대학교 사회 – 기술 시스템디자인과 교수 강의자료에서 인용(2023. 4. 28)

12) 영국의 안전보건정책을 특징적으로 나타내는 규칙은 다음 두 가지이다. 첫째, 안전대표 및 안전위원회 규칙(1977년)으로서 사업주와 근로자가 합동으로 자율적으로 기준을 정하는 것에 의거 직장의 안전보건을 확보해야 한다는 로렌스 보고서의 취지에 따라 제정된 상징적인 규칙이다. 둘째, 1977년 규칙의 대상에 포함되지 않는 근로자가 근무하는 사업장이 대상이며(예: 노조가 없는 소기업, 노조가입 대상이 아닌 기업, 노조에 안전 대표나 안전보건위원회가 없는 경우 등), 사업주는 근로자와 개별적으로 소통하거나 근로자 중에서 보건안전 대표를 선출하도록 하여 소통하는 조치를 취해야 한다는 규칙이다.

13) HSE(Health and Safety Executive – 안전보건청)는 영국의 안전보건법을 집행하는 독립기구로서 각 부처의 안전보건분야를 통합하여 1975년에 설립되었다. 노동연금부 소속이며 2008년까지 안전보건위원회(HSC – Health and Safety Committee)의 지휘 감독을 받다가 2008년 4월부터 HSC와 통합하여 HSE란 명칭을 사용한다.

2) 목표기반 규제

영국 정부는 지시적 규제의 한계를 인식하고 목표기반 규제방식으로 전환하였다. 기업 스스로 위험요인을 탐색하고 개선해 나간다. 사업주가 위험성에 맞추어 위험관리를 가능하게 하며, 새로운 리스크에 신속하게 대응할 수 있다.[14] 목표기반 규제의 특성은 다음과 같다. ① 정부가 리스크관리 방식을 지시하지 않고 목표만 설정하여 사업주가 여러 형식으로 관리(Enabling legislation). ② 사업주가 다양한 위험성에 맞추어 적절한 위험관리(Risk-based legislation). ③ 사업주는 근로자들의 안전, 보건 및 건강을 실현 가능한 범위에서 최대한 보장(ARAP-As reasonably as practicable). ④ 사업주 스스로 리스크를 관리하고 규제하는 역량을 키우도록 기반 제공(Innovation). ⑤ 복잡한 법 개정이 아니라 정부 승인으로 실무규범을 변경하여 새로운 리스크에 신속하고 적절하게 대응(Adaptive).

3) 규제의 유연성 확보

첫째, 영국 정부는 지나치게 엄격한 규제조항이 오히려 사업장이 법적 규제 사안의 준수를 어렵게 만든다는 지적에 따라 산업재해 위험성이 높은 분야를 지정하고 그 외의 분야의 자영업자에게는 산업안전보건법 적용을 면제하는 법안을 시행하였다 (Deregulation Act 2015-Health and Safety at Work/General Duties of Self-employed Persons).

둘째, 산업안전보건법에 "실행 가능한 범위"를 정하고 있다. 위험성과 비교하여 위험성 제거에 필요한 자원이 매우 크면 사업주 의무를 면제시켜 준다. 반면에 위험성 정도가 매우 크고 위험성 감소 노력이 작을 경우 최우선으로 위험성을 제거해야 한다. "실행가능한 범위(So far as practicable)"라 함은 사업주가 위험성에 대처하는 시점에서 최신 기술, 경험, 기술적으로 가능한 모든 수단을 포함한다. 위험성 제거 비용, 시간, 노력의 곤란함은 고려되지 않는다.

---

14) 그렇더라도 지시적인 규제가 필요한 산업과 기업이 다수 있다. 위험의 강도(Intensity)가 크고 빈도 (Frequency)가 높은 업종이나 지시적 규제에 익숙한 단순 반복적인 업무가 주류인 업종의 중소기업을 예로 들 수 있다. 안전목표를 달성하기 위한 방법을 명확하게 규정하여 이행의무를 가지고 있는 사람이 준수하도록 하는 규제방식에 적합하다.

셋째, 규제 선택의 순서 체계(Hierachy of options)를 정하여 규제 필요성을 최소화 시켰다. 법 규정은 가능한 한 "목표 및 일반원칙(Goal and general principles)"으로 한정하고 구체적 규정은 실행준칙(Code of practices)과 지침(Guidance)에 위임되어 있다.

새로운 규제는 다음과 같은 순서를 거쳐 결정한다. ① 일반 의무(General duties)와 직장의 안전규칙 활용 검토 ② 법규 효력 없는 지침(Guidance note)이나 인증실행 준칙(Approved Code of Practice) 제정 검토 ③ 목표설정형(Goal-setting) 규제 우선 설정 ④ 필요에 따라 특정한(Specific) 방법을 정하는 지시형(Prescriptive) 규제 설정

4) 영국의 안전정책 동향

영국은 세계 최고의 안전 선진국답게 수준 높은 정책을 펼치고 있으며 다섯 파트로 살펴본다.[15] 첫째, 기업의 자율예방시스템, 즉 기업 스스로 안전 확보 및 위험요소 관리방법을 선택하게 한다. 합리적이고 균형 잡힌 방식을 장려하고, 이해관계자들이 위험 통제에 집중하도록 지원하며, 파급력이 크고 빈번하게 발생하는 위험에 집중하도록 한다.[16] HSE는 3년간 적용될 보건안전시스템과 전략 방향, 우선순위, 목표를 포함한 전략을 수립한다. 실행력을 높이기 위해 전년도 주요성과 지표와 이정표, 예산 정보 등을 연간계획에 포함시킨다.[17]

둘째, 과학적 기법을 활용, 예방 중심으로 점검 및 감독한다. 데이터 분석 등 과학적, 객관적 기법을 동원하고, 우선 대상자를 선정한다. HSE가 개발한 데이터 분석시스템을 사용하여 취약한 사업장 위주로 점검한다(위험성 높고 위험요소를 제대로 통제하지 못하는 사업장).[18]

---

15) 한국산업안전보건공단, 해외 주요국 산업안전보건 제도집(2022. 10) 영국편에서 발췌

16) HSE 홈페이지에 단순화시킨 법적 프레임워크(A simplified legal framework) 내용을 보면 영국의 자율예방시스템 추진 방향을 알 수 있다. 영국 정부는 ① 리스크에 근거한 목표설정형 접근방식의 선택, ② 보건안전법을 크게(greatly) 단순화시키고 ③ 안전보건 의무자들의 불필요한 부담(unnecessary burdens)을 감소시켜 왔으며, 이는 다음과 같은 조치를 보면 알 수 있다. 오래된(쓸모없는) 입법 내용(outdated legislation)의 제거, 중복규제(duplication) 배제, 보건안전 성과를 개선시키지 못한 법적 요구조건(requirements)의 폐지 등이다.

17) HSE는 보건안전 성과 개선을 위해 다양한 조치를 시행하고 있으며, 사업 계획 대비 80% 정도 달성하는 것으로 알려져 있다(2021년 61개 과제 중 49개 달성). 이는 HSE가 목표 수준을 상당히 의욕적으로 잡아 놓고 최선의 노력을 다하고 있음을 짐작할 수 있다.

18) HSE의 자체 데이터 분석시스템은 RIDDOR 에 의거 사업주 또는 근로자가 신고한 산재사고 데이터 통합시스템을 말하며 경찰 등에 신고된 데이터도 통합하여 분석한다. 지난 수년간의 산재 사고

셋째, 안전문화 발전단계와 성숙 모델(Maturity Model)을 설정하고 안전문화를 확산시킨다.[19] 안전문화 발전단계는 레벨 1~5다섯 단계이며 단계별로 중점적으로 해야 할 내용을 명시하고 있다.

① 발현단계에서 관리단계로 이행하려면 경영진 헌신과 약속이 필연적이고, ② 참여단계로 넘어가려면 현장 근로자의 중요성을 인식하고 개인의 책임의식을 계발해야 하며, ③ 협력단계가 되려면 구성원들이 안전을 개선시키기 위해 헌신과 협력에 몰입하도록 만들고, ④ 지속적 개선단계로 넘어가려면 바람직한 행동 강화(Reinforcement) 및 일관성(Consistency)을 유지하며, 자기만족(Self-complacency)과 자만심(Conceit)을 경계해야 한다.

그리고 안전문화 성숙모델(SCMM – Safety Culture Maturity Model)을 개발해 나가며, 이의 구성요소는 다음과 같다. ① 경영층의 헌신 및 시현(Management commitment and visibility) ② 의사소통(Communication) ③ 생산성과 안전(Productivity vs Safety) ④ 학습조직(Learning organization) ⑤ 자원확보(Safety resources) ⑥ 구성원 참여(Participation) ⑦ 인식 공유(Shared perceptions about safety) ⑧ 신뢰(Trust) ⑨ 노사관계와 직무 만족(Industrial relation and job satisfaction) ⑩ 훈련(Training)

영국 정부는 기업에서 안전문화를 효과적으로 확산시키기 위해서는 경영진이 안전문화 확산을 위한 강한 동기를 부여해야 하고(동기부여), 정기적으로 안전보건에 대해 구성원들과 의견을 나누고, 문제 해결 방안 제시 등 대화의 장을 마련해야 하며

발생 건수, 발생 지역, 산업 분야 등의 검색기준 설정을 통해 검색하면 산재사고 위험성이 높은 사업장 리스트를 파악할 수 있다. HSE는 이 시스템을 이용하여 파악된 위험성 높은 사업장 중심으로 단속대상을 선정한다. RIDDOR는 Reporting of Injuries, Diseases and Dangerous Occurrences Regulations 2013의 약칭이다.

19) 영국 정부는 안전문화를 '개인이나 집단의 가치, 태도, 인식, 역량 그리고 행동 양식의 결과물로서 조직의 안전보건 경영 실행, 방식, 숙련도 등을 결정하는 문화'로 정의하고 조직 전체 문화의 하위 집합적인 성격이라 보고 있다.

❖ 영국의 시기별 안전보건 사업계획(HSE Business Plan) 배경 및 내용

시기	배경 및 내용
2012 -2015년	• 2010년 보수당 총선 승리로 2년여 준비(안전보건정책 변화기초) • 이전 정부 '이해관계자 참여를 통한 문제 해결' 로드맵 기조 유지[21] • 관료주의 타파 및 현장 중심 위험감소 집중
2016 -2020년	• 보건안전에 대한 국민 인식 개선 및 확산 • 직장 산업안전보건 중요성 사회적 공감대 확산 • 업무 관련 질병 위험성 인식 강화 및 대응 • 소상공인 산업안전보건 지침 준수 지원 • 적절한 위기관리를 통해 생산성 향상 • 신기술 및 새 직무방식에 따른 이슈 대응 • 영국 안전보건전략에 따른 이점 해외 공유
2021년	• 전년도 추진 사업계획 지속 • 3대 산재 질환 집중(근골격계, 폐질환, 스트레스성 질환) • 목공업분야 먼지, 밀가루, 용접 흄(발생 먼지)통제, 쓰레기 처리 및 재활용 분야 산재 관리
2022 -2032년	• 변화하는 환경과 HSE 역할 및 기능 확대 • 정신질환 및 탄소배출 등 환경요인 반영 • 정신적 재해와 스트레스 경감 • 거주, 근무, 환경 안전성에 대한 국민신뢰 향상 • 주요 사고 예방, 탄소 순 배출 제로 목표 • 가장 안전한 국가 기록 유지 • HSE 근로환경 개선, 우수 직원 유치 및 유지

(공감대 형성), 주기적으로 안전문화 수준을 진단해서 개선방안을 모색해야 함을 제시한다.[20]

넷째, 새로운 위험 요인에 적극 대응한다. HSE 산하 조직인 과학과 엔지니어링 및 확인위원회(Science, Engineering and Assurance Committee)에서 새로운 위험요인에 대한 대응전략을 수립한다.[22] 맨체스터대와 연구 파트너십 계약을 체결하고 국가 차원

---

20) 조직의 안전문화 수준 진단 시 사용하는 설문지 구성요소를 다음과 같이 제시하고 있다.
① 경영진 참여 ② 커뮤니케이션 ③ 근로자 참여 ④ 교육 훈련 및 정보제공 ⑤ 동기부여 ⑥ 규정과 절차 준수 ⑦ 재해 위험에 대한 조직의 태도 등 일곱 가지이다. 회사는 이를 통해 현장의 반응, 감독관의 의견 개선 요성 등을 파악하는 데 활용하며 개선작업에 큰 도움이 된다.

21) 이전 정부의 로드맵 기조를 유지한다는 것은 안전정책을 일관성 있게 추구하는 것으로 안전의 연속성이란 관점에서 시사하는 바가 크다.

22) 과학 및 엔지니어링 전략과 업무 및 품질 수준을 높이기 위해 다음과 같은 내용을 성찰하고 있다.
① HSE는 주제의 우선순위를 과학적인 방법에 의해 정하는가 ② 관련 지식을 제대로 습득하고 있는가 ③ 습득한 지식이 효과적으로 활용되고 있는가 ④ HSE가 보유한 과학기술의 품질(quality)은 충분할 만큼 높은 수준인가 ⑤ HSE는 과학적 지식을 획득하고 보급하며 검사 지원에 필요한 역량을 지니고 있는가 ⑥ HSE가 수행하는 수평선 스캐닝(Horizon scanning)은 효과적인가 등이다. 수평선 스캐닝(또는 환경탐색기법)은 미래를 예측하는 방법으로서 시나리오나 로드맵같이 이후에 연

의 산업안전보건 영향에 대해 연구한다. 이를 통해 산업 간의 위험 분석에 대해 자문을 제공하고 미래 상황에 대한 대응 능력을 키워준다. 산업체 실무진과 대학과의 가교 역할을 맡아 전문지식 교류의 폭을 넓히고 산학협력을 강화한다.

다섯째, 중장기적으로 안전보건 사업계획을 수립하고 상황 변화에 맞추어 유연한 전략을 수행하고 있다. 2012년에 3개년 계획, 2016년에 4개년 계획, 2022년에 10개년 계획을 수립하였으며 수립 시기별로 앞의 표와 같이 각각의 특징이 있다.

영국 정부는 중장기계획 외에 집행력 강화를 위해 1년 단위 계획을 수립하고 시행한다. 단기 계획은 정책집행의 평가와 추가 조정이 쉽고, 위험요인의 관리와 통제를 재해 우려가 큰 사업장에 집중할 수 있다. 그리고 사망 재해에 국한하지 않고 직업병에 대한 장기적 연구와 감시시스템 구축을 위한 투자를 지속하고 있으며, 일인 자영업자(One-employed) 안전보건도 정책적 보호대상으로 삼으며, 직업성 질환에 대한 감시체계를 강화하고 있다.

계되는 미래예측 활동을 위한 플랫폼을 구성한다. 수평선 스캐닝은 광범위한 정보 스펙트럼을 고려함으로써 미래의 당면과제와 기회, 트렌드를 정의하는데 통찰력을 제공하고 조직 외부인들이 조직 내의 팀과 연계되어 새로운 관점을 모색하는 경우에 매우 유용하다. 정책 입안자를 위해 신기술이나 위험의 조기 탐지 및 평가에 주로 사용된다(출처: 과학기술정책연구원).

1 모범 기업 사례

1) 모건 스탠리의 비상훈련 사례

2001년 911테러는 역사상 최악의 테러 사건으로 세계무역센터 트윈타워에서만 2,763명이 사망하였다. 이 빌딩의 22개 층에 걸쳐 입주해있던 MSDW(Morgan Stanley Dean Witter)사는 911사태 당시 3,500여 명이 입주하고 미국 재무부의 금융자산 수천억 달러를 취급하고 있었으므로 회사 기능이 마비되면 세계적인 대재앙 및 회사의 몰락이 예견될 수 있었다. 모건 스탠리사는 사고 당일 약 3천여 명이 근무하고 있었는데 13명만 목숨을 잃었다. 많은 직원들이 14분 안에 대피할 수 있었던 것은 수년 동안 실시해 온 대피 훈련 덕분이었다.

사고 다음 날 오전 9시에 지점이 정상 영업을 하고 직원들은 희생자 13명을 제외하고 모두 생존하여 정상 운영이 가능하였다. 이날 모건 스탠리의 CEO인 필립 퍼셀(Phillip Purcell)은 기자회견에서 상황을 설명하였다. 언론은 이 회사의 위기관리 시스템에 관심을 가지고 조명하기 시작했고 안전요원 '릭 레스콜라' 주도로 비상훈련을 매년 4회, 8년 연속으로 실시해 왔음을 알게 되었다.[23] 당시 고객들이 모여 교육을 받고

---

23) 근무시간 1분 1초를 다투는 금융회사이므로 직원들 사이에 건물 밖으로 대피하는 훈련을 정기적으

있다가 무사히 대피하였으며 평소에 실시하는 반복훈련의 중요성을 새삼 인식하게 되었다.

2) 알코아 CEO 폴 오닐의 인간존중 경영 사례

그는 1987년 취임사에서 '인간존중'을 비전으로 하여 미국에서 가장 안전한 회사, 산재율 제로, 안전습관, 안전문화가 회사 발전의 핵심가치임을 선언하였다.[24] 그의 철두철미한 안전철학은 "안전관리는 숨쉬기와 같다."라는 그의 말로 짐작할 수 있다. 그가 안전을 '최우선'이라 하지 않은 이유는 '최우선'이란 언제든 순서가 바뀔 수 있다는 의미가 내포되어 있기 때문이다. '안전이 숨쉬기와 같다'라는 표현에 대해 구성원들은 CEO의 안전성에 대한 확고한 원칙과 진정성을 공감하게 된다.

사고 발생 24시간 이내 보고체제를 수립하고, 공정의 잠재 위험요인의 발굴 및 개선, 품질 및 효율성 제고를 추진한 결과 사고율이 급감하였다. 그는 습관을 바꾸는 효과적인 방법이 신호, 반복행동, 보상이라 여겼다. 안전의 중요성을 반복해서 강조하고 스스로 안전수칙을 준수함에 따라 구성원들도 준수하기 시작했다. 그리고 안전 성과 보상을 과정을 통해 선순환 고리(Loop)를 형성해 작업습관이 긍정적으로 바뀌기 시작하였다. 사고율, 불량률이 낮아지고 눈에 보이지 않는 손실이 없어지며, 회사의 모든 부분이 튼튼해지기 시작하고 매출액 증대로 연결되었다.

그의 인간존중 경영으로 관리자와 근로자 간 소통이 활성화되고 안주하려는 습관이 개선되어 회사가 놀랍게 변모되었다. 12년의 재임 기간에 순이익이 2억 달러에서 15억 달러로, 시가총액이 30억 달러에서 275억 달러로 증가하고 미국에서 안전 선두 기업으로 자리매김하게 된다.[25]

로 또는 예고 없이 실시하는 데에 반발심도 적지 않았지만 안전담당요원 릭 레스콜라가 강한 의지를 가지고 주도면밀하게 추진한 것이다.

24) 안전 최우선을 강조한 폴 오닐의 취임식 연설은 영업이익 극대화 아이디어를 기대했던 주주, 투자자, 기자 등 참석자들을 혼란스럽게 만들었지만 종국적으로 안전관리를 통해 회사의 생산성을 크게 높이는 성과를 창출하였다. 리버티 뮤추얼보험사 설문조사에 의하면 재무최고책임자의 60%는 사고예방에 1달러를 투자할 때마다 2달러 이상 회수한다고 하였고, 40% 이상은 작업장 안전프로그램 운영으로 생산성이 좋아진다고 하였으며, 미국 안전전문가협회는 안전보건 투자와 그에 따른 수익 간에 직접적 상관관계가 있다고 하였다(양정모, 새로운 안전관리론, 박영사, pp.37-40).

25) 심지어 타사 사무실 직원보다 알코아 근로자의 산재확률이 더 낮다고 알려져 있다.

3) US 스틸의 '안전제일' 경영 사례

1900년대 초 미국의 철강산업이 불황에 빠져 있을 때이다. 당시 미국 최대 철강 회사 US 스틸의 개리(E. H. Gary) 회장이 작업장에서 철판에 깔려 사망한 근로자를 목격하고 회사의 경영방침을 '생산제일주의'에서 '안전을 1순위에 두고 '안전제일(Safety First)'이란 표어를 제창하였다.[26] 당시 성장이 주를 이루던 시대로서 안전을 생산보다 상위 개념으로 둔다는 것은 상상하기 어려운 일이었다. 과감한 결단은 놀라운 결과로 이어진다. 재해감소는 물론 품질과 생산성이 모두 향상된 것이다. 개리 회장의 방침에 따라 시행된 조치를 보면 다음과 같다.

- 공장 내의 시설로 질서 있는 공장 배열 및 기계 재배치, 물자 이동 시 작업중지, 구내 철도의 단축 및 교통 표지 정비, 비영어권 직원 배려(타국 언어 병기), 기계의 안전장치 의무화, 청결한 작업환경 유지
- 공장 외의 시설로는 쾌적한 사택과 정원 및 채소밭 관리, 병원 시설 및 우수 의료진 고용, 근로자와 가족을 위한 학교시설, 위생, 수도, 가스, 교통기관 등의 설비 완비 등

훗날 개리 회장은 "안전 위주로 공장설비를 배치하고 운영한 결과 특별히 신경 써야 할 문제점이 없어지고, 산업재해는 크게 감소하며, 생산성은 두 배 이상 증가, 막대한 투자 원금은 수년 내에 회수하게 되었다. 단순히 근로자의 안전 작업 환경을 만들려는 신념이었는데 이렇게 많은 이윤을 남기리라 생각하지 못했다. 예기치 못한 성장과 발전에 도움을 준 근로자와 하느님께 감사드린다."고 소회를 밝힌다. 이처럼 회사 경영방침에 안전을 1순위로 둔 결과 작업장 분위기가 크게 달라지고 경영성과가 훨씬 좋아지게 된 것이다.[27]

---

26) 초기 방침은 생산 제1, 품질 제2, 안전 제3이었으나, 방침 변경 후 안전 제1, 품질 제2, 생산 제3으로 안전이 최우선의 가치가 되었다.
27) 안전저널 정태영 기자 기고(2016. 12. 22), 안전한 일터가 행복한 세상을 만든다, 허남석, 전게서 p.43.

4) 크레이그 퓨게이트 (전) 연방 재난관리청장 운영 사례[28]

그는 미국 재난대응 대부로 불리며 2009~2017년 동안 8년을 재임하였다. 그가 남긴 명언은 "재난은 예상하고 훈련해 온 방식으로 일어나지 않는다"는 것이다. 전국 재난대응기관들로 하여금 다양한 상황을 설정하고 극한 상황 대응 훈련을 실시토록 하여 재난안전 시스템 개선을 유도하였다. 그는 재난대응기관에 예고 없이 방문하여 가상시나리오를 제시하고 대응방안에 대해 즉석 브리핑을 받는다. 예를 들면 토네이도 발생 시 피해복구, 운석이 떨어져 폭발 시 대응, 갑작스러운 정전 시 피해복구 등이다. 재발 우려가 높은 지역에 선제적으로 대응토록 하고, 지역주민, NGO 등에게 응급처치 교육을 시키고, 약자 보호 조치를 우선적으로 시행한다. 재난 늑장 대응 시 강력한 조치를 취하고(해임, 청문회 등), '규정에 없다'라고 핑계 대는 관료주의 타파에 집중하였다.[29]

통합 재해대책 및 위기관리 기관으로 1978년 카터 행정부 시절에 연방재난관리청(FEMA－Federal Emergency Management Agency)을 국토안전국(DHS－Department of Homeland Security) 소속으로 설립하여 보완, 발전시켜 오고 있다. 재난관리체제의 급격한 변화나 기능을 축소하지 않고 축적된 경험을 활용하여 안정된 부분은 강화하고 부족한 점은 보완해 오고 있다. 대규모 재해 발생 시 FEMA가 중심이 되고 연방, 주, 지자체 등 정부조직과 민간조직이 협력체제를 구축하여 재해에 대비하고 일사분란하게 대응하고 있다.

FEMA는 1999년 9월 미국 남부를 강타한 거대 허리케인에 대응해 많은 인명을 구했다. 1979년 3월 스리마일섬 원전사고 당시 제대로 대응하지 못한 과거를 교훈삼아 구호복구국과 연방보건국을 강화하고 피해 경감국을 신설했다. 또 미국 남부의 각 주가 위기관리국을 유지하면서 연간 천만 달러의 예산을 갹출해 재해 발생 시 집행한다. FEMA가 관료주의를 배격한 하나의 사례를 보면 다음과 같다. "거대한 허리케인이나

---

28) 미국에는 재해대책과 위기관리 담당기관으로 연방재난관리청(FEMA－Federal Emergency Management Agency)이 국토안전국(DHS－Department of Homeland Security)에 설치되어 있다(1978년, 카터 행정부). 대규모 재해 발생 시 FEMA가 중심이 되고 연방, 주, 지자체의 정부조직과 민간조직이 협력체제를 구축하여 대응하고 있다. FEMA는 경험을 축적하여 안정된 부분은 강화하고 부족한 점은 보완해 오고 있어 우리에게 좋은 시사점을 주고 있다(네이버 지식백과, 머니투데이, 이동규 시업재난관리학과 교수 기고문, 2022. 4, 5).

29) 2019년 5월 서울에서 개최된 '아시안 리더십 컨퍼런스' 강연 내용임.

지진 등이 발생하면 버스에 FEMA이동본부가 설치되고 모든 지시는 구두로 이루어지며 즉시 실행된다. 서류 수속 같은 형식적 작업은 필요하지 않다." 이처럼 미국의 재난 대응사례는 좋은 시사점을 주고 있다.[30]

2 미국의 자율안전경영시스템

1) 산업안전보건 담당 기관

미국의 산업안전보건 분야는 1970년 산업안전보건법에 의거 설립된 산업안전보건청(OSHA – Occupational Safety and Health Administration)과 보상프로그램운영부가 담당하며 노동부 소속이다. 산업안전 및 보건 기준을 제정하고, 작업장 산업안전 및 보건 기준의 준수를 감독하며 작업장 안전관리 협력 지원을 수행한다. 주요 사업은 근로자 대상 안전보건 관련 정보제공, 교육 및 연수프로그램 제공, 안전보건 관련 법규 제정 및 집행, 사업장 감독 등이다.

2) 의무이행 확보

안전보건감독관은 작업장 진입 권한을 가지고 사업주, 근로자 등과 면담, 검사, 테스트 및 조사, 산업안전 보건에 관한 조언 등을 실시한다. 요청 또는 통지서 발행, 벌과금 부과, 라이센스, 권한 등의 취소 또는 정지, 위험작업 중단요구 등의 권한을 가지고 있다. 감독 대상기업은 약 7백만 개로 우선순위는 급박한 위험 상황, 심각한 부상 및 질병, 근로자 진정(Referral), 기획 감독, 사후 감독 순으로 정한다. 사전에 통보하지 않고 진행하며, 순서는 ① 감독관의 신분증 제시 및 단속 이유 설명 ② 단속 검사과정 범위, 점검 사항, 근로자 면담 등에 대해 설명 ③ 사업장을 순회하며 위험 사항 점검 ④ 점검 후 총평의 단계를 거친다.

특정 작업장을 기준에 따라 선정, 작업장 특정 기획 감독(SST – Site specific targeting)을 실시한다. 이는 상시근로자 250명 이상인 기업으로서 안전보건 자료를 의

---

30) 이동규 교수, 이제는 통합적 사회재난 관리를 논할 때, 동아대 기업재난관리학과, 머니투데이 (2022. 4. 5). 마사다 와타루, 위험과 안전의 심리학, 인재NO, pp.28 – 29.

무적으로 제출하는 기업, 20명 이상 250명 미만인 기업으로서 산업안전보건청 기준의 주요한 현장, DART 비율이 높은 사업장이다. DART 자료가 보고되지 않은 사업장 및 일부 낮은 DART 비율의 사업장도 포함된다. 이들 사업장은 감독 목록의 정확성 검증을 위해 포함한 것이며 통상 제조업과 비제조업을 절반씩 구성한다.[31]

3) 제재 수단

제재 수단으로 민사벌, 형사벌이 있다. ① 민사벌(Civil penalty)은 산업안전보건청의 지역사무소장(OSHA Area Director)이 소환장을 발부하고 사용자가 이에 대해 이의를 제기할 경우에는 직업안전보건 검토위원회(OSHRC – Occupational Safety and Health Review Commission)의 판정 절차를 거쳐 집행되며, 노동부장관은 민사벌의 추심을 위해 민사소송을 제기할 수도 있다. 산업안전보건청의 감독 결과, 위반사항[32]이 확인되면 지역사무소장은 시정명령 또는 민사벌 부과 여부를 결정하여 소환장을 발부한다. 소환장에는 사용자와 근로자의 위반 내용과 위험제거 기간을 기재한다. 사용자가 불복할 경우 15영업일 이내 이의를 제기할 수 있다. ② 형사벌(Criminal penalty)은 법무부 또는 주 검사의 기소 및 법원의 판결을 통해 집행된다. 1970년 산업안전보건청 설립 이후 2021년까지 기소된 사건은 115건에 불과하며, 2019년 4건, 2020년 7건, 2021년 9건이다. 대부분 민사벌을 통해 집행되지만 예측가능하고 막을 수 있는 작업장 사망사고에

---

31) DART 비율(Days Away, Restricted or Transferred rate)은 정규직 근로자 100명당 부상이나 질병으로 인해 근무 일수의 감소, 근무 제한, 전근 등이 발생한 기록 가능한 사고의 수를 나타내는 비율이다. DART 비율 산정 공식은 다음과 같다. 〈DART rate = (Total number of DARTs X 200,000)÷Total hours worked〉 즉 사용자는 사고로 인한 휴무, 근무 제한, 전근일에 이십만을 곱한 값을 사업장의 모든 근로자가 근로한 전체 시간으로 나누어 계산한다. 보통 DART 비율이 0–1.875이면 낮음(Low), 1.875–4.125는 중간(Moderate), 4.125 초과 시 높음(High)으로 본다. 산업안전보건청은 업종 및 사업장 규모 기준을 적용하여 사용자의 DART 비율과 사고율을 사용하여 부상 및 질병 발생 건수가 증가할 가능성이 높은 사업장을 특정한다. 산업안전보건청은 높은 부상 또는 질병률이 예상되는 사업장에 대해서는 국가 중점 프로그램(National Emphasis Programs), 지역 중점 프로그램(Local Emphasis Programs)을 포함한 특별 중점 프로그램(Special Emphasis Programs)에 따라 기획 감독으로 이어질 수 있다. 특정 사업장이 기획 감독 목록에 기재되면 산업안전보건청은 해당 사업장이 해당 검사주기가 개시된 이후 3년 이내에 종합적인 안전보건 감독을 수검한 경우에만 해당 사업장을 감독 목록에서 삭제한다. 참고로 사고율(Incident rate)은 모든 사고와 질병을 계산하지만 DART 비율은 기록 가능한 손실율 산정한다(출처: 산업안전공단, 국가별 산업안전제도, 미국편).

32) 위반(Violation)의 종류는 중대한 위반(Serious), 경미한 위반(Other than serious), 고의적인 위반(Willful), 반복적인 위반(Repeat)이며, 개선실패(Failure to abate)는 이전의 위반사항을 개선하지 못한 경우이다.

대해 형사소추 등 전통적인 경찰권은 산업안전보건청이 선점하지 않는다.

연방 차원에서 이에 대한 형사처벌은 제한적이지만 다수의 주(州)에서는 주법(州法)에 따라 산재 사망사고에 대해 작업장 또는 비자발적 과실치사(Workplace or Involuntarily manslaughter), 형사적 과실 살인(Criminally negligent homicide), 무모한 위험 빠뜨리기(reckless endangerment), 폭행(Assault)의 혐의로 형사소추한 사례가 있다.[33] 산업안전보건청은 다음 세 가지 위반행위에 대해 엄격하게 형사별 규정을 두고 있다.[34] ① 근로자를 사망에 이르게 한 사용자의 고의적 행위(법 규정 위반-Standard, Rule or Order 등), ② 산업안전보건청의 감독에 대한 공인되지 않은 사전 통지(권한 없는 행위 -without authority) ③ 산업안전보건청에 제출한 문서 또는 산업안전보건청이 요구하는 문서에 거짓 또는 허위로 표기(허위의 진술, 대표성, 인증-A false statement, representation or certification)

4) 기업의 자율 예방체계 시행

규제 위주 정책에서 탈피하고 사업장과 산업안전보건청과의 자발적 협력관계를 강화하기 위해 네 개의 자율 프로그램을 운영하고 있다. 첫째, VPP(Voluntary Protection Program)라 불리는 자율안전보건 프로그램으로서 안전보건 의식이 확고한 대기업의 사업장과 협력하여 자율안전보건체계를 인증해 주는 제도이다. 재해율이 동종업계 평균보다 낮은 사업장이 신청하며, 인증받은 후 1년간 정기감독을 면제받는다. 중소기업의 참여가 꾸준히 증가하여 2022년도 연방정부 지원 사업장 중 종업원 100인 미만 참여가 43.7%에 이른다. 산업안전보건청은 현장작업, 예방시스템이 잘 이루어지는지 철저히 평가하고, 부상, 질병 정도를 점검한다.

VPP프로그램은 다음과 같이 세 등급이 있다.

① 스타(Star) 등급: 산업재해율이 전국 동종 업종 평균치 이하로서 유해 위험요인을 자체적으로 파악, 개선할 능력을 보유한 사업장이며 3~5년마다 재인증받

---

33) 2018년 맨해튼 지방검사는 소형 크레인이 떨어져 근로자 2명이 중상을 입은 건설 현장의 수급인을 폭행(assault) 혐의로 기소하였으며, 2019년 메인 주 검찰청은 추락 방지 보호 조치를 하지 않아 지붕 공사 작업자가 추락사하여 수급인을 과실치사(workplace manslaughter)로 기소한 바 있다.
34) 이러한 규정을 통해서 미루어 볼 때 미국이란 사회가 고의나 거짓으로 남을 속이는 행위에 대해 매우 엄격하게 다루고 있음을 알 수 있으며 우리 사회에 많은 시사점을 주고 있다.

는다.

② 메리트 (Merit) 등급: 효과적인 안전보건 경영체계를 가졌지만 아직 개선이 필요하며 스타등급 만큼의 역량을 3년 내 보여야 한다.

③ 스타 실증 프로그램(Star Demonstration Program): 동종 업종 평균 재해율 이하인 사업장이 법적 기준과 다른 방법을 택하거나 안전보건 기준이 설정되지 않은 분야에서 우수한 안전보건 프로그램을 운영하는 사업장이다.

산업안전보건청은 기업의 참여를 독려하기 위해 파생 프로그램을 운영하고 있다.

① VPP Challenge: 소규모 사업장에 대해 안전보건 수준과 상관없이 참여할 수 있도록 지원

② VPP Corporate: 참여 중인 사업장으로서 동일 사업주의 타 사업장이 VPP에 가입할 경우 신청 절차 간소화

③ VPP Construction: 임시 건설현장이 안전보건 개선 시간을 줄여 VPP 참여를 쉽게 하도록 지원

④ SGE(Special Government Employee): VPP 사업장에 대하여 VPP현장 평가에 참여할 수 있는 제도(2018년에 약 1,500명이 활용)

둘째, SHARP(Safety and Health Achievement Recognition Program)라는 안전보건 달성인증 프로그램이다. 이는 기업체가 산업안전보건청의 조사를 받은 후 위험요인을 제거하고 자율안전보건경영시스템을 시행하는 경우, 산업안전보건청이 이행실태 평가 후 인증해 주는 제도이다. 산업안전관리청은 사업장에 컨설팅(On-sight consultation)을 무료로 제공하여 자율 안전보건 프로그램을 지속적으로 운영하도록 도움을 준다. 참여 대상은 유해위험요인이 많은 단일 사업장으로서 설립 후 1년 이상 운영한 250인 미만 중소규모 사업장이다. 참여를 원하는 기업은 유해위험요인 조사를 산업안전관리청에 요청하고, 조사 결과, 지적받은 사항은 반드시 개선을 완료해야 한다. 참여 기업체는 산업안전관리청의 안전보건경영 지침에 따라 안전보건경영체계를 구축하고 이행해야 한다. 그리고 전국 평균치 이하의 산업재해율을 유지해야 하며, 신규 위험시설 설치 및 작업조건을 변경할 때는 미리 주(州) 정부 감독관에게 보고해야 한다.

인증서 취득의 장점은 무료 컨설팅, 자율안전보건프로그램 운영, 생산성 증대, 산

업재해 감소, 감독 면제 등의 혜택이다. 그리고 SHARP Alliance에 참여하여 정보를 공유하고 동종 업종의 모범 작업장 모델로 소개되어 기업 이미지 향상에 크게 도움이 된다. 산업안전관리청은 컨설팅에서 발견된 위반사항에 대해 과태료를 부과하지 않고 사업주를 소환하지 않는다. 그리고 해당 사업주, 방문 결과 등에 대해 기밀을 보장하고, 사업주는 작업장의 변화, 신규 유해위험 요인 발생 시 산업안전관리청에 즉시 보고해야 한다.

셋째, OSPP(OSHA's Strategic Partnership Program)라는 전략적 협력 프로그램이다. 산업안전관리청과 노사단체, 근로자 대표, 기타 단체 간의 상호 협력관계를 기반으로 사업장의 안전보건 문제를 해결을 목표로 한다(근로자 50인 미만의 사업장 대상). 세부 과제는 유해위험요인 제거, 효과적 안전보건관리시스템 구축, 높은 수준의 근로자 안전보건 확보 등이다. 이 프로그램 참가 시에 협력 사항을 문서화해야 하며, 산업안전관리청은 참가 기관, 기업 등이 협정서대로 운영되는지 검토하고 평가한다.

넷째, AP(Alliance Program) 프로그램이며, 이는 규제중심 이미지 탈피, 타 협력 프로그램 활성화, 민간단체 활용 등으로 산업안전보건을 위한 사회 인프라를 구축하기 위함이다. 기업체, 노조, 업종별 단체, 전문가협회, 교육기관, 정부기관 등의 조직과 협력하며, 산업안전보건 현안 과제와 기관들의 우선 과제들을 지원한다. 참여 대상과 자격요건은 자원과 조직을 갖추고, 전문지식을 지닌 직원을 보유하며, 안전보건을 위한 사업주의 의지가 강하고, 성과를 전 사업장에 공유하고자 노력하는 사업장이다. 세부적으로 ① 목표 실행이 가능한 웹 사이트, 뉴스레터, 저널, 컨퍼런스 등 자원 보유 ② 교육과정 개발 및 교육이 가능한 조직과 관련 지식을 갖춘 직원 보유 ③ 안전보건 확산과 같은 목표 달성을 위해 관련 기관과 협력 등 주도적 역할 수행이다. 참여 기관은 산업안전관리청이 마련한 표준계약을 체결해야 한다. 계약상의 협력 내용은 교육훈련, 정보공유, 작업장 안전보건에 관한 국가적 논의 촉진이다(여론조성 등). AP 참여의 장점은 ① 산업안전관리청과 신뢰 및 협력관계 형성 ② 관련 기관과의 협력관계 구축 ③ 근로자의 안전보건 증진을 위한 효과적 방법 공유 ④ 산업안전보건 분야 적극 활동기관으로서의 인지도 획득 및 이미지 부각이다. 특히 ESG경영과 관련하여 이를 활용하는 것이 유리하다.

5) 안전문화 확산

산업안전보건청은 미국 전역에 걸쳐 안전문화 강조주간 행사를 통해 사업주와 근로자의 안전보건 의식 수준을 향상시키고자 노력하고 있다. 산업안전보건 강조주간 행사(Safety plus Sound Week)는 사업장이 안전보건 프로그램을 갖추도록 독려하는 등 안전문화의 실행력을 높이고자 하는 것이다. 몬타나(Montana) 주(州) 정부는 안전문화법(Safety Culture Act)을 제정하여 사업주, 정부기관, 관련 단체에서 일반인과 학생 등을 대상으로 안전문화 의식을 고취하고 있다.

6) 새로운 위험 요인에 대한 대응

산업안전보건청은 변화하는 산업의 수요와 기술발전 대응방안으로서 다변화 프로그램(Variance Program)을 운영하고 있다. 사업주를 중심으로 스스로 사업장의 위험을 확인하여 제거하고 완화시키는 것이다. 또한 국가지정시험소(National Recognized Testing Laboratory)를 통해 전기충격, 감전, 폭발 등의 사고와 관련, 근로자 보호 방안을 연구하고 있다.

04 일본

1 일본 노동재해 방지계획[35]

일본 노동재해는 1958년 이후 감소해 오고 있다.[36] 고도 성장기인 1958년부터 정부, 사업자, 근로자들이 참여하여 노동재해방지계획을 수립하고 13차에 걸쳐 진행해 왔다. 2023년 4월, 제14차 노동재해방지계획(5년 적용)의 주요 내용은 다음과 같다. ① 근로자의 작업 행동에 기인하는 재해방지 ② 고령 근로자 재해방지 ③ 다양한 근무형태 대응과 외국인 근로자 등 재해방지 ④ 업종별 재해방지 ⑤ 근로자 건강확보 ⑥ 화학물질 등에 의한 건강장해 방지

2 일본의 의무이행 확보 특징

법 규정에 따른 사업주 책임으로 안전을 촉진하는 체제이다. 노동안전위생법(1972년)은 사업주가 법 규정을 준수하면 산업재해를 예방할 수 있다는 법규준수형 법체계이므로[37] 법규준수를 위한 안전관리구축이 선결과제이다. 예컨대 하도급이 많은

---

35) 최광석 박사, 일본 노동안전위생종합연구소 안전영역장 강의자료(2023. 4. 28)
36) 일본 후생노동성이 말하는 노동재해란 사망자 및 4일 이상 휴업하는 상해자가 발생하는 재해이다.
37) 이는 영국의 산업안전보건법이 사업주의 자발적인 대응을 중시하는 자주관리형 법체계와 대비된다.

조선소에서 중대 재해가 발생하면 관할 지방 노동국장이 사업주들을 소집해 산재예방을 촉구하는 정부 방침을 전달한다. 이러한 협의를 통해 안전관리를 촉진한다. 또한 안전의무 조치는 사용자의 의무로 인식하고 있다. 노동안전위생법에는 법규위반에 대해 형벌(징역형, 벌금형)만 있고 행정벌(과태료)이 없다. 근로감독관은 정기감독을 실시하고 시정 권고를 하되, 사업주의 반복 위반, 고의적인 경우에 검찰로 송치한다.[38]

3 주요 산재예방 정책의 긍정적 효과 사례

일본 건설업의 산재 사망사고가 크게 감소한 배경에는 1980년에 신설된 '건설공사계획 안전성 사전 심사제도'와 '원도급 안전보건관리자 제도'가 역할을 하였다. 사전 심사제도에 따라 일본 건설업계는 중대재해 발생 가능성이 높은 공사나 대규모 공사를 시작할 때 업무 개시 30일 전까지 후생노동성 대신(大臣－장관)에게 계획서를 제출해야 한다. 그리고 원도급 안전보건관리자 제도에 따라 원도급 사업자는 하도급 근로자의 작업에 대해 총괄적으로 안전관리를 하고 산재 예방조치를 마련한다. 여기에 하도급 근로자 교육, 기계, 설비의 사용법, 설비운전 관련 신호, 경보의 통일 등이 포함되어 있다.

4 일본의 안전보건 정책 동향

2022년부터 산업재해가 다소 증가추세를 보이는 현상이 나타나고 있다. 이는 산업구조 변화에 따라 다양한 위험요인이 생기고, 일손 부족, 고령화, 미숙련 근로자, 비정규직 증가 등으로 규정 준수에 어려움이 있기 때문이다. 베이비붐 세대가 은퇴하면서 기술역량 저하와 숙련된 기술 역량이 전승되지 않는 문제점도 있다. 그리고 신규화학물질 등 새로운 유해위험요인 출현, 설비 노후화, 안전의식이 느슨한 서비스산업 비중의 증대도 거론되고 있다. 일본 정부는 이에 대해 다음과 같은 조치를 시행하고 있다.

---

38) 이는 많은 벌칙 규정이 과태료로 전환된 우리의 산업안전보건법과 비교가 된다.

첫째, 기업의 자율안전보건 체제 확립, 즉 노동안전보건 경영시스템(OHSMS – Occupational Health and Safety Management System) 구축과 이행이다. 사업자가 PDCA 사이클을 통해 지속적으로 수행가능한 안전촉진체계를 정하는 것으로 후생노동성 장관이 공표한다(노동안전위생규칙 제24조의 2). 법인이 여러 사업장을 묶어 유연하게 실시할 수 있다. 건설업의 안전보건 관리시스템은 COHSMS(Construction Occupational Health and Safety Management System – 코스모스)라고 하여 후생노동성의 노동안전보건관리 지침에 따라 건설재해방지협의회(建災防)에서 개발하였다. 건설업의 특성을 반영하여 건설업 안전수준을 향상시키기 위한 체계로서 여기에서 인정받으면 공공 발주공사 입찰 시 가산점을 받는다(0.2 – 10점).[39] 아울러 50인 미만 중소 건설사업장을 위해 콤팩트 코스모스(Compact CHOSMS)를 개발하였다(2019년). 코스모스 기본 31개 항목은 유지하되 간편한 방법을 개발하여 운영 부담을 경감시켰다. 그리고 본사의 기본 사항을 현장에 활용하고 본사와 현장의 역할을 명확히 하였다.

둘째, 안전위생 우량기업 공표제도이다. 안전 확보에 적극적인 기업을 공표하여 인지도를 높임으로써 타 기업의 참여를 유도한다. 우량기업이 되려면 3년간 노동안전위생 관련 법 위반이 없어야 하며, 근로자의 심신 건강증진, 과도한 노동방지 등 폭넓은 분야까지 실적이 요구되며 이를 노동후생성으로부터 인정받아야 한다(유효기간 3년). 인정받은 기업은 거래처, 구직자 등에게 홍보하고 구직자도 인정 기업을 선호하게 된다.

셋째, 기업, 산업 단위의 안전보건활동을 강화시킨다. ISO 45001에 따라 일본공업규격(JIS – Japan Industrial Standard)을 제정하였다. 여기에는 ISO 45001에 포함되어 있지 않은 산업현장의 활동 및 대응 내용과 안전보건경영시스템에 관한 지침(후생노동성 고시)의 검토 결과를 반영하였다. 특히 중소사업장 안전관리체계를 강화하였는데 예를 들면 5S 점검 및 지원, 위험의 가시화 작업, 위험성 평가 등의 안전보건활동 지원 등이다.[40]

넷째, 위험성 평가제도를 도입하고 저변을 확대하였다. 2006년에 노동안전위생법 제28조의 2에 근거 규정을 신설하고, '위험성, 유해성 조사 등에 관한 지침'을 공시하

---

39) 코스모스 인정 효과로서 인정 전후 재해지수를 비교하면 인정받은 사업장의 재해 발생 감소폭은 확연하다. 2017년 이전에 인정한 102개사의 사상자를 100으로 하여 인정 전 5년과 인정 후의 재해지수를 비교한 결과 건설업 전체 재해지수 감소폭은 12.2인 데 비해 코스모스 인정 사업장의 감소폭은 31.4로 나타났다.

40) 5S는 정리, 정돈, 청소, 청결, 습관(Seilri, Seiton, Seiso, Seiktsu, Shitsuke)을 말하며 일본어 발음의 첫 글자를 따서 지칭한 것이다.

였다(위험성 평가 실무의 근간). 이는 사업자가 사업장의 위험요인에 대해 자율적으로 안전보건 활동을 하도록 촉진하는 데 주안점을 두었다. 또한 2006년 이전부터 이미 자율적 안전관리와 안전보건경영시스템(OHSMS)에 따른 산업안전관리를 시행토록 한 바 있으며, 중소기업의 위험성 평가를 장려하고, 중앙노동재해방지협회에서는 특정 산업단체 지원 및 위험성평가 보급을 추진하였다. 위험성 평가의 시행으로 노동안전위생법 이념과 규제에 변화를 가져오고 자율적 안전관리 인식이 향상되었다. 위험성 평가제도 도입 직전인 2005년과 도입 후 7년 뒤 2013년의 조사를 비교하면 2005년에는 사업장의 20%가 실시하다가 2013년에는 53%가 실시하는 것으로 나타났다.[41]

다섯째, 사전 예방 중심의 점검 및 감독을 실시한다. 각 도도부현(都道府県)[42]에서 건설업(추락, 넘어짐), 운송업, 제조업(협착, 끼임) 등 산재 다발 업종의 사고 예방을 위해 감독과 점검을 실시하고, 중앙노동재해방지협회(JISHA)의 산재예방 활동을 강화해 오고 있다.[43] 산업재해 취약 업종별로 소속 노동재해방지협회가 구성되어 사업주의 활동을 독려하고 교육, 기술, 정보, 조사, 홍보 등의 행정지도 및 지원을 제공한다. 여섯째, 사회 전반에 안전보건문화 확산을 지속적으로 추진해 오고 있다.[44] 일본 정부는 조직과 개인들이 안전을 최우선시하는 풍토 조성과 자질을 갖도록 기업, 교육기관 등에서 안전교육을 충실히 하고 재해방지계획의 과제로 삼아 추진동력을 확보하고 있다. 이의 일환으로 제13차 노동재해 방지계획(2018~2022)상의 8대 과제의 하나로 '국민 전체의 안전, 건강의식 고양'을 선정한 바 있다.

학교와 연계한 안전보건 교육 내용은 다음과 같다. ① 문부과학성과 제휴하여 직

---

41) 세부적으로 2013년도 위험성 평가 실시비율을 보면 근로자 천명 이상인 사업장은 72%, 300~499명인 사업장은 75%, 100~299명인 사업장은 70%, 30~49명인 사업장은 57%로 나타났다. 이를 통해 볼 때 일본은 위험성 평가의 취지와 원리가 산업안전보건관리의 주요방식의 하나로 자리 잡고 있음을 알 수 있으며 소규모사업장의 유효한 관리방식으로 실행력을 높일 수 있음을 시사하고 있다(백종배, 위험성 평가 내실화 방안 연구, 2016년, 산업안전보건연구원, pp.49-50)

42) 도도부현(都道府県, とどうふけん, 도도후켄, Prefectures of Japan)은 일본 광역자치단체인 도(都, 도쿄도), 도(道, 홋카이도), 부(府, 오사카부, 교토부), 현(県, 나머지 43개)을 묶어 칭하는 말이다. 도도부현의 하부에 기초지방자치단체인 시정촌(市町村)이 있으며, 일부 도시는 별도의 정령지정도시, 중핵시, 특례시 등으로 지정되어 있다(위키백과).

43) JISHA(Japan Industrial Safety and Health Association)는 2000년에 민간법인으로 독립하여 감독 권한은 가지고 있지 않다.

44) 안전보건문화에 대해서는 1999년 노동후생성의 사고재해방지 안전대책회의에서 본격적으로 논의되기 시작한다.

장의 안전, 정신건강 등 기초지식을 학교 교육에 도입, ② 산업용 로봇, 플랜트 설계, 시공관리 전공 학부생을 대상으로 안전보건 국제규격 인증, 위험성 평가 등 커리큘럼 제공 ③ 각급 학교에서 연간 32시간 이상 안전교육 실시. 초등학교는 교통안전, 중학교는 자연재해, 고등학교는 생활 안전에 대해 중점.

아울러 과학적 근거와 국제 동향을 감안하여 다음과 같은 대책을 추진하고 있다. ① 근로자건강 안전기구와 연계하여 산업기계, 화학물질 등의 안전보건에 관한 연구 진행 ② 후생노동성의 공적 개발 원조사업(ODA) 등을 통해 개도국의 안전보건체계 구축을 지원함으로써 글로벌 안전문화 확산에 기여.[45]

일곱째, 새로 대두되는 위험요인에 대처하는 것으로 2008년 제정된 '일하는 방식 개혁법'과 이에 따른 '노동안전위생법' 개정 시 대두된 것이다.[46] 목적은 산업의(産業醫) 역할 및 산업 보건 기능 강화, 면접지도 강화, 근로시간 상황파악 의무 등이다. 산업의는 문진 등으로 근로자 심신 상태를 파악하고 면접을 통해 지도한다. 진찰 결과를 사업자에게 보내고 근로자에게 보건지도를 실시한다(직장 및 개인 생활 개선). 근로자의 과로사, 자살 등의 문제가 발생하여 정신건강 등 포괄적인 건강관리에 주안점을 두고 위의 두 가지 법에 반영한 것이다.

법 개정 전에 주당 40시간 초과 근로시간이 월간 100시간을 초과하고. 피로 누적이 인정된 근로자에 대해 면접지도 신청이 있으면 사업주가 의사의 지도를 실시토록 하는 것이었으나, 개정 후에는 근로자의 면접지도 신청과 상관없이 면접지도 의무가 발생하는 근로자를 규정하였다. 그리고 근로자의 건강관리를 위한 사전 예방에 노력을 집중한다. 노동안전위생법에는 서비스, 전문직 등 다양한 노동 종사자에 대해서도 면접 지도와 심리적 부담(정신적 과부하 현상) 정도를 파악하는 검사(스트레스 체크)가 규정되어 있다.[47]

---

45) ODA(Official Development Assistance)는 선진국의 개도국 또는 국제기관에 대한 원조로서 증여, 차관, 배상, 기술원조 등의 형태를 취한다. 양자 간 협력과 다자간 협력으로 구분되며 양자 간 협력은 무상원조와 유상원조로 구성된다. 한국은 수혜국에서 공여국으로 전환한 유일한 나라이다.

46) '일하는 방식 개혁법'은 근로자 각자의 사정에 따른 다양한 근무방식을 선택할 수 있는 사회를 구현코자 하는 것으로 일하는 방식의 개혁을 종합적으로 추진하기 위하여 장시간 근로의 시정, 다양하고 유연한 근무방식 도입, 고용형태와 관계없이 공정한 대우 등을 확보하기 위한 법률을 말한다.

47) 우리나라의 산업안전보건법에 사전적 예방으로서 근로자의 건강을 관리하기 위해 개선할 부분이 있는지 살펴볼 필요가 있다.

또한 고령 근로자 보호에 만전을 기하고 있다. 일본 건설업도 고령화 및 젊은 인력이 유입되지 않아 안전성 확보에 어려움을 겪고 있다. 노동안전위생법 제62조에 의하면 "사업자는 중, 고 연령자, 기타 노동재해 방지를 위해 취업에 특별히 배려가 필요한 자에 대해 심신(心身)의 조건에 따라 적정하게 배치하도록 노력해야 한다."라고 되어 있다. 후생노동성은 중장년 근로자의 산업재해 방지를 위해 '고령근로자 안전과 건강확보 가이드라인'을 발표하였다(2020.3). 여기에 의하면 국가나 관계단체 등의 지원을 통해 노동재해 방지대책을 수립하고, 사업장 안전 위생관리 기본체제와 대응방안을 제시하도록 한다. 고령 근로자 안전 및 건강확보를 추진하는 중소기업에 대해 다음과 같은 지원을 실시한다. ① 고령 근로자를 위한 환경개선 경비의 절반 보조(상한액 100만엔) ② 감염 예방, 신체기능 저하 억제 장치 도입 ③ 건강, 체력상황 파악, 안전위생교육비 등이다.[48]

여덟째, 산업현장에서 선진기술의 활용도를 높이고 있다. 인공지능, 자율 모바일로봇(AMR-Autonomous Mobile Robot), 사물인터넷, 가상현실, 증강현실 등을 활용하여 안전성과 생산성 향상을 추구한다. 인공지능으로 품질검사, 생산공정 트러블 징후 이미지 분석으로 이상 상태를 감지하고, 사물인터넷으로 건설장비, 트럭 등의 가동 및 시공을 관리한다. 자율 모바일로봇으로 사람과 장애물을 판단하여 피하게 하고, 중량물 운반, 포장, 위험현장 자료 수집 및 감시작업을 한다(근로자의 위험작업 투입비율을 낮춤). 가상현실, 증강현실을 활용하여 체험 실습, 안전의식 향상 등 안전교육을 강화한다(추락, 넘어짐, 끼임, 부딪힘, 지게차와 충돌 방지 등).

---

48) 2021년 후생노동성이 실시한 노동안전위생 실태조사에 의하면 60세 이상 고령 근로자가 종사하는 사업장 비율은 75.6%이며, 고령 근로자 산업재해방지대책에 임하고 있는 사업장 비율은 78%이다. 우리나라 고령 근로자의 산업재해 비율이 높아 일본처럼 고령 근로자에 대한 배려 조항을 마련한다면 고령 근로자의 산업재해사고 예방조치를 위한 법적 근거가 될 수 있다. 우리나라의 2021년 재해 현황에서 60세 이상 근로자의 업무상 사고 사망자가 전체의 32.8%(943명)로 가장 높으며 고령일수록 사망률이 높다.

05 싱가포르

작지만 강한 나라, '폭력, 겨울, 산'이 없는 3무(無) 나라로 불리며, 아시아 스마트 시티 1위인 선진국이다. 중국인 74%, 말레이인 13%, 인도인 9%, 방글라데시 등 기타 민족이 4%인 다민족 국가에 다양한 종교이지만 화합하면서 성공신화를 이룬 것은 독특한 사회통합정책 덕분이다.[49] 싱가포르의 2004년 산업재해 사망률(10만 명당)은 4.9%로서 당시 매년 100여 명 정도의 사망사고가 발생하였다. 전체 인구가 적어 사망자 숫자는 적더라도 사망사고 비율은 상당히 높은 편이었다. 그러나 엄격한 법적 처벌, 대(對)국민 소통강화, 산업체의 동참 등 사망 재해를 낮추기 위한 범(汎)국가적 노력 결과, 2021년에 산업재해 사망률을 1.1%로 낮추었고 사망자 숫자는 37명 수준으로 감축되었다(2004년 대비 77% 감소). 2022년 상반기에 26명이 발생한 것은 포스트 코로나로 이주근로자가 돌아와 다소 높아진 것이다. 싱가포르가 이룩한 과정을 살펴본다.

---

49) 김동현, 청조역사관 추진위원장, 작지만 강한 나라 싱가포르, 청조인 지식의 샘(2024. 1).
싱가포르는 4개 공용어(중국어, 영어, 인도 타밀어, 말레이어)가 있고 제1공용어는 영어, 헌법상 국어는 말레이어이다. 인도인이 냄새나는 카레를 즐기자 오히려 매년 8월 셋째 주 토요일을 카레 먹는 날로 정해 화합을 주도하고 있다. 중국계인 리콴유는 중국인들의 나쁜 습관을 근절하겠다면서 중국 중심 정책을 멀리하고 질서를 해치는 방종을 용납하지 않았다.

1 직장 안전보건법 제정(Workplace Safety And Health Act 2006)

2006년에 직장안전보건법을 제정하여 안전수준이 크게 높아지게 되었다. 동법 도입 전에 유럽 등 타국의 법규를 벤치마킹하였으며 싱가포르 법규와 유사성이 높은 영국 법규를 많이 참고하였다.

동법의 특성은 여섯 가지로 요약된다. ① 종전의 처방적, 규범적 성격에서 안전성과를 달성하기 위한 효과적 관리(Effective management)에 초점을 맞추고, 실행가능한 안전보건 조치를 취하도록 일반 의무를 부과하였다(General duty). ② 위험성 평가를 통한 위험요인 감소에 중점을 두었다. ③ 책임 제도를 명확하게 정의하였다. 즉 작업장 위험을 통제하는 사람의 범위를 정해 책임을 구체화시켰다. ④ 개인의 법적 책임을 강화시켰다. 종전에 기업에게만 벌금을 부과하였으나 경영층에게도 법적 책임을 부과하였다(CEO, 임원, 관리자). ⑤ 사고 비용, 부실한 안전관리 등을 반영하여 처벌을 강화시켰다(Enhanced Penalties). ⑥ 구조적 약점(Systemic weakness) 개선을 위해 집행력을 강화시켜 근로감독관의 개선명령이 안전개선 조치에 효과적으로 작용하게 되었다.[50]

2 개인 및 법인체의 법 위반에 대한 벌칙 시스템

첫째, 개인에 대해서는 벌금(Fine)과 구금(Imprisonment)이 있으며 처음 위반 시 벌금은 최대 20만 달러 이하, 재범 시 최대 40만 달러 이하이며, 최대 2년 이하 징역형이 병과될 수 있다.

둘째, 법인에 대해서는 첫 기소일 경우 벌금이 최대 50만 달러 이하이며, 재범 시 1백만 달러 이하이다. 만약 이전에 사망사고를 일으킨 자가 이후 타인을 사망시킨 사고를 일으킨 경우 최대 2배 벌금형에 처한다.[51]

---

50) 싱가포르의 직장안전보건법에 따라 안전에 대한 사회적 분위기가 달라지게 된다. 예컨대 "임원이 현장을 모르는데 책임을 어떻게 지느냐?" 식의 면피성 발언에 대해 "임원이 아무 것도 하지 않으니 기소된다. 무관심은 핑계가 될 수 없다."라는 것이다.

51) 2022년 6월에 싱가포르의 한 중소기업에서 현장 작업자의 사망 사건이 발생한 데에 대해 법원의 판결 사례를 보면 이러한 방침을 이해할 수 있다. 즉 한 임원이 특정 건물을 허물라고 그냥 지시만 하였는데 이를 허물던 직원이 사망한 사고가 발생하자 지시한 임원은 징역형을 살고 너머지 관련

3 직장안전보건법 규정의 실행력 강화 및 보완 제도

직장안전보건법의 실효성을 확보하기 위해 다섯 가지 핵심 제도와 네 가지 보완 제도를 시행하고 있다. 핵심 제도(Enforcement Levers)는 ① 기업감시제(BUS – Business Under Surveillance), ② 정기검사(Routine Inspection), ③ 고충 검사(Complaint Inspection), ④ 사고조사(Accident Investigation), ⑤ 신속 운영(Swift Operation)이며, 보완 제도(Supplement Programs)는 ① 보험청구 내용 공유(Sharing of Insurance claims records) ② 안전점검 내용 공유(Check safe). ③ 부적격 프레임워크(DQF – Disqualification framework), ④ 디메리트 점수 시스템(DPS – Demerit Points System)이다.

기업에 실질적으로 도움이 크게 되는 제도는 다음과 같다. 첫째, 기업감시제이다. 사망사고가 발생, 벌점을 받거나 안전보건 기준이 미흡한 기업에 대해 감시하는 제도이다. 위험성 관리역량, 과거 동향 등을 살펴보고 기업 대표, 임직원, 관리자 등과 소통을 통해 일정 기간 감시한다. 기업은 평가받은 후 일정 기준을 충족시키면 종료된다. 역량이 미흡하면 키워주고 도와준다. 해당 기업은 공공기관 입찰에서 낙찰받기 어려우므로 조속히 종료하고자 노력하며 강한 의지가 생기게 된다.

둘째, 디메리트 시스템이다. 벌금 납부 기업은 벌점을 받는데, 안전보건 이력에 일정 점수 이상 벌점이 있으면 외국인 근로자를 고용할 수 없다(Debarment from Hiring of Foreign Employees). 18개월 이내에 벌점 25~49점이면 3개월 동안, 50~74점이면 6개월 동안, 75~99점이면 1년, 100~124점이면 2년간 고용할 수 없다. 125점 이상이면 근로자 고용 갱신이 되지 않는다(Renewal not allowed). 외국인 근로자를 고용하지 못하면 회사 운영이 어려워진다. 건설부(Building and Construction Authority)는 입찰점수 시스템(Tendering Score System)에 직장안전보건법 규정을 적용하며 벌점이 높은 기업은 입찰에 배제된다. 그리고 안전성(Safety)도 입찰기준에 포함되는데 품질 요소의 15%, 전체의 4.5%에 해당되며 낙찰에 크게 영향을 미친다. 디메리트를 받은 계약자들은 공신력 있는 MOM 웹 사이트에 공지되므로 기업체들이 크게 신경 쓴다.

입찰자 평가 기준에 두 가지 범주, 즉 심각 수준(Critical criteria)과 통상 수준

자들도 벌금을 부과받았다. 이처럼 싱가포르 중소기업 임원들의 유죄판결이 많다. 대기업은 시스템으로 대응하고 안전관리 임원이 관리하고 있으나 중소기업은 상대적으로 열악한 편이다.

(Non-critical criteria)이 있다. 직장안전보건법 규정을 지키는 실적이 낮은 기업을 가려내고 입찰참가 기업 풀(Pool)을 확보하기 위함이다. 입찰자격을 심사(Pre-qualification)하여 기준에 미달하면 심각 수준으로 분류되어 입찰자격에서 배제시킨다. 통상 수준에 해당되는 기업은 디메리트 점수가 없으면 평가 점수를 모두 인정받지만, 디메리트가 있으면 디메리트 1점당 입찰 평가점수 1점을 차감한다. 1~2점도 입찰에 크게 영향을 미치므로 기업들이 벌점을 받지 않으려 애를 많이 쓴다.

4 싱가포르 경험의 시사점

엄중한 페널티 제도가 필요하며, 상황에 맞게 운용되어야 하고, 우리 기업의 관리 행태의 변화(Change in behavior of management)를 가져오도록 운용되어야 한다. 안전관리자들은 기업의 문화성숙도 수준(Safety cultural maturity level)을 높이고 변화를 추구해 나가도록 새로운 역량을 키워야 한다. 아울러 국제기관과 협력 강화를 통해 학습효과를 키우고 습득한 지식을 업무에 활용해야 한다.[52]

사례 연구 (1) 재난 대응방식 및 정책 비교(한국, 일본, 프랑스)

재난 대응방식 비교

1) 우리나라 남대문 화재사고 시 매뉴얼 부재

2008년 2월, 남대문 화재 신고를 받고 3분 뒤 소방차가 도착하였다. 빠른 대응이었다. 그러나 지붕을 뚫어야 하는지에 대해 서울시 소방본부와 문화재청 사이에 논란을 벌이다가 급속히 화재가 확산되고 말았다. 서울시 소방본부는 문화재 특성에 맞는 화재진압 매뉴얼이 필요함을 내부 보고하였다.

---

52) IALI(International Association of Labour Inspections)의 HO,Siong Hin 대표가 세미나에서 발표한 싱가포르 안전관리 사례에서 발췌하여 정리하였다(2022. 7).

2) 일본 후쿠시마 대지진 시 경직성 노출

2011년 3월 후쿠시마 대지진 때 유연하게 대응하지 못하고 심지어 외국의 지원 의사를 매뉴얼에 관련 내용이 없다는 사유로 받아들이지 않았다고 하니 유연성을 발휘하기가 힘든 일본인의 경향을 엿볼 수 있다. 이 중에서 외부에 알려진 몇 가지 사례는 다음과 같다.

- 도쿄전력은 바닷물로 원자로를 냉각시키는 방법이 매뉴얼에 없다.
- 외국 의료진의 구호참여 의사에 대해 일본 의료면허가 없어 참여시키기가 어렵다.
- 외국의 구조견 파견 의사에 대해 일본은 광견병 청정지역이라 구조견 파견을 수용하기 어렵다.
- 한국 SK가스의 지하암반 생수 제공 의사에 대해 생수 규격이 매뉴얼에 없다고 하여 받을 수 없다.

3) 프랑스 노트르담성당 화재 시 유연한 대응

프랑스는 2019년 4월 노트르담성당 화재 시 매뉴얼 준수와 창의성 발휘로 모범적으로 대응하였다. 1789년 대혁명 때 시위대의 유물 약탈과 문화재를 훼손한 경험이 있어 긴급 상황 시 구출 매뉴얼을 정하였으며 230년간 지침으로 활용하고 있다. 이에 따라 예수 가시면류관, 루이 9세 튜닉(서양식 상의) 등을 구출하여 보존할 수 있었다.

소방관 육성과 훈련과정에 높은 전문성을 자랑한다. 중고교생을 대상으로 예비소방관 프로그램(JSP)을 운영하고 방과 후 4시간 교육을 4년간 실시한다(전국 1,600여 개 소방서 활용). 그리고 종교시설, 박물관, 미술관 등 특수기관에 대해서는 특수 약제, 가스 등으로 특수 훈련을 실시한다. 또한 비(非)매뉴얼 상황에 적절하게 대응한다. 사 데팡(Ça dépend) 정신으로 상황에 따라 탄력적으로 대응하는 자율성, 즉 매뉴얼을 준수하되 상황에 따라 유연성을 발휘한다. 예컨대 노트르담성당 화재 진압 시 매뉴얼 상 구출순위에 따라 사람, 유물, 중앙제대, 목재, 기타 구조물 순으로 구출하고, 인간 띠(400여 명, 200여 미터)를 만들어 구출 신속성을 높였다. 외국 전문가들은 프랑스 대응에 경의를 표했다고 한다.

중국은 전통적으로 큰 지진과 홍수 등으로 둑이 무너져 도시가 침수되는 대규모 자연재해가 빈번하며, 철도 사고와 부실시공으로 인한 아파트 붕괴 등 사회재난도 지속해서 발생하고 있다. 중국 정부는 이러한 심각성을 인지하고 대응책을 마련하기 위해 중국 공업정보화부(工业和信息化部) 등 5개 부처 합동으로 안전응급 장비 중점영역 발전 실행계획(安全应急装备重点领域发展行动计划, 2023－2025년)을 발표하였다(2023. 9. 26). 이에 따르면 2025년까지 안전장비 관련 중요분야의 산업 규모를 1조 위안(약 186조 원)으로 끌어 올리겠다는 것이다. 특히 안전장비가 필요한 중점 분야 중심으로 핵심기술을 개발하고, 국제 경쟁력을 갖춘 선두기업을 10개 이상 육성하고, 핵심 기술을 확보한 중점 기업 50개 이상, 그리고 국가 안전산업 시범기지를 50개 이상 구축할 것이라 밝혔다.

또한 안전 관련 10대 핵심분야로 〈지진 등 지질 재해, 홍수, 도심 침수, 폭설, 삼림 화재, 도심 특수지역 화재, 위험물 안전사고, 광산(터널) 사고, 비상 구조, 가정 안전사고〉를 선정하고, 재난사고의 대응역량 강화를 위해 첨단 안전장비 사용을 확대하기로 하였다.

아울러 안전장비 취급인력을 확보하기 위해 여건이 마련되는 고등교육기관에 안전 비상대응학과를 설치하고, 산업계와 학계 간 협력으로 비상 안전분야 전문가를 육성하기로 하였다. 공업정보화부 한 관계자는 "안전 장비는 다양한 영역에서 널리 쓰이고 있다. 최근 수년간 발생한 자연재해와 중대 손실을 초래한 생산 현장의 재난사고 대응에 필요한 장비 산업을 육성하기 위해 마련된 것이다."라고 밝혔다.[53]

---

53) 중국 재난재해 대응을 위한 안전장비 분야 육성계획 발표, 대외경제정책연구원, 중국전문가포럼
    (2023. 10. 4)

　　1802년에 설립된 미국 듀폰사는 초기에 화약 사업으로 시작하여 농업, 식품, 퍼스널 케어, 산업 소재, 산업용 바이오 사이언스, 안전 및 보호 관련 사업 등 다양한 제품과 서비스 회사로 발전하였다. 마케팅 활동으로서 안전보호장치 판매와 지속가능한 솔루션 컨설팅(Dupont Sustainable Solutions) 및 기술면허제도를 통해 고객사 사업장 안전 현황을 진단하고 평가한 후 개선방안을 제시한다.

　　1990년대에 안전조직문화를 형성하기 위해 디스커버리 팀(Discovery Team)을 구성, 컨설팅 서비스를 제공하게 되었다. 무사고를 원칙으로 사업장 구성원들이 높은 기준의 환경과 보건의 안전을 추구하여 해당 기업에 안전문화가 정착되도록 도와주었다. 세계적으로 유명한 듀폰의 안전경영을 다음과 같이 살펴본다.

1. 듀폰의 안전경영의 세 가지 요건

　　근무 현장에 감시자가 없어도, 작업자가 바뀌어도 스스로 안전규칙을 지킨다. 스스로 안전규칙을 지키는 핵심은 '사람을 통한 안전경영'이다. 듀폰이 높은 안전문화 수준을 유지하는 요소는 다음과 같다.54) ① 직원존중 정신이다(Respect for People). 안전경영은 구성원들의 생명과 건강을 귀하게 여기는 것으로 시작하며, 최고경영자로부터 현장 근무자에 이르기까지 공통적으로 인식하는 덕목이다. ② 윤리 정신이다(Business Ethics). 안전사고 발생 시 24시간 내 최고경영자에게 보고된다. 직원들에게 많은 재량이 주어지지만, 회사 핵심가치(안전, 환경, 윤리, 직원존중 관련 사안)의 위반은 엄격하게 다루고 해고 사유가 된다. 사내 보고서는 신뢰할 수 있고, 사고 원인이 정확하게 규명되며, 동일한 사고가 나지 않도록 지역별(예: 아시아지역) 기업의 전 직원들에게 사고 경위와 예방책을 공지한다. 사고 난 공장과 직원의 이름은 명시하지 않고 사고 교훈과 예방책에 집중한다. 정해진 절차 준수, 거짓말하지 않는 것, 규정대로 보호장구 착용 등도 윤리 정신에 해당된다. 윤리 준수는 안전의 기본 중의 기본이다. ③ 솔선수범 정신이다(Tone at the top). 경영자 스스로 계단 이용 시 난간을 붙잡는 것부터 작은 안전

---

54) 김정원, 안전경영을 위한 세 가지 요건, 코칭경영원 파트너코치(전 듀폰코리아 부사장)

규칙도 간과하지 않고 지킨다.[55] 작업 시작 전에 2분간 안전에 대해 생각하는 시간을 가지고(Stop 2), 회의 시작 전에 안전에 관한 대화 시간을 3~5분 정도 가진다(Safety Contact). 리더의 행동은 거창한 구호보다 더 강하게 영향을 미친다. ④ 펠트 리더십(Felt Leadership)이 자리 잡고 있다. 팔로우어에게 느껴지는 리더의 자질이며 리더가 먼저 변화된 행동을 보일 때 구성원들이 롤모델로 삼아 변화를 도모한다.[56] 이는 지속가능경영의 원동력이다.

2. 듀폰의 행동강령과 핵심가치(Core values)

　　듀폰의 행동강령에 의하면 안전확보를 위해 헌신하는 다짐을 하며, 듀폰 핵심가치를 천명(闡明)하고, 안전관리가 단순한 목표 이상의 가치를 지니고 있으며 ESG 경영을 이미 실행해 오고 있음을 알 수 있다.

듀폰의 핵심가치(DUPONT CORE VALUES)

안전과 건강(SAFETY & HEALTH)
환경의 청지기 역할(ENVIRONMENTAL STEWARDSHIP)
인간존중(RESPECT FOR PEOPLE)
최고의 윤리 행동(HIGHEST ETHICAL BEHAVIOR)

---

55) 듀폰 사무실은 문턱에 걸려 넘어지는 사고를 방지하기 위해 문턱이 없으며, 계단에는 뒷사람을 확인할 수 있도록 거울이 부착되어 있고, 계단을 오르내릴 때 반드시 난간을 붙잡아야 하며, 필기구를 필통에 꽂을 때 손이 찔리지 않도록 펜촉을 아래로 꽂아야 한다. 출입문 유리는 파편에 의한 부상을 막기 위해 접합 필름이 들어가야 하며, 책상 모서리에는 부딪힐 때 상처가 나지 않도록 보호장치를 부착해야 한다. 안전벨트를 매지 않고 운전하다 적발되면 퇴사 조치를 하고, 모든 문은 충돌사고가 나지 않게 안쪽으로 잡아당기게 되어 있다.

56) 펠트 리더십을 갖춘 리더가 원칙에 충실한 태도로 지속적으로 진정성을 나타낼 때 그 조직은 안전하고 긍정적이면서 감사를 나누는 조직으로 발전할 수 있다. 위기관리에서 리더가 위기에 대응하는 관점과 자세가 가장 중요하다(출처: 안전한 일터가 행복한 세상을 만든다. 행복에너지, 허남석 지음, p.19).

핵심가치는 단순 목표 이상의 가치다
(Our Core Values Are More Than Just Goals)

듀폰의 핵심가치는 고객과 함께, 전 세계의 파트너와 함께, 듀폰 공동체 내에서 일상적으로 운영하고 일하는 방식에 투영된다(They reflect the way we work and how we operate every day—with our customers, with our partners from around the world, and in the communities in which we operate).

3. 안전 원칙 10가지(10 Safety Principles)

듀폰의 10가지 안전 원칙은 치밀하게 구성되어 있으며 우리에게 많은 시사점을 주고 있다.

❖ 듀폰의 안전 원칙(10)

1. 모든 상해와 질환은 예방될 수 있다.	All injuries and illnesses can be prevented.
2. 경영층의 책임이다.	Management is responsible.
3. 운영상 노출 사안은 통제될 수 있다.	All operating exposures can be controlled.
4. 안전은 근로자 고용 조건이다.	Safety is a condition of employment.
5. 안전한 작업을 위한 훈련은 필수다.	Training employees to work safely is essential.
6. 안전점검은 반드시 이행되어야 한다.	Audits must be conducted.
7. 모든 결함은 즉시 교정되어야 한다.	All deficiencies must be corrected promptly.
8. 근로자 참여는 필수다.	Employee involvement is essential.
9. 현장 외에서 안전 확보 노력도 안전의 중요한 부분이다.	Off-the-job safety is an important part of the safety effort[57]
10. 안전은 좋은 사업이다.	Safety is good business.

---

57) 작업 현장(On−the−job safety) 외의 다른 현장(Off−the−job safety)에서도 안전 확보가 중요하다. 출퇴근, 휴가, 공휴일, 여행, 가정, 비공식 모임 등 일상에서 안전을 확보해야 한다. 가정불화가 있으면 작업에 집중하기가 어렵고 현장 사고 위험은 높아진다. 현장 근로자는 가족들의 지지를 얻도록 노력해야 하며, 회사 차원에서 캠페인을 벌여 분위기를 고양시키면 조직 안정화에 큰 도움이 될 수 있다. 듀폰의 안전 원칙 10가지 중에서 이러한 사안이 포함되어 있다는 것은 듀폰이 안전관리 시스템을 매우 정밀하게 수립하고 있음을 이해할 수 있다.

4. 브래들리 커브(안전문화 성숙 네 단계)와 시사점

듀폰의 연구 결과에 의하면, 안전문화는 4단계를 거쳐 성숙하며 이를 아래의 그래프와 같이 브래들리 커브로 표현하였다.[58]

❖ 브래들리 커브

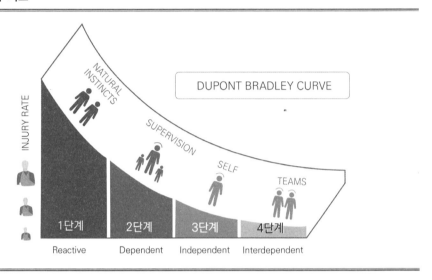

① 첫 번째 단계는 안전문제 발생 시 본능적으로 안전 위급상황에 대비할 뿐 별다른 구조적 시스템이 부재한 단계이다. 안전은 안전담당자가 전담하는 것으로 인식하고, 경영층은 안전에 대해 비중을 낮게 두고 특별한 관심을 보이지 않는다. 대부분의 사업장이 이 단계에서 시작하며 아무런 노력 없이는 여기에 머무르게 된다. ② 두 번째 단계는 안전 규정과 관리 감독에 의존하는 단계이다. 안전활동에 경영층이 참여하고 안전이 고용의 전제조건이다. 강압적 분위기와 징계 중심이며 안전수칙과 절차의 준수를 강조한다. 안전을 강조하고 안전목표를 안전관리자가 정한다. 대부분의 직원이 안전을 중시하고 안전교육이 중요한 수단이다. ③ 세 번째 단계는 개인적인 가치, 위험요인의 인지 등 개인이 스스로 안전에 책임지는 독립적 단계이다. 관리자의 강요가 없어도 직원 자신의 안전 지식, 의지, 규칙에 따라 행동하며 회사가 시행하는 안전활동에 자발적으로 참여한다. 임직원 개개인이 안전에 대하여 스스로 가치를 부여하고

---

58) 최준환 울산과학대 겸임교수, 듀폰산업안전연구원, 세이프티퍼스트닷뉴스(2021. 12. 15)

❖ 안전문화성숙도(Cultural Maturity)

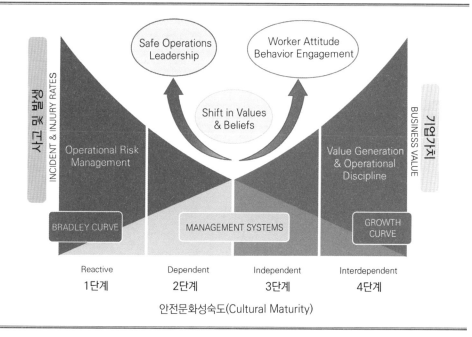

안전문화성숙도(Cultural Maturity)

안전을 챙긴다. ④ 네 번째 단계는 팀 단위의 개념으로 서로 안전을 챙겨주는 상호의 존적 단계이다. 본인뿐 아니라 다른 사람들의 안전에도 관심을 가지고 조직의 안전수 준 제고를 위해 네트워킹을 넓힌다. 긴밀한 네트워킹을 통해 동료, 선후배의 안전에 대해 배려하고 안전한 사업장에 대해 자부심을 느낀다.

네 번째 단계에 이르면 개인 및 조직의 안전관리 역량이 신장되고 성숙한 안전문 화가 내재화되어 세계 톱 클라스 수준의 안전문화를 보유하게 되고 재해로 인한 부상 자나 사망자 수가 현저하게 줄어든다. 안전관리 수준이 높아지면 기업의 가치가 비례 해서 증가한다. 위 그래프와 같이 브래들리 커브와 안전문화 성숙도 커브를 비교한 도 표를 통해 이해할 수 있다. 브래들리 커브는 위험요인 저감과 안전수준 향상을 위한 단계별 리더십 개념이며, 성장 커브는 4단계를 거쳐 조직 안정화와 효율 극대화로 기 업가치가 증가하는 것을 나타낸다. 두 커브는 경영층의 리더십, 직원들의 높은 참여도, 구성원들의 가치, 태도 및 신념 등 상호작용을 통해 운영상의 성과가 향상되는 모습을 나타낸다.[59]

59) 박교식회장, 윤여홍사업이사, 한국안전전문기관협의회, 산업인뉴스 2021.1.18., 권혁민 연세대 교

우리 사회의 안전문화 수준은 전문가들의 견해에 따르면 전반적으로 아직 1~2단계에 머물러 있다고 보여진다. 안전문화 수준을 높이기 위해 조속히 3~4단계로 진입해야 한다. 이를 위해 개인 단위의 안전에 대한 인식 전환과 조직 단위의 소통과 협력을 강화해야 한다.

❖ 안전문화의 형성요인

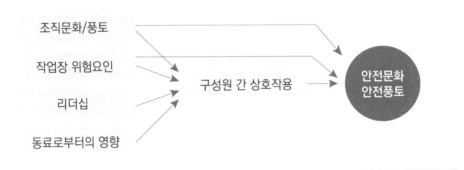

출처: He 등, 안전문화 길라잡이 2(2019)

위 그림과 같이 안전문화, 안전풍토는 안전과 관련된 여러 가지 요소들에 대해 구성원들이 상호작용하는 과정을 통해 형성되며 안전 확보를 위해서는 이처럼 조직적인 차원의 노력이 매우 중요함을 역설하고 있다.[60]

5 안전문화 정착 프로그램 〈STOP〉

듀폰은 자율성을 높이기 위해 행동기반 안전(BBS‒Behavior Based Safety) 문화를 정착시키고자 자체 개발한 'STOP' 프로그램을 적용하여 큰 반향을 일으켰으며 벤치마킹 대상이 되고 있다. STOP은 〈Safety Training Observation Program〉의 앞글자를 딴 것으로 '안전교육 관찰프로그램'을 말한다. 내용은 주위 작업자의 행동을 관찰하고, 작

수 등

60) 중국인 교수 He 등이 2019년에 백 개가 넘는 기존 연구들에서 조사된 38가지의 안전문화 선행요인들의 효과를 살펴본 결과 전반적인 조직문화, 작업장 위험요인, 리더십, 동료들로부터의 영향 등 조직적인 요인들이 안전문화 형성에 매우 중요한 것으로 나타났다(안전문화 길라잡이 2 전게서).

업자의 안전한 행동에 대해 칭찬과 격려를 통해 안전한 행동이 이어지도록 하며, 작업자의 불안전한 행동은 진솔한 대화를 통해 작업자 스스로 시정하도록 행동 변화를 유도하는 프로그램이다.

안전 수준을 높이고자 하는 회사는 구성원들의 자발적인 참여를 독려하기 위해 행동기반 안전 프로그램을 선호하게 되는데, 실제 마음만 앞설 뿐 성공하기 쉽지 않은 것은 이를 수용할 개방적 조직문화가 전제되어야 하기 때문이다. 이에 대해 상세한 내용은 후술한다.[61]

---

61) 행동기반 안전(BBS)은 가장 주목받는 안전관리시스템의 하나로 인용되고 있다. 개인의 행동이 안전에 큰 영향을 미치며, 안전에 대한 개인의 인식과 태도를 개선하여 안전한 행동을 촉진하는 것을 목적으로 한다. 현장의 산재사고를 줄이기 위해 구성원의 작업 및 행동을 분석하고 안전한 방향으로 수정하도록 만든다. 안전에 대한 구성원들의 인식과 태도를 개선하여 좋은 습관을 만들고, 궁극적으로 안전한 행동을 촉진시킴으로써 안전한 작업 환경을 조성하기 위한 효과적 안전관리 시스템이다.

CHAPTER

03

우리나라 안전문화
성찰과 극복방안

기존 안전관리에 대한 성찰

여러 대형사고 발생 이후 많은 제도가 도입되고 법규가 강화되어왔으나 아직 크고 작은 사고·재해의 지속적 발생, 안전문화 미정착, 인식 전환 미흡 등 많은 문제점이 지적되고 있다. 이에 따라 그동안의 규제중심에서 벗어나 자율 규제방식을 도입하기 위해 노력해 오고 있으며 이를 위해 선진국 제도를 벤치마킹하되 우리의 안전문화로 자리잡을 수 있도록 인식을 전환해야 한다.

1 우리 산업의 구조적인 문제와 현상[1]

2017년 5월 거제도 한 조선소에서 8백 톤급 골리앗 크레인과 32톤급 지브형 크레인이 충돌해 수십 명의 사상자가 발생한 초대형 사고가 일어났다. 직접 원인은 안전규정 미준수, 작업자 간 의사소통 부재, 안전관리자 및 신호수의 부재였지만 근본 요인으로는 안전을 위배하는 무리한 공정, 재하도급 확대, 안전관리 책임과 역할 불명확, 과도한 하청근로자의 증가로 나타났다.

조선업은 수주산업으로 경기변동에 민감하여 재하도급이 불가피하고 고용형태도 다양하다. 물량 변동에 따라 다단계 하도급과 비정규직, 협력업체 근로자를 활용하게

---

1) 김경식 고철연구소장, 착한 자본의 탄생, 중대재해 해방일지, pp.274-289.

된다. 건설업도 조선업과 비슷한 구조이다. 수주산업은 특성상 다단계 하도급과 공정을 맞추기 위해 일시에 동일 공간에서 다수의 하도급업체가 자기만의 작업을 하는 상황이 자주 벌어진다. 하도급 단계가 늘어날수록 협력업체의 낮은 관리수준과 근로자의 잦은 이동이 나타난다.

철강업은 협력사 비중이 높다. 철강 생산은 연속공정으로 이루어지는데 공정 간의 간격을 메워주는 다수의 보조 작업은 기술적 난이도를 고려해 협력작업으로 진행한다. 현장에는 ① 주간 상주 직원, ② 4조 3교대로 운영되는 정규직원과 협력사 직원, ③ 간헐적인 협력조업 출입자, ④ 조업라인 소속 직원, ⑤ 유틸리티 부서 직원, ⑥ 스탭부서 직원 등이 혼재되어 있다. 이런 이유로 전, 후방 작업자, 교대근무조, 라인과 스탭부서원, 간헐적 출입자 사이에 안전에 관한 원활한 소통이 필수적이다. 더욱이 철강업은 많은 고위험 요인(고소, 고온, 고전압, 고중량 등)을 안고 있어 사소한 소통 차질이 대형사고로 이어질 수 있다.

고용노동부 자료에 의하면 산재 사망사고의 주요 원인은 ① 안전시설 미설치(추락방지시설 등) ② 작업방법 미준수 ③ 작업절차 미수립 ④ 보호구 미지급, 미착용 순이며, 중대재해 요인은 ① 투자 부족 ② 소통 부족 ③ 매뉴얼 미비 ④ 안전의식 미흡 등이다.

중후장대산업(조선, 건설, 철강, 석유화학 등)에 속하는 대기업은 투자능력도 있고 매뉴얼도 준비되어 있으나 소통 부족과 안전의식 미흡이 큰 과제로 남아 있고, 중소사업장은 거의 모든 것이 부족한 실정이다. 그러나 단계의 축소와 하청업체 및 협력사의 안전역량 강화는 원청사의 노력에 따라 크게 개선될 수 있다.

원활한 소통을 위해서는 불법파견 이슈 등 제도적 개선과 아울러 평소 교류를 통해 친밀한 관계를 형성하는 것도 필요하다.

또한 재해 근절을 위한 최고경영자의 의지가 중요하다. 2022년 1월 11일, 6명이 사망한 광주광역시 아파트 공사장 붕괴사고는 이의 심각성을 적나라하게 보여주는 사례이다. 이 회사의 회장은 사고 6일이 지나서야 서울에서 사과문을 발표하고 회장직을 사퇴했다. 그리고 사고현장을 늦장 방문하여 실종자 가족들의 분노만 키웠다. 더욱이 이 회사는 그보다 반년 앞선 2021년 6월경 건물 철거 중 외벽이 무너져 17명의 사상자를 냈었다.

그리고 안전의식의 미흡이다. 본인의 안전의식도 중요하지만 참여의식을 가져야 소통도 원활해지고 매뉴얼 정비 및 준수도 향상된다. 이와 아울러 안전에 관해서는 노사관계가 균형을 이루어야 한다. 단체협약에 포상과 징계가 동시에 명문화되어야 한다. 안전을 확보하는 데 있어 권리와 의무는 동전의 양면이다.

2 안전관리에 대한 새로운 시각 정립

새로운 시각으로 안전을 정립하기 위해서는 먼저 기본으로 돌아가는 것으로 인간존중, 생명존중, 환경보호 정신의 회복이다(Back to Basic).[2] 현장 담당자는 안전에 자부심을 가지고 자존감을 가져 스스로 일을 챙기는 자세를 견지해야 한다. 현장 관리자는 담당자를 인격적으로 존중하고 프로세스를 철저히 관리해야 한다. 경영자는 안전 업무에 대해 솔선수범하고 인적, 물적 자원 지원 등 전사적인 역량을 집중하는 등 리더십을 발휘해야 한다.

코로나 19 사태 이후 경영 환경이 다각도로 변하고 세대 간 격차, 4차산업혁명, 산업구조 고도화와 복합재난의 발생 등으로 새로운 패러다임에 적응해야 한다. ESG 경영이 우리 사회 최고의 화두로 떠오르고 있으며, 안전은 기업 생존을 위한 최우선 과제이므로 기업은 안전관리 수준을 높여나가야 한다. 이를 통해 기업가치가 올라가고 이해관계자와의 관계를 강화시킬 수 있다.

지금까지 안전관리는 안전담당자 직무 또는 현장의 기술계통 요원들의 업무로만 인식되었다면, 이제는 구성원 모두의 과제로 인식을 전환해야 한다. 안전이 HR 업무에 인간존중, 인문학적 관점이 부가(附加)되어야 하며, 사회적 가치로 연결되어야 한다. 후술하는 ESG 경영에서 안전의 가치를 비중 있게 다루고 있다.

---

2) ESG 경영은 안전문화와 직결되어 있어 안전 확보에 시너지효과를 거둘 수 있으며, 지속가능발전을 가능하게 한다. ESG는 환경(Environmental), 사회(Social), 거버넌스(Governance)의 약자로서, 환경에 대한 책임, 사회적 가치와 고객과 주주 및 종업원 등 이해관계자에 대한 기여, 지배구조의 투명성 등 비재무적인 측면에 대해 다각적으로 대응하고 관리하는 것이다.

3 우리나라 안전문화에 대한 성찰

우리 사회 안전에 문제점을 들라고 하면 흔히 ① '빨리빨리'의 결과주의, ② '설마'의 요령주의, ③ '온정, 묵인'의 탈법주의, ④ '괜찮다'의 적당주의, ⑤ '남의 탓'의 책임전가주의 등을 들지만 이는 빙산의 일각이며 실제는 수면 아래 무의식의 세계, 즉 문화적 특성에서 비롯된다. 이를 의식세계로 끌어올려 바로 잡을 때 안전문화 정착을 앞당길 수 있다.[3]

1) 집단주의와 개인주의

안전관리 업무에서 현장에서 직접 업무를 수행하는 근로자가 일차적으로 중요하다. 축구시합에서 수비라인이 뚫리더라도 골키퍼가 막으면 지지 않는다. 안전도 이와 마찬가지로 개인이 현장에서 사고나지 않도록 일차적인 책임을 감당해야 한다.

농경사회 기반인 우리 문화는 집단주의적 성향이 강한 반면, 미국을 중심으로 하는 이민 사회 기반인 서구문화는 개인주의적 성향이 강하다. 이들은 개인이 스스로 책임져야 생존이 확보되므로 개인이 주어진 임무에 충실히 하는 특성이 강하다.

2) 안전과 관련, 한국인 특성[4]

우리나라가 세계사에 유례없는 경제성장을 이루었으나 산업재해율이 아직 높은 원인을 몇 가지로 요약할 수 있다. ① "무엇을 얻기 위해서는 잃는 것이 있다."라는 인식이 약하다. 사안에 대해 순환적이고 복잡한 관계로 인식하는 경향이 강하다. 일본인은 전철 이용 시 서서 가는 불편함을 기꺼이 감수하지만 우리는 빈자리를 찾으려 한다. 안전을 위해 보이지 않는 곳의 점검 등 불편함을 감수해야 하는데 이러한 점을 소홀하게 여긴다. ② 보이지 않거나 불확실한 것에 대한 인식이 부족하거나 경시하는 경향이 있다. 불법 다운로드 1위는 불법이란 인식이 낮기 때문이며, 지적 재산권 보호가 어려운 이유가 될 수 있다. 안전은 남이 보지 않아도 스스로 챙겨야 하는데 이를 소홀히 할 가능성이 높다. ③ 빠르게 따라가는 데에 능숙하나(Fast Follower), 근본 이유를

---

3) 권정락, 에너지기술융합센터 가스안전 특강(2018. 3. 30)
4) 허태균 사회심리학자, TVN 어쩌다 어른, 한국인의 심리를 파헤치다, 특강(2017.3.5), 송창영, 재난 안전 이론과 실무, 우리나라 재난의 특성, pp.14−17

성찰하는 데에는 익숙하지 않다. 더 작게, 얇게, 크게, 빠르게 만드는 것은 잘하지만 왜 그렇게 만드는지에 대해 잘 모르며, 근본을 알고자 하는 의지도 약하다. 안전의 확보가 개인과 기업과 가정을 위한 '절실함'보다는 별 탈이 없으면 주어지는 것으로 여기는 것이다. ④ 지금까지 기술에 집중했으나 앞으로는 기술만으로 승부할 수 없다. 실용성과 가성비 사회에서 벗어나는 해결책은 가치를 찾는 것이다. 결혼식에서 웨딩드레스를 입는 것은 순백 드레스에 실용성을 능가하는 가치가 있기 때문이다. 다른 것을 포기하면서 가치를 지키듯이 안전에 높은 가치를 부여해야 한다. ⑤ 경제발전은 온 국민이 앞만 보고 달려왔기 때문에 이룬 성과이지만 이제는 놓쳤던 것들의 역습을 받고 있다. 한강의 기적을 이룬 신화가 강화학습 효과(Reinforcement learning effect)를 가져옴으로써 성숙단계로의 이행을 가로막고 있다. 성장시대에는 결과물이 미덕이었으나 이제는 미래를 내다보고 과정과 절차를 중시하는 패러다임으로 바뀌었다. ⑥ 갑을 문화 가운데 하청업체는 전문성보다는 비용 절감 대상이고 위험의 외주화란 말이 낯설지 않다. 과잉노동, 미숙련 노동, 매뉴얼 부재 등 근로 현장이 산업재해의 온상지로부터 벗어나야 한다.[5] ⑦ 경제 규모가 커질수록 환경오염, 복합재난 등의 위험도 커진다. 무엇을 얻고, 무엇을 잃는지 인식하고 가치관을 재정립해야 한다. 우리 사회에 불행하다고 여기는 사람이 많은 이유는 부인(否認)할 수 없는 것에 대한 집착과 비교의식 때문이다(성적, 명품, 아파트 평수 등). 배려, 공정, 솔선수범, 협력, 이타주의 등 진정한 사회적 가치를 회복할 때 안전문화가 정착될 수 있다.[6]

3) 강한 연결고리와 약한 연결고리

코로나 19 이후 우리의 인식에 변화를 가져온 것 중의 하나가 '약한 연결고리'에 대해 인식하게 된 것이며 긍정적인 변화라 할 수 있다. 집단주의 성향이 강한 우리는

---

5) 류영재 서스틴베스트 대표의 중앙일보 기고문에서 인용(2022. 11. 8)
6) 주요국 중산층 기준은 개인적 가치에 초점을 맞추고 있다. 미국은 자신의 주장이 떳떳하고, 사회적 약자를 돕고, 부정과 불법에 저항하며, 정비평지를 정기구독하며(공립학교 가르침), 영국은 페어 플레이를 하고, 자신의 주장과 신념을 가지며, 약자를 두둔, 강자에 대응하며, 독선적으로 행동하지 않고, 불의와 불법, 불평등에 의연히 대처하는 것이며(옥스퍼드대), 프랑스는 외국어 하나 정도는 할 수 있고 직접 즐기는 스포츠, 다룰 줄 아는 악기가 있으며, 남들과 다른 요리를 만들 수 있고, 공분에 참여하며, 약자를 돕고 봉사활동을 한다(퐁피두 대통령). 한국은 빚 없는 30평 이상 아파트 소유, 월급 5백만 원 이상, 중형차 이상 소유, 예금잔고 1억 원 이상, 해외여행 연 1회 이상이다(직장인 설문조사).

본능적으로 강한 연결고리를 선호하는 반면, 서구사회는 약한 연결고리로부터 출발하는 경향이 강하다. 약한 연결고리는 본질에 접근하고 불필요한 요인을 만들지 않으므로 효율적이다. 반면에 강한 연결고리는 관계성이 사안의 본질보다 앞서므로 업무 추진에 장애 요인으로 작용할 수 있다. 안전관리와 관련, 약한 연결 관계는 구성원들 간에 사안의 본질에 몰입하게 되므로 안전활동에 도움이 될 수 있다. 새로운 정보를 얻고 예상치 못한 기회를 잡게 될 가능성을 제시한다.[7]

---

7) 데이비드 버커스 저, 장진원 역, 약한 연결의 힘, 친구의 친구, 한국경제신문(2019)

안전의식의 현주소와 대응

1 안전의식 현주소

1) 산업재해 현상8)

산업안전 전문가의 견해에 의한 우리나라 산업재해의 특성은 다음과 같다. ① 동일한 사고가 반복된다. ② 안전활동이 무용지물이다. 안전대책은 현장 적용성이 생명인데 안전활동이 현장에서 작동하지 않는다. 이는 현장과 사고를 모르는 상태에서 대책을 수립하고 안전활동을 추진하기 때문이다. ③ 무지가 사고를 부른다. 위험을 인식하지 못해 사고를 당한다. ④ 위험을 보지 못한다. 장님이 아무 대책 없이 연못 가까이가면 빠질 수밖에 없다. 사고는 비정상에서 발생한다.

2) 비정상적 상황 사례와 대책

비정상적인 상황의 예로서 2014년 7월 경기도 판교 야외 공연장 지하주차장 환기구 위에 사람들이 올라가 덮개가 붕괴되는 바람에 이들이 추락하여 16명 사망, 11명 중경상의 사고가 발생했다. 누구라도 야외 공연장에 늦게 도착, 먼발치에서 관람할 경우 바닥보다 높은 곳에 올라가려는 유혹에 빠지기 쉽다. 이때 올라가는 것이 비정상, 올라가지 않는 것이 정상이다.

---

8) 최돈홍, 오늘도 일터에서 4명이 죽는다, 왜 이렇게 많이, 매일 발생할까? pp.49–81.

사람들이 올라가지 못하게 하는 방법은 다음과 같다.

① 설계자: 환기구 덮개 위에 오르지 못하는 구조로 설계

② 시공자: 도면과 규정대로 시공

③ 감리자: 시공자가 도면과 규정대로 시공했는지 확인

④ 공연주최자: 환기구 덮개 위로 올라가지 않도록 표지부착, 펜스 설치, 안전요원 배치

⑤ 관람자: 환기구 덮개 위 진입 금지. 혹시 올라가려는 사람들이 있으면 만류하고 그래도 올라가려고 하면 주최 측에 알리고 조치사항 확인

만일 당시 그 상황에서 한 사람이라도 나서서 제지하였더라면 인명을 지킬 수 있었을 것이다. 안전에 대한 인식을 바꾸어야 한다는 말은 이를 두고 하는 말이다.

3) 갈 길 먼 사업주, 관리감독자, 근로자 안전의식

사업주는 안전투자를 비용으로 인식하고 망설이는 경향이 있으며 하청업체와 책임소재 공방, 소통의 어려움, 전문성 부족 등으로 위험요인이 상존하고 있다. 사업주로서 무언가 불안하지만 안전에 대해 무엇을 어떻게 해야 할지 잘 모를 수도 있다. 안전총괄 감독자는 안전이 안전관리자의 업무라는 인식이 강하며, 조직 간에 자발적이고 협력적 마인드가 약한 편이라 기능 간 긴밀한 협력이 필요한 사안을 놓치기 쉽다.

근로자 역시 안전 의식이 낮고 위험불감증으로 인해 개인 과실로 사고가 나더라도 운이 나빴다고 여긴다. 현장관리를 일주일만 소홀히 하면 안전모를 착용하는 경우가 드물 것이라는 말까지 나온다. 그리고 MZ세대, 외국인 근로자, 고령자 등에 대한 대책이 절실하다.

2 대응방안

첫째, 안전관리가 생산성 및 경쟁력 향상에 필수임을 자각하고 시설, 설비의 정기점검 및 교체, 내실 있는 교육훈련, 안전관리 체계 수립 등을 추진해야 한다.

둘째, 정부의 제도적 지원과 기업의 자구노력이 균형을 이루어야 한다. 정부는 사

망사고방지위원회를 구성하여 사망사고를 집중 관리하는 노력을 강화하고, 기업은 자율적으로 필요 사항을 찾아내고 구성원의 인식 변화, 안전문화 조성 등을 점검하고 개선해 나가야 한다.

셋째, 현장 중심으로 산업재해 감축 활동을 강화한다. ① 사고 사례를 통해 위험 정보를 파악한다. ② 사고 사례를 빅 데이터화하여 활용한다. ③ 중대재해 정보를 활용하고 사고의 핵심 위험정보를 파악한다. ④ 사고 흐름을 통찰하고 그 흐름에 따라서 안전활동을 펼친다. ⑤ 사고 길목을 정확하게 찾고 차단한다. 예컨대 3~5m에 안전망 설치, 고령자 등 산재 취약 근로자에게 맞춤형 안전교육, 안전모 착용 등이다. ⑥ 작업과 환경을 정상화한다. 예를 들면, 작업 통로 확보, 안전관리자의 역할 강화, 현장 중심 및 사고방지 중심의 실질적인 안전활동 전개이다. ⑦ 안전활동을 습관화한다. 이는 다음과 같이 세 단계로 진행하면 효과적이다. 〈1단계: 작업별 위험 발견하기, 2단계: 위험 알리기 및 안전대책 결정하기, 3단계: 안전대책 이행 확인하기〉 ⑧ 현장의 경험과 사고 사례에 집중한다. 사고방지 해법은 현장 사고 사례에 있다. ⑨ 현장 중심이라야 한다. 본질을 추구하고 현장에서 안전 조치를 실천한다. ⑩ 사고를 막기 위한 안전활동을 전개한다. 안전시설 설치 및 보강, 사고 사례 게시 등이다.[9]

3 안전에 대한 접근의 어려움

안전에 대해 늘 이야기하면서 잘 알고 있는 것 같으면서도 실제로는 접근이 어려운 이유는 영역이 넓고, 사안별로 법적 규제가 까다롭고 복잡하기 때문이다.[10]

안전 법체계를 보면 다음과 같다.[11] 첫째, 헌법 제34조 제6항에 "국가는 재해를 예방하고 그 위험으로부터 국민을 보호하기 위하여 노력하여야 한다"라고 대원칙을 천명(闡明)하고 있다.

---

9) 최돈홍, 전게서, 산업재해로부터 당신을 구하는 열 가지 방법, pp.83-155.

10) 행정안전부는 생애주기(영유아기, 아동기, 청소년기, 청년기, 성인기, 노년기)별 안전교육을 6대 분야(생활안전, 교통안전, 자연재난안전, 사회기반체계안전, 범죄안전, 보건안전), 23개 영역, 68개 세부영역으로 분류하고 있다.

11) 권정락, 에너지기술융합센터, 가스안전 강의(2018. 3. 30)

❖ 6대 안전분야

분 야	내 용
1. 생활안전(5)	시설안전, 화재안전, 전기가스 안전, 작업안전, 여가활동안전
2. 교통안전(4)	보행안전, 이륜차안전, 자동차안전, 대중교통안전
3. 자연재난(2)	재난대응, 기후성 재난, 지질성 재난
4. 사회기반체계 안전(2)	환경과 생물 및 방사능안전, 에너지 및 정보통신 안전
5. 범죄안전(4)	폭력안전, 유괴, 미아방지, 성폭력 안전,
6. 보건안전(5)	식품안전, 중독안전, 감염안전, 응급처치, 자살예방

둘째, 재난 및 안전관리 기본법 제22조(국가 안전관리 기본계획의 수립 등), 동법 시행령 제26조(국가 안전관리 기본계획 수립) 규정이 있으며 이와 연계하여 다양한 분야에 필요한 법을 제정하여 집행하고 있다. 대표적인 법은 ① 에너지이용과 관련, 고압가스 안전관리법, 액화석유가스의 안전관리 및 사업법, 도시가스사업법, 송유관 안전관리법, 전기사업법 등이며 ② 산업 및 건설 현장과 관련, 산업안전보건법, 시설물의 안전관리에 관한 특별법, 중대재해처벌법 등이며 ③ 일상생활과 관련, 다중이용 업소의 안전관리에 관한 특별법, 어린이 놀이시설 안전관리법, 위험물안전관리법, 전기용품 안전관리법, 품질경영 및 공산품 안전관리법, 학교안전예방법 등이며 ④ 교통과 관련, 교통안전법, 선박안전법, 철도안전법, 항공안전법, 해상교통안전법 등이며 ⑤ 재해, 기타 관련, 생명 윤리 및 안전에 관한 법률, 재난 및 안전관리 기본법, 인체조직 안전 및 안전관리 등에 관한 법 등이다. 안전분야는 위 표와 같이 6대 분야로 나누고 분야별로 세부 내용을 담고 있다.[12]

안전분야는 전문적이고 여러 산업에 걸쳐 복합적이다. 산업안전 분야를 보면 산업안전관리 일반이론, 인간공학 및 시스템안전공학, 기계 위험 방지기술, 전기위험 방지기술, 화공안전기술 및 작업 환경, 건설안전기술 등으로 전문성이 높고 학문적인 연계성이 강하다. 그러므로 일반인은 안전에 대한 기본개념과 프레임워크를 이해하는 것이 필요하며, 일상에서 안전 원리를 활용하고 습관화(체질화)하는 것이 중요하다. 우리 사회 개개인이 필두로 나서 이러한 인식을 가지는 것이 우리나라가 사고공화국이란 오명에서 벗어나 안전 선진국으로 나아가는 첫걸음이며 새 지평을 여는 길이다.

---

12) 국민안전처, 생애주기별 안전교육지도(KASEM—Korean Age Specific Safety Education Map)에 상세한 내용이 안내되어 있다.

안전문화 성숙도와 우리 사회의 위치

1 안전문화 성숙도 이론

안전문화는 한마디로 '안전에 관한 문제에 다른 일보다 우선적으로 주의를 기울이는 것(Overriding priority)이라는 행동이 자연스럽게 이루어지게 된 상태'를 말한다.[13] 우리 사회의 안전문화가 어느 수준에 있는지 알아보기 위해 안전문화 성숙도 이론을 살펴볼 필요가 있다. 이를 통해 우리 사회의 안전문화 지향점을 정하고 사회 각계각층에서 꾸준히 추구해 나가야 한다.

안전문화의 수준에 대응하는 조직과 구성원의 행동 양식의 성숙도는 다음과 같이 네 가지 발전단계로 나누어 볼 수 있다. ① 사후행동형 단계이다. 이는 사고가 일어나야 비로소 안전활동에 나서는 반응적 단계(Reactive)이며 종업원은 최소한 부상은 당하지 않으려 안전에 노력한다. ② 지시행동형 단계이다. 관리자가 주도하며 종업원은 지시를 받고 나서 행동으로 옮기는 경우가 많다. ③ 자율행동형 단계이다(Proactive). 종업원이 자신의 행동에 책임감을 지니고, 타인이 보지 않더라도 자신의 판단으로 선제적으로 안전 작업을 수행한다. 참여의식이 높고 관리자는 부하에게 코치 역할을 한다. ④ 협조행동형 단계이다. 작업팀은 쌍방향 커뮤니케이션이 이루어지고 양호한 팀워크가 형성되어 있다. 배려심을 발휘하고 부적절한 행동이 발견되면 가볍게 말할 수 있고 기분 좋게 받아들인다. 일에 대한 자부심, 높은 수준의 규율, 책임감, 개선 의지가 강

---

13) 이이다 히로야스 외, 사회—기술시대의 안전문화, 안전문화의 정의, pp.44—46.

❖ 안전문화 성숙 단계 이론

주창자	내 용
웨스트룸 (3단계)	병적인 단계(Pathological)-관료적 단계(Bureaucratic) 창조적 단계(Generative)
크로스비 (5단계)	불확실성 단계(Uncertainty) 인식 단계(Awakening)-자각 단계(Enlightening) - 지혜 단계 (Wisdom)-확실성 단계(Certainty)
플레밍 (5단계)	출현 단계(Emerging)-관리단계(Managing)-참여단계(Involving)–협동단계(Cooperating) -지속적 개선단계(Continually improving)
성숙 사다리 (5단계)	취약 단계(Vulnerable)–반응적 단계(Reactive)–준수 단계(Compliance)–능동적 단계 (Proactive)–회복 탄력적 단계(Resilient)
안전문화 발전 (5단계)	무지적 단계(Ignorant)-즉흥적 단계(Ad hoc)-관료적 단계(Bureaucratic)-가치 인정 단계(Aware)-발전적 학습 단계(Learning)

하다. 감독자는 코칭으로 리드하고 관리자는 필요 자원을 투입하여 지원한다.[14] 그 외 웨스트룸, 크로스비, 플레밍, 성숙 사다리, 허드슨(2006) 등이 있다.

널리 인용되는 허드슨 이론은 다음과 같으며,[15] 이 이론의 다섯 번째 단계는 브래들리 커브의 네 번째 단계처럼 벤치마킹해야 할 높은 수준이다.

❖ 허드슨 안전문화 성숙 5단계

단 계	내 용
병적 단계 (Pathological)	• 안전을 기술적, 절차적, 법규 측면에서만 해결하려 함 • 중요 사안으로 인식하지 않으며 안전부서의 일로 간주 • 사고는 불가피, 업무의 일부로 수용 • 현장 직원 대부분 그다지 관심을 보이지 않음
사후 대응적 단계 (Reactive)	• 안전을 중요요소로 인식하고 사고예방 노력을 기울이지만, 규정을 준수하면서 기술적으로만 관리 • 대부분 법적 의무 교육에 시간 투자 • 관리자들은 현장 작업자의 불안전 행동으로 사고가 발생한다고 생각(직원 및 관리 부서의 책임). • 결과 지표(Lagging Indicators)만으로 성과 측정 • 사고 발생 시 반응적 관리(질책 등)
타산적 단계 (Calculative)	• 사고 예방이 품질과 생산성 향상에 중요함을 인식 • 경영진과 함께 안전개선 노력 • 안전을 책임지려 하고 안전성과를 활용(아차사고 보고 등)하나, 지속적 개선으로 이어지지 않음

---

14) 정진우, 안전문화 이론과 실천 2판, 안전문화의 발전과 유형, pp.188－196.

15) 허드슨의 다섯 단계 이론의 자세한 내용은 중앙대 심리학과 문광수 교수의 안전저널 대담기사에 잘 나와 있다. 기사 제목: 여러분이 소속된 조직의 안전문화 수준은?(2018. 5. 9)

단 계	내 용
주도적 단계 (Proactive)	• 안전이 윤리적, 경제적 관점에서 중요함을 인식 • 근로자들이 존중받고 공정한 대우 중요 • 사전조치 노력과 잠재요인 파악 • 안전 프로그램 장기간 운영
창조적 단계 (Generative)	• 근로자 상해 예방에 큰 가치 부여 • 무사고에 만족하지 않고 안전 최우선(안전=자산) • 선행지표(Leading Indicators)를 가지고 안전관리(안전행동비율, 참여도, 개선 건의 등) • 잠재위험 통제방법 찾고 개선 노력, 근로자는 안전이 제일 중요한 부분이라 믿고, 행동하며, 상호 신뢰와 협력을 통해 시스템 운영

2 안전문화 성숙이론의 시사점

문화는 개인이나 집단이 공통적으로 지닌 신념, 행동들이므로 이를 통해 직원들이 업무를 수행하고 인간관계를 유지하는 과정에서 감정, 느낌(Feeling)을 형성하게 된다. 이는 공통적인 정서(Emotion)로 발전하여 업무의 완성도를 높이는 프로세스에 영향을 준다. 관리자는 구성원들의 정서가 조직발전에 긍정적으로 발현되도록 세심하게 관리해야 한다. 안전문화는 단기간에 정착되지 않으므로 인내심을 가지고 추진해야 하며 다음과 같은 요소들을 점검해야 한다.

1) 점검 요소

① 안전 관련 정보를 공유하고 편하게 요청할 수 있는가? ② 공동 목표를 위해 함께 노력하고 협력하고 있는가? ③ 구성원들이 자발적으로 참여하고, 다양한 의견을 교환하여 계획을 수립하고, 기대하는 바를 결정하고 있는가? ④ 성과에 대해 인정과 칭찬을 아끼지 않고 기대하는 바대로 일이 진행되도록 분위기를 조성하고 있는가? ⑤ 아이디어와 정보, 자원을 공유하고 자유스럽게 요청할 수 있는가? ⑥ 교육 훈련과 학습 기회를 부여하고 있는가? ⑦ 건설적이고 존중하는 분위기 속에서 토론하고 도출한 결과에 따르고 있는가? ⑧ 구성원들이 개방적으로 변화를 수용하고(Open mind), 실행에 집중하고 있는가?

2) 추구 방향

안전문화 성숙이론으로 볼 때 우리 사회의 안전문화 수준이 톱 클라스에 도달해야 안전 선진국으로 진입할 수 있으며 경제 대국의 면모를 갖추게 된다. 창조적 단계(브래들리 커브 4번째 단계)로 진입하기 위해서는 협력을 촉진하는 인사체계로 혁신이 필요하다.

해외 선진기업도 대전환시대 성공 요소인 협력을 극대화하는 방향으로 인사평가 기준을 정립하고 있다. 마이크로소프트 CEO 사티아 나델라는 개인 업적, 역량 외에 동료를 도와준 업적을 중요하게 평가하고, GE도 개인 평가에서 팀 평가로 전환하고 있다. 개인 성과와 개인 역량 위주로만 평가하면 동료와의 협력이 약해질 수도 있다. 우리 조직문화에 맞는 협력 중심의 인사평가의 혁신이 필요하며 특별히 안전확보를 위한 성과지표(KPI−Key Performance Indicator)를 개발해야 한다.[16]

---

16) 주영섭 교수, 초 변화 대전환시대, 협력이 살길이다. 아주경제(2022. 12. 26)

우리나라 안전문화 문제점 극복방안

1 집단주의와 체면 문화 극복

안전수준을 높이기 위해 먼저 우리의 문화에 대한 성찰이 필요하다. 우리나라는 동양문화권으로서 관계성을 중시하는 문화에 속한다. 고상황 문화(High-context culture)로서 과업을 중시하는 서양문화가 속한 저상황 문화(Low-context culture)와 구별된다. 우리 사회는 타인과의 관계에서 비롯되는 스트레스 강도(强度)가 높고 업무에 지장을 주기도 한다. 농경사회를 기반으로 한 집단주의 성향이 강하고 안전과 관련하여 남에게 의존하거나 자신의 잘못을 남의 탓으로 돌리는 경향이 강하다. 반면에 이민 사회를 기반으로 하는 서구인들은 개인주의 신봉으로 개인이 스스로 책임을 감당해야 생존할 수 있는 과정을 겪어 왔다.

그러므로 우리가 서구의 훌륭한 안전 제도를 도입하더라도 정착이 여의치 않은 것은 문화 차이에도 일부 기인하는 것으로 볼 수 있다. 따라서 선진 제도를 우리 풍토에 맞는 우리 고유의 제도로 뿌리내릴 수 있도록 다각도로 검토해야 한다.

우리 사회는 1945년 8월 15일 해방과 1950~1953년 한국전쟁을 겪고 급속한 산업화 과정을 거치면서 경쟁 논리와 성과지상주의를 지향해 온 탓에 타인에 대한 존중과 배려심이 약한 편이다.

한편 장유유서, 사농공상 등 유교적 문화와 상명하복의 권위주의적 문화가 자리

잡고 있으며, 여기에 세대 간의 인식 차이와 이념 갈등, 가치관의 부재 등으로 갈등요인이 커지고 있다.[17]

또한 타인과의 비교의식과 자존심이 강하며 체면을 중시하므로 안전과 관련하여 타인의 잘못을 지적하거나 간섭하는 것에 부담을 크게 느낀다. 직장 선배가 안전모를 착용하지 않고 현장에 나왔을 경우 후배 사원이 이를 지적한다는 것이 쉽지 않은 것이 현실이다.

안전문화가 정착된 회사에서는 후배 사원이 선배 사원에게 자연스럽게 건의하고 지적할 수 있는 풍토가 조성되어 있다. 구성원 간의 지적 활동(指摘 活動)이 안전문화의 근간이라 해도 과언이 아니다. 이와 관련, 구성원 간 껄끄러울 수 있는 지적 활동을 긍정적으로 정착시킨 사례가 있어 이를 후술한다. 또 다른 예로서 팀원이 위험 요인을 발견했을 경우 이를 팀장에게 쉽게 보고할 수 있을지 아니면 망설이게 될지는 안전문화 수준에 따라 달라진다.

안전수준이 높은 회사는 직원이 상사에게 위험 요인을 보고하면 잘했다고 칭찬을 받고 신속하게 개선해 줄 것을 기대할 수 있는 회사이다. 그렇지 않은 회는 괜스레 트집 잡는다고 뭐라고 한마디 들을지 걱정이 앞서고 예산에 없다고 하면서 개선을 기대하기도 힘든 회사이다. 이처럼 안전과 관련하여 조직 내 구성원들 간의 원활한 소통이 안전문화 정착의 첫걸음이다.[18]

현장 직원들이 대화를 꺼리는 대표적 이유는 다음과 같다.[19]

---

17) 유교를 우리 문화의 핵심이자 본질로 파악하는 학자들은 유교 문화가 일종의 정신적인 것으로서 개인과 문화가 서로 영향을 주고 받으면서 개개인의 성격(Personality)이 형성된다고 한다. 유교는 우리나라의 개인과 사회를 지배해 왔으므로 이기주의, 타인의 고통에 대한 불감증, 젊은 세대를 포용할 아량과 비전의 부족함 등의 사회현상을 지적하면서 앞으로 유교를 대신할 새로운 시대정신이 필요함을 주장하고 있다(손영식 박사, 누리미디어 2002). 이와 관련, 유교를 현대적 관점에서 발전적으로 해석하여 대안을 제시한 학자도 있다(나선형 발전 사관). 즉 유교의 단점을 인정, 사대 정신에 부합하는 의미 있는 이론을 발굴하고, 민본사상 보완을 통한 민주주의 정신 함양, 특수를 통한 보편 논리 정립, 어울림 사상을 통한 다문화 문제 해결책 모색, 이익과 의로움 관계를 통한 21세기 공동체 정립 등이다(이철승 조선대 철학과 교수, 한국유교학회 학술대회, 2017년 3월).

18) 전술한 바와 같이 집단주의 문화는 농경사회를 기반으로 하고 개인주의 문화는 이민 사회를 기반으로 한다. 농경사회에서는 개인이 집단에서 이탈하면 생존에 위협을 느끼지만 이민 사회에서는 개인이 자신의 생존을 스스로 책임져야만 하는 차이점이 있다. 또한 우리 국토가 좁아 인구밀도가 높다 보니 자연스레 남들과 비교의식이 강한 편이라 할 수 있다.

19) 김한기 한국안전심리개발원 부소장 특강자료(2017.7)

- 상대편에서 잔소리나 부정적으로 생각하지 않을까...
- 상대편에서 좋지 않은 반응을 보일까...
- 작업 상황에 대해 잘 몰라서...
- 작업에 방해가 될까 봐...
- 혹시 놀라서 더 위험한 상황이 되지 않을까...
- 적절한 대안을 제시하지 못할까 봐 두려워서...
- 상대방의 연배가 높아서...
- 나의 책임(담당) 지역 또는 소속 직원이 아니라서...
- 감정을 상하게 하고 싶지 않아서(좋은 게 좋다는 식)...
- 핀잔 받을까 봐(너나 잘하지 라는 핀잔)...
- 작업 공정 또는 일정이 맞지 않아 대화가 어려워서...
- 다른 사람은 안 하는데 내가 왜 굳이(편하게 살자)...
- 상대방에 대해 마음의 벽이 높을 때...
- 주입식 교육을 받아 대화기술이 부족해서...

2 근로자의 자존감과 자부심 제고

1) 존재(Being)와 행위(Doing)[20]

우리 사회는 유교적인 사농공상 관념의 영향으로 현장 근로에 대한 자긍심이 약한 편이라 할 수 있다. 이러한 경향을 극복하는 방안은 존재(Being)와 행위(Doing)에 대한 관점을 정립하는 것이다.

자신의 존재(Being)를 귀하게 여기는 마음(자존감)을 확립하면 자신이 맡은 일(Doing)에 가치를 부여하고 자부심을 가지게 되며, 스스로 책임감을 가지고 일하게 된

---

[20] 스위스 정신과 의사이자 심리학자인 칼 구스타프 융(1875－1961)은 "자아실현은 행위(Doing)의 이면에 존재(Being)가 원하는 것을 찾는 것이다"라고 하여 존재의 가치를 설파하였다. 이를 통해 우리가 지금까지 행위에 치우친 경향이었음을 성찰하게 되며 자신의 존재가치와 진정으로 무엇을 원하는지를 찾아보아야 한다. 이렇게 볼 때 생명을 지키는 안전은 모든 가치 중에서도 대단히 높은 가치임을 인식하는 것이 안전문화 구축의 첫걸음이다. 일본의 안전심리학자 시게루 교수는 그의 저서 '사고가 없어지지 않는 이유'에서 일에 대한 긍지(직업적 자존감)와 안전행동과의 관계를 연구한 결과 직업적 자존감은 안전행동에 긍정적인 영향을 미치는 것이 확실하다고 주장한다. 그는 안전행동 동기 요인을 ① 생명을 소중히 여김 ② 일을 중요하게 여김 ③ 동료에 대한 배려, ④ 상사에 대한 신뢰, ⑤ 가족, 지인에 대한 애정이라고 한다. 정진우 전게서 pp.416－417.

다. '자존감(自尊感)'과 '자부심(自負心)'은 안전문화를 정착시키는 핵심적 두 기둥이며, 구성원들이 서로 존중하고 배려하는 풍토 조성 기반이다.

직장에서의 안전행동은 직업적 자존감, 일에 대한 자긍심에 의해 유지되고 있다. 미래에 대한 높은 가치나 밝은 희망을 가지고 있는 사람들이 더 안전하고 건강한 생활습관을 몸으로 익히고 있다는 조사 연구 데이터가 다수 존재한다. ① 자랑스럽게 살아갈 것, ② 장래에 대한 희망을 가질 것, 이 두 가지가 안전에 대한 동기부여 열쇠이다.[21]

2) 베블렌 효과와 파노플리 효과(Veblen Effect and Panopli Effect)

자존감과 자부심과 관련하여 심리학 이론인 베블렌 효과와 파노플리 효과가 있다. 노르웨이 출신 미국 경제학자이자 사회학자인 베블렌은 상류층 소비자는 사회적 지위를 과시하기 위해 비싼 상품을 구매한다고 하며(베블렌 효과), 프랑스 철학자 장 보드리야르는 "서민층이 상류층이 되고 싶은 욕구에서 고가상품을 구매하고자 하는 심리가 있으며 이를 파노플리 효과(또는 밴드왜건 효과)라고 하였다.

이처럼 사람들은 가치가 높다고 여기는 일에 우선순위를 두므로 조직 구성원들이 생명을 지키는 고귀한 속성의 안전에 대해 높은 가치를 부여하면 업무 수행과정에서 안전을 최우선적으로 고려하게 된다.[22] 이러한 인식은 근로자뿐만 아니라 경영자, 관리자들도 지녀야 하며, 조직 구성원 모두가 소중한 안전 업무를 수행하는 존재로 인정받는 분위기를 조성하게 된다.[23]

---

21) 제럴드 와일드는 사고율의 저감을 위해서는 공학적 대책을 통한 인간의 행동 변화가 수반되어야 함을 주장한다. 하가 시게루, 안전의식 혁명, 하는 일에 대한 긍지와 자존감이 안전의식을 높여준다. pp.222-231.

22) 미국 펜실베니아대 와튼스쿨 조직심리학 교수 애덤 그랜트는 그의 저서 '히든 포텐셜'에서 "목표를 이루기 위해 잠재력을 발굴하고 키워야 하며, 이를 위해 품성 기량(Character Skill)을 키워야 한다. 품성은 훈련을 통해 키울 수 있으며 가치를 우선시하는 역량이다. 상황이 불리할 때 그런 가치들을 지킬 수 있는지가 품성의 진정한 시험대이다. 타고난 성격이 평상시 반응하는 문제라면, 품성은 어려울 때 어떻게 대응하느냐의 문제이다"라고 하였다. 한편 하버드대 경제학과 교수 라즈 체티는 1980년대 말 미국 테네시주 학생들을 대상으로 실험한 결과 이를 확인하고 높은 품성을 갖추면 일을 미루지 않고, 자신의 실수를 인정하며, 극복 방안을 찾는다고 하였으며, 높은 품성의 요건으로 주도력, 친화력, 자제력, 결단력을 꼽았다(이학영 뉴스레터, 경제사회연구원).

23) 후술하는 수평선 이론에서 관련 내용을 상세하게 언급한다.

3) 자존감과 자부심을 높이는 방법[24]

자존감과 자부심은 실력이 있어야 지켜낼 수 있다. 지금 어려운 상황에 있더라도 견디고 부족한 부분을 채우면서 키워나가는 것이다. 아직 완성되지 않은 부분을 채우기 위해 노력해야 한다. 자기 자신이 누구인지 질문해야 하며, 남의 눈에 보이기 위한 것이라면 방향이 틀어질 수도 있다.

하루하루의 작은 습관들이 모여 바라는 나의 모습을 만들어낸다. 루틴의 힘, 운동, 독서, 메모 등 반복적 일상이 곧 힘이다. 어느 유명 디자이너는 수시로 떠오르는 디자인을 노트에 적어놓았다가 십 년 전 메모해 둔 아이디어로 갑작스러운 요청을 해오는 기업에 바로 답해주었다고 한다. 자신이 좋아하는 일을 찾아내고 매일 쌓아가는 것들이 단단해질 때 비로소 진정한 자존감과 자부심이 든든하게 다가올 것이다. 나 자신의 변화는 나아가 타인의 발전과 세상을 변화시키는 데 도움이 되는 존재가 된다.

3 안주지대 벗어나기(여키스-도슨 법칙)

1) 안주지대(安住地帶)의 의미[25]

미국의 심리학자 로버트 여키스와 존 도슨은 편안한 환경과 그렇지 않은 환경으로 분류하여 인간의 수행능력의 차이를 비교하는 실험을 하였다. 실험 결과 약간의 스트레스를 느끼는 환경에 있어야 능력을 더 키우고 재능을 발휘할 수 있으며, 안주지대(Comfort zones)에 머무르고 있으면 성장에 한계가 있다는 것이다(여키스-도슨 법칙, Yerkes-Dodson law).

안주지대를 벗어나기 위해서는 원하는 것을 붙잡으려는 동기가 있어야 한다. 자신의 이미지를 새롭게 형상화시키고, 자신감을 가지고 높은 목표에 도전하며, 때때로 잘되지 않을 수도 있다고 마음을 다짐하고, 긍정적인 태도를 견지하는 것이다.

---

24) 손미향, 시대를 초월한 성공의 열쇠 10가지, 잘난 척과 자존감의 차이를 묵상한다. pp.300-307.
25) 통상적으로 안전지대란 용어를 사용하고 있으나, 안전 관련 용어와 혼동을 피하기 위해 여기에서는 안주지대란 용어로 바꾸어 사용한다.

2) 안주지대 밖의 변화 감지하기[26]

아인슈타인은 "자신이 직면한 심각한 문제들은 그 문제가 발생된 당시의 사고(思考) 수준을 가지고는 해결할 수 없다."라고 하였다. 자신의 부족한 성품과 역량이 빚어낸 약점들은 그 상태에서는 잘 보이지 않으며 한 단계 더 높은 기준에 섰을 때 보인다는 것이다.

누구라도 안주지대에 머물려는 습성이 있다. 어떤 CEO에게는 바쁜 일정이 안주지대다. 쉴 틈 없이 바쁘게 뭔가를 하고 있는데 그것이 장기적 성과를 위해 꼭 필요한 우선순위에 해당되는 것인지는 알 수 없다. 정당이 선거에서 이기는 것도 안주지대가될 수 있다. 국민들의 변화 요구에 부응하려던 절박감이 권력 유지를 위한 동기로 변질되기 쉽다.

안전의 확보도 이와 같다. 안주지대를 벗어나는 방안은 기꺼이 불편함을 감내하는 정신이다. 고속버스를 타고 의자에 앉아 안전벨트를 매는 것은 잠깐의 불편함(성가심)을 겪음으로 안전을 확보하는 것과 같다.

3) 안주지대 극복방안

미국의 기업코치이자 '더 큰 그림을 그려라'의 저자 릭 템린(Rick Tamlyn)은 안주지대 극복방안을 다음과 같이 소개한다. ① 안주지대를 확인하라('중간쯤은 된다'라는 생각 등). ② 안주지대가 미치는 영향을 파악하라(예: 온정주의는 성과주의로 변화하는 것을 가로막음). ③ 안주지대를 벗어날 방안을 강구하고 선택하라. 중요 사안에 초점을 맞추고 선택과 집중을 하며, 습관화 노력이 필요하다. 변화유도 시스템과 구조를 설계하고, 변화 과정을 추적하며, 끈기 있게 실행해야 한다. ⑤ 반드시 거창할 필요가 없다. 작고 쉽고 간단한 것부터 실행하면서 체질을 바꿔 나가라. ⑥ 안전의 확보는 작고 사소한 디테일에서 출발한다. 다윈의 진화론에 의하면 "살아남는 종은 강인하거나 지적 능력이 뛰어난 종이 아니라 변화에 적응하는 종이다."

---

26) 고현숙, 결정적 순간의 리더십, 안전지대 밖 변화 감지하기, pp.119－127.

위험 및 안전개념 재정립
-안전보건관리체계 구축

05

1 위험에 대한 개념

국어사전은 위험을 '해로움이나 손실이 생길 우려가 있음 또는 그러한 상태'라 정의하고 있다. 또한 황산성 전 환경부장관은 '불행한 결과에 접근될 가능성 또는 불행한 결과를 초래할 가능성'이라 정의하고 있다.

황산성 전 장관과 네이버 국어사전 정의 비교

불행한 결과에 접근될 가능성(A) 또는 불생한 결과를 초래할 가능성(B)	해로움이나 손실이 생길 우려가 있음 또는 그런 상태

황산성 전 장관의 정의, 즉 "불행한 결과에 접근될 가능성(A) 또는 불행한 결과를 초래할 가능성(B)"이란 정의를 분석해 보면 흥미로운 점이 있다.[27]

(A)는 피동적이고 (B)는 능동적이다. 즉 위험이란 자신의 행동과 무관하게 생길 수 있고(A), 자신이 초래할 수도 있기 때문이다(B). 그러므로 위험을 관리하는 데에나 자신이 스스로 챙겨야 함(B)과 아울러 타인의 부주의와 조직의 내외부 환경에 따라 발생하는 위험에 대해서도 주의를 기울이고 예방하는 선제적 조치가 필요하다(A).

---

27) 이만의 한국온실가스감축재활용협회장(전 환경부 장관)은 자연재해라도 인간이 관여되었다면 인위적 속성을 지닌다고 하여 이와 비슷한 맥락으로 이해할 수 있다.

조직 구성원들 간 소통, 협력, 배려가 중요한 이유도 여기에 있으며 이것이 후술할 '브래들리 커브'의 4단계에 해당하는 높은 안전수준에 이르는 구성요소이다.

2 사고와 재해의 특성

사고(Accident)는 뜻하지 않은 잘못된 일, 즉 원하지 않는 사상(Undesired Event), 비효율적 사상(Inefficient Event), 변형된 사상(Strained Event) 등 스트레스의 한계를 넘어선 사상(事象)을 말한다.[28]

안전사고란 고의성이 없는 불안전한 행동이나 조건이 선행되어 작업능률을 저하시키며, 직, 간접적으로 인명 피해와 재산손실을 가져오는 것이다. 재해(Loss, Calamity)는 안전사고의 결과로 일어난 인명 피해 및 재산손실을 말하고, 산업재해는 통제를 벗어난 에너지의 광란(폭발 등)으로 인한 인명과 재산의 피해 현상을 말한다.

산업안전보건법에서는 산업재해를 "노무를 제공하는 사람이 업무에 관계되는 건설물, 설비, 원재료, 가스, 증기, 분진 등에 의하거나 작업 또는 그 밖의 업무로 인하여 사망 또는 부상하거나 질병에 걸리는 것"이라 정의하고 있다.

사고와 재해의 특성은 다음과 같다. ① 어느 누구도, 언제, 어디서든 사고로부터 자유로울 수 없다. 3A(Anyone, Anytime, Anywhere)로 표현하며 모두가 안전할 때까지 아무도 안전하지 않다.[29] ② 모든 사고는 반드시 원인이 존재한다. 불안전한 환경과 작업조건, 근로자의 불안전한 행동, 경영자의 잘못된 의사결정[30]이다. ③ 재해가 발생하더라도 감동적인 대응과 극복 과정은 회사 체질을 바꾸는 전화위복의 계기가 된다. 안전에 대해 진정한 자세로 학습하고 체질을 강화시킬 수 있다.[31]

---

28) '일'과 '사건'은 구별하여 사용해야 한다. 사건은 고의성이 있는 개념이다.

29) 안동일 연세대 보건대학원 교수, 네이버 열린 연단, 교수신문(2022. 12. 13). 여기에서 Anytime에 대해 눈여겨볼 필요가 있다. 즉 지금 당장은 안전한 상태(Stock 개념)라 하더라도 시간이 경과(Flow 개념)하면 기계설비 노후화, 담당자 교체, 법규 변경 등 여러 사안이 변하기 때문에 일정 시점에서의 안전이 늘 안전함을 보장해 주지는 않는다.

30) 경영자의 잘못된 의사결정은 1995년 삼풍백화점 붕괴사고가 대표적인 사례이다. 만약 최종 의사결정 회의에서 영업을 강행하도록 의사결정을 내리지 않았더라면 5백 명이 넘는 사망자와 천명에 가까운 부상자가 발생하지 않았을 것이다. 미국 첼린지호 폭발사고도 이와 같다.

31) LG하우시스 울산공장 화재사고를 계기로 당시 김성철 공장장 등 전 구성원이 합심하여 복구하였

1) 안전에 대한 다양한 정의

	안전에 대한 정의
웹스터사전	안전은 상해, 손실, 위해에 대한 노출로부터의 자유로움이다. 이를 위한 보호 및 방호 장치, 잠금장치, 질병의 예방에 필요한 기술 및 지식이다.
하인리히	안전은 사고예방이다. 과학과 기술체계를 안전에 도입하였으며 사고예방은 물리적 환경과 인간 및 기계의 관계를 통제하는 과학인 동시에 기술이다(Art).
버크호프	안전은 인간 에너지 시스템에서 인간 자신의 예측을 뒤엎고 돌발적으로 발생하는 사건을 인간 형태학적 측면에서 과학적으로 통제하는 것이다.
하비	안전은 사고를 방지하고 안전을 도모하기 위해 교육, 기술, 독려 간에 균형을 이루는 것이다(3E-Education, Engineering, Enforcement).

2) 안전의 두 가지 개념 및 프레임워크 정립(동서양 비교)

안전에 대한 정의가 다양하고 범위가 넓어 막상 접근하려 해도 막막하게 느껴질 때가 많다. 더욱이 안전은 고도의 추상명사이므로 이를 구체화 시켜 나가기가 쉽지 않다. 연륜이 쌓이면서 복합적인 생각을 할 수 있는 능력이 길러지면서 추상적인 개념에 익숙하게 된다.[32]

안전과 관련, 일본의 한 안전전문가의 관점에 흥미로운 점이 발견된다. 그는 안전은 '평온 무사한 상태'로 파악되고 이를 도형으로 이미지화하면 일그러진 데가 없는 원과 같은 모양이라고 한다. 회사에서 사고가 발생하지 않으면 직원은 "우리 회사는 안전하다"라고 생각할 것이나 이 회사에서 사고가 일어나면 어제까지 안전했던 회사가 갑자기 안전하지 않은 회사가 된 것처럼 느껴진다. 회사는 기기, 설비, 불안전 행동 대책 등을 보완하여 일그러진 원의 복구에 힘쓴다는 것이다.

그런데 그가 일본에 유학 온 서구 학생들에게 안전(Safety)이 무엇인지 질문하니까 "안전은 행동이다(It is an activity)", "엔지니어는 안전한 상태를 유지해야 한다(Engineer has to maintain this status)" 등의 답변을 하였다. 여기에는 행동이 포함되어 일본인의 안

으며, 이를 통해 전면 쇄신한 경우가 여기에 해당된다.

32) 김동환(2009), 시스템 사고, 인과관계 발견을 위한 태도, 추상적 사고에서 구체적 사고로, 선학사, pp.101 – 104.

전에 대한 인식과 비교가 된다는 것이다.[33] 이처럼 안전에 대해 서구인의 인식은 '행동'을 고려한 동적 개념(Dynamic)인 반면 동양인은 '상태'를 고려한 정적 개념(Static)으로 유추할 수 있다.

행동을 통해서 상태를 개선시킬 수 있다. 안전의 실효성을 확보하기 위해서는 안전 관련 사안을 사람들이 행동으로 옮기도록 구체적인 실천과제로 만들고 이행사항을 점검하는 체제를 만들어야 한다. 튀르기예 어부들 속담에 "움직이는 곳에 풍요가 있다."라는 말이 있다. 이는 안전을 강화하기 위한 노력과 같은 맥락이라 흥미를 자아내게 한다.

안전에 대해 다음과 같이 한 장의 그림으로 표현하면 이해하기 쉽고 해야 할 일의 위치(입체적 Location)를 파악할 수 있어 안전 관련 업무를 구체화시켜 나가는 데 큰 도움이 된다.[34]

즉 위험요인이 도처에 잠재해 있으며 이것이 수면 위로 드러나면 사고가 일어난다. 안전관리는 '위험요인'을 관리하는 것이다. 조기에 수습하지 못하면 위기로 발전되

❖ **안전의 입체적 location 파악**

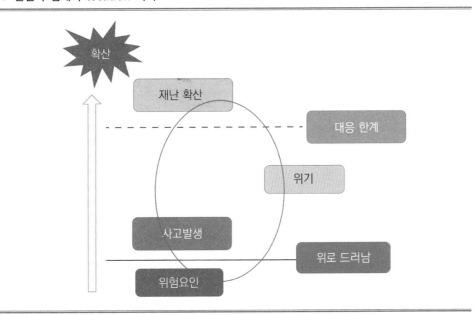

---

33) 타카기 미호 외, 사회-기술시대의 안전문화, 안전이란 무엇인가, pp.14-18.
34) 국무총리실 사회통합정책실에서 작성한 내용을 한국코치협회 박홍식교수가 소개한 것이다.

고 대응역량의 한계를 넘어서면 재난으로 확산하게 된다.[35]

3) 성공적인 재난관리의 원칙

미국연방재난관리청(FEMA)의 의견을 토대로 재난관리 원칙을 정리하면 다음과 같다. ① 종합성(Comprehensive). 모든 재해, 전 단계, 모든 피해, 모든 이해당사자를 아우르는 대책이라야 한다. ② 미래지향성(Progressive). 예방 및 완화기능에 초점을 맞추어야 한다. ③ 위험관리 지향(Risk-driven). 위험 식별, 위험 및 영향에 대한 분석을 통해 우선순위를 정해 자원을 배분한다. ④ 통합성(Integrated). 정부기관, 지역사회 등의 재난관리 프로그램과 연계 등이다. ⑤ 협력성(Collaborative). 담당 조직 간의 의사소통, 신뢰, 합의, 우호 관계로 협력을 강화한다. ⑥ 조정성(Coordinated). 공유된 목적으로 조정하고 활동을 통일시킨다. ⑦ 유연성(Flexible). ⑧ 전문성(Professional). 직업의식, 전문지식, 윤리의식, 사명감 등의 확보이다.[36]

4 안전 개념과 안전관리 마인드 정립

ISO/IEC Guide 51에는 안전을 '수용할 수 없는 리스크가 없는 상태(Freedom from risk which is not tolerable)'라고 정의하고 있다. 안전이라도 절대적 안전을 의미하지 않으며 위험은 항상 존재하므로 지속적인 추적 관리가 필요하다. 즉 위험요인이 허용할 수 있을 정도로 억제되어 있는 상태, 사고재해는 언제든지 일어날 수 있는 상태를 말한다. 그러므로 이를 인식하거나 의식하면 위험을 격감시킬 수 있다.

따라서 관련 지식과 기술을 습득하고 기능과 스킬을 연마해야 하며 안전을 대하는 능동적이고 자율적인 태도가 중요하다. 이러한 점을 감안하여 저자는 안전활동을 강조하고자 안전을 "위험요소를 파악하고, 안전행동을 숙지하며, 안전행동을 실천하는 것"이라 정의하고자 한다.[37] 즉 "무엇이 위험한지를 알고, 안전을 위해 필요한 것을

---

35) 안전관리의 첫걸음은 자가진단(Self assessment)이다. 이를 통해 위험요인을 발굴하고 관리해 나가야 하며 안전관리 6단계 모델(HJk Model)을 후반에 소개한다.

36) 손상철 외, 재난안전관리론, 성공적인 재난관리의 원칙, pp.22-25.

37) 안전관리(Safety Management)를 구조적인 관점에서 보면 ① "생산성 향상과 재해로부터 손실을

배우고 익히며, 이것을 실천으로 옮기는 것"이다.[38] 이를 위해 안전관리자는 인적, 물적, 환경적 요인 가운데 위험요소를 찾아 우선순위를 매기고 과제화시키며, 해당 부서에서는 위험요소의 제거 및 사고 예방조치를 준비하고 실행해 나가야 한다.

5 안전보건관리체계와 핵심 요소

안전보건관리체계란 "근로자의 안전과 건강확보를 위해 기업, 정부, 지자체 등의 조직이 스스로 위험요인을 발굴하고 이를 제거, 대체, 통제하는 방안을 마련하고, 조직 구성원들이 합심하여 지속적으로 개선해 나가는 체제"를 말한다. 이의 핵심 요소는 다음과 같이 일곱 가지로 요약할 수 있다.[39]

핵심 요소(7)	비 고
1. 경영자 리더십 발휘	내적 각성에서 출발, 표출
2. 구성원 참여	제안제도, TBM 등
3. 위험성 평가를 통한 위험요인 파악	전사 공유
4. 위험요인 제거, 대체, 통제	협력, 교육훈련 등
5. 비상계획 수립 및 실행	시나리오 플랜, 대안 확보
6. 위탁업무 안전보건장치 마련	도급, 용역 등
7. 안전보건 과제 평가, 개선	PDCA(Plan-Do-Check-Act)

기업의 자체 진단이나 안전 코치나 컨설턴트가 어떤 기업이나 단체의 안전관리실태를 점검할 때 이러한 요소를 기준으로 해서 살펴보면 그 조직의 안전 현황을 파악할 수 있고 대응책을 제시할 수 있다.

최소화하기 위해 재해의 원인 및 경과의 규명과 재해방지에 필요한 과학과 기술에 관한 지식체계의 관리" 혹은 ② "비능률적 요소인 재해가 발생하지 않는 상태를 유지하기 위한 활동, 즉 재해로부터 인간의 생명과 재산을 보호하기 위한 계획적이고 체계적인 제반 활동"으로 정의를 내릴 수 있다.

38) 김윤배, '안전에 대한 이해'라는 제목의 유튜브 강의에 자세한 해설이 나온다(전 고용노동부 산업안전보건국장).

39) 고용노동부, 건설안전학회 학술대회(2021. 9. 14)

6 안전문화 진단 항목(4대 카테고리, 8대 요소)

우리가 안전 코칭이나 컨설팅을 할 때 필수 절차로 안전수준을 진단하고 평가를 실시하는데, 이때 구성항목을 다음과 같이 네 가지 카테고리, 8대 요소로 나누어 살펴보면 효과적이다.[40]

카테고리(4)	8대 요소	내 용
최고경영자 및 구성원의 의지와 신념	안전 정책	기본 가치, 신념, 행동방침, 규율
	신뢰 관계	안전정책에 대한 기대, 믿음
	안전 의식	깨어있는 상태, 인식, 감정, 경험
심리적 안전감	구성원 참여	높은 자발성, 자율성
	소통, 동기부여	진정성 지닌 교류, 협력, 안전행동 유지, 오해 소지 없음
제도적 뒷받침	지원 및 격려	인적 및 물적 자원 지원, 칭찬과 보상, 의욕 제고
	교육 및 정보 공유	안전 법규와 표준, 교육훈련, 개선 활동 및 피드백 내용 공유
리스크 관리	전사적 위험관리	위험성 평가(위험요인 인지 및 대처), 유해위험물질 관리, 주기 및 특별 훈련

4대 카테고리와 8대 요소는 조직의 안전문화 구성요소를 말한다. 최고경영층은 코칭, 컨설팅 등을 통해 안전문화 요소가 제대로 작동되고 있는지 점검하고 보완해 나가야 한다.

한국산업안전보건공단은 다음과 같이 안전의식 조사 항목을 네 가지 영역으로 구분하고 영역별로 네 가지, 총 16가지 요인을 소개하고 있다.[41]

영역(4)	구성 요소(16)
안전 가치	안전신념, 안전몰입, 안전성과(成果) 평가, 안전가치 확산(4)
안전 운영	안전운영체계 구축, 안전 순응, 안전운영체계 점검, 안전운영체계 개선(4)
안전 교육	안전교육 설계, 안전교육 실행, 안전교육 실시 평가, 안전교육 개선(4)
안전 소통	안전소통 채널 구축, 안전소통 채널 활용, 안전소통 채널 점검, 안전소통 채널 개선(4)

---

40) 한국코치협회, 안전문화 코칭사업지원단(단장 배용관)에서 연구를 통해 정립한 내용이며 코칭기법을 통해 큰 효과를 발휘할 것으로 기대된다.

41) 산업안전보건공단에서는 홈페이지를 통해 온라인 설문 조사가 가능하며 결과 보고서도 제공된다 (KOSHA-Care). 출처: 안전문화 길라잡이 1, 안전문화 진단 pp.58-103.

한편 고용노동부는 사업장에서 쉽게 안전문화 수준 및 개선요인을 파악하도록 한국형 안전문화 평가지표(KSCI–Korea Safety Culture Index)를 개발하여 보급하고 있다. 약식 버전 14문항과 풀 버전 51문항이며, 평가지표는 조직문화, 안전의식, 시스템, 안전행동 등 무형(내면 심리적) 요소와 유형(외부 관측) 요소로 되어있다.[42]

7 안전문화 분석 툴 소개[43]

안전문화 분석 틀 중에서 세계적으로 널리 사용되는 NOSACQ–50 방식(The Nordic Occupational Safety Climate Questionnaire)의 설문은 다음과 같이 일곱 개이다. ① 안전관리 책무 및 능력, ② 안전관리 권한 부여, ③ 안전관리 공정성, ④ 근로자 안전책무, ⑤ 근로자의 안전 우선순위 부여, ⑥ 안전에 대한 학습과 의사소통 및 신뢰, ⑦ 안전시스템 효과에 대한 믿음.

그리고 BV의 Tripod Delta 방식은 안전문화를 발전시키기 위해 조사하는 것에 중점을 두며 11가지 리스크 관리 요소를 들고 있다. ① 설계(작업장 설계 및 배치), ② 하드웨어(설비 및 자재), ③ 유지관리(유지 보수의 체계적 일정, 성과관리), ④ 정리정돈(보관, 저장, 폐기물 처리시설), ⑤ 에러 유발 상태(주변 요인, 근로환경, 권태, 허세 등), ⑥ 절차(업무 요구사항, 절차의 효과성), ⑦ 교육훈련(최적 성과 지향), ⑧ 의사소통(문서, 구두 등 소통 원활 정도), ⑨ 목표의 상충 조정(생산성, 원가 등 지표와 중요성 비교), ⑩ 조직(조직 구조의 효과성), ⑪ 방호장치(개인보호, 응급처치 등)

위와 같이 소개한 안전문화 진단 툴은 기업에서 자사의 안전 실태를 진단하고 평가할 때에 다양한 시각을 가지는 데에 참고할 수 있다.

---

42) 고용노동부 보도자료 2023. 12. 3
43) 윤석준 외, 기업의 안전문화 평가 및 개선사례연구, 산업안전보건연구원(2016. 10. 31)

CHAPTER

04

중대재해처벌법 대응

중대재해처벌법 도입 배경

2022년 1월 27일 시행된 동법 취지는 안전사고에 대한 경각심, 사업주 책임의식, 근로자와 시민 생명 및 재산 보호, 재해 발생 시 경영책임자 엄벌 등이다. 문제는 이 법 시행에도 안전사고가 지속되고 있다는 것이다. 이에 대해 앞뒤를 짚어보면 다음과 같다. 동법 시행 전인 2020년 1월에 산업안전보건법이 전면 개정되었다.[1] 김용균법이라 불리는 것으로 2018년 12월 T사에서 하청근로자가 사고로 사망한 것을 계기로 추진되었다. 그리고 나서도 2020년 4월 이천 물류창고 건설 현장 화재 등 대형 산재사고가 지속해서 발생하였다.

---

1) 산업안전보건법은 1981년 7월에 최초로 시행되고 2020년 1월에 전면 개정되었다. 이에 따라 원청 사업주가 의무위반으로 하청근로자 사망 시 하청 사업주와 같이 처벌하도록 되어 있다.

02 T사 하청근로자 사망사고 분석

통상 안전사고 조사 시 근로자의 안전수칙 위반을 먼저 살펴보는 것이 관행이다. 그러나 조사 결과 하청직원은 수칙을 충실히 지켰으며 업무에 충실해 위험에 더 노출된 것이다. T사 업무 절차상에는 하청 근로자는 문제 부위 발견 시 최대한 근접 촬영하고 상세 설명을 덧붙여 관리시스템에 등재하게 되어있다. 원청 직원은 이를 통해 현황을 파악하고 정비부서에 정비를 의뢰하였다.

하청 근로자가 점검해야 하는 부위는 석탄 운송용 컨베이어벨트가 롤과 맞물려 돌아가는 부분으로서 사진처럼 설비 안쪽으로 몸을 숙이고 들어가 보아야 한다(사진: 특조위).

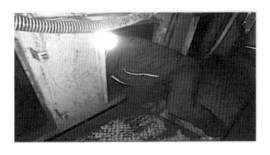

특별조사위원회 조사 결과, 원인이 하청 근로자의 불안전한 행동이 아니라 불안전한 행동을 유발하는 환경 및 관리 소홀에 있다고 결론을 내린다(2인 1조 수칙을 어기고 1인만 투입). 더욱이 사고 발생 10개월 전인 2018년 2월에 동 설비의 개선을 요청했음에도 불구하고 받아들여지지 않았고, 재차 개선을 요청하여 검토하는 중에 사고가 발생한 것이다.

산업안전보건법 전면 개정 이후에도 크고 작은 산업재해가 끊이지 않아 동법의 전면 개정만으로는 산업안전을 확보하기가 어렵다고 보고 영국의 기업살인법 등의 사례를 참고하여 중대재해처벌법을 입안하고 시행하게 된다.

사례 연구 (3) 중대재해처벌법 시행 후 원청사 대표 첫 구속 사례

2022. 3월 H제강 보수작업을 하던 하청업체 소속 60대 근로자가 낡은 섬유벨트가 끊어지면서 크레인에서 1.2톤 무게의 방열판이 낙하, 왼쪽 다리가 협착되어 사망사고가 발생하였다. 법원은 회사가 중대재해처벌법상 안전보건관리체계를 수립하지 않고 의무사항 불이행으로 근로자가 사망한 것으로 판단하였다.

이 회사는 2010~2021년 약 10여 년 사이에 대표이사가 4차례 법적 의무위반으로 처벌받았고 중대재해처벌법 시행 후에도 법적 의무를 제대로 이행하지 않아 종전 사망사고로 재판받던 중에 사고가 발생한 것이다(2022년 3월). 더욱이 이 사고를 계기로 2022년 6월에 실시된 사업장 감독에서 또다시 위반사항이 적발된 것이다. 이에 따라 2023년 4월 26일 판결로 법인은 1억 원의 벌금, 대표이사는 1년 징역으로 법정 구속되었다.[2] 이 사례의 시사점은 평소에 산업안전보건법 및 중대재해처벌법상의 안전보건관리체계를 구축하고, 의무사항을 충실히 이행하며, 유사 사고가 재발하지 않도록 해야 한다는 것이다.

---

2) 위의 판결에 앞서 중대재해처벌법으로 첫 처벌 사례는 원청사인 ○○파트너스사의 하청근로자가 공사현장에서 추락사하여 2022년 11월 원청사 대표와 법인이 유죄로 확정된 케이스이다. 원청사 대표는 징역 1년 6개월, 집행유예 3년을 선고받았다.

T사 및 중대재해처벌법 시행에 따른 시사점

2016년 5월 구의역 김군 사고나 2018년 12월 김용균 사고 같은 경우 대부분 개인의 부주의로 마감하는 경우가 많다. 그러나 교육시킨다고 해서 부주의가 없어지지 않는다. 재난은 개인 부주의 이상을 넘어야 줄일 수 있는데 그동안 책임을 아래로 전가해 온 경향이 크다는 것이 전문가들의 지적이다.[3] 설비를 고친다고 해서 사고를 줄이거나 위험을 전적으로 피할 수 없다. 시간이 지나면 낡아지며 담당자는 바뀌므로 영속성을 가질 수가 없다. 특히 경영책임자 등 조직의 상부가 주도적으로 추진해야 하는데 여전히 취약한 구조를 가지고 있음이 현상적으로 드러나고 있다.[4] 통계를 보면 대표이사가 처벌받는 경우는 드물고 현장소장, 본부장 등 책임자들이 처벌을 받는데 평균 사망사고 1건 당 벌금 400만 원이다. 이렇게 해서는 세계 최고 수준으로 산재율을 줄이기가 쉽지 않음을 인정해야 한다.[5]

---

[3] 김훈 작가의 "이윤은 위로 올라가서 쌓이고 책임은 아래로 내려가다 소멸해 버린다."라는 말은 이를 두고 하는 말이다.

[4] 국토교통부 건설산업지식정보시스템(KISCON)에 따르면 2020년 이후 2024년 초까지 건설사 영업정지 처분 공고가 7,969건이며 대형 건설사들만 선별하면 모두 9건이다(CBS 노컷뉴스 2024. 2. 4).

[5] T 화력 사고 특별조사위원회 간사의 의견을 토대로 재구성한 것이다.

고려대 해상법연구센터(센터장 김인현 교수)는 고려대 바다 최고위 과정 5기 원우회와 함께 학술세미나를 개최하였다(2023. 6. 21). 주제는 모 항만공사 사장이 근로자 사망사고로 법정 구속된 것과 관련, 산업안전보건법 및 중대재해처벌법상 숙지할 사안이며 여기에서 다음과 같이 논의되었다.

근로자 사망사고에 대한 법원 판단의 요지는 다음과 같다. "모 항만공사는 갑문공사를 수급인에게 주었다. 항만근로자가 H빔 하강 작업 중 윈치가 넘어지면서 H빔 조작 줄을 잡고 있다가 윈치와 함께 갑문 아래로 추락, 사망하였다(2020.6). 작업자가 안전대는 착용하고 있었지만 이를 고정하는 장치가 설치되어 있지 않았다.[6] 항만공사는 도급을 주었기 때문에 공사 발주자의 지위이므로 산업안전보건법의 적용대상이 아님을 주장했다. 이에 대해 법원은 항만공사가 큰 조직을 가지고 갑문을 관리하므로 동법 적용대상이 된다고 보았다.

이전에도 갑문에서 두 번이나 추락 사망사고가 발생하여(2016, 2017년) 시정조치 요구가 있었지만 시정되지 않은 점을 들어 "안전관리 최고 책임자인 사장이 위험성을 알면서도 조치를 취하지 않아 미필적 고의가 있다."고 보았고, 산업안전보건법 제167조 제1항(사업주나 도급인이 안전 조치를 취하지 아니하여 근로자가 사망에 이르면 처벌)에 따라 징역 1년 6개월을 선고, 법정 구속하고, 회사에 1억 원의 벌금형을 선고했다.

세미나에 참여한 전문가들의 의견은 다음과 같다.[7] 산업안전보건법은 안전관리책임자 등을 처벌하기 위한 법으로서 안전보건에 대한 구체적 사항에 대한 조치의무를 부과하지만, 중대재해처벌법은 최고경영자를 처벌하기 위한 법으로서 제도와 관리를 제대로 하라는 구조이므로 더 추상적이다.[8]

---

6) 윈치(Winch)는 끈과 연결된 고리를 단단한 곳에 걸어둔 뒤 끈과 연결된 동력기를 이용하여 무거운 물체를 당기는 도구이다. 모래나 진흙밭에 빠진 차량 등을 빼내는 도구로 사용되거나 엘리베이터의 기초 작업에 사용된다(위키백과).

7) 송인택 변호사(법무법인 무영, 전 검사장, '중대재해처벌법 해설' 저자), 이상철 변호사(법무법인 민주, 전 부장판사), 이상협 변호사(김앤장 법률사무소)

8) 산업안전보건법은 안전보건관리책임자의 구체적 조치의무의 위반 시 처벌하는 것이고, 중대재해처벌법은 경영책임자가 안전관리 책임을 위반할 경우에 처벌하는 것이며, 형법상 과실치사죄는 포괄적으로 직책상의 제한 없이 현장에 있던 작업자 그리고 알고 있는 상태에서 필요한 조치를 취하지 않은 다른 작업자를 포함해서 처벌하는 내용이다. 산업안전보건법은 피하기가 어렵고 중대재해처

두 법 모두 고의범을 처벌하는 구조인데 근로자가 사망했다고 하면 과실범으로 한정할 수 있는 사안이라도 미필적 고의라는 명칭을 붙여 고의범으로 처벌하며, 고의와 과실이 구별되지 않을 정도이다. 이전에 사고가 있었다든지, 예방조치가 보고되었는데에도 조치하지 않으면 미필적 고의로 형법상 업무상 과실치사죄로 처벌된다. 선박회사가 선원과 선박관리를 선박관리회사에 넘긴 경우에도 선박회사가 선박을 실질적으로 지배관리한다고 보아야 하므로 선박회사 최고경영자는 중대재해처벌법 제5조 적용대상이 된다. 단 나용선의 경우는 선박소유자가 지배하지 않으므로 적용대상에서 제외된다.9)

도선사가 승선 중 사다리 이상으로 추락, 선창 청소하던 인부가 산소 부족으로 사망할 경우에 선장은 형법상 업무상 과실치사죄, 안전보건관리책임자는 산업안전보건법상 처벌, 선박회사 최고책임자는 중대재해처벌법상의 처벌을 받는다.10) 산업안전보건법은 항해 중인 선박에는 적용되지 않는다는 규정이 있으며, 항만안전특별법이 항만에 적용되므로 잘 살펴야 한다.

벌법은 피하기가 쉬운 반면 처벌이 무겁다. 중대재해처벌법의 도입 취지가 경영책임자의 주도적이고 엄중한 관리 의무를 부과하는 것이므로 계속 관리를 잘해 나가면 사고를 줄일 수 있다는 입법 취지에 맞게 대응하는 것이다(송인택 변호사).

9) BBC라 불리는 나용선(裸傭船 – Bare Boat Charter)은 선주가 선박만을 일정 기간 용선자에게 임대해주고 용선자는 자신의 책임과 비용으로 선원 고용, 운항능력 유지 및 화물 운송 행위를 담당하는 용선 형태이다. 선주는 자본비만 부담하고 운영 및 항해비용은 용선자가 부담한다. 선박사용 수익권은 용선자에게 있으며, 용선자는 선장을 통해 선박을 사실상 점유, 지배함으로써 계약기간 동안 선주의 지위를 누린다.

10) 큰 선박의 부두 접안 작업은 정교한 기술이 필요하므로 입항 전에 전문가를 태운다. 항만 상황을 잘 아는 도선사(導船士)가 소형선박을 이용, 8~16㎞ 떨어진 지점의 큰 선박에 올라가 입항 작업을 맡는다. 사다리를 타고 올라가는데 10m가 넘기도 하며 사다리가 풀리거나 낡아서 추락, 사망하기도 있다. 선박의 화물창 밑에 있는 발라스트 탱크에 산소 부족으로 질식사고가 발생하고, 원목을 실으면 더 심해진다. 그리고 조선소 용접작업 시 질식사고가 많이 발생한다(고려대 김인현 교수).

중대재해처벌법 확대 대응방안

　　중대재해처벌법의 핵심은 경영책임자를 중심으로 안전보건관리체계를 구축하고 이행하는 것이다. 현장의 유해 위험요인을 확인하고 이를 제거, 대체, 통제하는 등 개선조치를 취할 수 있는 시스템을 갖추는 것이다. 특히 동일한 사고가 재발하지 않도록 해야 하면 동종 업종의 사고 사례 파악과 현장 종사자의 의견을 청취하는 것이 중요하다.

1 중대재해처벌법에 의한 판결 경향 파악

　　중대재해처벌법은 기업 전체를 중심으로 경영방침, 행정 규율, 시스템 등 거시적 관점에서 사업주 또는 경영책임자에게 안전보건 확보의무를 부여하고, 의무 불이행으로 중대재해를 일으키면 경영책임자와 기업에게 손해배상과 형사처벌하는 법률이다. 산업안전보건법은 사업장 중심으로 기술적 규율 등 미시적 관점에서 실무자 위주로 처벌하는 법률이나, 중대재해처벌법상 규율은 산업안전보건법과 별개이므로 별도로 준비해야 한다.[11] 사고가 많이 발생하는 산업현장과 하청 근로자에 대해 집중 관리해야 한다.

---

11) 다만 위험성 평가에 대해서는 산업안전보건법에서 정한 내용을 이행할 경우 이를 인정한다.

법적 의무 불이행 시 유죄판결이 난다. 경영책임자인 대표이사가 원칙적으로 처벌되며, 안전담당 임원(CSO)은 실질적 조건을 충족해야 해당된다. 기소 및 판결 사례는 다음과 같다.[12]

사 례	사 유	기소 및 판결
직업성 질병	근로자 29명 독성 유해물질 감염	대표이사 징역 1년, 집행유예 3년
CSO 둔 상황에서 의무 불이행	선박 수리 현장에서 근로자 추락 사망	대표이사 기소
하청업체 대표가 작업 중 사망	굴착기로 굴뚝 파쇄 중 매몰되어 사망	원청사대표 징역 1년 2월, 집행유예 3년
회장이 실질적 경영 관장	채석장 토사 붕괴로 근로자 3명 매몰 사망	회장 기소
정유공장 중대재해 발생	폭발화재로 원하청 근로자 9명 사상	의무 충실 이행으로 무혐의
에어콘 수리 중 추락사	수리기사가 수칙을 위반, 건물 외벽에서 실외기 점검하다 추락	수리기사의 전적 과실로 대표이사 무혐의 처분
안전확보 의무 불이행	광산의 배수작업 관리 소홀로 죽탄에 휩쓸려 근로자 사망	대표이사 기소
검찰이 직접 입건	아파트 관리소 직원의 사다리 작업 중 추락사 관련 내용 은폐, 조작	관련자 구속 및 불구속 기소
자동차 공장 담당자의 이례적 행동	품질관리 담당자가 자신의 업무가 아닌 유압실린더 수리 중 운전석과 프레임에 끼여 사망	사업주에게 책임 묻기 힘들다고 판단, 무혐의 처분

중대재해처벌법 시행 이후 법원 선고는 경영책임자에 대해 실형은 징역 1년으로 1건이며, 나머지는 6월~1년 6월 사이 징역에 집행유예이고, 법인에 대해서는 벌금 2천만 원~1억 원 사이로 선고받았다. 중대재해처벌법과 관련, 기업에서는 법이 요구하는 근본적 안전경영 철학이 반영되어야 하며, 실질적인 의무확보가 준비되고, 집행되며 지속 점검해야 한다. 수사기관의 수사를 받을 경우 구체적인 대응책이 준비되어야 한다.

---

12) 법무법인 세종 온라인 세미나(2024. 2. 15)

2 양형에 영향을 미치는 요소 파악

양형 감경(減輕) 사유는 평소 안전보건관리체계의 구축 및 이행, 범행 사실 인정, 자백 및 반성, 과태료 자진 납부, 사후적 안전 조치 강화, 동종 전과 없음, 피해자의 두드러진 과실(過失)이나 건강상태가 나빠 직접적 원인이 된 점 등이다. 특히 피해자와 신속한 합의는 감형에 도움이 된다.

양형 가중(加重) 사유는 법적 의무를 이행하지 않거나, 동종 전과가 있으며, 중대재해로 인해 산업안전 근로감독을 받는 과정에서 적발되는 경우 등이다. 피고인들이 의무 규정의 일부만 이행하였더라도 사고가 발생하지 않았을 것이라 판단되면 양형이 가중될 소지가 크다.[13]

3 안전확보 의무 및 이행

기업은 중대재해처벌법에서 정한 다음 네 가지 의무사항을 준비해야 한다.
① 안전보건관리체계의 구축과 이행(재해 예방인력, 예산 등)
② 재해 발생 시 재발 방지대책 수립 및 이행
③ 중앙행정기관과 지방자치단체의 행정명령(개선, 시정 등)의 이행
④ 법적 의무이행에 필요한 관리상 조치

첫째, 안전보건관리체계 구축 및 이행이 가장 중요하며 이는 다음과 같다(9가지).
① 안전보건 목표와 경영방침 설정
② 안전보건 업무 총괄, 관리 전담 조직 설치
③ 유해위험 요인 확인 개선 절차 마련, 점검 및 조치
④ 안전보건에 관한 인력, 시설, 장비의 구비와 유해위험 요인 개선을 위한 예산 편성 및 집행
⑤ 안전보건관리 책임자 등의 충실한 업무수행 지원

---

13) 법무법인 세종 온라인 세미나(2024. 2. 15)

⑥ 산업안전보건법에 따른 전문인력 배치

⑦ 종사자 의견 청취 절차, 청취 및 개선방안 마련, 이행점검

⑧ 중대산업재해 발생 시 대응 매뉴얼 마련 및 조치사항 점검

⑨ 도급, 용역, 위탁 시 평가 기준, 절차 및 관리비용, 업무수행 기간 기준 마련, 이행점검

대표이사는 안전보건 목표와 경영방침 설정, 매뉴얼 구비, 안전보건관리 책임자에 대한 권한과 책임 부여, 전문인력 및 장비 확보, 도급, 용역, 위탁 관련 기준 및 이행 등에 중점을 두어야 한다.

둘째, 재해 발생 시 재발방지 대책 수립 및 이행이다. 여기에서 재해는 경미하더라도 반복되는 재해를 포함한다. 대표이사는 재해 발생 시 보고받는 절차를 마련하고 보고 받은 후 재발 방지책을 수립하도록 지시해야 한다. 재발방지대책은 유해위험 요인 및 발생 원인을 파악하고, 발생한 재해에 대한 조사 및 결과 분석, 담당자 및 전문가 등의 의견을 수렴하는 것이다. 개선대책은 유해위험의 제거, 대체, 통제방안을 마련하는 것이며(Eliminate, Replace, Control), 재해 규모, 위험도, 사업 규모 및 특성 등을 감안해야 한다.

셋째, 행정기관의 행정처분(개선 및 시정명령)의 이행이며, 행정지도, 권고, 조언은 포함되지 않는다. 행정처분 내용을 최고경영자에게 보고하는 시스템을 구축해야 한다.

넷째, 안전보건 관련 법령 의무이행에 필요한 사안의 관리이다. 관리상 조치는 인력, 예산 편성 및 집행 등이며 반기별 1회 이상 직접 점검하거나 법정 위탁기관을 통해 실시할 수 있다. 점검 결과 의무 미이행 사항은 인력, 예산 등을 추가 편성하여 보완해야 한다. 대표이사가 중대재해처벌법 상의 처벌을 피하는 최선의 방책은 안전보건 의무를 이행하고 결과를 확보해 놓는 것이다. 조직개편 및 인력을 운용할 자금을 확보하고, 예산 편성 항목을 세분화하며, 법적 의무사항 이행 결과를 문서로 남기며, 보고 체계를 확립하는 것이다.[14]

---

14) 회사가 산업안전보건법과 중대재해처벌법 두 가지 법에 따른 의무사항의 이행을 위해 사전 준비를 제대로 하고 있는지 점검하려면 가상 케이스를 만들어 수사해 보는 방법이 있으며, 법률 또는 안전 전문가의 조력이 도움이 될 수 있다.

4 중대재해처벌법 적용대상 확대 대응

2024년 1월 27일부터 적용대상이 5인 이상 50인 미만까지 확대되어(건설업은 50억 원 미만), 확실하게 대비해야 한다.[15) ① 법적 의무를 준수하되 부득이하게 사고가 나면 책임자(오너)가 진정한 마음으로 사과해야 한다. 책임자(오너)의 진정한 사과는 안전 문화를 획기적으로 바꿀 수 있으며 안전을 최우선으로 한 개선책을 내놓게 된다. ② 정부는 정책 수립 및 집행 시 사업장의 특성과 규모 등을 고려해야 한다. 특히 사망사고율이 높은 건설업과 조선업은 수주산업이면서 다단계 하도급, 비정규직 위주라는 공통점이 있다. 현장 또는 블록 단위로 손익 등을 관리하므로 실질적으로 중소기업과 유사하다. 따라서 단기 이익을 우선하는 공기 단축 (빨리빨리) 문화가 있고 안전투자를 2순위로 돌리는 가능성이 상존한다. 한 경영인에 따르면 벌금액 규모가 작으면 안전 투자를 소홀히 여기게 된다는 것이다. ③ 안전투자에 여력이 없는 중소기업은 국가의 맞춤형 지원책(예: 세제 공제 등)이 큰 힘이 된다. 실무적으로 매뉴얼 정비, 안전인력, 설비투자 지원 등인데 고용노동부, 산업안전공단 등의 자료를 활용하면 된다. ④ 위험 외주화를 막으려 하청을 금지하면 공장 운영이 불가능하다. 따라서 노사단체협약에 안전규정을 지키지 않는 작업자에 대해 징계 및 처벌조항을 넣는 것이다. 예컨대 안전모 착용 의무를 지키지 않으면 3진 아웃, 감봉 등이다. 여기에서 처벌은 룰 베이스 (Rule base), 즉 정해진 규칙을 따라야 한다. 상사의 취향이나 입맛대로 해서는 안 된다. 반드시 원칙을 정하고 모든 구성원과 사전에 공유해서 그런 일이 일어나지 않도록 해야 한다.[16)

---

15) 김경철 고철연구소장 겸 ESG 네트워크 대표, 한겨레신문(2024. 1. 1)
16) 처벌의 원칙은 크게 세 가지로 나눌 수 있다.
　① **무관용(Zero Tolerance)**: 사회법을 어겨 법적 처벌을 받거나 상식을 파괴하는 행동. 부정행위, 기밀 유출, 폭력행사, 성과 관련 문제 등
　② **사커 룰(Soccer Rule)**: 현장의 부수적인 일에 적용. 1차 엘로우 카드, 2차 레드카드 발급. 그래도 개선되지 않으면 레드카드 발급 및 퇴장(지속적 야간 근무 강요, 불공평한 요구, 과도한 회의 등)
　③ **베이스볼 룰(Baseball Rule)**: 삼진아웃제도로서 임원, 보직 간부에게 적용(예: 회의 시 직원들에게 욕설, 상소리를 자주 하는 경우 전문가 상담을 통해 고치라고 했는데 개선되지 않은 경우 등).
　권오현, 초격차, 처벌의 세 규칙, pp.161-162.

5 50인 미만 사업장 대표자 및 총괄관리자가 챙겨야 할 내용[17]

1) 대표자가 챙겨야 할 내용

첫째, 경영대표자의 안전 리더십이다. 내적 각성에서 출발하여 외부로 표출한다 (신년사, 행사, 교육 등에서 의지 표명 등).

둘째, 안전보건관리 규정의 작성이다. 안전활동의 기본 방향으로서 안전 관련 헌법에 해당된다.[18]

셋째, 경영책임자 방침과 목표, 위험성 평가 등 실행 조직의 구성이다. 안전보건관리담당자의 지정도 한 방법이며 인력이 소수라도 보고체계를 명시한 조직도를 작성한다.

넷째, 안전보건 예산을 별도 관리하며, 안전 용도에만 지출하고 소액이라도 대표자 결재로 집행한다.

다섯째, 위험성 평가이다. 쉽고 간편하게 평가하고 실천하여 효과성을 높인다. 제안제도 의견 수집, 아차사고 신고, 근로자 의견 청취, 순회 점검 등으로 위험요인을 파악하고(문서, 사진, 동영상 등), 목록표로 만들어 월, 주, 일 단위로 평가한다. 위험성 평가의 결과(예: TBM 등 안전보건 교육, 업무개선조치 등)는 내부 보고하고 문서로 남긴다.

여섯째, 연초에 교육 일정표를 만들어 시행하고 문서화로 남긴다.

일곱째, 비상대응 매뉴얼을 마련하고 공지하여 추가 사고 예방과 사고 수습책을 준비한다. 비상대응 훈련을 실시하고 기록 보관한다.

여덟째, 유사 사고가 반복되면 양형 가중 요인이 된다. 사고 원인 분석과 대책 마련 및 이행 내용을 근로자들에게 교육시키는 일련의 과정이 재발방지책의 핵심이다. 산업재해가 일어나면 재발방지책을 수립하고 문서로 편집해야 한다. 담당자는 사업주에게 보고하고 사업주는 주기적으로 이행사항을 점검해야 한다. 위험요인 확인 및 개선, 비상대응 조치, 법령 의무이행 등의 점검을 반기 1회 이상 실시하고 점검 결과와 조치 내용을 문서로 남긴다.

---

17) 고용노동부가 유튜브를 통해 해설한 내용을 요약한 것으로서 세부 내용은 고용노동부 및 산업안전 보건공단에서 준비한 내용을 참고하면 많은 도움이 된다.

18) 300인 이상 사업장 또는 제조업 100인 이상 사업장에서 안전보건관리규정의 작성이 법적 의무이며, 50인 미만 사업장에서도 이를 작성하는 것이 도움이 된다.

2) 총괄 관리자가 해야 할 일19)

① 안전보건 경영방침과 목표를 수립하고 구성원들이 모두 알도록 게시한다.20)

② 안전보건관리담당자, 관리감독자 등을 지정하고 재해 예방에 필요한 적정 예산을 편성한다(산안법 제16조, 제19조).

③ 유해, 위험요인 확인 및 개선 절차 마련. 그리고 확인 및 개선이 잘 이루어지는지 정기 점검을 한다.

④ 근로자와 함께 사업장 순회 점검 및 안전보건 관련 근로자 의견 청취방안 및 절차를 마련한다(위험신고 제도 등).

⑤ 비상대응체계 수립, 훈련을 실시한다.

⑥ 경미한 사고 또는 사고가 날 뻔한 경우 재발 방지책을 마련한다.

⑦ 근로자 교육 관련, 기존 산업안전보건법에 따른 교육을 실시한다(중대재해처벌법으로 추가되는 안전보건교육 없음).21)

---

19) 관련 사이트를 활용하면 큰 도움이 된다. 중대재해처벌법 바로 알기(www.koshasafety.co.kr)에 들어가 중대재해처벌법 자료에서 '중대재해처벌법 따라하기' 매뉴얼, 안전보건관리체계 가이드북 등이다. 그리고 안전보건공단 누리집을 통해 산업안전 대진단에 참여하여 핵심항목에 대한 상황을 진단하고 결과에 따라 안전보건관리체계 컨설팅, 교육, 기술지도, 시설개선을 포함한 재정 지원 등 정부 지원을 신청하거나 가이드, 안내서 등의 정보를 활용할 수 있다. 아울러 산업안전 대진단 상담지원센터를 통해 상담을 받거나(대표번호 1544-1133), 기업이 요청하면 현장 출동팀이 방문 지원할 수 있다.

20) 광고 선전 법칙 중에 아이드마(AIDMA) 법칙이 있다. 이는 소비자 주의를 끌고(Attention), 흥미를 일으키며(Interest), 구매를 원하는 마음을 갖게 하고(Desire) 기억하게 하여(Memory) 구매행동을 일으킨다(Action)는 머리글자이다. 안전 홍보도 이처럼 구성원들의 주의를 집중시키는 방안이 필요하다. 많은 내용보다는 여백을 살리고 주의를 환기시키는 디자인과 문구가 효과적이다. 틀에 박힌 문구는 사람들의 눈을 끌지 못한다. 예컨대 '20대의 인명사고 발생'이라는 표현보다는 '죽고 싶지 않은 사람은 보라'라는 표현이 더 효과적일 것이다(마사다 와타루, 위험과 안전의 심리학, pp.140-141).

21) 안전보건관리체계와 관련된 교육, 컨설팅 등이 필요하면 안전보건공단, 지방고용노동관서에 지원을 요청하면 된다. 그리고 업종별 중소기업 안전보건관리체계 구축 가이드가 다음과 같이 20개 업종에 대해 마련되어 있다. ① 금속주조, ② 구조용 금속제품 제조, ③ 섬유제품 염색, 정리 및 마무리 가공, ④ 육상화물 취급, ⑤ 사업시설 유지관리 서비스, ⑥ 플라스틱 제품 제조, ⑦ 자동차 신품 부품 제조, ⑧ 식료품 제조, ⑨ 펄프, 종이 및 판지 제조, ⑩ 인쇄, ⑪ 자동차 및 모터사이클 수리, ⑫ 강선 건조, ⑬ 섬유제품 제조, ⑭ 벌목, ⑮ 하수 및 폐기물 처리, 원료 재생, ⑯ 일반 목적용 기계제조, ⑰ 목재 가구 제조, ⑱ 전기장비 제조, ⑲ 도금, ⑳ 숙박 및 음식점

정부의 50인 미만 중대재해 취약기업 지원

정부는 1조 5천억 원을 투입하여 50인 미만 중대재해 취약기업에 지원책을 시행하며, 노사 양측 요청 사안으로 4대 분야 10대 과제를 중심으로 한다.

① 민관합동 추진단을 구성하여 50인 미만(5~49명) 사업장을 대상으로 산업안전 대진단을 실시하고 중점관리 사업장(8만 개 이상)을 선정하여 상담, 인력, 장비 등 지원

② 컨설팅 및 교육, 기술지도 및 지원(31.6만 개)을 확대하고 외국인 대상 프로그램 신설. 전문교육과정 운영, 산업안전학과 추가 신설, 안전관리 자격인정 요건 완화 등을 통해 2만여 명의 전문인력 양성

③ 안전동행 지원, 부처협업형 산업재해 예방 모델 발굴 및 확산을 통해 노후 및 위험공정 개선, 스마트장비 도입비 지원

④ 소규모 사업장 밀집단지에 통합안전관리 지원, 공공기관 발주공사에서 수급업체 지원 강화, 우수 지원사례 확산, 원청사의 상생프로그램에 인센티브 부여. 또한 건설 현장의 산재예방 투자와 공사단계별 위험요인을 체계적으로 관리하기 위해 안전보건대장 정비 등 개선 추진

⑤ 안전보건산업 육성대책을 마련, 체계적으로 운영하고, 안전보건산업진흥법 제정 검토 및 주기적 점검.

고용노동부 상담센터(국번 없이 1350)를 활용하면 도움을 받을 수 있다.

❖ **중소건설사 정부지원사업**

지원 사업	내 용
클린사업장 조성	50억원 미만 현장, 안전시설 임차 및 구입비 일부 보조
위험성 평가 인정	120억 원 미만 중소건설사에 대한 컨설팅 무상 지원, 우수 사업장 선정 시 혜택
안전보건관리체계 구축 컨설팅	201-1,000위 기업에 안전보건관리체계 구축 지원
안전보건경영 시스템 구축 컨설팅	KOSHA-MS 인증받고자 하는 기업에 컨설팅 지원
보건안전 관련 지원	근로자 질식 재해 예방지원, 건설 일용직 근로자의 현장 배치 전 특수 건강진단비 지원 등

❖ 중대재해처벌법 확대 관련 Q&A[22]

질 의	답 변
1. 처벌받는 사고 유형	• 사망자 1명 이상 발생 • 동일한 사고로 6개월 이상 치료가 필요한 부상자 2명 이상 발생 • 동일한 유해요인으로 급성중독 등 직업성 질병자가 1년 이내 3명 이상 발생(직업성 질병은 대통령령에서 정함)
2. 무조건 처벌 받는지 여부	안전보건 확보의무를 다하면 중대산업재해가 발생하더라도 처벌받지 않을 가능성이 큼. 의무위반과 사망사고 간에 인과관계가 명확한 경우 처벌(고의, 예견 가능성 등)[23]
3. 식당, 제과점, 카페. 미용실, 숙박업, 주유소 등 자영업 해당 여부	업종과 무관, 상시근로자 5명 이상이면 적용[24]
4. 아르바이트생 포함 여부	고용형태를 불문하고 사업장에서 근로하는 모든 근로자 포함. 근로기준법상 근로자 아닌 사람은 미포함(사업주, 특수형태근로종사자 등), 단, 근로계약을 체결한 배달 라이더는 포함[25]
5. 여러 개 사업장 중 5인 미만 사업장 적용 여부	전체 사업장 단위로 적용됨. 즉, 사업장과 본사 상시 근로자를 모두 합한 수를 기준으로 하므로 전체 근로자가 5명 이상이면 모두 적용됨
6. 산안법에 의한 기존 안전관리자, 보건관리자를 전담조직에 포함, 구성하는지 여부	사업장이 분산되어 있으면 별도 인력으로 전담조직을 구성해야 함. 본사 안전관리자 등을 전담조직의 구성원으로 포함할 수 있으나 본래의 직무에 지장을 주면 안 됨
7. 소규모 사업장, 자영업자도 전담조직을 두어야 하는지 여부	상시 근로자 수가 5인 이상-50인 미만이면 전담조직과 별도 안전관리자 채용 의무는 없으나, 안전관리 인력을 자체 지정하고 의무사항을 이행하면 됨. 사고 발생 시 양형 결정에 고려될 수 있으므로 준비해야 함[26] 단 20인 이상-50인 미만 기업 중 다음 5개 업종은 안전보건관리담당자를 두어야 함.[27] ① 제조업, ② 임업, ③ 하수, 폐수 및 분뇨처리업, ④ 폐기물 수집, 운반, 처리 및 원료 재생업, ⑤ 환경 정화 및 복원업
8. 소규모 건설공사의 적용 대상 여부	2024년 1월 27일부터 건설공사 금액 제한이 없어져 상시근로자 5인 이상이면 적용. 본사와 현장의 상시 근로자 수를 합산하여 판단[28]
9. 수급인에게 중대재해처벌법이 적용되면 도급사가 면제되는지 여부	면제되지 않고 중첩 적용받으므로 안전보건 역량을 갖춘 업체를 선정해야 함. 업체 평가, 관리비용, 공사 기간 등 기준을 마련하고, 반기 1회 이상 점검해야 함. 도급인은 수급인 근로자가 법을 위반하면 시정조치 할 수 있고 수급인은 정당한 사유가 없으면 이에 따라야 함 (산안법 제66조 제1항)

---

22) 중대재해처벌법령 FAQ(2022.1) 등 산업안전보건공단 자료를 참조하여 정리함.

23) 고의, 예견가능성, 인과관계가 없는 경우의 예를 들면 자하주차장 바닥 물청소 작업 중 고정 시설물에 걸려 넘어져 사업주가 재해자의 사망을 예견할 수 없을 경우나 숙취 상태로 개인 용무를 위해 미지정 장소에 들어가 익사하는 경우 등이다.

24) 소규모 업소에서도 사망사고가 발생하므로 중대재해처벌법 대상이며 안전보건관리체계 구축을 이행해야 한다. 정육점 사고 사례를 보면 다짐육 배합기 또는 자동양념 혼합기에 팔이 끼이거나 식품 운반 승강기와 안전난간 사이에 끼이는 등의 사고이다.

25) 동거 친족이 근로하는 경우, 친족 외 근로자가 한 명이라도 있으면 동거 친족 근로자도 포함한다. 참고로 소상공인법상 소상공인 여부 또는 종업원 수 산정 기준과 별개이다.

26) 중대재해처벌법상 전담조직은 안전관리자 등을 3명 이상 선임한 500명 이상 사업장, 시공순위 상위 200위 이내 건설사업자 등의 의무로 규정하고 있으므로 상시 근로자 수가 5~50인 미만 기업은 전담조직 설치 의무는 없다.

27) 안전보건관리담당자는 안전보건관리자 자격을 갖추거나 고용노동부장관이 지정하는 교육 이수자 중에서 선임이 가능하다. 이들의 역할은 안전보건교육 실시, 위험성평가, 작업환경 측정 및 개선, 안전장치 및 보호구 구입 시 적격품 선정 등에 관한 보좌, 조언, 지도 등이다.

28) 근로기준법상 상시근로자 수는 다음과 같이 산정한다. 해당 사업 또는 사업장에서 법 적용 사유 발생일 전 1개월간 사용한 근로자의 연인원을 같은 기간의 가동 일수로 나눈다(동법 제11조, 동법 시행령 제7조의2). 〈상시근로자 수＝(산정기간 동안 사용한 근로자 연인원)÷(산정 기간 중 가동일수)〉. 연인원 산정 시 업무가 바쁠 때 가끔 근무하는 아르바이트생이나, 일주일에 15시간 미만 근무하는 근로자도 근로를 제공한 날에는 포함시킨다.

CHAPTER

05

환경 변화에
대응하는 안전

01 ESG 경영과 안전

1 ESG 경영의 핵심은 안전

1) ESG경영의 의의

ESG 경영은 안전문화 정착과 직결되어 있다. 2019년 8월 미국 CEO 181명이 BRT(Business Roundtable)에서 성명을 발표하여 "기업의 의사결정은 더 이상 주주 이익의 극대화에 그쳐서는 안 된다."라고 역설하고 이해당사자들을 위한 근본 책무를 이행해야 함을 천명(闡明)하였고, 세계 최대 투자사 블랙록의 래리 핑크 회장은 사회적 가치 창출과 인재경영을 경영방침으로 내세웠으며 이러한 일련의 움직임들이 ESG경영과 사회 가치 창출에 기폭제 역할을 하였다.

ESG는 환경(Environmental), 사회(Social), 거버넌스(Governance)[1]의 약자로서, 환경에 대한 책임, 고객과 주주 및 직원 등 이해관계자에 대한 기여, 지배구조의 투명성 등 비재무적인 측면에 대해 다각적으로 대응하고 관리하는 것이다. 이 세 가지 축이 한 몸처럼 움직여 위기대응능력을 키우는 것으로서, 고용, 인권, 건강, 안전 등 다양한 사회적 가치를 추구하는 것이며 한마디로 안전제일(Safety First)이라 할 수 있다.

---

1) Governance는 대개 지배구조로 번역되고 있으나 투명경영, 공정성 등 다양한 의미를 담고 있어 적확한 명칭을 정해야 한다는 의견이 대두되고 있으며, 여기서는 거버넌스로 표기한다.

2) ESG 안전경영을 위한 제언

ESG 안전경영 세부전략 과제(6대 아젠다)는 다음과 같으며 이러한 방향으로 경영이 이루어지고 있다. ① ESG 안전규제 및 규정. 각국 정부는 권고수준을 넘어 정책과 규제를 확대하는 추세이다. 우리나라도 그린뉴딜(도시공간, 생활 인프라 녹색전환, 저탄소 분산형 에너지 확산, 녹색산업혁신 생태계 구축) 등 국책사업이 증가한다. ② ESG 안전가치 설계. 투자자와 고객의 신뢰도 제고, 새로운 가치 창출을 설계한다. ③ 혁신기술로 다양한 사회 문제 해결의 조력자로 부상(인공지능, 드론, 블록체인 등). ④ 인수합병 대상기업 평가에서 ESG 중요성 확대(환경, 안전, 윤리 등) ⑤ 금융 관련, 기업투자 심사 시 ESG 요소 강화(채권 발행 등) ⑥ 상생의 노사관계(직장 환경, 차별 금지, 경력 개발, 가족 친화 풍토, 근로자 상담 등)[2]

3) ESG 경영에서 안전의 중요성

ESG 경영에서 안전의 중요성은 ① 안전이 확보되지 않으면 기업의 도산, 막대한 경제적 손실과 기업 이미지에 치명적인 손상을 주고, ② 재난사고를 예방함으로써 사회적, 경제적으로 큰 피해를 막아 사회적 책임을 다하는 것이며, ③ 생산성 향상, 경쟁력 제고와 높은 신뢰도와 평판을 획득하여 지속가능 경영의 기반을 조성하는 것이다.[3] 세계 2위의 에어백 제조사이던 일본 다카타는 안전을 보장하지 못하는 에어백의 결함으로 2008년 이후 약 1억 대 이상 리콜로 재정난에 봉착하고 10조 2,300억 원에 달하는 부채를 안게 되어 2018년 6월 역사의 뒤안길로 사라졌다.[4]

---

2) 김성제 외 ESG경영전략, ESG 안전경영과 미래생존전략, pp.524-533.

3) 1980년대에 세계 굴지의 회사였던 미국의 유니온 카바이드는 인도 보팔사고(유독가스 누출로 2,800명 사망, 20만 명 이상 부상, 1984.12)로 도산하고, 영국의 옥시덴탈 페트롤리엄은 영국 북해 유전의 파이퍼 알파 플랫폼 폭발사고로 도산하게 된다. 엑슨모빌은 2005년 걸프만에서 가장 깊은 곳에 블랙비어드를 착정하다가 천연가스와 액체가 엄청난 압력과 온도로 갑자기 솟아올라와 모든 설계와 계획을 재검토한 결과, 안전을 고려하여 이미 투자한 1억 8천 7백만 달러를 포기하였다. 당장은 손해를 보는 것 같지만 엑슨모빌의 안전기록은 업계 최고이고 지속적으로 수익을 올리고 있다. 그리고 1991년 소련이 해체된 많은 원인 중에 체르노빌 원자력 발전소 사고 이후 퍼져 나간 공산당에 대한 불신감도 큰 몫을 차지했다. 태찬호 외 3인, 안전 인사이트, 성신미디어(2020), pp.17-21.

4) 이승배, 4차산업혁명시대 안전여행, 안전이라는 경영 요소는 회사를 한방에 혹 가도록 만들 수 있다. pp.16-21.

4) 요구사항 및 사용지침

한국 스마트안전보건기술협회는 ESG 경영시스템의 요구사항 및 사용지침을 제정하였으며(2023. 8. 31), 이 중에서 안전보건관리 내용은 다음과 같다. "구성원의 안전과 건강을 보호하기 위해 조직 스스로 위험요인을 파악하여 제거하거나 대체하고, 통제방안(Eliminate, Replace, Control)을 마련하여 실행으로 옮기며, 이를 지속적으로 개선하는 일련의 활동을 말한다. 이는 조직의 사회적 책임이며, 경쟁력 제고의 첫걸음이다. 최근 ESG에 대한 사회적 관심이 증가하는 상황에서, 안전보건관리는 ESG 이행의 기본이 되는 사항이다. 안전은 투자이며, 경영에서 가장 중요한 요소의 하나이다. 산업재해가 발생하면 조직의 ESG 경영성과에 부정적 영향을 미치고 심각한 작업 차질이 발생할 뿐만 아니라 품질, 생산성 저하 및 조직 이미지에 큰 타격을 입는다. 조직은 안전보건관리를 위해서 ISO 45001(안전보건경영시스템)을 참조할 수 있다." 기업에서 CEO의 주요 관심사가 '인재, 고객, 혁신'에서 이제는 '안전'이 최우선 가치로 자리 잡게 된 것은 우리 사회 발전과정에 필연적이다.

2 ESG 경영에서 안전의 위상

ESG 경영에서 안전의 중요성은 다음과 같은 화학물질 사고 사례를 통해 인식할 수 있다.

1) 화학물질 사고와 안전 - 환경 지킴과 직결[5]

1988년 원진레이온 직업병 사태, 1991년 낙동강 페놀 오염사고, 2012년 구미 불산 누출사고, 2013년 화성 불산 누출사고[6] 등 화학물질 누출사고는 인명뿐만 아니라 환경적으로 기업과 사회에 큰 타격을 입힌다. 일단 화학물질 사고가 발생하면 사회적 대재앙으로 확대되며 후폭풍은 엄청나다.[7] 근자의 사례로 2024년 1월 9일 밤 10시경,

---

5) 강찬수 칼럼니스트 겸 환경전문기자, ESG 경제(2024.1.22)
6) 국과수 조사에 의하면 사고의 원인이 교체된 밸브에서 불산이 누출된 것으로 판명되어 변경관리의 중요성을 확인시켜 주고 있다. 이에 대해서는 변경관리에서 기술되어 있다.

경기도 화성시 소재 K사의 화학물질 보관 창고에서 화재가 발생하였다(유해 화학물질 48톤, 144종 화학물질 361톤 보관). 소방차가 뿌린 물이 화학물질과 섞여 인근 관리천으로 흘러 7.4Km 구간을 오염시키고 하천물이 짙은 파란색으로 변했다. 환경부가 색깔이 변한 이유를 몰랐다가 16일에 "창고에 보관된 에틸렌디아민이 하천 물속 잔류 구리 성분과 결합하여 파란색을 띠게 된 것으로 추정된다."고 보도하였다.

관리천이 평택시 상수원 진위천으로 흘러가므로 화성시와 평택시는 11곳에 둑을 쌓아 흐름을 차단하고 탱크로리로 오염수를 퍼 올려 폐수처리 전문업체에 처리를 맡겼다. 3~5만 톤 처리에 수백억 원이 소요되므로 해당 업체에 구상권 청구를 검토하고 있으나 엄청난 부담이다. 이 사고는 ESG 측면에서 중요한 과제로 떠올랐다. 국내 ESG 평가에서 환경 분야는 온실가스, 수질 및 대기오염, 폐기물 분야가 중점적이고 K−ESG 가이드라인 환경 분야(17개 문항)에 화학물질의 안전은 포함되어 있지 않다.

2) 사고예방, 배출저감, 품질개선 중요

화학물질 안전에 관심을 가져야 할 부분은 크게 세 가지, 즉 화학사고 예방, 화학물질 배출량 저감, 생활용품 내 유해물질 차단이다. 첫째, 화학사고 예방을 위해 작업자 교육, 방재장비 확보, 시설개선, 사고대비 훈련 등이 필요하다.

둘째, 사업장에서 화학물질의 배출량을 낮추어야 한다. 10여 년 전 충북에서 발암물질(디클로로메탄 등)을 공장 주변으로 다량 배출한 사실이 드러나 사회적 문제가 되기도 했다.[8]

셋째, 사업자는 제품 내 화학물질을 기준치 이내로 지켜야 한다. 생활용품에 환경호르몬 검출, 기준치 초과 유해물질 포함이 밝혀지면, 소비자 외면, 소비자단체의 퇴출

---

7) 석유화학 플랜트 대형사고는 해외도 예외가 아니다. 대표 사례는 2005년 미국 텍사스 BP정유공장 (사망 15, 부상 170여 명 및 원유 유출), 2016년 멕시코 연안 석유화학공장(사망 32, 부상 130여 명 및 유독가스 유출), 1984년 인도 중부 보팔시 유니온 카바이드사(사망 2,800, 부상 20만명 이상, 유독가스 Methyl isocyanate 유출로 실명, 호흡기 장애, 중추신경계 및 면역체계 이상, 주변지역 오염), 1976년 이탈리아 세베소 다이옥신 누출, 1986년 스위스 바젤의 제약사 화재사고, 1974년 영국 플릭스보로우 폭발사고, 2020년 인도 남부에 진출한 한국 L화학기업의 유독가스 유출사고 등이다 (환경부 유해화학물질 사고사례집 2007, 안전방재관리시스템 고위과정, 서울대 엔지니어링개발연구센터 2018, 조선일보 2020.5.7.).

8) 국내에서도 환경부가 정한 유해화학물질을 연간 1톤 이상 배출 업체는 '배출량 저감 계획서'를 5년마다 제출해야 한다. 현재 대상 물질이 디클로로메탄 등 9종에 불과하지만, 2025년에는 53종, 2030년에는 415종으로 늘어나게 된다.

운동 등으로 큰 타격을 받게 된다.

3) MSCI '독성물질 배출' 항목

규제나 감시만으로는 완벽하게 해결하지 못한다. 사업장 공정, 유해물질 배출 가능성이 높은 설비, 사고 취약 부분에 대해 기업 스스로 진단, 해결책을 찾고, 개선하는 것이 가장 효과적이므로 규제, 감시와 더불어 자발적 개선 노력을 유도해야 한다. 모건스탠리 캐피털 인터내셔널(MSCI)의 ESG 평가에서 환경 분야에는 '오염 폐기물: 독성물질 배출(발생 가능한 독성 발암물질 배출수준과 환경관리시스템 구축 여부 평가)' 항목이 들어있다. 그리고 사회책임 분야에도 '제품책임: 제품안전 품질, 화학적 안전성(제품 내 유해물질 존재 가능성, 관련 규정 반영, 대체물질 개발 노력)' 지표가 들어있으며 화학물질 안전 항목을 구체적으로 평가하고 있다.

4) 지방자치단체도 화학물질 안전 평가 대상

국내 ESG 평가에도 화학물질 안전과 관련된 기업의 자구노력과 성과가 반영돼야 한다. 배출량의 획기적 저감을 위해 오염 방지시설 개선, 위해도가 낮은 물질로 대체 등 기업이 적극 대처하면 보상이 돌아가고 사고 예방 투자에 노력하는 기업이 좋은 평가를 받아야 한다. 아울러, 지자체 ESG 평가에도 화학물질 관리가 포함돼야 한다. 지자체 운영 정수장, 하수처리장, 폐기물 매립 및 소각시설 등에서도 사고가 발생할 수 있으므로 지자체의 사고 예방 노력도 살펴보아야 한다. 나아가 지역 내 공단이나 기업체에서 화학사고 발생에 대비하는 지자체 능력도 반영해야 한다. 기업이든, 지자체든 화학물질 관리에 실패하면 시민사회의 신뢰를 잃는 것은 한순간이다. 중대재해처벌법상 시민재해의 책임을 면할 수 없으므로 어느 부분이 취약한지 계속 들여다보고 개선해야 한다. 그 효과적인 수단으로 ESG 평가제도를 활용하는 것이다.

3 ESG 경영과 안전문화 정착 요인

ESG 경영을 위해서는 안전을 최우선으로 하는 최고경영자의 리더십과 구성원들의 팔로워십 및 정책적 지원이 뒷받침되어야 한다. 노사정(勞使政)이 하나가 되어 안전제일

주의를 실천해 나가야 한다. 이를 뒷받침하는 이론으로 UCmSR(Union – Corporation Mutual Social Responsibility) 모형이 있다. 이는 '사용자와 노조의 상호 협력을 통한 사회적 책임'을 의미한다.[9] 안전이 사회 및 국가적 책임 과제란 점을 인식해야 한다. 아주대학교 융합 ESG학과 강충호 교수는 안전을 포함한 사회적 책임(SR – Social Responsibility) 실현을 위해 노조의 역할이 중요함을 강조하며, 이와 관련된 국제 규범을 이해할 필요가 있어 관련 내용은 다음과 같다.[10] 첫째, 국제노동기구(ILO)는 국제표준화기구인 ISO와 협약을 체결하여 연계를 강화하고 있다(2005. 3. 4, MOU).[11] ISO 26000은 ISO가 2010년에 제정한 기업의 사회적 책임(CSR)에 대한 국제표준으로서, 지속가능한 발전 (Sustainable Development)[12]을 이루기 위해 정부, 산업계, 소비자, 노동자, NGO 등 경제 주체들을 대상으로 7대 핵심의제(거버넌스, 인권, 노동, 환경, 공정한 운영, 소비자 이슈, 지역사회 참여 및 발전)를 규정하고 37개 이슈, 266개 사항을 권고하고 있다.[13]

둘째, 국제노동기구(ILO)는 '노동에서의 기본 원칙과 권리에 관한 선언'을 채택하고, 4개 분야를 기본협약(Fundamental Conventions)으로 선정하였으며 이는 결사의 자유, 강제노동 금지, 아동노동 금지, 차별대우금지이다(1988년). 이후 기본협약에 '산업안전보건(건강하고 안전한 일터)' 항목을 추가하였다(2022년, 제110차 ILO 총회).

셋째, GRI(Global Reporting Initiative)는 기업의 지속가능경영[14] 보고서의 가이드라

---

9) UCmSR은 고용노동부와 동국대 산학협력단이 함께 '일자리 창출과 고용환경 개선'을 위해 연구 개발한 모형이다. 이 모델을 토대로 2009년 매출액 기준 200대 상장기업 중 노조가 결성된 143개 사업장을 선정, 조사에 응한 80개 기업을 대상으로 평가한 결과, 평균 점수가 57.52점으로 선진국에 비해 크게 미흡한 것으로 나타났다. 평가항목은 다섯 가지, 즉 고용창출, 고용환경 개선, 책임 있는 노사관계, 투명경영 및 지배구조 개선, 지역사회 배려 및 상생이다. 70점 이상 받은 우수기업은 LG전자, 아모레퍼시픽, 현대중공업, 호남석유화학, 한국지역난방공사 등이다(이데일리 2010. 12. 9).
10) 강충호 아주대 융합ESG학과 특임교수, 한국ESG학회 토요세미나(2023. 8. 12)
11) 총괄적인 국제 규범으로서의 ISO 26000과 연계된 국제 규범(Norms)들은 유엔 Global Impact(유엔 인권 선언), 국제노동기구(ILO), 유엔 지속개발 목표, OECD 가이드 라인, 비즈니스와 인권 관련 유엔 Working Group G, GRI(Global Reporting Initiative) 등이다.
12) 지속가능발전이란 1987년 '유엔 환경프로그램'과 '환경과 개발에 관한 세계위원회'가 제출한 '우리의 공동의 미래'에서 정의한 "그들이 가진 욕구를 충족하는 데 있어 미래 세대의 능력을 손상함이 없이 현세대의 욕구를 충족시키는 것에서 출발한다"(사득환, 김판석, 1998).
13) 모든 조직에 적용가능하도록 설계되어 있는 ISO 26000은 가이드라인 성격이며, 유엔의 지속가능 발전 목표(SDGs)와 정합성(整合性)을 높이는 작업을 하고 있다.
14) 지속가능 경영이란 기업의 환경적 요인과 사회적 요인을 충실히 만족시키면서 경제적 요인을 고려한 장기적인 성장을 이루려는 기업경영의 새 패러다임이며(ESG 경영연구회 2021), 궁극적으로 지속가능한 발전목표(SDGs)와 연계되어 있다(사득환, 2021).

인을 제시하는 유엔기구로서 미국 환경단체 CERES(Coalition for Environmentally Responsible Economies)와 유엔 환경프로그램(UNEP)이 주축이 되어 설립되었다. 지속가능성 보고의 기준인 GRI 표준 중에서 S(사회성과−成果) 지표는 19개이다(산업안전보건 항목은 19개 항목 중 하나임).15) 산업안전보건 항목은 세분화하여 다음 열 가지로 구성되어 있으며 ① 산업안전보건 시스템, ② 위험 식별과 리스크 평가 및 사고조사, ③ 산업보건 지원 프로그램, ④ 근로자 참여 및 소통, ⑤ 근로자 교육, ⑥ 근로자 건강증진 프로그램, ⑦ 산재 예방 및 완화 대책, ⑧ 산업안전보건 관리시스템 적용 근로자, ⑨ 업무 관련 상해, ⑩ 업무 관련 질병이다.16)

ESG 경영은 글로벌 규제에 대비하는 과정이므로 안전 이슈들도 여기에서 말하는 글로벌 기준에 맞추어야 하며, 앞으로 우리나라가 안전에 대해 국제표준을 주도해야 한다.

넷째, 글로벌 경쟁 가속 및 표준 강화, 대기업 노조의 사회적 책임 요구 증대, 자기 혁신적이고 미래지향적인 노동운동 필요성 등이 대두되고 있다. 이에 따라 노동조합도 지속적인 생존 및 발전을 위해서는 이해관계자(노조원, 비노조원, 지역사회 등)들의 기대를 충족시킬 수 있도록 노조 스스로 사회적 책임(USR−Union Social Responsibility)을 감당해 나가야 한다. 이제는 노조가 사회 위기 극복 대안의 하나로 떠오르고 있다. 대형 복합재난 발생 등 사회적 위기 상황이 빈발하는 가운데 노조 역시 사회적 책임(USR)을 감당해야 한다. 단체협약도 조직원의 경제적 이익을 넘어 사회적 책임이란 관점에서 추진되어야 하며 이를 통해 지속경영 기반을 구축해야 한다.17)

다섯째, 이를 위한 실천 방안으로서 노사가 협력하여 사회적 책임(UCmSR)을 실천해 나가야 하며 실천항목을 다음과 같이 예시할 수 있다. ① 기업들이 CSR을 올바르게 이행하도록 노조가 협력, 지원하고 사회책임보고서를 함께 작성. ② 단체협약에 사회적 책임을 명시하고 실천 조직(위원회 등)을 만들어 체계적 추진. ③ 노사 및 이해관계

---

15) 사회성과(成果)의 19개 주제는 다음과 같다. 즉 고용, 노사관계, 산업안전보건, 훈련 및 교육, 다양성과 기회균등, 차별 금지, 결사 및 단체 교섭의 자유, 아동노동, 강제노동, 보안 관행, 원주민 권리, 인권평가, 지역사회, 공급망관리, 공공정책, 고객 안전보건, 마케팅 및 라벨링, 고객정보 보호, 컴플라이언스이다.

16) 홍형득 외 4인, 공공부문 ESG전략, pp.173−183, 대영문화사(2024년)

17) USR은 노조활동의 새로운 패러다임으로 제기된 것이며 노조의 조직적 위기를 극복하기 위해 경영활동에 적극 협력해야 한다는 것으로서 노사협조주의(윈윈전략)가 중요함을 의미한다.

자들과 소통강화로 협력적 상생관계 형성. ④ 사회적 책임에 대한 교육 및 매뉴얼과 체크리스트 활용. ⑤ 정부 시책에 맞추어 나가면서 자율성 높이고 주도적 추진. ⑥ 노사정이 사회적 책임에 대한 적극적 인식과 실천을 통해 상생의 노사문화, 윤리적 자본주의 구현.

이와 관련, 김장호 숙명여대 경제학과 명예교수는 '윤리적 노동체제' 개념을 제시한다. "노동에 대한 철학이 바로 서야 하며, 노동체제를 윤리적이고 인간적으로 바꾸는 것이 자본주의와 민주주의를 건강하게 만드는 핵심이다. 이를 위해 올바른 노사관계의 정립, 노동을 존중하는 아비투스의 형성, 사회적 공감, 협력기반의 조성이 필요하다"라고 역설한다. 대기업은 노동존중 사회구현의 주체로서 역할을 해야 하며, 정권을 초월하여 학교 교육에서부터 노동에 대한 올바른 인식을 갖추게 하고, 사회적 대화는 윤리체제로 전환을 위한 핵심 기제로 작동되어야 함을 피력하고 있다.18)

---

18) '노사공포럼'에서 논의되었으며(2018. 12. 14), 매일노동뉴스에 게재되었다(2018. 12. 17).

복합재난과 시스템 사고
(思考-System Thinking)

기후변화로 인해 재난사고의 형태와 유형이 복잡해지고 있다. 2024년 5월 21일 싱가포르항공 321편이 영국 히스로공항에서 출발, 싱가포르로 향하던 중 버마해 상공에서 난기류를 만나 태국 수완나품 국제공항에 비상착륙한 사태가 발생하였다(1명 사망, 71명 부상). 그리고 불과 5일 만인 5월 26일 카타르 도하에서 출발한 아일랜드행 카타르 항공 여객기가 난기류를 만나 12명이 다치는 사고가 발생하였다. 기후전문가에 의하면 난기류는 예측이 어렵고 기후변화로 인해 앞으로 더 많이 발생할 것이라고 한다(나무위키, KBS 2024. 6. 4 뉴스 등).

서울을 비롯한 대도시는 급격한 도시화 과정을 거치면서 고밀도로 개발되고, 기술의 고도발전과 기후변화와 맞물리면서 새로운 대형 재난의 위험성이 커졌다. 풍수해, 화재, 붕괴 등 전통적인 급성충격(Acute shock)에 더해 감염병, 공기 및 수질오염, 정보체계 마비 등 일상생활과 밀접한 만성 스트레스성(Chronic stress) 불안요소가 확대되고 있다.[19] 곧 닥칠 새로운 위험, 특히 도시재난은 신기술 도입, 도시 시스템 복잡화, 상호의존성 증가 등으로 불확실성은 높으나 예측가능성이 낮아 예방과 사후 대응이 어렵다.

---

[19] 기후변화로 인한 풍수해의 멀지 않은 예로서 2011년 7월 말 집중 호우사태(7/26~28일 595mm, 관악관측소 시간당 111mm)를 보면 도심지 침수(강남역, 광화문 일대), 하천범람(도림천 등), 산사태(우면산 등), 담장 옹벽 붕괴, 가로수 전도, 지하철 운행 및 도로 통행 중단, 정전, 통신 마비 등이 연쇄적으로 발생하였고 지금도 반복되고 있다. 이와 함께 기후위기 금융 리스크도 커지고 있다. 국내 보험사가 자연재해로 지급한 보험청구액이 5년 새 3배 증가하였다(2017년 3,947억원에서 2022년 1조 2천 556억 원). 해외도 이로 인한 보험손실액이 1992년 500억 달러에서 2022년 1,252억 달러로 2.5배 증가하였다. 이를 고려하여 보험업계와 정부는 정책보험 의무화 등 다각도의 대책을 수립해야 한다(조선비즈 2023. 8. 14).

이를 위해 도시 안전탄력성(Urban resilience)을 확보해야 한다. 이는 신종 대형 재난에 따른 충격을 흡수하고 피해 최소화 및 신속하게 평상상태로 회복하는 조치이다. 시설물 중심의 전통적인 구조적 대책(Conventional Structural Measures)과 도시환경 정비, 신속한 위기관리 체계 구축, 대응역량 확보 등 비구조적 대책(Non-structural Measures)이 병행되는 종합적, 시스템적인 접근이 필요하다. 따라서 시스템 사고(思考)를 통해 복합 재난에 대응해야 할 필요성이 커졌으며 복합재난과 시스템사고에 대해 살펴본다.

1 복합재난의 발생 형태

복합재난은 발생 형태에 따라 세 유형으로 나눌 수 있다. ① 동시다발적 유형(병렬구조)이다. 하나의 재난 요인에 의해 2차 재난이 동시에 여러 재난으로 발생한다. ② 연속적인 유형(순차 구조)이다. 하나의 요인으로 2차 재난이 유발되고, 2차 재난에 의해 3차 재난이 유발되는 시계열적 속성을 가지고 발생한다. ③ 복합적 유형(순차-병렬구조)이다. 하나의 재난요인으로 인해 앞의 두 유형인 동시다발적 유형과 연속적 유형이 결합되어 발생한다.20) 이처럼 대형복합재난은 재난 간 상호의존성과 연쇄효과라는 특성이 존재한다.21)

2 복합재난 대응방안22)

1) 복합재난의 배경 및 특성

대형복합재난은 자연재난과 사회재난이 연쇄적 또는 동시 다발적으로 발생하므로

---

20) 남기훈, 베이지안 네트워크를 이용한 복합재난 위험성 평가에 관한 연구, 2014년
21) 국제사회에서 복합재난을 의미하는 용어로 멀티 해저드(Multi-hazard)와 Natech(Natural hazard triggering technological disaster) 등이 통용되고 있다. 정지범(2018)은 멀티 해저드에 대한 의미를 "여러 개 재난이 동시에 혹은 순차적으로 발생하여 이들이 상호 연계된 피해를 발생하는 경우"라고 기술한다(복합재난 대비 사업장 안전관리방안, 한국환경정책평가연구원 연구보고서, 2018).
22) 1977년 노벨 화학상 수상자, 일리아 로마노비치 프리고진(1917-2003)이 다음과 같이 한 말을 새겨 볼 필요가 있다. "시스템의 복잡성이 임계수준을 넘으면 예상할 수 없는 행태를 보인다."

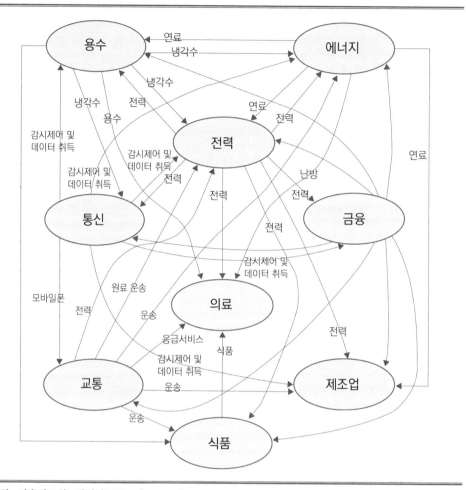

출처: 서울연구원, 정책연구보고서, 2020.6

예측 가능한 범위를 넘어 거대한 재난 규모로 전개된다. 전통적인 자연재난, 사회재난은 단기적으로 복구하고 종결되는 것으로 여겨져 왔으나, 대형복합재난은 피해 규모와 사회적 파급력이 크기 때문에 장기간 복구 및 갈등관리 등의 복잡한 과정이 따른다. 대형복합재난은 유형화가 어렵고 예측할 수 없어 새로운 방식의 관리가 필요하다.23)

복합재난 개념의 대두는 미국 허리케인 카트리나(2005.8.23, 바하마 남동부에서 발생)와 일본 후쿠시마 원전사고(2011.3.11)이다. 우리나라는 대구지하철 화재사고(2003.2)와

---

23) 송창영, 박상훈, 국내 대형 복합재난의 재난대응체계 개선 방향, Journal of the Korea Institute for Structural Maintenace and Inspection(2017.5).

연이은 화물연대 파업사태(2003. 5)를 계기로 국가 차원의 재난관리시스템 구축의 필요성이 제기되면서, 재난 및 안전관리기본법이 제정되고(2004.3), 참여정부 시절 기본지침 및 매뉴얼이 갖추어지면서 체계화되었다(2012). 박근혜 정부는 동법을 개정하여 위기관리 표준매뉴얼, 위기대응 실무매뉴얼, 현장조치 행동매뉴얼 작성 및 운용을 의무화시켰다.

국내 매뉴얼 체계는 재난관리 기관별로 구성되어 상호 연계성을 고려하여 대규모 수색, 구조, 기반시설 보호, 부처간 협업, 지자체를 중심으로 일사분란한 대응 가이드 역할을 하도록 정비해 나가야 한다.

아울러 국가적 위기 상황을 초래하는 재난(전쟁, 테러 등)에 대해 군, 경찰, 중앙정부, 지자체 등 국가 안보시스템과 연계되어야 한다. 서울연구원이 작성한 앞의 그림과 같이 현대 사회의 복합적 요인에 기인한 위험은 복잡한 연계의 구조적 문제에서 발생하므로 개인적인 안전교육만으로는 한계가 있다.[24]

따라서 국가 등 공공부문이 위험에 대한 상당 부분 책임을 져야 할 사안이다.[25]

4차산업혁명의 시대에 기술발전에 따라 제어, 관리능력도 같이 발전해야 하나 이의 발전속도가 기술발전 속도를 따라잡지 못하고 있다.

2) 재난사고와 안전관리의 균형

'재난'과 '안전'은 발전이란 동전의 양면과 같다. 재난사고와 안전관리의 균형을 이루려면 복잡계 특성을 감안한 제어 및 관리능력을 향상시켜야 하며, 전문가들의 의견을 토대로 대안을 제시한다.[26]

첫째, 다양한 속성을 지닌 복합재난에 대해 정의를 내리고, 복합재난 대응 매뉴얼을 개발하며, 복합재난에 효과적으로 대응할 수 있는 기능 및 협업 위주로 업무를 재분장해야 한다.

---

24) 서울연구원 정책연구보고서(2020.6)

25) 2018년 11월 24일 KT 아현지사의 화재로 전시 지휘소 역할을 하는 남태령 벙커에서 용산 한미연합사령부 연결 합동지휘통제체계(KJCCS) 회선과 군사정보통합시스템(MIMS), 국방망 등 수십 개의 군 통신망이 불통되었다가 43시간 만에 복구된 적이 있다. 당시 화재 시 사용할 비상 연결망도 갖추지 않았다는 지적을 받았다(조선일보 2018.12.3).

26) 한국 구조물진단 유지관리 공학회 논문집 제21권 제3호(2017.5), 안전신문, 미래 대형 복합재난 예측 특집 기사(2016. 11. 30) 등

둘째, 복합재난 관련 전문성을 높이고 외부 전문기관들과의 협력을 강화해야 하며, 다양한 연구기관들과 협력 네트워크를 구축하고 긴밀한 관계를 유지해야 한다. 이를 통해 복합재난 관련 정보의 상호 연동, 융합, 공동 활용으로 신속한 의사결정 및 대응이 이루어져야 한다.

세부적으로 복합재난 정보의 표준화 및 품질관리, 정부기관 및 연구기관별 관측 정보를 상호 연동할 수 있는 고성능 컴퓨팅(HPC－High Performance Computing)의 활용, 빅데이터 분석 및 전문인력 육성 등이 함께 추진되어야 한다.

셋째, 연쇄유발 효과를 고려한 복합재해 위험성 평가 기술을 도입하거나 개발하여 평가기능을 강화해야 한다. 이를 통해 복합재난의 우선순위를 정하고, 위험지도를 구축해야 한다. 특히 핵발전소, 대규모 화학단지, 교통 통신, 수자원망, 금융 및 군사시설 등 다양한 국가 단위 기반체계에 재난 발생 시 대형복합재난으로 확산될 가능성이 높은 시설을 대상으로 리스크를 평가하고 위험지도의 구축 등 대형복합재난에 미리 대비해야 한다.

넷째, 복합재난은 분야별로 다양한 문제점이 중첩되어 상황이 악화되기 때문에 인문학적 관점, 정책적인 측면, 기술의 융복합 등을 통해 전(全) 과정적 대응체계를 수립하고 본질적이고 교육적인 측면을 고려한 장기적인 대응체계를 구축해야 한다.

다섯째, 해외 벤치마킹을 통해 우리 실정에 적합한 제도를 개발해야 한다. 해외 각국에서는 복합재난 관리를 위해 국가적 위험성 평가(National Risk Analysis)를 도입하여 미래의 국가 위험요소를 평가하고 이를 지역 혹은 국가 단위의 위험목록을 만들어 관리하고 있다.

국가적으로 발생할 수 있는 위험과 가능성을 예측하고 비교를 통해 우선순위를 정한다. 그리고 위험의 확산, 타 재난으로 연계될 가능성 등을 고려해 위험에 대한 통합적 사고를 이끌어내고 있다.[27]

끝으로 재난이 대형화되지 않도록 초기에 철저하게 대처할 수 있도록 준비과정(시나리오 플래닝, 비상대응훈련 등)을 마련해야 한다.

---

27) 박승주 사무관, 서울시 정기간행물 서울기술연구 2020년 봄, Vol. 05, 기획특집, 복합재난과 복원력 향상. 행정안전부 재난경감과.

3) 전문가 집단 의견

▬ 재난안전위기관리협회 등

재난안전위기관리협회, 한국재난안전뉴스, 한성대가 공동 주관하여 "커지는 복합재난, 그 관리방안을 논하다."라는 제목의 재난안전포럼이 개최되었으며(2023.5), 핵심 메시지는 다음과 같다.[28]

현대 사회는 급격한 신기술의 발전으로 위험을 감수하는 사회가 되었다. 사회와 국가가 안전에 대해 상당 부분 책임져야 한다. 기업과 사회가 발전에 수반되는 위험을 취하는 대신 국가가 관리해야 한다. 사회가 대형화, 복합화, 집적화, 고도화되고 노후화가 진행되면서 복합재난은 피할 수 없다. 국민들의 안전 요구수준은 3만 달러 시대 눈높이이므로 안전이 과거보다 나아졌다 해도 수용하지 않는다. 정부와 다양한 계층의 리더들이 어떻게 인식하고 관리하느냐가 관건이다. 정부가 효과적인 대응방안을 제시하고, 최고 책임자가 임무를 확실히 부여하고, 교육훈련을 실시하면 재난대응의 효율성이 높아진다.

신종 대형복합재난은 빈도는 낮지만 피해가 크고, 예측가능성이 낮아 사전 예방과 사후 대응이 어렵다. 이러한 재난의 대응과정에서 물리적, 정신적 충격과 스트레스를 흡수하고 신속하게 회복하는 안전탄력성(Resilience) 전략이 필요하다.

재난사고 대응은 누가 지휘하느냐가 핵심이다. 재난 전문가가 현장에서 지휘하고 보고해야 한다. 소방, 경찰, 보건, 행정관리 등이 통합적, 유기적으로 움직일 수 있도록 평상시 훈련을 실시해야 한다. 아울러 재난사고 대응 이후 추가 리스크를 줄이기 위해 건강영향평가를 위한 제도적 뒷받침이 필요하다.

▬ 한국시스템 안전학회

한국시스템안전학회는 '산업별 위험성 평가 시행을 위한 시스템적 안전관리 방안'

---

28) 박두용 한성대 교수, 전 안전보건공단 이사장, 김성제 건국대 겸임교수, 인천 119 특수대응단, 권대윤 전 충복소방본부장, 이동환 전 경찰대 경찰학과장, 이인영 전 강북보건소장

을 주제로 학술대회를 개최하였으며(2023년 8월), 핵심 메시지는 다음과 같다.

점점 복잡해지고 대규모화되는 조직에서의 안전사고는 각 기능 간 상호작용의 변동성에 대한 주도면밀한 이해를 바탕으로 해석되어야 한다. 위험성 평가와 사고분석에서 동일한 작업수행의 변동성으로 성패가 결정된다는 〈Safety-II〉 관점을 지향해야 한다. 처벌과 매뉴얼 정비만으로는 해결할 수 없으며, 전향적으로 안전을 관리하고 향상시키는 시스템적 관리방안이 모색되어야 한다.

▬ 서울연구원[29]

첫째, 도시공간의 종합 재난대처능력을 확보해야 한다. 도시 시설물에 대한 구조적 대책과 도시환경 정비를 통한 비구조적 대책을 추진하고 위험기반 도시계획을 마련한다.

둘째, 피해 최소화와 신속한 회복을 위한 위기관리체계를 구축한다. 전조현상 감지와 조기 예방 및 경보체계, 통합적, 협력적 재난대응체계를 구축하고, 재난대응 매뉴얼 업데이트, 대피 및 출동체계 정비, 위기관리 커뮤니케이션 확대, 위기를 발전의 기회로 삼는 복구 체계 등이다.

셋째, 재난 정보의 구축과 지식 및 경험의 축적이다. 디테일한 재난 정보를 구축하고 데이터베이스화하며, 일회성이 되지 않도록 교훈으로 삼는다. 그리고 신종 대형 도시재난에 대한 연구개발을 강화하여 선제 대응력을 강화시킨다. 안전문화 수준을 높이기 위해 인문학적, 정책적 논의와 더불어 패러다임 전환이 필요하다. 시스템 사고와 Safety-II에 대해 관심을 가져야 하며 다음과 같이 소개한다.

3 시스템 사고(System Thinking)의 적용

시스템이란 '특정 목적을 달성하기 위해 구성요소들이 환경과 대응하면서 정보전달과 자동제어 기능을 중심으로 전체로서 질서 있게 상호작용하는 유기적인 단위'를 말한다.[30] 시스템은 구성요소와 요소 간에 관계가 존재하며 시스템 내부에 다른 하부

---

29) 서울연구원, 신종 대형 도시재난 전망과 정책 방향(2020. 6. 15)

시스템을 가질 수 있다. 시스템의 경계 구분이 모호한 경우 상호작용의 빈도(Frequency)와 강도(Intensity) 등을 중심으로 구분한다.[31]

또 다른 정의로서 '어떤 공동의 과정에서 부분으로 작용하는 힘을 파악하고 그 힘들의 상호 관계성을 분석할 수 있는 방법, 기법, 원칙 등을 총망라한 광범위한 지식 체계'이다.[32]

시스템사고는 조직 전체를 하나의 시스템으로 통합하고 관리하기 위한 실천 원리를 제공한다. 삼성그룹 고(故) 이건희 회장의 다음과 같은 코멘트는 이를 잘 설명하고 있다. "비행기가 음속의 두 배로 날려고 하면 엔진 힘만 두 배로 높인다고 되는 것이 아니다. 비행기 재료공학, 기초 물리, 화학 등 모든 소재가 바뀌어야 한다." 최근의 재난사고 요인의 복잡성과 복합재난이 빈번하게 발생하고 있어 시스템 사고를 적용해야 할 당위성이 커지고 있다.

1) 시스템 사고(思考)의 정의

의사결정에 앞서 전체를 파악하고자 하는 시스템 사고는 1950년대 MIT 경영대학에서 개발하여 세계적으로 융복합 방법론으로 사용되고 있는 시스템 다이내믹스(SD−System Dynamics)의 한 영역인 의사결정 방법론이다.[33] 시스템사고를 기반으로 하는 경영자는 사람의 태도 변화에 앞서 구조주의적 관점의 리더십을 발휘한다. 즉 사람을 탓하기에 앞서 그렇게 될 수밖에 없는 구조를 먼저 분석하고, 구조 속에서 내가

---

30) 시스템은 그리스어 systema에서 유래되었다. sy는 함께, stema는 두다(to place)의 의미로서 '어떤 것을 함께 두다'라는 뜻이다. 시스템 이론은 1947년 생물학자 베르탈란피가 일반체계이론을 제창하면서 알려지게 되었다.

31) 지속가능시스템연구소 박숙현 교수의 한국 ESG학회 강의에서 인용(2023. 4. 14).
시스템의 종류는 상위 및 하위시스템, 단순 및 복잡시스템, 폐쇄 및 개방시스템으로 나눌 수 있고, 시스템의 속성은 전체성, 목적지향성, 구조성, 기능성, 개방성, 부(負−마이너스)의 엔트로피, 연속성, 피드백을 들 수 있다. 여기에서 〈열÷온도〉로 산출되는 Entropy는 유용한 에너지가 줄어드는 정도를 말하며, 무질서 또는 무지, 정보의 척도로도 쓰인다(김상욱 물리학 교수 강의 내용).

32) 시스템사고의 이해, 충북대 김상욱 교수, 삼성경제연구소 복잡계 특강(2006. 10. 11)

33) 시스템 다이내믹스는 MIT 전기공학과 포레스터 교수가 미군 프로젝트 경험을 토대로 정립한 피드백 이론을 MIT Business School로 옮겨 산업 분야에 적용하면서 완성한 방법론이다. 시스템 다이내믹스는 구조에 초점을 두는 시스템사고(인과지도−Causal Map)와 동태적 행태에 초점을 두는 시뮬레이션(저량, 유량 흐름도 − Stock, Flow Diagram)으로 구성되어 있다. 한편, 세계 시스템다이내믹스학회는 1956년 MIT대학교에서 시작하였고 우리나라는 한국 시스템다이내믹스학회가 1999년에 설립되었으며 아시아−태평양 시스템다이내믹스 협의체 국가이다.

어떻게 영향을 줄 수 있는지 찾아보고, 구성원과 함께 도출한 해결 방안을 제시하는 것이다. 시스템사고 핵심은 세 가지로서 ① 여러 요소 간 인과관계를 파악하는 논리적 사고, ② 인과관계의 피드백에 따른 순환적 사고, ③ 시간적 지연(Delay)을 고려한 동태적 사고이다.[34]

2) 복잡계 및 시스템 사고의 속성과 효과

시스템사고의 배경인 복잡계(複雜系－Complex System)의 특성은 다양한 요소들이 관여되고, 비선형관계(Nonlinearity)인 두 개 이상 요소들의 상호작용으로 인한 역동성과 불확실성(예측의 어려움), 연결성과 적응성 등으로서 총체적 접근(Holistic Approach)이 필요하다는 것이다. 그러므로 부분의 합이 아닌 전체를 포괄하는 정체성(Identity)을 가지는 시스템의 이해가 필요하다.[35] 최근 사회 시스템의 복잡성 증대 및 변화의 가속화로 불확실성이 커지고 개인의 경험, 식견만으로는 최적의 의사결정이 어렵고 여러 분야 전문가들이 함께 문제 해결을 모색해야 할 필요성이 커지고 있다.

시스템사고는 "높은 곳에 올라가면 전체와 부분의 목적에 이르는 수단과 진로를 파악할 수 있다"라는 관점으로 사안을 관찰하는 안목, 태도, 정신이다. 시스템사고를 통해 각 기능별 조직이 부분이 아닌 전체로 보게 되고 전체 속에서 맡은 역할을 명확히 하며 책임을 전가하지 않고 전체 목적 달성에 주력하게 된다.[36]

3) 시스템사고를 통한 문제 해결

첫째, 사회현상을 입체적으로 파악하고 문제를 정의한 다음 잠재 원인을 파악한다.

둘째, 피드백 구조를 활용하여 원인과 직, 간접적으로 관련된 구성요소의 변수 값

---

34) 정창권, 경기도 율곡교육연수원, 게임과 함께하는 시스템사고, 시스템리더십교육센터 대표
35) 복잡계란 수많은 구성요소들의 상호작용을 통해 구성요소 하나하나의 특성과는 사뭇 다른 새로운 현상과 집단 질서가 나타나는 시스템으로서 완전한 질서와 완전한 무질서 사이에 존재한다고 한다 (한국복잡계학회, 위키백과).
36) '코끼리를 둘로 나눈다고 해서 두 마리가 되는 것은 아니다'라는 말은 전체적 관점의 중요성을 나타낸다. 시스템사고의 대표적인 사례가 오케스트라이다. 직접 연주하지 않는 지휘자는 단원들로 하여금 저마다 가진 악기를 연주하게 하면서 이를 조율하여 다양한 음향을 음악예술로 표현한다. 그러므로 대규모 복합적 조직운영을 종합예술이라 부르게 된다.

(Parameter)을 조정하거나 피드백 구조를 변화시킨다. 즉 성장의 구조를 만들기 위해 구성요소 간에 작용하는 파급효과를 분석하여 피드백 루프를 작성하고(CLD, Causal Loop Diagram—인과지도), 구성요소가 같은 방향으로 작용하는 '강화 피드백 (Reinforcing feedback)'일 경우 악순환 구조(Vicious cycle)를 선순환 구조(Virtuous cycle)로 바꾸어 나간다.

셋째, 안정적인 구조를 만들기 위해 피드백 루프에서 구성요소가 반대 방향으로 작용하는 '균형 피드백(Balancing feedback)'일 경우 구성요소의 조정 과정을 거쳐 목표 수준에 맞추어 나간다.

넷째, 문제에 대처할 때 조치 행동이 즉각적으로 결과로 나타나지 않고 지연되는 경우가 대부분이므로 지연되는 곳을 파악하여 인내심과 확신을 가지고 해소해 나간다. 이때 구조를 근본적으로 변화시킬 수 있는 핵심 레버리지를 찾아 개선해야 하며 실제 구조의 변화를 확인한다.[37]

4) 시스템사고를 통한 안전문화 제고

시스템사고는 이론과 실용의 균형을 중시하며 한마디로 피드백사고라 할 수 있다. 시스템사고에서 안전과 연관하여 짚고 넘어가야 할 내용은 지수 증가(Exponential Growth)의 위험개념이며 이는 피드백이 있는 성장의 비밀로 불린다.

▬ 위험관리 측면

'지수 증가의 위험'이란 경영활동에서 위험 요인이 증가하여 위험하다는 사실을 인지하는 순간에는 이미 늦다는 것이다. 예를 들면 인구 증가, 환경오염, 산업현장의 위험 요인 등이다. 즉 시간이 경과하면서 생기는 지체 구간(Delay)[38]에서는 그다지 별

---

37) 작은 변화가 큰 성과로 이어질 수 있다. 그러나 근본 원인은 잘 보이지 않는다. 작지만 적절한 조치로 큰 효과를 얻는 지렛대 효과를 가져오는 정책은 쉽게 보이지 않는다. 피드백 분석을 통해 정책 지렛대를 발견할 수 있다. 이는 작은 힘을 증폭시키는 양의 피드백 루프와 큰 힘에 저항하는 음의 피드백 루프를 발견할 수 있기 때문이다. 표면에 나타난 사건을 보는 대신 기저에 깔려있는 구조의 이해가 첫걸음이다(김상욱 교수).

38) 지체 구간이 생기는 이유를 설명하는 데에 샤워기 작동을 예로 든다. 즉 뜨거운 물을 적정 온도로 맞추기 위해 즉시 꼭지를 낮은 온도 방향으로 돌리지만(교정 행동), 즉시 반영되지 않고 지연되어 나타난다. 즉 수차례 반복을 통해 적정 온도를 맞추어 나가는 것이다. 이처럼 균형을 이룰 때까지 오버 액션(Overshooting—과잉교정 행동)을 하게 되며 이러한 과정에서 시간이 지체된다는 것이다.

다른 문제가 없을 것으로 인식하지만, 피드백 과정을 거치면서 위험 요인이 두 배로 증가하는 시점(Double time)에 도달하는 순간부터 위험 요인은 걷잡을 수 없이 증가한다는 것이다.[39] 이의 원인은 아래 표와 같이 우리가 변화 요인을 선형적(직선)으로 증가하는 것으로 인지하지만 실제로는 비(非)선형적(곡선)으로 증가하기 때문이다.

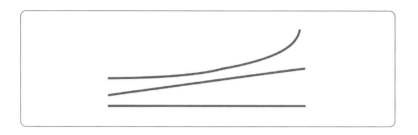

즉 평소에 우리가 선형적 사고(Linear thinking)을 하기 때문이며 변화 요인을 냉철하게 관찰하려면 평소의 직관과는 다른 반(反) 직관적(Counter-intuitive) 사고를 해야한다. 시스템 변화 자체는 좋고 나쁨이 없으며(Value-free), 전체적이고 입체적인 상황(Location)을 파악하여 위험요인을 조기에 줄여나가면서 목적한 바를 달성해야 한다.[40]

여기에서 '스위스 치즈이론'을 보면 지체 구간에서 위험 요인을 잘 관리해야 함을 알 수 있다. 사고가 발생하는 원인을 들여다보면 여러 요인이 우연히 일치될 때(겹칠 때) 일어나며, 이는 지체 구간을 지날 때 발생한다. 이때 원인을 제거하지 않고 방치할 경우 사고가 일어난다.

참고 스위스 치즈이론

1990년 영국 맨체스터대 심리학자 제임스 리즌(James Reason)이 제시한 이론으로서 시스템의 불안전성을 보호하기 위한 다중 방호장치가 있는데 여기에는 구멍이 뚫

---

39) 경미한 사고가 반복되면 결국 큰 사고로 이어진다는 것을 실증적으로 확인한 하인리히 법칙도 이와 같은 개념이다.
40) "쉬운 해결책은 문제를 키울 뿐이다", "빠른 것이 결국은 더 느리다"라는 격언을 떠올리게 된다.

❖ 스위스 치즈 이론

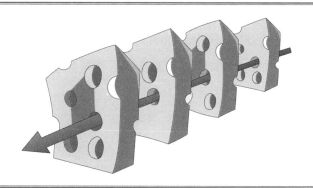

❖ 스위스 치즈 이론의 사고 발생 네 단계

단계별 특성	구체적 내용
1단계: 조직의 문제	자원관리 미흡, 조직풍토와 운영과정상의 문제
2단계: 감독의 문제	부적절한 실행계획과 관리 감독
3단계: 불안전한 행위 유발요소	부족한 의사소통, 협조 부족, 구성원의 피로 등
4단계: 불안전한 행위 발현	기술, 지각, 의사결정의 오류, 통상적 또는 예외적 위반 등

러 있어 완벽하지 않기 때문에 우연히 구멍들이 일렬로 서게 되면 사고가 발생한다는 것이다. 이론적으로는 모든 방호층들이 제대로 작동하는 한, 사고가 발생하지 않아야 하지만 현실은 다르다. 그는 조직적 사고의 위험성을 강조하고 있다.

한 가지 실수가 있더라도 다음 단계가 제대로 되어있으면 사고가 나기 어렵고 막기 쉬우며 조금만 노력하면 막을 수가 있다. 사고의 원인은 대부분 사람에게 있다. 잘못 구매한 자재로 문제가 생기면 자재가 아니라 사람이 문제다. 설비 체크 시스템의 활용 등 안전 문지기(Safety Gate-keeper)의 역할을 해야 하며 불량자재를 탓하면 안 된다(운이 나빴다는 식). 불량자재의 반입을 허용한 시스템의 문제로도 보아야 한다.

— 희망적인 측면

지수 증가는 희망적인 개념에도 적용될 수 있다. 자녀의 성장이나 어학, 자격증 취득 등 역량의 신장을 위해서는 당장은 진도가 보이지 않는 지체 구간(Delay)에서 실망하지 않고 견뎌야 한다. 자녀와 구성원이 흥미를 느끼고 보람을 가져야 지체 구간에서 버틸 힘이 생기며, 이러한 믿음을 통해 선순환효과를 가져오게 된다.

이때 긍정적인 피드백을 유지하는 것이 중요하다. 현장 관리자는 구성원들의 호기심을 북돋우고 칭찬 등을 통해 지식 습득에 대해 동기부여를 하고 스트레스나 무기력증 등의 부정적 요인을 최대한 감소시켜야 한다.

입소문(word of mouth)을 거쳐 사업을 확장하는 것과 안전문화를 정착시키는 일도 같은 맥락이다.

▬ 경영층의 시각 변화

대부분의 사람들은 지체 현상을 간과하기 쉽다. 이는 전시행정, 단기 성과주의, 경쟁상황에서 조급함 등 자신의 입장에서 부분적 시각으로 판단하며, 자기 것만 알면 '기본은 된다'고 여기기 때문이다.[41] 경영층은 하나의 사회 문제가 하나로 끝나지 않고 타 문제와 연결되어 복잡계를 이루고 있음을 이해하고, 전체적이고 장기적으로 보는 시각을 가져야 한다. 2~3년을 주기로 기존 정책이나 관행에 의문을 제기해야 하고 그동안 당연시해 온 관행과 가정(Assumptions)을 재검토해야 한다.[42]

5) 시스템사고(System Thinking) 제고 방안

첫째, 목표를 명확히 하고 수면 아래를 보아야 한다. 겉으로 드러난 사건(Event)은 빙산의 수면 위의 일각이다. 수면 아래의 빙산은 밑으로부터 정신적 모델(가정, 신념), 구조, 패턴으로 구성되어 밑에서부터 위로 영향을 준다. 생산라인에 경미한 사고가 빈번히 발생할 경우, 사유를 추적해 보면 ① 근무조별로 자신들의 임무만 수행하면 된다고 생각하고(신념), ② 근무조 교대 시 중첩되는 시간이 없어(구조), ③ 인수인계가 제대로 되지 않음(패턴)을 발견하게 된다. 그러므로 인식을 바꾸는 것이 우선되어야 한다.

둘째, 발생할 수 있는 경우의 수를 더 많이 생각해야 한다. 이를 통해 의도하지 않았던 결과를 예상할 수 있고 역설적으로 의도하는 결과를 얻을 가능성을 높이게 된다. 이를 위해 구성원들은 곰곰이 생각하고 상상력과 창의력을 발휘해야 한다.

---

41) 효율성을 높이기 위한 분업체제는 사고의 단절을 가져왔고 산업 간, 계층 간의 융합이 생존과 직결되는 지금 시대에서는 피드백을 통해 선순환 구조와 균형을 이루어 나가야 한다. 특히 성인들은 경직된 사고를 지니고 있음이 일반적인 경향이라 할 수 있다.

42) 조선과 일본은 쇄국과 개방의 갈림길에서 조선은 쇄국, 일본은 개방을 선택하였고 결과적으로 예속과 지배 관계로 이어졌다. 이는 양국의 가정의 차이에 따른 것인데 조선은 기존의 봉건적 가치가 지속될 것으로 보았으나, 일본은 새로운 서구 문명의 물결이 도래할 것으로 가정했기 때문이다.

셋째, 시스템 행태는 단기간 내 변화되지 않음을 인식하고 시간 지연 요소들을 찾아 개선시켜 나가야 한다.[43]

넷째, 시스템의 구성요소를 스톡(Stock, 저량−貯量, 수위)과 플로우(Flow, 유량−流量, 흐름) 변수로 구분하여 이들 간의 인과관계를 파악한다. 욕조의 수위(Stock)는 물의 유입 및 유출(Inflow and Outflow)과 인과관계에 있다. 스톡은 특정 시점의 상태(狀態)이며 플로우는 이를 이루기 위한 일정 기간의 활동(活動)을 말한다.[44]

■ 안전활동과 연계

이를 안전활동과 연계시켜 보면 다음과 같다. 안전투자(설비보강, 인력 및 조직 확충, 교육 훈련 등)를 증대시키고자 할 때 재원의 제약으로 감내해야 할 수준을 정해야 한다. 이때 스톡과 플로우 간의 인과관계를 파악해 나가면 투자 규모를 정하는 데 도움이 된다. ① 자사의 안전 수준을 진단한 다음, 목표 수준을 항목별로 정한다(스톡−수위 설정). ② 이를 달성하기 위해 구체적인 투자 항목을 규명하면서 소요자금을 산출한다(인 플로우). ③ 투자에 따른 예상 효과(아웃 플로우)를 산정하는 데 정성적 효과(위험요인 감소, 구성원 인식 개선, 이해관계자와 협력, 법규 충족, 기업 이미지 제고 등)와 정량적 효과(효율성, 생산성)가 있다.[45] ④ 이들의 인과관계를 규명해 나가면서 시나리오별로 투자 규모를 산정하고 재원 범위에서 단계적으로 투자를 집행한다. 이러한 효과는 즉각 나타나지 않으므로 인내심을 가지고 지연 구간(Delay)을 이겨내야 하며, 이러한 과정을 통해 연도별 적정 투자 규모를 산정해 나간다.

---

43) 이와 관련, 채찍 효과(Bull−whip Effect)를 살펴보자. 소를 몰 때 긴 채찍을 사용하면 손잡이 부분에 작은 힘을 가해도 끝부분에서는 큰 힘이 생기는 데에서 유래된 것으로, 사소하고 미미한 요인이 엄청난 결과를 불러온다는 나비효과(butterfly effect)와 유사하다. 이처럼 안전과 관련된 사소하게 여겨지는 일일지라도 유심히 살펴야 위해(危害)를 막을 수 있다.

44) 기업경영의 성적표라 할 수 있는 재무제표 중에서 특정 시점의 재산 상태를 표시하는 재무상태표는 스톡, 일정 기간 영업활동으로 창출한 손익을 표시하는 손익계산서는 플로우 개념이다. 국가 단위로는 일정 시점의 국가 채무는 스톡, 일정 기간 산출한 GDP는 플로우 개념이다. 이를 확장하여 시각 예술인 미술은 스톡, 시간 예술인 음악은 플로우 개념의 속성을 지니고 있다.

45) 미국의 알 코아 사례에서 보았듯이 회사의 경영이념을 안전제일주의로 정한 이후 회사의 경영 실적이 놀라울 정도로 개선되었다.

우리나라 기업 중 1970년대에 이미 경영관리요소로 정적(靜的-Static) 개념과 동적(動的-Dynamic) 개념을 도입한 사례가 있다. 당시 선경그룹(현 SK그룹) 최종현 회장은 구성원들과 경영철학을 공유하고 경영체질을 강화시키기 위해 경영시스템(SKMS-SK Management System)을 정립하고 경영요소를 다음과 같이 두 가지로 나누었다. ① 눈에 보이는 경영요소를 '정적요소'라 하고, 마케팅, 생산, 연구개발, 전략기획, 인력 및 조직, 회계 및 재무, 구매, CR(Corporate Relations) 등을 말한다(수도관의 단면적으로 비유). ② 그리고 눈에 보이지 않는 경영요소를 '동적 요소'라 하고, 조직문화, 조직풍토 형태로 나타난다(수도관의 물의 유속으로 비유). 이는 구성원의 의욕 수준, 관리역량, 코오디네이션, 커뮤니케이션, 자질(資質)을 말하며 '동적 요소관리에 많은 역점을 두어야 한다'고 강조한다.[46]

SKMS 정적요소 중 안전관리 내용(요약)[47]

안전관리란 '기업의 인적, 물적 손실과 환경오염이 없도록 사고를 예방하고 사고가 발생했을 때의 피해를 최소화'하는 것이다. ① 인적 손실: 종업원 사망, 상해, 작업환경으로 인한 직업병 ② 물적 손실: 사고와 관련된 직, 간접 손실(간접 손실: 사고처리 및 복구비, 시간손실, 저하된 조직 분위기와 의욕, 수익 감소, 대외 신용 및 이미지 저하 등) ③ 환경 오염: 대기, 수질, 토양 오염과 소음, 진동 등 ④ 사고 예방 및 피해 최소화: 철저하고 정확한 조사와 연구, 완벽한 대책 수립, 빈틈없이 야무지게 집행 ⑤ 최소 비용으로 효율적 실행.

---

46) 저자는 2000년대 초 미국 아리조나 주 글렌데일 소재, 국제경영대학원(The American Graduate School of International Management)의 International Consortium에서 SKMS에 대해 강의한 결과, 미국 교수진 및 경영진으로부터 호평을 받았다. 경영활동을 매뉴얼화하여 구성원들이 경영철학과 방법론을 공유하고, 일관되게 경영활동을 수행하도록 시스템을 만든 것이 인상적이며, 자신들에게도 많은 도움이 될 것이라는 피드백을 받았다.

47) 허달, 천년가는 기업 만들기, 불꽃 굴뚝과 안전관리, pp.204-212

사고 예방 및 피해 최소화

① 가능한 한 많은 사내외 사례 수집, 분석 및 사고 유형별 원인, 피해, 조치 및 파급효과 등을 철저히 파악 ② 각 사업장의 사고 가능성, 사람, 설비 및 관리의 불안전 요인을 찾아내어 이를 제거하는 대책 수립 ③ 사고의 조기 발견 체제 구축. 사고 발생 시 신속 정확하게 대처, 피해 최소화 대책 마련 ④ 안전 관련 설비, 장치, 도구의 사용, 규정 등은 쉽고 간단하게 시행할 수 있도록 함 ⑤ 조사, 연구, 집행 등 일련의 관리 활동은 수시 및 주기적 검검, 확인, 수정 보완.

시사점: 정적요소의 본질 명확화 및 동적요소의 세밀한 관리

안전수준을 높이려면 정적요소의 본질에 대해 명확한 규명 및 구성원들의 자발적, 의욕적인 자세(Voluntarily & Willingly)의 확립이 중요하다. 특히 동적 요소는 눈에 보이지 않으므로 관리자가 자칫 소홀히 여길 수도 있어 철저히 경계해야 한다. 정적 및 동적 요소관리는 우리 사회의 안전수준을 높이고 자율적 안전문화를 정착시키는 이론적 토대가 될 수 있어 관심을 가지고 살펴볼 필요가 있다.

03 Safety I, II 개념⁴⁸⁾

1 안전관리모델의 진화

안전관리모델은 산업화 발달에 따라 진화해 오고 있다. 하인리히법칙으로 대표되는 1세대 안전관리모델은 어떠한 결과에는 반드시 원인이 있다는 선형적 인과론에 근거한다. 인간의 불안전 행동과 불안전 상태가 원인이 되어 재해가 발생하므로 교육 훈련을 통해 불안전한 행동을 줄이는 것이 재해 예방을 위한 최선의 방책이라 주장한다. 그러나 90여 년이 지난 지금은 이러한 해법만으로는 현대 사회의 복잡한 상호작용과 변동성에 기인한 대형 복합재난사고들을 제대로 정의하거나 막을 수가 없다.

이런 문제를 해결하고자 2세대 안전관리모델이 등장한다. 이는 인간의 불안전 행동의 근본 원인이 기술과 조직의 문제로부터 출발한다는 것이다. 1979년 미국 스리마일섬 원자력발전소 사고를 통해 사고의 근본 원인이 휴먼에러보다 조직적 문제로 인식하게 되었다. 조직적인 문제란 사고의 근본 원인이 한 개인의 실수가 아니라 조직 내부의 여러 원인들로 인한 복합적 요소의 문제를 말한다.⁴⁹⁾

---

48) 자세한 내용은 김훈 리스크 랩 연구소장, 안전 패러다임의 변화를 대하는 자세, 세이프티퍼스트닷 뉴스(2022. 10. 4), 전남대 함동한 교수의 대한산업안전협회 발표내용(2020. 2. 26), 융합의 길 −SYNESIS(Safety−II in Practice, Developing the Resilience Potentials), Erik Hollnagel 저, 홍성현 역, 세진사(2019)을 참고하기 바란다.

49) 제임스 리즌은 자신의 저서 '조직 사고의 위험관리(Managing the Risks of Organizational Accident)'를 통해 휴먼 에러로 발생하는 사고보다 조직 관리의 실패가 더 큰 원인임을 지적했다.

찰스 페로우는 1984년 그의 저서 정상사고(Normal Accidents)에서 "미국의 스리마 일섬 원전사고(1979.3)는 필연적으로 다시 발생한다."라고 예측했고, 2011년 일본 후쿠시마 원전사고로 현실화된다.50) 따라서 기존의 안전 패러다임과 다른 관점이 필요하게 되었으며 이것이 홀라겔이 주장하는 3세대 안전관리모델 Safety-II 개념이다.

지금까지의 안전모델은 나쁜 결과가 발생하지 않으면 문제없다는 생각이고, 나쁜 결과의 원인을 제거하면 된다는 관점이었다. 이 관점에서는 사고가 일어나지 않으면 안전 투자가 헛되며, 이를 아끼려 투자하지 않았다가 사고가 나면 불운이라 여긴다. 경영자는 실패 요인의 관리가 성공의 기반이라 여기지 않아 안전을 계륵같이 여기고 안전투자를 망설이며, 안전담당자의 헌신에 대해 그다지 높게 평가하지 않는다.

이러한 관점은 '사고는 나면 안 되는 것'이라는 인식을 기본으로 하기 때문에 〈사고 → 책임추궁 → 처벌 → 사건 종결〉이란 과정을 거치게 된다. 이는 '책임지향형' 흐름이므로 책임추궁에 초점을 맞추게 된다. 그러나 재발 방지 및 근원적인 대책을 세우기 위해서는 발상의 전환이 필요하다. 사고는 인간과 기계, 환경, 시스템과의 부적합의 결과로 배후의 많은 요소들이 연쇄적으로 반응하여 일어나므로 종합적인 대책을 수립해야 한다.51)

그러나 Safety-II 개념에서는 기업경영의 성패는 위험관리에 있다고 인식한다. 평소에 시스템이 원활하게 돌아가도록 하여 사고가 발생하지 않도록 하고, 사고 발생 시 신속한 대응 및 복구가 되도록 안전탄력성(Resilience)를 강화하는 것이다.52)

2 안전 패러다임 변화 필요성

그동안 안전관리는 실패적 사고에서 원인을 찾고 개선하는 데에 초점을 맞추었으

즉 재해의 원인은 인간의 불안전한 행동이라는 선형적인 원인보다 그러한 행동을 야기시키는 조직의 문제라는 것이다.

50) 이 책은 우리나라에도 소개되었다. 제목은 '무엇이 재앙을 만드는가'이며 소제목으로 '대형사고와 공존하는 현대인들에게 던지는 새로운 물음'이란 부제가 달려 있다(2013년 렌덤하우스, 김태훈 역).

51) 이시바시 아키라, 사고는 왜 반복되는가, 사고발생 시 사고의 흐름, pp.51-54.

52) 탄력성과 관련된 용어를 경제학에서는 회복탄력성, 심리학에서는 인내성, 생태학에서는 기후변화 회복력 등으로 사용되며, 안전보건분야에서는 안전탄력성이라 정의하고 있다(양정모 전게서 pp.153-154).

나(Safety-I),53) 인간과 조직을 포함한 사회 및 기술시스템에서는 당연히 한계가 존재한다. 현대사회의 정보화, 자동화, 지능화의 가속으로 시스템이 복잡화되면서 한계점은 더욱 두드러지게 되었다(복잡계-Complex system 대두). 흥미로운 점은 Safety-I 개념이 실패의 원인을 찾아 이를 제거하는 데에 역점을 두므로 실패적 상황(사고 발생 등)이 먼저 일어나야 한다는 모순이 성립된다. 따라서 안전관리에 관한 새로운 개념이 필요하게 되어 Safety-II 개념이 등장한 것이다. 이 두 개념의 유기적인 통합으로 안전시스템을 전향적으로 발전시켜야 한다.

3 Safety-I과 Safety-II 개념 비교54)

첫째, Safety-I 개념에 의한 안전관리는 재해사고가 어떠한 방식으로 일어나는가에 대한 사고모형을 가정하고 있으므로 사고분석 또는 예측 시에 상황을 모형에 끼워 맞추는 불합리한 형태가 발생한다. 여기에서 대부분의 사고 모형은 선형적인 인과관계(Linear Causality)에 근거한다. 어떤 원인이 특정한 결과를 낳고 이 결과는 새로운 원인이 되어 또 다른 결과를 낳는다. 그동안 선형적 인과관계에 근거한 사고모형이 많이 활용되어 왔으며 이에 따라 사후 확증편향과 원인을 과신하는 오류에 빠지게 되었다. Safety-I에서는 사고 발생 후 실패적 상황에 초점을 맞추고 실패를 그럴듯하게 설명할 수 있는 일부 원인적인 요소만 집중적으로 조사하기 때문에, 실패적 상황과 관련되면서도 조사되지 못한 요인이 다수 존재할 가능성이 높다. 따라서 실패적 상황과 관련이 없더라도 문제가 발생한 다른 요인에 대해서도 조사를 해야 한다. Safety-I 관점에서는 안전을 '실패 최소화 또는 실패가 없는 상황'으로 정의하지만 시스템이 복잡해질수록 모든 실패 상황을 예측하고 원인을 찾아 제거하는 것은 현실적으로 불가능하다.

둘째, Safety-II 관점에서 안전관리의 특성은 성공적 사례를 분석함으로써 Safety-I의 한계점을 극복하는 것이다. 현대 사회의 복잡한 시스템을 상대하므로 작업

---

53) 이러한 안전관리 개념을 안전 탄력성회복 공학(Resilience Engineering)에서 Safety-I으로 명명했으며 순수하게 기술적 요소로 이루어진 시스템에서 유용성을 발휘한다.

54) Safety-I 개념이 소 잃고 외양간 고치는 것이라면 Safety-II는 소 잃기 전에 외양간을 고치는 것이다. 텃밭을 가꾸는 귀농인이 애써 가꾼 농작물의 보호 조치(울타리 설치 등)를 취하지 않아 야생동물들이 들쑤시고 먹어치우는 바람에 큰 손해를 입은 사례가 적지 않다.

수행 과정에서 나타나는 예측하지 못한 변동성을 비선형적인 결합방식으로 분석하고 시스템사고(思考)로 해석하는 안전관리를 수행한다. Safety-II 관점에서의 안전이란 '성공적인 작업이 계속적으로 이루어지는 상황의 극대화'를 말하므로 어떻게 하면 성공적인 작업 상황을 계속 보장할 수 있을 것인가에 주안점을 둔다. 성공적인 작업 상황에 대해 철저하고 체계적인 조사 분석을 실시한다. 일상적으로 이루어지는 성공적 작업 상황을 지속적으로 모니터링하고, 변동성(변화 요인)을 감지하면서 이를 감소시키는 통제방안을 마련하는 데에 중점을 둔다. 이는 재해사고가 발생하지 않고 정상적이고 지속적인 작업 활동을 가능하게 만드는 길을 열게 된다.

요약하면 Safety-I은 절차 준수와 문제점 제거가 주요 목표이지만, Safety-II는 주도적인 행동(Proactive)을 목표로 하며, 여러 문제가 있음에도 어떻게 정상 운영이 이루어지는지에 관심을 둔다. 인체가 완벽한 건강상태가 아니더라도 부족한 부분을 보완해가면서 유지하는 것과 같다.[55]

일상에서도 승객들이 기차표 검색 없이 열차를 타는 것은 코레일에서 Safety-II 개념으로 승객을 관리하는 것이라 볼 수 있다.

예시 층간 소음 규제 방식의 전환 사례

공동주택 층간 소음 기준에 대해 2022년 7월부터 사전 승인에서 사후 승인으로 변경되었다. 사전 승인은 서류 심사에 통과한 후 시공하는 방식이며, 사후 승인은 시공 후 층간 소음이 기준 이내임을 확인받아야 승인을 득하게 된다. 즉 아파트 완공 후 실제로 어느 정도로 바닥 충격음을 막을 수 있는지 측정한다. 사전 승인 방식은 Safety-I, 사후 승인 방식은 Safety-II 개념에 근거한다. 사후 승인 방식에 의거, 시공업체는 엄중하게 책임을 지고 차질 없이 시공해야 한다. 그렇지 않으면 재시공해야 하는 부담을 떠안게 된다. 자율성을 기반으로 하는 Safety-II 개념의 안전관리 방식이 더 엄격하고 책임감이 무겁다.

---

55) 권보현 한국시스템안전학회장, 한국시스템안전학회 학술대회(2023. 8. 17)

4 Safety-II 개념의 필요성

카이스트 지식서비스공학대학원 윤완철 교수는 대한산업안전협회 특강에서 Safety-II 개념의 필요성에 대해 다음과 같은 의견을 밝혔다(2019. 5. 25).[56] 안전의식이 Safety-I에 머물러 있는 우리나라 대부분 사업장에서 안전개선을 막는 징후가 보인다면 서둘러 Safety-II 단계로 의식을 전환해야 한다.

안전개선을 가로막는 대표적인 징후는 다음과 같다. ① 안전활동이 사고 예방이 아니라 사고를 처리하느라 끌려다닐 때, ② 현재 충분하지 않은 상태인 데에도 더 이상 안전해지기가 어려울 때, ③ 안전수준을 높이고자 하는데 어디를 먼저 손봐야 할지 알 수 없을 때, ④ 휴먼 에러를 더 이상 줄일 수 없다고 여겨질 때, ⑤ 반복 실수나 잘못에 대해 일벌백계해도 효과가 나타나지 않을 때 등이다.

Safety-II 개념의 당위성을 요약하면 아래와 같다.

❖ **Safety-I과 Safety-II 속성 비교**

	Safety-I	Safety-II
안전과 사고	사고가 없는 것	안전수준이 높아야 사고가 없다
안전 능력	사고가 없는 상태 또는 사고 대응 능력	상황 변동에도 불구하고 성공적 운영을 지속하는 힘
안전관리 원칙	잘못된 것이 있을 때 대응(수동적)	선제적, 지속적 상황 변화 예측(능동적)
인적 요인 인식	사람은 문제나 결함 요인 제공	사람은 시스템 유연성과 탄력성을 위한 자원
사고 분석	사고는 실패와 고장에 의해 발생하므로 원인을 파악	사고는 정상수행과 같은 과정을 거치며, 조사는 정상적 수행을 토대로 잘못된 경우를 설명
위험 평가	잠재적 사고의 원인과 영향 요인을 찾음	변동성을 감시하고 관리하기 어려워지는 부분들과 그런 조건을 이해

정상결과와 실패결과는 같은 시스템이 같은 방식으로 작동하는 중에 나온 다른 결과일 뿐이며, 사고 분석을 실패끼리의 파급이 아니라 정상과정이 궤도에서 이탈한 것으로 이해해야 한다. 정상시스템이 어떻게 정상을 유지하는지를 중점 연구해야 안전수준을 높이고 재해를 근본적으로 예방할 수 있다.

---

56) 안전패러다임의 변화 필요, 안전 저널 2019. 6. 3

5 Safety-II 관점 현장 적용 효과

생산 현장에서 생산팀과 안전팀의 요구가 상충할 경우가 적지 않다. 이는 생산팀의 효율성(Efficiency)과 안전팀의 완전성(Thoroughness) 추구가 상충하기 때문이다. 양자 간의 다양한 요구를 동시에 만족시키기 위해서는 일정 부분 절충해야 하며, 이를 '효율성과 완전성의 절충(ETTO-Efficiency Thoroughness Trade Off)'이라 한다.

작업수행에 필요한 자원은 대개 충분하지 않은 경우가 많아 작업자와 조직은 두 요소를 절충해가면서 업무를 수행한다. 효율성은 필요 자원을 최소한으로 투입하는 것이고, 완전성은 실패를 막기 위한 충분한 자원을 마련한 후에 계획을 수립하고 진행하는 것이다. 두 요소의 절충에 따라 다른 결과가 나타날 수 있으므로 ETTO 원칙을 염두에 두고 관찰, 분석해야 한다.

기업은 생산성과 안전의 균형을 유지하도록 유연성을 확보해야 하고, 사고 예방을 위해 자원을 효과적으로 사용하는 능력을 키워야 한다. 이는 성공에 이르는 방법들을 모색하여 전체 시스템적으로 일이 순조롭게 진행되는 방법에 초점을 맞추어 작업해 나가는 것이며, 이것이 Safety-II 관점의 안전관리를 현장에 적용하는 원리이다.

재해사고 예방은 매뉴얼을 잘 정비한다고 해서 보장되지 않는다. 재해사고는 매뉴얼이 아니라 예외적인 요인들이 겹쳐서 일어난다. 안전관리의 성공 여부는 매뉴얼 유무가 아니라 실행능력의 문제로 귀착된다. 궁극적으로 구성원이 자존감을 키워 자발적으로 변화를 추구하는 문화가 정착되어야 한다.[57]

6 안전 탄력성 공학과 두 개념 결합[58]

안전탄력성(Resilience)이란 '시스템이 예측되거나 예측되지 못한 상황에서도 적절하게 적응해 나가며 기능이 회복되어 정상적으로 발휘되도록 하는 시스템 능력'을 말

---

57) 이를 '자기조직화 경영'이라 부르기도 한다. 최고경영자는 기존 패러다임에 갇힌 인식의 틀을 깨어 의도적인 혼돈을 창출하는 것도 고려해야 한다. 도전적 목표와 비전을 제시하는 것이 절대적으로 필요하다.

58) 이에 대한 자세한 내용은 권영국, 사고조사개론, pp.257-295, 박영사(2023. 12), 양정모, 새로운 안전문화 pp.341-361, 박영사(2024. 2)를 참조하기 바란다.

한다. 공학적 관점에서의 안전탄력성 공학(Resilience Engineering)이란 시스템이 회복탄력성을 가지도록 필요 원칙과 실천적 방법을 개발하고 적용하는 과학이다. 이를 구현하기 위해서는 네 가지 능력, 즉 ① 학습 능력, ② 대응 능력, ③ 모니터링 능력, ④ 예측 능력을 갖추어야 한다. 전향적인 안전시스템을 확보하기 위해서는 Safety-II 개념을 반영한 사고 분석 및 위험성 평가와 더불어 위의 네 가지 능력을 향상시키기 위해 시스템에서 각 기능(작업)이 어떻게 처리되고 상호작용하는가를 변동성 관점에서 묘사하는 시스템 모형이 필요하다.

기능공명분석법(FRAM-Functional Resonance Analysis Method)이 해당되며 시스템 모형화 기법이자 안전관리기법이다. 특정 사고모형을 가정하지 않고 사고 원인을 분석하고 위험성을 평가할 수 있으며 실패 및 성공사례도 함께 묘사할 수 있다.[59]

안전 패러다임이 Safety-II 및 안전탄력성 공학으로 전환되어야 하는 것은 필연적이나 이것이 Safety-I을 포기하자는 것이 아니다. Safety-I 관점에서의 사고 원인 분석 및 위험성 평가도 시스템 안전의 향상에 도움이 되는 경우가 많다. 안전탄력성 공학은 실패 최소화의 Safety-I 개념과 성공 최대화의 Safety-II 개념의 결합이다. 실패 사례에 대한 수동적 안전관리에서 성공사례를 대상으로 하는 전향적 안전관리로 방향을 전환해야 한다.

안전관리를 충실히 하더라도 사고는 발생한다는 가정하에서는 사고의 조사 및 분석 과정에 Safety-I 기반의 안전기법을 활용할 수 있고 이 기법의 약점을 숙지하고 활용하면 Safety-II 기반 안전 분석의 보완에 큰 도움이 된다. 이러한 융합적인 사고내용의 분석은 시스템 및 직무설계 개선, 작업수행 지원, 교육 훈련 시스템 개선, 안전문화 정착 등에 유용한 단초를 제공하고 변동성을 감소시키는 데 효과적인 수단을 제공한다. 디지털 안전과 인공지능 안전은 융합 수단의 실행력을 높이기 위해 크게 활용될 수 있다.

---

59) 홀라겔(E. Hollnagel)이 개발한 비선형모델로서 일반적으로 발생하는 활동방식을 설명하거나 표현하기 위한 체계적인 접근방식이다. 인적 오류 및 재해사고가 발생하는 과정을 시스템 기능요소들의 비선형적인 상호작용을 모형화해서 전체적인 시스템을 이해하고 상황의 변화를 예측하는 데 도움을 준다(대한산업안전협회, 2023. 4. 28 국제세미나 발표).

50여 년의 역사를 가진 원자력발전소는 전 세계에 약 500여 기가 가동되고 있다. 초기부터 미국 등 선진국에서 원자력 발전(發電)의 안전 확보를 위해 원전사고 시나리오 찾기, 원전사고 가능성 알리기, 연구비 지원 등 다각도의 노력을 기울였다.

사고 가능성 시나리오를 30여 년에 걸쳐 개발하였으며, 만에 하나라도 원전사고가 일어날 가능성에 대비하여 경쟁적인 안전 확보의 계기가 되었다. 예를 들어 그래도 미처 생각하지 못했던 사고가 발생한다면? 이러한 의문을 계속 던져 찾아낸 것이 원자로를 물로 식히면 안전을 확보할 수 있다는 것이다.[61]

연구자들은 안전을 지키고자 보수적인 관점으로 계산 값에서 최대한으로 마진 폭을 늘려 설계 개념을 정립하였고 이에 따른 운전 및 감독을 철저히 하였다(품질보증, EQ, TPI 등 적용).[62] 그리고 원자력 관련 국제기관 간의 공조를 통해 첨단의 안전기술을 공유하고 있다.[63]

7 시사점-성공과 실패(안전과 사고) 관점 정립

안전이란 여건 변화에도 불구하고 성공을 지속하는 능력, 즉 눈에 보이지 않는 안전수준을 파악하고 개선시키는 것이다. 사고(실패)를 줄이려면 정상적 수준(성공)을 늘

---

60) 우리가 알아야 할 원자력, 경희대 원자력공학과 정범진 교수, 청조포럼 조찬경연, 더 플라자호텔 (2020. 5. 20)

61) 후발 주자인 우리나라는 한국전력기술(정근모 사장)이 주관하여 선진국 사례를 벤치마킹하고 자체 연구개발을 통해 높은 안전기술을 확보하게 되었다. 당시 미국 스리마일섬 원전사고로 원전추진이 주춤하던 시기이므로 우리나라가 자주적으로 원전기술을 개발할 절호의 시기를 맞이하게 되었다. 관련 내용은 ① 중대 사고관리 최적 방안 수립 및 대처설비 개발(부제: 중수로 원전 중대사고 해석 전산코드 개선 및 사고관리지침서 개발), 한국 원자력연구소(2005.4), ② 원자력 안전규제 정보회의(제목: 한수원 중대사고 대응 능력 향상, 한수원 중앙연구원 안전연구소(2021) ③ 정근모, 기적을 만든 과학자, pp.199−217 등을 참고하기 바란다.

62) 이러한 노력이 바탕이 되어 사고를 경험한 미국(스리마일섬), 구소련(체르노빌), 일본(후쿠시마)은 원전을 끝내지 않고 지금도 사용 중이다.

63) 국제협력기구로는 국제원자력기구(IAEA), OECD 산하 원자력기구(NEA), 미국원자력발전협회(INPO), 세계원전사업자협회(WANO), 국제 원자력 규제 협회(INRA), 미국 전력연구소(EPRI), 해외 원전소유자 그룹으로 PWROG, COG, FROG 등이 있다.

려야 한다. 성공과 실패는 같은 시스템의 다른 결과이다. '정상적임'과 '불량함'의 이분법적인 사고의 편리함을 버려야 한다. 시스템은 변동성을 가지고 상호작용을 한다. 사람은 변동성을 흡수하는 적응적 자원(Adaptive human resources)이다. 성공적인 환경에 머물고 배워야 계속 성공할 수 있다. 시스템 적응성의 결과를 이해하고 반영해야 한다.

실패 사례들은 사고(事故)를 만들어내려고 조직화된 적이 없다. 사고에 기반하여 사람들이 한편으로 몰아 엮을 뿐이다. 성공사례들은 설계(정상 작업)를 통해 조직화되어 있다. 평소 괜찮았던 팀들이 예기치 않게 실패 사례를 겪으면서 악역을 맡게 될 경우가 생긴다면 실패에 매몰되지 말고 정상 작업 궤도로 신속히 복귀해야 한다. 성공 요소를 찾아 안전탄력성을 최대한으로 발휘해야 한다. 직간접적으로 성공을 경험한 사람들이 성공의 진수를 느낄 수 있다. 실패 사례에만 몰입할 것이 아니라 국내외 성공 사례의 발굴을 통해 안전문화를 높이는 방안을 입체적으로 모색해야 한다.[64] 전체적 시각에서 안전을 확보하려면 삼성의 고(故) 이건희 회장의 '일석오조 멀티 경영'을 참고할 필요가 있다. 즉 "입체적 사고가 습관이 되면 '일석오조' 성과가 가능하다. 나무 심을 때 한 그루만 심으면 나무 한 그루 값에 지나지 않지만, 숲을 이루면 홍수 예방, 공해방지, 녹지제공 등 효과와 재산 가치도 커진다. 숲을 생각하며 나무를 심는 것이 입체적 사고이자 일석오조이다."(회장 취임 1년 후 신동아 인터뷰. 1988) 이미 기후위기로 인한 숲과 나무의 중요성, 이산화탄소 포집 가치를 예상하고 있었다. 산림 강국 독일의 숲을 보고 박 대통령이 산림녹화에 성공했듯이, 이 회장 역시 숲과 나무를 통해 '1석 오조' 신경영 모델을 성공시켰다.[65]

안전은 안전에 영향을 주는 여러 요소를 결합해야 확보되며, 하나라도 소홀히 하면 산업재해로 연계되므로 하나하나를 살피는 것과 함께 전체를 살펴보는 노력을 병행해야 한다. 나무와 숲을 동시에 살펴보아야 하듯이 작업장 주위의 정리정돈에서 출발해 작업장 전체를 살펴야 한다.

---

64) 국립재난안전연구원은 '재난 안전 사례 관리 및 활용방안 연구'를 통해 국내외 재난안전 사례를 발굴하여 공유, 확산하는 체계를 구축하고 우수사례를 재구조화하여 목적에 부합하는 재난안전사례 관리방법과 활용방안을 제시하였다(2021.11, 인천대 산학협력단). 그리고 행정안전부는 2015년부터 '대한민국 안전기술대상'을 통해 재난 안전산업의 경쟁력을 높여나가고 있으며 2023년에는 안전기술대상 8점, 연구개발 대상 17점을 선정하여 시상하였다. 이들은 화재, 사면붕괴, 안전사고 등의 예방을 위한 다양한 첨단기술과 연구성과를 선보였다(2023.9).

65) 김택환, 전 경기대 교수, 아주경제 2023. 12. 11

미래의 예지력과 그에 따른 의사결정도 어렵지만, 구성원들의 의견을 결집시켜 실행시키는 것은 더 힘들다. 그리스 신화 카산드라의 예를 들어보자. 태양의 신 아폴론이 트로이 공주 카산드라의 미모에 반해 구애(求愛)하자, 미래를 내다볼 예지력을 준다면 받아들이겠다고 한 뒤, 능력을 얻자 거부한다. 분노한 아폴론은 카산드라의 예언을 아무도 믿지 않게 하는 저주를 내림에 따라 카산드라는 눈에 보이는 비극조차 막을 수 없게 되었다. 뻔히 보이는 미래를 아무도 믿지 않는 카산드라의 비극, 부하직원들이 리더를 믿지 않을 때의 답답함과 상통한다. 동료와 함께 하는 꿈은 비전이지만 혼자 꾸면 백일몽이다.

1949년 미국 몬태나주 대형 산불에서 소방대장 와그너 닷지는 맞불을 놓아 주변의 인화 물질을 제거해야 한다고 했지만 아무도 따르지 않았다. 불에 대한 공포도 있었지만, 리더에 대한 신뢰가 더 큰 문제였고 결국 대원 13명이 사망하는 대가를 치르게 된다. 카산드라와 닷지의 교훈은 리더십과 신뢰의 중요성이다.

마이크로소프트 CEO 사티아 나델라는 "리더십은 결정을 내리고 이를 따르도록 구성원들을 결집시키는 자질"이라 하였다. 리더는 부하직원들을 탓하기에 앞서 리더로서 신뢰를 확보해야 한다. 카산드라는 미모를 미끼로 예언능력을 갖고자 했지만 사랑을 거부하고 예언자 무기인 설득력을 빼앗긴다. 카산드라는 트로이 목마가 조국 트로이의 멸망을 초래할 것이라 호소했으나 아무도 믿지 않는다. 트로이 패망 뒤 그리스 사령관 아가멤논의 차지가 된 카산드라는 아가멤논의 부인에게 살해될 것이라 절규하지만 누구도 귀 기울이지 않고 아가멤논과 카산드라는 비참한 최후를 맞이한다.

안전의 패러다임을 근본적으로 바꿔야 한다는 Safety－Ⅱ 개념은 "안전이 이대로 가서는 안 된다"라는 카산드라와 와그너 닷지의 염원과 일맥 상통한다. 현대 사회의

---

66) 카산드라 콤플렉스는 심리학, 환경, 정치, 과학, 영화, 철학 같은 다양한 맥락에서 사용된다. 진실이지만 세상이 알아주지 않을 때, 혁신적 아이디어가 일찍 나와 사라질 때 등이다. 환경운동가들은 환경 재앙이 임박할 것이라 예측한다. 우리 사회에서 누군가 진실을 말해도 믿지 않거나 믿고 싶어 하지 않는다. 도처에서 그들의 외침, 절박한 변화의 경고를 듣고 있지만 관심을 기울이지 않거나 무시하곤 한다. 아폴론의 저주를 풀 수 있는 능력은 우리 각자에게 있다(김성회, CEO 리더십경영 연구소장).

기술 고도화, 복잡화, 밀집화는 상호작용하며 기후변화와 더불어 단선적 개념으로 산업재해를 감당할 수 없다. 리더의 주도로 안전을 확보하기 위해서는 구성원 모두 인식을 전환하여 새로운 전기를 마련해야 한다.[67]

---

67) 중국 후한 말의 유명한 의사 화타는 자신의 형이 더 고수라고 하였다. 왜냐하면 작은 병을 고쳐 주고 질병의 예방에 주력했기 때문이다.

04 패러다임으로서의 메커니즘과 안전[68]

1 패러다임으로서의 메커니즘

메커니즘이란 기업 등 조직의 공동 목표를 달성하기 위해 주체, 환경, 자원 (SER-Subject, Environment, Resources)을 결합하여 고유한 경영활동을 창출하는 논리와 원칙을 말한다. 이를 위해 주체, 환경, 자원의 상호의존성을 고려하여 조합, 순열, 시간 (CPT-Combination, Permutation, Time)이 복합적으로 적용되어 고안된 해당 조직의 고유한 가치 창출 방식, 즉 조직 고유의 프로세스를 만들어 낸다(제도, 절차, 규정 등). 메커니즘은 독립변수가 아닌 매개변수로서 조직의 가치창출활동, 즉 투입물의 변환 (Transformation)에 적용된다.

2 메커니즘 기반 관점

조직이 남다른 성과를 내는 원인을 탐구하는 전략경영 연구의 네 번째 관점으로서 기존 연구가 인풋 요소인 주체, 환경, 자원과 성과와의 관계를 분리하여 연구하는

---

68) 유재승, 전략경영의 제4 패러다임으로서 SER-M의 연구활성화를 위한 제언: 포퍼와 쿤의 융합적 관점, 메커니즘경영학회 세미나(2024. 1. 20) 발표자료에서 인용하였다.

환원주의적 연구이나, 메커니즘 기반 관점은 조직 내에서 인풋 요소들이 가치 창출을 위하여 상호작용하는 원리와 이를 통해 만들어진 메커니즘의 특성을 연구하는 변환 프로세스(Transformation Process)에 대한 통합적 관점의 접근방법이다.

3 메커니즘 연구 필요성

기업 등 조직은 유기체적 특성을 가지고 있으므로 조직 내 창의적 발상과 시너지를 설명하기 힘든 환원주의적 연구의 한계를 극복하고 조직력에 의해 창출되는 시너지에 대한 규명을 위해 메커니즘 연구가 필요하다.

특히 현대 사회에서 과업의 난이도가 증가하고 안전을 포함한 경영에 미치는 요인과 과업수행 환경이 복잡해짐에 따라 조직변수가 더욱 중요해지고 있다. 학문의 연구는 분자 생물학 같은 환원주의적, 미시적인 연구와 진화론 같은 통합적, 거시적인 연구가 모두 필요하며 이 두 가지가 병행 발전해야 참된 모습을 그려나갈 수 있다.

4 메커니즘 연구의 경과와 안전에 적용

전략경영 연구의 제4요소인 메커니즘의 최초 제안 시점은 1995년(AI 경영학회 조동성 회장)이고 공식 제기는 1998년이다. 서울대 SER－M 연구회를 중심으로 연구가 진행되고 있으며 메커니즘을 만들어내는 원리인 조합, 순열, 시간 개념이 제시되고(조동성, 2005), 메커니즘이 주체(Subject), 자원(Resource), 환경(Environment)과 성과(Performance)를 매개하는 매개변수임을 입증하였다(정진섭, 2004). 그리고 기업에서 제4 전략경영 패러다임으로서의 가치와 의의에 대한 연구가 진행되고(권기환, 2007), 주체(S), 환경(E), 자원(R)이 결합하여 메커니즘을 만들 때 상호의존성에 따라 CPT(조합, 순열, 시간)가 결정됨을 논증하고 타당성을 검증한 바 있다(2022, 2023, 유재승, 조동성).

시스템 사고(思考)에서 보듯이 현대사회가 고도 사회로 발전함에 따라 안전에 영향을 주는 요인이 복합적이고 상호작용을 하며, 사고(事故)는 예측에 따라 발생하는 속성이 아니므로, 전략경영으로서의 새 패러다임, 즉 경영요소의 상호작용을 중시하는 새로운 접근법인 메커니즘과 이를 통한 안전확보 방안과의 관계에 대해 심층 연구가 필요하다.

저자가 메커니즘과 안전과의 연계성에 대해 이해하는 바를 요약하면 다음과 같다. 기업의 발전과정에 따라 경영 패러다임이 변화하는데 창업 초기에는 주체(S), 외부성장기에는 환경(E), 내부성장기에는 자원(R), 지속성장기에는 메커니즘(M)이 주된 역할을 한다. 여기에서 메커니즘이 종착역인지에 대한 의문을 가지게 된다. 이에 대해 메커니즘이 종착역이지만 경직적이 되면 CEO가 나서서 기존 메커니즘을 고치거나 새로운 메커니즘을 만들어내야 한다는 것이다(잭 웰치). 또 다른 시각으로 메커니즘이 종착역이 아니라 제5의 요소(The Fifth Element)가 필요하다는 견해다(브루스 윌리스). 이를 기후위기 등 범지구적 상황에 비추어보면 사회와 자연과의 교감을 높이는 사랑경영이 필요하다는 것이다(조동성).[69]

이를 안전문화 제고 방안과 연계해 보면 다음과 같다.

① 안전문화를 높이고자 하는 초창기에는 경영주체의 역할이 가장 중요하다.

② 안전관련 제도가 정비되어 가면서 환경(설비, 제도, 법규 등)과 자원(인적, 물적)의 역할이 커지고, 이들이 선순환 구조(상호작용, 유기적 협력 등)를 이루어 메커니즘을 만들어 나간다.

③ 구성원들이 자율적으로 안전을 챙기고 서로 협력해야 하는데 사랑경영이 뒷받침된다면 새로운 패러다임을 형성하는 데 큰 도움이 된다. 예를 들어 고은산부인과는 직원들에 대한 관심과 사랑을 통해 이직률이 제로이다. 구성원들이 본인의 문제를 해결하고 행복해지면 안전수준이 높아지게 되는 것은 자명한 이치이다.

---

69) 조동성 산업정책연구원 이사장, 경영자 독서모임(1,154회차) 발표 내용을 참조하였다(2024.6.17.). 세부 내용은 조동성 저, 메커니즘: 경영의 제4원소, 서울과학종합대학원대학교(aSSIST) 출판을 참조하기 바란다.

05 신뢰성 공학(Reliability Engineering)과 안전70)

1 신뢰성 공학의 도입 배경

고도기술 복합사회의 현대인들은 복잡한 기기나 시스템으로 편의성을 누리지만 돌발적인 고장으로 기능이나 안전성이 상실되면 일상생활에 막대한 지장을 주고 자연 재난과 연계될 경우 피해는 엄청나게 늘어난다. 이에 따라 부품을 포함한 제품의 품질 보증과 고장이 거의 나지 않으면서 오래 사용할 수 있음(신뢰성)에 대한 관심이 크게 증대되고 있다. 신뢰성 공학은 제2차 세계대전 중에 군용 전자장비의 고장을 줄이기 위해 미국에서 태동하였으며, 독일에서도 V2 로켓 임무의 달성률을 높이기 위해 적용하였다.

2 신뢰성 의미

신뢰성은 개념적으로 '시스템이나 장치가 규정된 조건하에서 의도하는 기간 동안 만족스럽게 작동하는 시간적 품질(Quality over time)'을 의미한다. 제품 품질(Product

---

70) 신뢰성 공학과 관련, 동아대 산업경영공학과 서순근 교수의 저서 '스마트 신뢰성 공학'(2018)을 토대로 내용을 정리하였다.

Quality)이 특정 시점에서의 정적인 상태(Static)를 말한다면, 신뢰성(Reliability)은 시간의 경과에 의존하는 동적인 성질(Dynamic)을 말하며 고가의 내구성 제품일수록 신뢰성이 더 많이 요구된다. 따라서 제품이나 시스템의 신뢰성을 정량적으로 표현할 척도가 있어야 하며, 확률로 표현되는 신뢰도라는 용어를 사용하고 있다.[71]

국내외 표준규격에서 신뢰도는 '시스템, 기기 및 부품 등이 규정된 사용 조건에서 특정 기간 동안 의도된 기능을 수행할 확률'이라 정의되며, 5가지 주요 요소, 즉 ① 적용대상의 범위, ② 제품의 운용 또는 환경조건의 규정, ③ 제품 사용 기간의 척도, ④ 제품에 요구되는 기능과 고장의 규정, ⑤ 정량적 척도로 구성되어 있다.

3 신뢰성 개념의 적용

신뢰성 개념을 제품개발, 설계, 생산, 보전 등의 기술 분야에 응용한 것이 신뢰성 공학이다. 따라서 여러 고유기술 분야의 엔지니어는 신뢰성 공학의 기법과 체계를 학습하여 본인의 고유 영역에 활용하면 높은 신뢰성을 확보할 수 있다. 예컨대 기계 분야 엔지니어가 기계공학 지식에 신뢰성 관리 기술을 융합시키면 높은 신뢰성 구현에 큰 도움이 된다.

4 신뢰성의 중요성

현대사회에 들어와 신뢰성이 더 중시되는 이유는 인간이 포함된 시스템이나 장치의 복잡성이 증대하여 시스템, 장치의 부품 고장으로 전체 기능이 정지하는 경우가 증가하며, 이에 따라 국가, 사회, 기업, 조직, 개인의 임무 수행과 안전이 위협받고 사회적 손실을 증대시키고 있기 때문이다. 2023년 11월에 발생한 행정 전산망의 장애가 한 예가 될 수 있으며, 이런 경우에 최근 긴급회복성(Resilience measure: 일시적 돌발 현상에서의 대응능력에 관한 지표)이라는 신뢰성 유관 척도가 대두되고 있다.

---

71) 품질관리는 모수 영역에서 부적합의 분포를 다루며, 신뢰성은 시간의 영역에서 고장의 분포를 다룬다.

그리고 고성능, 고정밀화된 장치의 확대 보급에 따라 인간의 실수로 인해 큰 사고로 연결되는 가능성이 커지고 있다. 여기에서 신뢰성의 중요성에 대해 몇 가지로 나누어 살펴본다. 첫째, 낮은 신뢰도에 따른 사후조치비용에 비해, 설계단계에서 선제적으로 높은 신뢰도를 확보하여 유효성 확인 및 부품 유지 비용의 절감 등으로 얻는 이득이 더 크므로 높은 신뢰도를 달성하는 것이 오히려 경제적이다.

　　둘째, 고객 선호도가 높은 제품들은 고도의 기능을 요구하고 복잡화되는 반면 부품의 성능은 이를 따라가지 못한 실정을 감안하여 적정한 신뢰성 설계기법 등이 요구된다.

　　셋째, 고장이 극히 적지만 인명과 직접 연계되는 고신뢰도 제품의 수요가 증가하고 있다. 그리고 신기술, 신재료의 출현으로 위험이 묵과되거나 평가되지 않은 분야가 확대되고 있어 신뢰감을 떨어뜨리고 불안전의 한 원인이 되고 있다.

　　따라서 시간에 쫓기지 않고 이러한 제품들의 신뢰도를 단기간에 평가하기 위한 새로운 시험기술의 필요성이 증가되고 있다. 특히 제품안전을 강조하는 기능 안전성(Functional safety)과 안전 품질의 개념이 중시되고 있다.

　　넷째, 소비자 욕구의 변화, 즉 '규격 부합'이라는 생산 측면에서 '고객 만족'이라는 소비 측면으로 바뀜에 따라 기업은 신뢰성의 객관적이고 체계적인 요구가 높아지며, 소비자의 다양한 클레임 증가, 무상 보증기간 확대, 소비자보호운동, 환경운동 등 NGO 활동 증대, 제조물 책임법(PL‒Product Liability), 범세계적 추세인 ESG 경영 등과 맞물려 신뢰성 확보가 기업 경쟁력의 중요요소가 되고 있다.

5 신뢰성과 안전성

　　신뢰성과 안전성의 정의를 보면 신뢰성은 주어가 아이템인데, 안전성의 주어는 사람이나 집합체인 사회집단으로 볼 수 있다. 신뢰성은 아이템 기능이 고장 또는 정지되는 시점에 종료되지만, 안전성은 아이템이 고장 나더라도 안전한지에 대해 고찰한다. 즉 안전성과 신뢰성은 일치하지 않으며 아래 표는 이를 비교해 보여 준다.[72]

---

72) 서순근 외 신뢰성 공학 3판, pp.644‒662.

		신뢰성	
		정 상	고 장
안전성	안전	아이템이 정상적으로 작동하고 사람에 대해 안전한 상태	아이템이 고장 또는 파괴되어 있으나 사람에게는 안전한 상태
	위험	아이템은 정상이지만 사용 시 위험을 초래하는 상태 예: 표면이 뜨거워 화상의 위험 있음/모서리에 의한 상처 가능 등	아이템이 위험한 상태로 고장 예: 측로(by-pass) 콘덴서의 임피던스 저하로 인해 열이 발생하여 PCB 기판이 발화함

안전성을 객관적이고 정량적으로 전개하기 위해서는 위험원(Hazard)에 대한 개념을 먼저 이해해야 한다. 위험원은 위험을 초래하는 원인 또는 위해(Harm)의 잠재적 원인으로 정의된다. 위험원보다 일보 진전된 위험 상태(Hazardous situation)는 '사람, 재산, 환경이 하나 또는 복수의 위험원에 노출되는 상황'으로 정의된다. 예를 들면 ① 교통량이 많은 도로에 매설된 일부 부식 가스관, ② 시중에 운영되는 시스템에서 기간 경과로 열화(劣化)가 진행된 보안부품, ③ 알코올 혈중농도가 기준치 이상인 음주자가 운전하는 상황의 주변, 이 세 가지 경우 중에서 ①, ②는 위험원, ③은 위험 상태에 속한다. ③의 경우는 기계시스템인 자동차 측면에서 보면 고장에 의한 신뢰성 문제가 존재하지 않는다.

안전성을 높이는 수단으로 기술적 개선, 설계, 제조, 운영, 보전 등의 담당자 교육, 행정적 규제, 정보시스템 정비 등 다양한 대책이 대상의 특성에 따라 강구된다. 안전성의 정량적 평가로 위험원에 대한 리스크는 위험원 발생 확률(p)과 위험원에 파급되는 위험의 크기(e)로 표현된다. 따라서 위험원에 대한 리스크는 순서 쌍(p, e)으로 표시되며 이 둘을 작게 하면 리스크를 줄일 수 있다.

또한 대상 위험원이 복수가 되는 것이 일반적이므로 이 경우는

$$\{(p,\ e),\ i=1,\ 2,\ ....,\ n\}$$

로 표시된다.

여기에서 안전성을 높이는 방법은 리스크가 높은 위험원을 순차적으로 분석하여 p, e를 작게 하는 대책안을 검토, 선택하여 실시하는 것이다. 상기의 안전성에 관한 두 가지 요인을 신뢰성에 활용할 수 있는 접근법으로 리스크 맵(Risk-Map) 분석법이 쓰이고 있다. 리스크 맵은 p를 발생빈도(발생도) 6수준으로, e를 사물과 사람, 재해 수준에 따른 위해정도(심각도)를 5수준으로 구분한 후, 두 척도를 고려한 등급을 5수준으로 구분한다.

발생 빈도 (발생도)			위해 정도 (심각도)				
	건/(대, 시간)	빈도	5	4	3	2	1
5	10^{-4} 초과	자주 발생	V	II	I	I	I
4	$10^{-4} \sim 10^{-5}$	가끔 발생	V	III	II	I	I
3	$10^{-5} \sim 10^{-6}$	드물게 발생	V	IV	III	II	I
2	$10^{-6} \sim 10^{-7}$	발생가능성 낮음	V	V	IV	III	II
1	$10^{-7} \sim 10^{-8}$	발생가능성 매우 낮음	V	V	V	IV	III
0	10^{-8} 미만	발생가능성 거의 없음	V	V	V	V	V

I: 수용 불가능 영역(긴급 대책 필요) II-IV: ALARP 영역(실행 가능한 한 리스크 낮게) V: 널리 수용 가능 영역(대책 불필요)			무해	경미	중간	중대	치명
			없음	경상	통원	중상 입원	사망
			없음	제품 발열	제품 발화/손상	화재	건물소손

I등급은 대책 마련이 시급한 영역(수용 불가능 영역), V등급은 대책이 필요 없는 영역(널리 수용 가능한 영역), 그리고 II, III, IV 세 등급은 합리적으로 실행가능한 한 리스크를 줄여야 하는 영역(ALARP – As Low As Reasonably Practical)으로 구별하고 있다.[73]

6 안전 품질의 중요성

2010년 일본 토요타 자동차의 미국 리콜사태(230만대), 2009년 국내 양문형 냉장고 폭발로 리콜사태(21만대), 2010년 드럼세탁기 어린이 안전사고, 2016년 갤럭시노트 폭발사고 등을 계기로 안전성과 밀접하게 관련된 안전 품질이 기업의 중요 관리목표로 대두되었다. 이에 따라 안전 품질이 2010년 당시 지식경제부 주관 품질혁신기반 사업의 주요 연구주제가 되었으며, 2011년 한국품질경영학회에서 안전 품질을 "개발, 설계, 제조, 출하, 사용, 폐기 등의 수명주기에 존재하는 위험요소를 제거함으로써 얻을

---

73) ALARP은 1949년 영국 에드워드의 항소 법원과 국가석탄위원회 판사 판결에 처음 등장하고 1972년 로벤스 보고서(Robens report) 권고에 따라 1974년 영국 보건안전 법령 요건으로 규제화되었다. 이에 따르면 사업장 밖의 사람이 심각한 부상을 입을 가능성을 1/10,000 수준으로 ALARP 수준을 설정하고 있다. ALARP 영역에 있다고 해도 사고가 발생할 수 있고 위험을 낮추기 위한 조치가 다른 위험을 초래할 수도 있어 위험을 낮추는 활동 시에도 주의를 기울여야 한다(양정모, 새로운 안전관리론, 박영사 pp.9 – 10).

수 있는 사용자의 물리적, 심리적 만족감을 충족시키는 제품 또는 서비스의 총체적 특성"으로 정의한 바 있다. 최근 ESG 경영에서 안전이 중요한 사회적 가치로 부상되어 안전 품질은 소비자 만족의 차원을 넘어 기업가치 제고와 지속가능 경영의 핵심 요소로 자리잡고 있다.

7 신뢰성과 신뢰도

신뢰성은 "제품이 일정 기간 접하게 되는 사용 조건 하에서 의도된 임무 또는 기능을 완수하는 능력 또는 성질"로 설명되며, 신뢰도는 "신뢰성의 우열을 수량적으로 평가하는 척도"로서 객관성과 범용성을 가져야 하므로 신뢰성을 확률이라는 수치로 정량화한다. 일반적으로 제품의 신뢰도는 사용시간에 의해 정의하나 다른 척도를 사용하는 경우도 있다. 예컨대 전기 스위치는 반복 회수, 자동차는 주행거리 등이다. 이외에 순간 고장률, 평균 고장률, 평균 수명 또는 고장까지 평균작동시간, 평균 고장간격, 보전도, 가용도 등이 있다.

신뢰성의 다섯 가지 핵심 척도는 ① 안전성(Safety), ② 보전성(Maintainability), ③ 가용성(Availability), ④ 신뢰성(Reliability), ⑤ 시험 용이성(Testability)이며, 첫 글자를 따서 SMART로 요약된다.[74]

❖ 신뢰성의 다섯 가지 핵심 척도

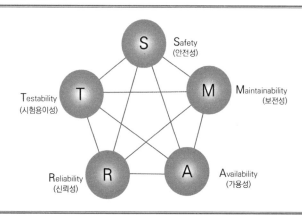

---

74) 서순근, 동아대 산업경영공학과 명예교수, 스마트 신뢰성 공학 신뢰성 기초 척도 pp.30−36. 민영사

8 신뢰성 공학의 현장 적용-신뢰성과 안전성의 균형

신뢰성 공학은 이론과 실제의 양면성을 지니고 있다. 즉 복잡한 시스템 모형을 만들어 신뢰도를 산출하거나 통계학을 동원하여 고장 발생 현상을 정량화하는 모형의 성질을 규명하는 이론 분야와 구체적인 현실 문제를 객관적으로 현장에 맞게 해결 기법을 중시하는 실제 응용 분야로 나눌 수 있다. 즉 제품이나 시스템을 개발, 설계, 제조를 담당하는 기술자가 FMEA(Failure Mode and Effect Analysis)75) 등을 잘 활용하더라도 그가 꼭 복잡한 신뢰성 이론 전문가는 아니다. 엔지니어는 실제적인 신뢰성 기법을 학습하고 이를 이용하여 보다 더 좋고 튼튼한 제품을 만들기 위해 지속적으로 노력하는 것이 중요하다. 이론과 실제는 양대 축이며 이론이 장래의 신뢰성 활용에 꼭 필요한 도구가 되므로 기초 이론영역에 대한 깊은 이해가 실무자에게 반드시 필요하다.

신뢰성을 향상시키는 것만으로 안전성을 향상시킬 수 없다. 경우에 따라 상반되는 것도 있으므로 각각의 역할을 명확하게 해야 한다. 예컨대 동작을 정지함으로써 안전상태를 확보할 수 있는 시스템을 고려해 보자. 이때 약간이라도 이상이 있으면 동작을 정지하는 구조(Fail-safe, Mistake-safe)를 만들어 안전성을 높일 수 있지만, 신뢰성이나 실용성은 떨어지게 된다. 즉 안전성만 철저히 추구하는 것이 제품경쟁력을 저하시키는 하나의 원인이 될 수 있다. 실제 제품개발 시에 안전성과 신뢰성 어느 한쪽을 선택하는 것이 아니며, 개별 부서 판단이 아니라 경영층에서 안전과 품질에 대한 방침을 정하고 이를 기반으로 세부 지침과 기준을 마련해야 한다.

9 경영자의 조직상 기능 분화와 융합76)

경영자는 조직의 전문성을 높이고 융합을 이루어야 한다. 제품검증부서를 성능검

---

75) FMEA는 '고장형태 영향분석'이라 하며 기계부품(시스템 요소)의 고장이 기계(시스템) 전체에 미치는 영향을 예측(결과 예지)하는 해석 방법이다. 기계부품 등의 기계요소가 고장을 일으킨 경우, 기계 전체가 받는 영향을 규명해 나간다. 여기에서 예상되는 고장 빈도, 고장의 영향도, 피해도 등에 관해 평가 기준을 설정하고 개개의 구성 요소에 대해 고장 평가를 하고 이를 종합하여 치명도를 구한다. 치명도가 높을수록 중점관리가 필요하다(두산백과).

76) 유동수, 한국로봇산업진흥원, 기술지원센터 전문위원, The Plant Journal Vol. 7, No. 4, Dec. 2011.

증과 신뢰성 검증 두 파트로 나누고 고장분석실을 별도로 구성해야 한다. 성능검증 파트는 지금까지 해온 일반 및 특수 성능시험을 주관하되 재료변화를 포함하는 시험은 신뢰성 검증 파트로 넘긴다. 신뢰성 검증 파트는 신뢰성 한계시험과 파라미터 알트를 수행하며 미래에 발생할 문제점을 찾아낸다. 여기에는 환경시험장비와 유닛검증 시험에 대응하는 전용시험 장비를 구비해야 한다. 검증 담당자는 파라미터 알트 규격 설정과 이를 구현하는 전용시험장비를 설계, 구성하는 능력을 지녀야 한다.

고장분석실에는 비파괴, 파괴 분석장비, 재료 물성 등의 측정 장비를 갖추어야 한다. 사용빈도가 적은 고가의 분석 장비는 이를 보유한 기관과 협력체제를 갖추어야 한다. 외부 분석과 관련해서는 분석 절차를 외부 전문가와 상의할 수준이 되어야 한다. 고장 현황은 물론 분석장비의 특성과 한계, 분석 시 유의사항 등을 살펴 분석 과정을 이해해야 한다. 일류기업의 경영자일수록 고장분석실을 직할로 운영하며 분석업무를 독립적이며 주도적으로 처리한다.

신뢰성 검증 담당자가 잘못하면 신제품 출시 때 트러블이나 클레임이 잦아지고, A/S 비용이 높아진다. 분석 담당자가 제대로 정리하지 못하면 고질적인 문제가 생기고 제조 현장에서 검사 기일이 늘어나며 제조원가가 높아진다. 경영자는 근원적으로 신뢰성을 확보하도록 기능 및 조직을 충분히 갖추어야 한다.

06 재난업무 연속성과 안전

1 재난 업무 연속성[77]

기업이나 사회에서 연속성 개념은 매우 중요하다. 2024년 초의 의료공백 우려 상황은 사전에 이해관계자들의 입장을 충분히 고려한 후 추진했더라면 충격을 최소화시킬 수 있었을 것이다. 재난사고의 경우도 맥락을 같이 한다. 재난 발생 전에 예방조치는 물론 재난 발생 시 신속한 복구조치로 업무 연속성을 유지해야 한다. 헌법 제34조 6항에 "국가는 재해를 예방하고 그 위험으로부터 국민을 보호하기 위하여 노력하여야 한다."라고 되어 있고, 재난 및 안전관리기본법 제25조의 2(재난관리책임기관의 장의 재난 예방조치 등)에는 기능 연속성 계획 등을 수립하도록 규정되어 있다. 이의 세부 내용은 조직 구성, 정보제공 및 이용, 교육훈련, 재난예방 홍보, 안전관리체계 구축, 관리규정 제정, 국가 핵심기반 관리, 관리대상지역 조치, 재난 방지시설 관리, 유관기관과 협조, 기능연속성계획 수립과 시행 등이다.

---

77) 정종수 교수, 숭실대 재난안전관리학과, ESG와 재난업무 연속성 시스템, 한국 ESG학회 토요세미나 (2023.12.23), 자연재난, 업무연속성관리 이론과 실습, 서울대 엔지니어링개발연구센터(2018.8.9.)

2 재난업무 연속성은 국가 및 세계적 과제

재난업무 연속성이 왜 중요한지의 대표적 사례가 생물다양성 문제이다. 지구에 탄생한 다양한 생물들의 생태계 서비스(조절기능)를 통해 오랜 기간에 걸쳐 지구의 안정적인 환경기능을 유지해 오고 있다.[78] 이러한 다양한 생물들의 지구 환경적 연속성 대책 일환으로 세계 영구종자 저장시설(시드볼트-Seed Vault)을 건설하여 운영하고 있다. 시드볼트는 지구가 황폐해지거나 어느 한 식물이 멸종할 때 저장된 씨앗을 꺼내 다시 심을 수 있도록 종자를 지키는 곳으로서 전 세계 두 곳에만 있다. 하나는 노르웨이령 스발바르 제도의 스피츠베르겐 섬에 위치한 거대한 저장고로서 '새로운 노아의 방주' 또는 '최후의 날 저장고(Doomsday Vault)'라 불리며 2022년 말 기준 107만 종 이상 보관되어 있다. 다른 하나는 우리나라 경북 봉화군 국립 백두대간 수목원에 있다. 스발바르에는 작물(5곡, 감자, 옥수수 등), 백두대간에는 야생식물 종자를 보관한다.[79]

연속성의 다른 예로서 러시아와 전쟁 중인 우크라이나는 일론 머스크가 제공한 스타링크 덕분에 유용한 정보 취득과 원활한 소통으로 장기전에 버틸 수 있고, 스위스는 자국 법규로 전 세계 공관에 핵공격 방어를 위한 지하벙커를 건설해 업무 연속성 및 자국민 생존공간을 확보하고 있다(종로구 스위스대사관에도 설치되어 있음).[80]

업무 연속성 관련 내용은 우리나라는 1980년대에 IT분야에 적용하였고,[81] 국제표준화기구에서는 2001~2015년에 ISO/TC 223(Social security), 2016년부터 ISO/TC 292(Security and Resilience), WG2(Continuity and Organization Resilience), WG5에 반영되어 있다.

---

78) 생물 다양성의 중요성은 무엇보다 식량자원의 확보이며, 의약품도 다양한 생물로부터 얻고 있다 (예: 버드나무에서 아스피린, 주목에서 항암제, 오미자에서 타미플루, 파리에서 항생제, 홍합에서 생체 접합체, 지렁이에서 혈전용해제 등). 그리고 자연재해의 신속한 회복, 먹이사슬 유지, 유전적 다양성 유지, 생태계 균형 유지, 지속가능성과 성장, 자연 재원 공급, 모든 생물의 건강 유지, 유기질이 풍부한 토양 형성 등이다. 이창석 서울여대 생명환경공학과 교수, 생물 다양성의 의미와 가치, 환경미디어(2022. 11. 14)

79) 우리나라도 세계식량농업기구(FAO)와 종자기탁협정서를 체결해 벼, 보리, 콩, 조, 수수 등 식량 작물 위주로 종자 1만 3천여 점을 보관하기로 하였다(나무위키).

80) 미국 제36대 대통령 아이젠하워는 2차 대전 시 연합군에 참전하여 연속성의 중요성을 인식하고 구소련 핵공격으로부터 보호하기 위해 지하벙커를 건설하였다.

81) 2018년 11월 KT 아현지사 건물 지하통신구 화재, 2022년 10월 카카오 사태, 2023년 11월 조달시스템 전산장애 발생 등을 통해 IT 복구 센터의 중요성을 실감하게 되며 우리나라는 대전, 광주, 대구, 공주에 마련되어 있고, 일본은 해저케이블을 이용하여 미국에 센터를 두고 있다.

3 재난업무의 연속성은 선택이 아닌 필수

기업경영에서 원부자재 등의 안정적 공급망 유지는 사업의 연속성에 있어 필수적이다. 2020년 2월 자동차 부품 중 와이어링 하네스의 공급 차질로 현대차 등 자동차사의 조업이 중단된 사례이다(2020. 2. 5, 오토타임즈).[82] 현대차의 1차 협력업체의 주력 공장이 중국에 있어 코로나 19사태로 인한 중국 공장에서의 부품 수급에 차질을 빚게 되자 이로 인해 국내 생산 공장 가동이 멈추게 된 것이다. 이에 따라 현대차는 상시 위기대응망 구축 의견이 내부적으로 강하게 대두되었다(핵심부품 인소싱, 해외공장 유턴 등).

4 연속성 전략 성공과 실패 사례

2000년 미국 뉴멕시코주 낙뢰 사고로 필립스 반도체공장에 화재가 발생함에 따라 휴대폰용 반도체부품 공급 중단사태가 발생한다. 노키아는 30여 명의 대응팀을 구성하고 적극 대응하여, 일일 피해 현황 점검, 공급망 다변화, 비상 조달 등을 통해 생산을 지속하였다. 이에 따라 이익 42%, 점유율 3% 증가, 시장점유율 1위를 유지하였다.

이에 반해 에릭슨은 대응조치를 취하지 않았다. 엔지니어의 내부 보고 불이행, 생산 차질, 신제품 출시 불능에 따라 23억 달러의 손해, 점유율 3% 감소 등으로 이어져 결국 휴대폰 사업을 중단, 소니에 매각한다.

5 정부 주도 재난관리의 한계

정부 주도의 재난관리에는 한계가 있어 기업의 재난안전분야에 대한 사회적 참여 모델의 개발과 콘텐츠가 필요하다.

일본은 고베 지진(1992)과 한신 대지진(1995)을 겪은 후 시민봉사활동이 부각되어 특정비영리활동촉진법(NPO법－The Law to Promote Specified Non－profit Activities, 1998년

---

82) 와이어링 하네스는 자동차 내부 각 시스템으로 전기 신호와 전력을 전달하는 전선과 커넥터, 전원 분배장치 등이 결속된 부품이다.

3월)을 제정하고 시민의 자율성과 재난구조가 활성화되도록 행정의 역할 변화를 이끌어냈다. 이를 통해 자원봉사의 의미, 활동 영역, 참여 계층 확대, 자원봉사 코디네이터가 직업으로 받아들여지며, 약 10만여 개 법인이 구호 활동에 참여하게 되었다. 닛산식품은 1997년 세계인스턴트국수협회(WINA−World Instant Noodles Association)에 참여하여 식품안전 활동을 벌이고 있다.

미국은 페덱스에서 연간 약 1,800여 톤의 구호품 운송과 약 700여 대의 항공기를 지원하며, 프랑스는 1971년 12월에 베르나르 쿠슈네르 등 청년 의사들이 주축이 되어 '국경없는 의사회(MSF−Medecins sans frontiers−Doctors without Borders)'를 설립하고 세계적인 기구로 발전되어 운영되고 있다. 이처럼 재해 업무 연속성을 확보하기 위해서는 국내외 관련 기관들의 연계 및 협력체제가 중요하다.

6 재난업무 연속성 전략

첫째, 상호의존성 연계강화이다. 상호의존성 연계를 강화해야 할 그룹은 ① 재난관리 책임기관과 관련된 집단으로서 중앙정부와 지방정부 및 이와 관련된 기관으로서 정부 각 부처, 경찰, 소방, 해양경찰, 공기업, 연구기관, NGO, 각종 단체, 공사, 공공기관, 정보통신기관, 군사관련 기관 등이다. ② 국가 핵심기반(Public/Private Sector)으로서 공동구(共同構−Pipe Utility Conduit),[83] 문화재, 에너지, 금융, 보건의료, 원자력, 정보통신, 환경, 교통수송, 정부 중요시설, 식용수이며, ③ 민간부문(Private Sector)으로서 문화집회 시설, 숙박시설, 판매시설, 종합병원, 다중이용시설, 종교시설, 여객용 시설이다.

둘째, 국가 차원의 연속성 전략을 수립해야 하며 정권이 바뀌어도 지속되어야 한다. 1969년 독일의 빌리브란트 수상의 통일전략(오스트폴리틱−Ostpolitik)은 정권이 바뀌어도 흔들리지 않고 추진되어 국가 통일의 결실을 이루었다.

셋째, 중앙정부에서 총괄 전략을 수립하고 이에 따라 각 부처 및 관련 기관에서 세부전략과 시행방안을 마련한다. 예컨대, 유럽연합 위원회(EU Commission)에서 총괄

---

83) 공동구는 전선, 수도관, 가스관, 전화, 정보통신 케이블 등을 함께 수용하는 지하터널을 말하며 기상 이변으로 인해 폭우 침수 등 자연재해가 빈번하게 발생함에 따라 이의 관리가 더욱 중요해지고 있다. 특히 오래된 배관을 추적 관리하는 데에 어려움이 적지 않다.

전략을 수립하고 이에 따라 각국에서 세부 시행전략을 수립하고 제도화시킨다. 이러한 연속성 전략이 성공적으로 이루어지면 위기대응능력이 강화되어 일관된 사전 방지대책을 수립하고, 사태가 발생하면 신속하게 대응할 수 있게 된다. 예컨대 일본의 경제 보복, 중국의 사드 보복, 요소수 사태, 희토류 무기화 등에 효과적으로 대응할 수 있게 된다.

사례 연구 (7) 재난업무 연속성 사례(미호강 범람 국방부 대응)

국방부는 2023년 7월 15일 미호강 범람에 의한 청주 오송읍 궁평2 지하차도 수몰 사고 발생 이틀 전인 7월 13일부터 총 4회에 걸쳐 이종섭장관 주재로 점검회의를 열어 각 군 호우피해 대응상황을 점검하고 대민 지원을 실시하였다. 이에 따라 7월 17일 장병 5,600여 명과 장비 100여 대를 수색과 피해복구에 투입하고 피해 지역 내 9개 부대 1,500여 명 예비군 동원훈련 연기. 피해 지역 장병 170여 명 휴가 연장, 재해구호 휴가 실시 등을 조치하였다. 육군은 특전사 및 37사단 장병 260여 명, 구난 차량 6대, 양수 장비 20여 대를 투입하여 물빼기 작업, 실종자 수색, 차량구인을 지원하였다. 또한 제13특수임무여단 소속 스쿠버다이버 8명을 투입하여 지역 소방본부와 함께 실종자 수색 등 민관군 합동구조작전을 펼쳤다. 공군도 제6탐색구조비행전대 소속 항공구조사 20여 명을 현장에 투입, 지역 소방본부와 함께 합동구조작전을 펼쳤다.

7 영향중심 접근과 안전[84]

재난사고에 대한 접근 개념으로서 원인중심 접근방법과 영향중심 접근방법이 있다. 원인중심 접근방법은 사고의 원인을 규명하고 원인 요소를 제거 또는 회피하는 전략으로서 Safety−I 관점에 의한 유효한 대응방안이다. 그러나 통계적 접근만으로는 재난의 피해를 효과적으로 줄여나가는 데 한계가 있다. 동일한 사고라 하더라도 대상이

---

84) 김정곤, 방재관리연구센터, 플랜트 안전사고 사례 소개, 서울대 엔지니어링개발연구센터 (2018.9)

갖는 취약성에 따라 피해와 영향이 다름을 인식하는 것이 영향중심의 접근방법이다. 즉 리스크를 줄이기 위해서는 사고 발생 확률을 줄여나가는 동시에 취약성을 개선하고 복원력(Resilience)을 키워야 한다는 것이다. 이를 공식으로 표현하면 다음과 같으며 두 요소 중 하나라도 커지면 리스크가 더 커진다는 의미다.

$$Risk = Probabilities \times Effect(Losses)$$

기업은 비즈니스 연속성 계획(BCP−Business continuity planning)과 연속성 경영 (BCM−Business continuity management) 체제를 구축하고, 구성원들은 업무와 연관하여 조직의 재난대응능력을 향상시키며, 재난 발생 시 신속한 회복을 통해 비즈니스의 연속성을 유지해야 한다(ISO 22301, 기업재난관리 방향).

이러한 개념을 표현한 아래 도표를 보면 재난 발생 시 기업의 사전 및 사후 대응 방안에 따라 복원 기간 중 중요업무를 거의 놓치지 않고 영위할 수 있게 되므로 비즈니스 연속성을 크게 높일 수 있다(방재관리연구센터, 김정곤 강의록).[85]

❖ **연속성 경영제체 구축 효과**

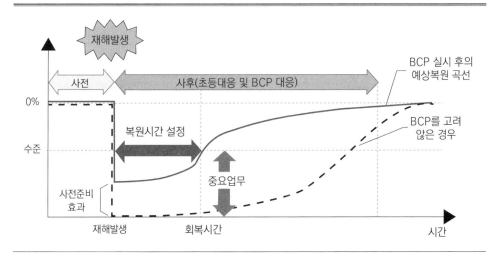

---

85) 미국의 911사태 가 발생하였을 때 모건 스탠리사의 평소 대응 훈련을 통해 이러한 방안이 크게 효과를 발휘하였음을 알 수 있다.

07 변경관리(Management of change)와 안전

    계절의 변화, 상황의 변화(학교, 직장, 직업 등), 신체적 변화(건강, 질병 등), 국내외 정치 사회 변동 등 많은 변화를 맞이하게 된다. 이러한 환경 요인이 변할 때 예기치 않은 고비를 겪게 되는데 미리 대비하는 경우와 그렇지 않은 경우를 비교해 보면 결과적으로 현격한 차이가 난다.[86]

    변경관리는 비즈니스 연속성과 밀접하다. 변경이란 기준이나 규칙에서 일탈하여 리스크를 증대시키는 행위이며 변경관리의 목적은 변경이 원인으로 작용하여 안전 업무에 부정적인 영향이 발생하는 것을 피하는 것이며, 변경을 관리하는 것이 아니라 변경이 초래하는 영향을 관리하는 것을 말한다. 우리 사회의 많은 대형사고도 변경관리를 소홀히 하여 발생하는 것이 대부분이므로 올바른 변경관리가 필수불가결하다.[87]

---

86) 직장에서의 일상생활에서도 변경관리가 중요한 이유는 변경 시점에 예기치 못한 사태가 일어나기 때문이다. 예컨대 근무 교대조가 교대할 때 예외적인 상황을 전달하지 않거나, 공무부서에서 설비 점검 후 운전부서에게 변경 내용을 정확하게 전달하지 않으면 사소한 사안이 발단이 되어 대형사고로 연계된다. 이러한 사례는 국내외적으로 너무 많으며 대표적인 사례 중 하나가 영국의 북해 유전개발 시추선 Deepwater Horizon호의 대형 화재사고이다. 이처럼 일상의 반복적인 TBM 같은 활동이 안전 확보에 매우 중요하다.

87) 정진우, 산업안전관리론 이론과 실제 개정3판, 변경관리, pp.412-421.

1 사업장과 사무실의 변경관리[88]

사업장 변경관리는 임시작업, 공정변경, 장비 변경, 작업 관행 변경 등으로 필요하며, 이를 소홀히 하면 치명적인 사고로 연계될 수 있다. 임시로 무언가를 작업하는 과정에서 문제가 생기거나 사고가 발생하면 대부분 이를 관리하거나 복구를 위한 준비가 되어있지 않다. 예컨대 비상대피 경로에서의 임시작업으로 비상 대피의 어려움, 건물 수리로 화재시스템 일시 작동 무효화 등이다. 그러므로 평소에 대비태세를 갖추어야 하며, 여섯 가지로 요약할 수 있다. ① 기존 사업장에 미치는 영향을 평가하고 발생 가능한 위험의 제거 방안 마련. ② 변경작업 담당자와 이로 인해 영향을 받는 사람들 간 의사소통과 협력을 강화하며, 변경 전, 변경 중, 변경 후 혜택과 위험성 공유 ③ 변경 업무를 안전하게 수행할 수 있는 기술, 경험, 지식 보유 담당자 선임. ④ 임시작업 구역은 기존 작업장과 분리(물리적 장벽, 표지판. 접근 통제 등) ⑤ 비상대응조치(대체 화재 감지 및 경보시스템, 비상 탈출 경로 등) ⑥ 변경작업 시에 편의 공간 지원(식수, 작업복 보관, 위생 시설, 세탁, 식사, 휴게시설 등).

2 플랜트 변경관리

플랜트 운영에서도 운전 시스템 변경, 설비 교체(노후화, 디지털화, 신기술 적용 등), 담당자 교체, 법 제도의 변경(규제 강화 등), 조직 및 경영층 변동 등에 따라 철저한 변경관리가 필요하다. 플랜트의 안정적 조업은 비즈니스 연속성과 관련하여 매우 중요하다. 정유공장, 석유화학공장, 발전소 등은 끊임없이 가동되어야 하는 항상성(恒常性)을 지녀야 하므로 변경관리 소홀로 조업이 중단되면 인명 피해, 인프라 마비 등 막대한 파급과 물적 손실이 발생한다.

산업안전보건법에는 플랜트 연속성을 확보하기 위해 공정안전제도(PSM − Process Safety Management)를 두고 있으며[89] 적용대상은 7개 업종과 유해 위험물질(51종)의

---

88) 양정모 전게서, pp.415−416.
89) 산안법에서는 공정안전제도를 다음과 같이 정의하고 있다. 즉 화학공장 등의 화재, 폭발, 누출 등 중대 산업사고를 예방하기 위해 위험설비의 설치, 이전 시 사업주로 하여금 공정안전보고서를 작성

규정량 이상을 제조, 취급, 저장하는 설비 및 그 설비의 운영과 관련된 모든 공정설비이다.[90]

사업주가 작성해야 하는 공정안전보고서의 내용은 네 가지 카테고리, 즉 ① 공정안전자료, ② 공정 위험성 평가서, ③ 안전운전계획, ④ 비상조치계획으로 되어 있다(시행령 제33조의 7, 시행규칙 제130조의 2).

변경관리는 세 번째 카테고리인 '안전운전계획'상의 아홉 가지 내용 중 한 아이템으로서 상황 변화에 따라 발생가능성 높은 사고의 예방을 중시하므로 세심하게 살펴볼 필요가 있다.[91] 사업주는 고용노동부 고시 '공정안전보고서의 제출, 심사, 확인 및 이행상태평가 등에 관한 규정(고시 제2023-21호, 2023. 5. 30)'에 의거 공정안전보고서의 문서화, 공정 위험성 평가, 이행상태 평가 등을 실시하고 공정에서 사소한 변경이 있어도 변경관리를 통해 위험성 평가 등을 거쳐야 한다.

사례 연구 (8) 영국 플릭스보로 니프로 공장의 폭발사고(1974년)

이 사례는 변경관리 절차를 준수하지 않아 발생한 대표적인 사례이다. 사이클로헥산 반응기 여섯 대가 28인치 배관으로 직렬로 연결되어 있었으나 다섯 번째 반응기에 손상이 생겨 수리를 위해 공정에서 임시로 제외하고 나머지 다섯 대로 운전을 지속하기로 하였다. 임시로 바이패스 배관으로 네 번째 반응기와 여섯 번째 반응기를 기존

하도록 하여 심사, 확인을 받고 그 내용을 이행하는 제도를 말한다(산안법 제49조의 2). 이에 따라 하위 법령에서 세부 이행지침을 정하고 있으며, 이는 공정안전보고서 내용(시행령 제33조의7, 시행규칙 제130조의2), 공정안전제도 운영절차(시행령 제33조의8, 시행규칙 제130조의3-7) 등이다.

90) 적용대상 7개 업종은 ① 원유정제처리, ② 기타 석유정제물 재처리, ③ 석유화학계 기초 화학물 또는 합성수지 및 기타 플라스틱 제조, ④ 질소, 인산 및 칼리질 비료제조, ⑤ 복합비료 제조, ⑥ 농약 제조, ⑦ 화약 및 불꽃 제조업이다. 그리고 화학물질관리법 제2조에 화학물질과 관련된 물질 및 용어에 대한 정의를 내리고 있다. 예를 들면 유독물질, 허가물질, 제한물질, 금지물질, 사고대비 물질, 유해 화학물질, 유해성, 위해성 등이다.

91) 안전운전계획은 아홉 가지, 즉 ① 안전운전지침서, ② 설비점검 검사 및 보수 계획, 유지계획 및 지침서, ③ 안전작업 허가, ④ 도급업체 안전관리계획, ⑤ 근로자 등 교육계획, ⑥ 가동 전 점검지침, ⑦ 변경요소 관리계획, ⑧ 자체 감사 계획, ⑨ 공정사고 조사계획으로 되어 있다. 안전운전계획 아홉 가지 항목과 나머지 세 항목을 합쳐 공정안전보고서 12요소라 부르며 이 중에서 변경관리(Management of change)가 가장 중요하다.

28인치 배관을 사용하지 않고 고정 지지대 없이 20인치 배관으로 연결함으로써 하중과 진동에 의해 연결부가 탈락하고 사이클로헥산 50톤이 누출되었다. 이 누출은 증기운폭발(Vapor cloud explosion)로 이어져 공장 전체가 파괴되고 사망 28명, 부상 36명이 발생하였다. 본 반응기는 고온고압 상태로 위험성이 높았으나 원래의 배관 구경보다 줄여서 연결하는 중대한 변경임에도 불구하고 전문가 진단이나 위험성 평가를 실시하지 않았다. 이 사고로 화학공장에서 설비 변경을 통제할 필요성이 대두되고 영국은 다른 서방국가에 비해 일찍이 공정안전관리제도를 도입하고 변경관리가 핵심요소로 자리잡게 되었다.[92]

3 변경관리 원칙과 대상

한국산업안전보건공단은 '변경요소관리에 관한 기술지침(KOSHA GUIDE, P-98-2017)을 마련하여 사업주에게 도움을 제공하며(2017. 10. 31 공표),[93] 변경관리 원칙과 대상은 다음과 같다.[94]

1) 변경관리 원칙

변경관리 기본 원칙은 "필요하지 않은 변경은 하지 않는 것과 변경에 의한 공정 위험을 이해하지 못하면 변경하지 말라"는 것이다. 공정 및 설비 변경 시에는 기술적인 측면을 엄격하게 검토하고, 새로운 위험을 야기할 수 있는지와 대책 방안을 확인해야 하며 이를 요약하면 다음과 같다. ① 변경에 따라 추가 위험이 없도록 변경 내용을 충분히 검토. ② 변경으로 인한 새 절차와 자료 등을 검토하여 개정. ③ 안전운전절차서, 공정안전자료, 공정운전, 정비교육교재, 설비 정비 대장 등 수정, 보완.

---

92) 태찬호 외, 안전 인사이트, 변경관리의 배경과 절차, pp.141-149. 박교식, 두 번째 서른, 음악따라 세상 둘러보기, pp.25-30.
93) 변경요소관리 기술지침의 내용은 지침의 목적과 적용 범위, 용어의 정의, 변경관리 원칙, 변경관리 대상과 등급, 수행절차, 부서별 업무 구분, 변경 발의 전 검토 내용, 변경관리위원회(구성, 임무, 운영), 변경관리 시 필요한 검토 절차, 자체 감사, 서류 보존 등이다.
94) 변경관리는 ISO 45001:2018(Occupational health and safety management systems-Requirements with guidance for use)의 요구사항(8.1.3)으로 되어 있다. 정진우, 산업안전관리론 전게서, p.420.

2) 변경관리 대상

일반적으로 보면 공정, 기기, 생산량, 신물질, 품질, 수율, 신제품 생산, 생산량 증대, 촉매, 첨가제, 계장설비, 작업 및 유지보수 절차, 설비 추가 및 제거, 임시설비, 재질 변경, 설계시방서, 배관, 폭발위험장소, 소방설비 등이 변경관리대상이며 세부적으로 다음과 같다. ① 신설 설비와 기존 설비 연결 시 기존설비 ② 설비 변경 없어도 운전 조건 변경(온도, 압력, 유량 등) ③ 생산량 변동은 없으나 새 장치 추가, 교체 또는 변경 ④ 경보 계통, 계측제어 계통 변경 ⑤ 압력방출 계통 변경을 초래할 수 있는 공정, 장치 변경 ⑥ 장치와 연결된 비상용 배관 추가, 변경 ⑦ 시운전, 정상조업 정지, ⑧ 비상조업 정지절차 등 변경 ⑨ 위험성평가 결과로 공정, 설비장치, 작업절차 변경 ⑩ 첨가제 추가 또는 변경(촉매, 부식방지제, 안정제, 포말생성 방지제 등) ⑪ 장치 변경에 따른 부속설비 변경, 가설설비 설치 등.

사업주는 변경관리 절차서를 마련하고, 변경할 부분을 빠뜨리지 말고, 변경 내용을 충분히 검토하며, 변경 내용에 대해 교육 훈련을 실시해야 한다. 각종 도면이나 기술자료 등을 업데이트하고, 관련 표준 등 절차서도 즉시 최신 버전으로 변경해야 한다.

변경관리는 공정안전관리(PSM-Process Safety Management)의 핵심이며 변경으로 인해 유해 위험요인의 속성이 변하거나 양이 증가할 수도 있고, 강도(Intensity) 또는 발생빈도(Frequency)가 커져 위험성이 높아질 수 있다. 그러므로 담당자들이 현장 설비, 기술, 운전 조건, 소프트웨어, 프로세스 등 변경 내용을 철저히 숙지하고 이행하여 중대 산업사고의 원인을 사전에 제거해야 한다.[95]

3) 유럽 선진국의 변경관리 인식과 절차

HSE 경영시스템(Health, Safety and Environment)의 모델인 유럽 선진국들도 변경관리를 중시하고 있으며, 변경관리에 대한 국제적인 요구사항은 "사업장에서 설비, 기술, 운전 조건들, 소프트웨어 및 프로세스 등 변경 내용의 HSE 측면을 통제하기 위해 절차서를 마련하고 시행해야 한다."는 것이다. 변경관리의 네 단계는 다음과 같다. ① 변경관리 절차서를 작성하여 변경 내용을 규정한다. 변경관리 리스트는 진행 중인 변경

---

95) 박현철 울산대 겸임교수, 한국안전연구원 대표, 울산경제(2024. 2. 1)

과 종결된 변경으로 구분하여 기록을 유지한다. 변경관리위원회는 변경요구서 (Modification sheet)를 검토하고 위험성 평가 필요성과 업데이트할 문서들을 파악한다 (P&ID, 운전 절차서, 교육훈련자료, 운전허가, 비상계획 등). 그리고 변경 내용 중 시운전 시작 전의 안전 리뷰(Pre-startup Safety Review)를 위한 사항들을 검토하고 준비한다. 담당 부서장(Unit Manager)은 변경과 시운전을 승인하고 변경관리 종결을 통제, 관리한다.[96] ② 그룹 공정안전 가이드라인에 따라 변경관리 내용을 적용시킨다. ③ 변경관리 내부감사 중 위험성 평가를 통해 발견한 사항에 대해 대책을 수립하고 시행한다. ④ 안전 관련 인력 및 조직에 대한 HSE 관련 법적 요건에 변경관리를 적용한다(산업안전보건, 가스안전, 환경 관련 등).

4) 조직에 관한 변경관리

아래의 연구 사례에서 보듯이 공정운전부서나 안전부서와 같은 조직 변경 시 예기치 못한 사고가 일어날 수 있다. 2005년 미국 텍사스 정유공장 폭발사고는 조직의 변경관리 문제가 주된 원인이었다. 조직 변경은 공장 운영에 미칠 수 있어 조직개편 시에 변경관리에 대한 검토와 평가가 선행되어야 한다. 2018년 제정한 ISO 45001 안전보건경영시스템 8.1.3(변경관리)에 조직 변경 시 변경관리를 준수하도록 규정되어 있다(현장 조직의 이동 및 교체 등의 변경, 노동력의 증감 등의 변경).

사례 연구 (9) 에틸렌 공장의 폭발사고

1999년 한 에틸렌 공장의 정기보수 후 재가동 시작일 새벽 2시에 운전부서는 메탄제거탑으로 차가운 공정 유체를 보냈는데 2시간 후에 탑의 바닥에서 액위가 표시되기 시작하였다. 운전원들은 다른 계측시스템을 점검하느라 액위 표시기의 잘못된 표시를 보지 못해 대응할 수 없었으며, 공정유체가 탑 상부에서 환류 드럼으로 넘쳐흘러

---

96) 종결된 변경관리 파일들은 안전과 관련하여 최소한 다음을 포함한다. ① Relief devices systems (rupture disks, relief valves, discharge vents)과 다른 safety systems를 위한 설계 자료들. ② 기존 과정에 따라 그 공정과 정보를 제공하기 위한 업데이트 된 diagrams(최소한, P&ID-Process and Instrumentation Diagram).

들어가 플레어 녹아웃 드럼을 채우고 있다는 사실을 모르고 있었다. 정오가 되어서야 운전원들은 탑의 액위 표시기로 연결되는 전송기 전선이 연결되지 않았음을 확인하고 녹아웃 드럼과 액위 표시기 사이의 밸브가 차단된 것을 인지하게 되었다. 그러나 공정 유체는 이미 플레어 스택으로 유입되어 격렬한 화염이 뿜어져 나왔고 미연소 불똥(Burning rain)이 한동안 뿜어져 내렸다.

이 사고의 직접 원인은 운전원들이 재가동 전에 액위 표시기와 제어설비의 이상 유무와 무엇이 잘못 작동되고 있는지 확인하지 않았다는 것인데 사고의 근본 원인을 조사하는 과정에서 놀랍게도 최근 회사가 단행한 조직 변경에 기인한 것으로 결론이 났다.

당시 이 공장의 조직 변경은 공정운전부서의 조장 이상 관리자의 경우에는 정비 보수와 시운전 기간에는 평상시 8시간 교대 대신 12시간 교대작업으로 변경하였다. 이 기간동안 조장과 교대 관리자들은 12시간 교대 근무를 했으므로 오전 7시와 오후 7시에 교대하고, 운전원들은 오전 6시, 오후 2시, 밤 10시에 교대하였다. 따라서 정상 운전에 비해 많은 운전원들과 관리자들이 공장 운전실에 모여 있게 되었다. 이러한 변경으로 인해 관리자들과 운전원들 간의 지휘체계와 기강 확립, 교대조 간 인수인계가 제대로 이루어지지 않았으며 축적된 역량을 발휘할 수 없게 되었다. 두 명의 전문기술자도 출근했지만 임무도 불분명했다.

이 사고 7년 전에 석유화학업계 불황으로 구조조정을 단행하고 안전부사와 운전부서 등 숙련된 운전원과 전문가들이 회사를 떠나 정상 운전과 정기보수 중에 많은 문제점이 대두되었다.[97]

사례 연구 (10) 화성 불산 누출 사고

2013년 1월 경기도 화성 소재 S사 공장에서 불산이 누출되어 1명 사망, 4명 부상 사고가 발생하였다. 국과수 조사 결과 교체 밸브 연결부에서 볼트 체결 작업 불량으로 누설된 점이 발견되었다. 작업자가 안전장비도 없이 작업을 수행하였고, 1차 누출 후

---

97) 안전 인사이트 전게서, pp.145−149.

교체 후에 2차 누설이 당일 또 발생하였다. 그리고 유량 계측시스템이 무용지물 상태였다.

1차 유출된 밸브 확인 결과, PFA 밸브로 잦은 유출로 양쪽에 고정 볼트를 죄는 작업을 수차례 진행한 것으로 추정되었다. 이로 인해 씰링부 손상으로 누출된 불산에 의해 금속볼트가 부식되어 간극이 형성된 상태가 확인되었다. 2차 유출된 밸브와 구동을 검사한 결과, 연결부에서 한번 사용하면 교체해야 할 개스킷을 2차 교체 밸브에 다시 사용한 것이 발견되고 볼트 체결 작업이 불량한 점도 나타났다. 이 사건을 계기로 S사는 기존의 환경연구소를 안전환경연구소로 확대 개편하여 안전, 환경, 유틸리티 등의 안전을 관할하게 되었다.[98]

5) 위험기반의 변경관리

변경관리를 할 때 변경의 범위, 대상, 절차, 설비, 물질 등의 변경 시 어떠한 위험성 평가를 적용할 것인지 기준을 정하기가 쉽지 않다. 이를 정하는 기준으로 위험기반 변경관리가 유효한 방안이 될 수 있다. 이는 제안된 변경을 위험도 측면에서 분류하여 위험도에 따라 다르게 관리하는 방법이다. 화학공학회지(2007)의 '위험성평가에 기반한 화학산업의 변경관리'에 변경판정 기준 점검표가 제시되어 있다. 여기에서 변경해야 할 물질의 위험성과 변경 운전 조건(고온, 고압 등)을 검토하고 변경 리스크를 산정하여 우선순위를 정해 관리하는 것이다. 이때 위험도가 크게 높으면 독립적인 위험성 평가 팀을 별도로 구성하여 검토하거나 전문가 자문을 받는 것도 좋은 방법이다. 아울러 변경사항을 유형별로 목록화하여 데이터베이스를 구축하는 것이 필요하다.[99]

4 변경관리의 경영혁신 적용

변경관리 개념은 새로운 제도나 기술도입, 경영진이나 조직 구조의 변경, 기업문화와 가치관의 변화, 회사 정책, HR 프로그램 혁신, 인수합병, 안전관리 혁신 등을 추

---

98) 김의수, 국과수 출신 안전전문가가 들려주는 안전크레센도, S사를 변화시킨 불산누출사고 pp. 171-176.

99) 안전인사이트 전게서, pp.150-154.

진할 때 활용된다. 그중 4M 변경관리기법은 제조업의 주요 투입요소인 인력, 설비, 재료, 작업방법(Man, Machine, Material, Method) 관리 이론이며, 공정의 불안정. 품질문제 발생 시 원인을 찾는데 유용하다. 이 기법에 의하면 다음 사항을 주의해야 한다. ① 사람(Man) 관련, 신규채용, 작업 재배치로 새로운 업무에 투입 등, ② 설비(Machine) 관련, 신규 설비 도입, 부품 교체, 개조, ③ 재료(Material) 관련, 구입처 변경, 국산화, 재료관리 조건 변경, 장기간 미사용, 재료생산방식 변경, 재료 Lot 변경, ④ 공정 조건 및 방법(Method) 관련, 기술표준 항목 변경, 공정순서 및 작업조건 조정 등이다.[100] 무엇보다 새로운 경영 제도를 조직 전반에 일시에 도입하기보다는 회사 내 한두 개 조직에 먼저 적용해 보고 시행착오를 통해 개선한 뒤 적용 조직을 확대하는 방식도 좋다.[101]

5 변경관리 이론적 배경

변경관리의 이론적 배경을 제시한 학자가 다수 있다.[102] 미국 심리학자 쿠르트 레빈은 〈해빙(Unfreeze) − 변화(Change) − 동결(Freeze)〉, 즉 〈저항 극복 − 변화 유도 − 새로운 방식 정착〉 세 단계를 제시했고, 제프 히아트는 ADKAR 모델 〈변경 필요성 인식(Awareness) − 변화 참여 열망(Desire) − 성공을 위한 지식(Knowledge) − 변경 추진 역량(Ability) − 실행력 강화(Reinforcement)〉의 다섯 단계를 제시했다.

존 코터 박사는 저서 Leading Changer에서 다음과 같이 8단계를 제시하였다. ① 긴급성 인식 및 동기부여(Create a sense of urgency) ② 협력체제 구축 및 안내, 조정, 소통강화(Build a guiding coalition) ③ 전략적 비전과 추진과의 연계강화 및 효과 명확화(Form a strategic vision) ④ 적극적 참여자 발굴 및 개인과 조직이 함께 열정적으로 추구(Enlist a volunteer army) ⑤ 방해요소 제거로 실행력 제고(Enable action by removing barriers) ⑥ 단기간 내 성과 창출로 변경관리 지속(Generate short − term wins) ⑦ 비전 실현 때까지 주도(Sustain acceleration) ⑧ 예전 방식, 태도의 대체 시까지 강력 추진(Institute change)

---

100) 한국가치경영인증원 자료실(2018. 7. 20)
101) 배재훈, B2B 경영, 혹하고 딜하라, 리더십도 시대변화를 따라야 한다. pp.236 − 242
102) 줄리아 마르틴즈, 아사나 홈페이지(2021. 1. 27)

08 표준화와 안전

1 표준화의 의미 및 중요성

표준은 '기술, 제품, 서비스의 합의된 규격'으로서 개념설계의 압축판이자 게임의 룰과 같다. 표준화는 생산의 효율성과 혁신의 속도를 결정적으로 높여준다. 표준화된 것까지는 그대로 사용하고, 새로운 것에 노력을 집중하면 된다. 새로운 표준은 단번에 정하지 못하고 누군가 최초의 질문과 해법의 실마리를 제안하면 모두가 인정하는 방식으로 검증한다. 이러한 검증과 합의, 공유 과정을 거치면서 집단지성으로 조금씩 만들어간다. 기술혁신의 원리와 같다. 자국의 개념을 관철하는 국가 역량이 결정적으로 중요하므로 국가 간 표준 경쟁은 총성 없는 전쟁이다(미국의 중국 견제도 이와 연관이 있음).

표준을 주도하는 기업과 국가는 그들만의 리그에서 한 차원 높은 게임을 한다. 신기술을 개발했다면 시장을 지배하면서 시장의 사실 표준을 강제할지 국제적 공식 표준부터 만들지를 전략적으로 선택한다. 누구와 손을 잡을지, 가치사슬에서 누가 어떤 구실을 할지를 고려해 표준화 범위와 속도를 결정한다. 표준이 널리 받아들여지면 기술 선도국이 표준특허를 기반으로 로열티를 거둬들인다.103)

---

103) 구글이 2012년 125억 달러에 인수한 모토로라를 2년 뒤 중국 레노버에 29억 달러로 매각하였다. 금액 차이가 큰 이유는 모토로라의 표준특허를 제외하고 팔았기 때문이다. 모토로라의 표준특허 가치가 100억 달러에 가까웠다는 이야기다. 이정동, 최초의 질문, p.176.

표준 추격국들은 표준 허용 범위 내에서 싸고 튼튼한 제품을 만들어 가치사슬에 참여한다. 시장이 포화되고 추격국이 과다한 수익을 가져가면 표준 선도국은 새로운 표준을 제시하면서 게임의 규칙을 바꾼다. 추격국은 바뀐 표준을 열심히 따라가야 하고 그러지 못하면 대체된다. 표준은 기술공개가 따르므로 국제적인 기술 발전을 끌고 갈 능력이 없으면 선도한다고 나서기 어렵다.[104]

2 우리나라의 위상

우리나라는 이동통신, 디스플레이, 반도체 등 많은 분야에 중요 구실을 하고 있다. 5G의 경우 미국 및 유럽 특허 기준, 2021년 한국 기업들이 표준 특허의 25.4%를 차지하고 있다. 세계 3대 표준기구가 인정하는 표준특허 숫자 기준으로 우리나라가 세계 5위이며, 비전 워킹그룹(6G기술기반 디자인) 위원장에 한국기업 전문가가 선출되었다 (2021.3).

3 정부 추진 계획

정부(산업통상자원부)는 국가표준기본법에 의거 제5차 국가표준기본계획(2021-2025)을 수립, 공고하였으며(2021.6), 안전 관련 내용이 많다. 주요 내용은 국가표준 확립, 유지 및 관리, 성문표준 유지, 개선 및 상호 부합화, 표준 관련 기술 연구개발, 국가 간 협정 및 국제표준기구와 협력, 전문인력 양성 교육훈련, 재원조달 및 운용 등이다. 안전 관련 정책 수립, 수립된 정책의 집행 등에 있어 국가 표준체계를 이해하고 활용하는 것이 안전 확보에 큰 도움이 된다.

1) 추진 배경

① 사회의 전 분야에서 디지털 전환의 가속화로 시스템융합 표준의 중요성(상호운

---

104) 이정동, 전계서, 국제표준을 장악하라 pp.174-180.

용성 확보)이 부각되고, 새로운 유망산업 분야의 글로벌시장 진출 및 이를 주도해 나가기 위해 국제표준의 선점이 필요하다. ② 전 세계적으로 급변하는 기업 규제환경 속에서 혁신성장을 지원하기 위한 제도가 필요하다. 이를 위해 기업 맞춤형 시험 및 인증 서비스, 선제적 기술규제 대응체계 마련, 신제품 출시를 돕는 제도 등의 활성화가 필요하다(규제샌드박스, 신제품 인증제도－NEP 등).105) ③ 디지털 전환시대의 표준 체계를 확립하기 위해 민간이 주도하고 정부가 지원하는 혁신적 표준화 생태계의 확장이 필요하다. 이에 따라 혁신기술과 표준의 적시(適時) 연계를 위해 표준개발 업무의 민간이양을 확대하며, 국제 표준기구와 글로벌 협력체계를 확립하고 범부처 및 민간 협력체계를 구축한다.

2) 비전 및 전략

정부는 '디지털 표준을 통한 선도형경제 대전환'이란 비전하에 네 가지 카테고리별로 계획을 수립하여 추진 중이다. ① 세계시장 선점을 위해 디지털기술, 국가 유망기술, 저탄소기술의 표준화를 추진한다. ② 기업혁신을 지원하기 위해 맞춤형 시험, 인증서비스 확대, 국내외 기술규제 애로 해소, 신 측정표준 개발 및 보급을 추진한다. ③ 국민의 행복한 삶을 위해 생활 밀착 서비스, 사회안전 서비스, 공공 및 민간데이터 표준화를 추진한다. ④ 혁신 주도형 표준화 체계를 확립하기 위해 R&D 표준과 특허의 연계체계, 개방형 국가표준 체계, 기업 중심 표준화를 추진한다. 추진 전략 중에서 안전과 관련된 내용은 다음과 같다.

3) 사회안전망 구축을 위한 표준화

① 재난안전 관련, 대규모 재난 시 피해 최소화를 위한 사전 예방 및 사후관리에 관한 지침과 관련된 표준을 개발한다. 재난안전 통신망 단말기 규격, 재난 피해자 긴

---

105) 규제샌드박스는 사업자가 신기술을 활용한 신제품과 서비스를 일정 조건(기간, 장소, 규모 제한) 하에서 우선 출시해 검증할 수 있도록 규제의 전부 또는 일부를 적용하지 않고, 수집 데이터를 토대로 규제를 개선하는 제도이다. 2016년 영국이 처음 도입, 60여 국에서 운용 중이며, 아이들이 모래 놀이터에서 안전하게 노는 것처럼 시장에서 제한적 실증을 통해 신기술 촉진, 안전성 등을 미리 검증한다. NEP(New Excellent Product)는 국내 최초 개발기술 또는 혁신적으로 개선한 기술이 적용된 신제품을 평가, 정부가 인증하여 판로확대 및 기술개발을 촉진하는 제도이다(담당부서: 국가기술표준원 인증산업진흥과/근거법: 산업기술혁신촉진법 제16조－신제품의 인증).

급 구조용 위치 분석 등 ICT 단체표준을 확립하는 것 등이다. ② 산업안전 관련, 산업기술 변화에 따른 안전보건 기준 개발, 보급을 통해 산업재해 예방과 안전한 작업환경을 구현한다. 위험 기계, 기구 등의 기술기준 개발과 산업안전보건 기술지침(KOSHA Guide) 개발, 보급 등이다. ③ 수송안전 관련, 신기술, 신공법이 적용된 철도차량과 철도용품에 대한 안전성 확보와 조기 상용화를 통해 국민 편의를 증진한다. 차량 분야는 대용량 축전지, 수소연료전지, 무선 급전 등이며, 응용 분야로서는 사전 제작형 PST 패널, 고속선로 전환기, 승강장 안전문 설비(PSD-Platform Screen Door) 등이다.[106]

4) 국민이 안심하고 신뢰하는 생활안전 표준화

웰빙식품 관련, 식품 공급망에서의 사회적 책임을 강화하여 건강하고 안전한 먹거리 사회구현을 위해 식품 표준화를 추진한다. 예컨대, 전통식품류, 수산식품 등 수출유망 가공식품의 CODEX 규격 제, 개정[107] 및 식품의 규격화 등이다. 제품안전 관련, 항바이러스 제품(손소독제, 항균필름 등) 등 신수요 제품의 안전성 확보를 위해 KC[108]인증 확대 및 제품 시험장비, 설비를 구축한다. 전동 보드 등 개인형 이동수단, 가정용 미용기기, 유아용 침대 등의 기준을 강화하고, 바이러스 보관 및 배양 시스템과 음압 클린룸을 포함한 필수장비 및 설비를 구축한다.

무인 사업장 관련, 범죄 예방 및 비용 절감 목적의 무인 사업장 급증에 따라 안전한 무인 사업장 확대를 위한 표준화를 추진한다. 예컨대, 식품, 의약품 등 제품 특성을 고려한 무인 보관 서비스를 위한 보안, 인수절차, 운영 매뉴얼 표준화 및 키오스크[109]

---

106) PST 패널은 패널형식의 사전 제작형 콘크리트 철도 궤도이다. 직선 및 곡선 규격에 맞게 맞춤 생산하며 콘크리트의 혼합, 타설, 양생까지 순차적으로 몰드순환식 작업으로 효율을 높이고 시스템에 의한 위치별 작업으로 안전을 확보하는 시스템 공법이다.

107) 유엔식량농업기구(FAO)와 세계보건기구(WHO)가 공동 운영하는 국제식품규격위원회(Codex Alimentarius Commission)는 1962년에 설립, 188개 회원국과 1개 회원 기구(EU)가 가입되어 있는 정부 간 기구로서 식품안전 및 교역 관련 국제기준, 규격을 설정한다. CODEX 기준 규격은 국가 간 식품교역에서 유일한 기준 규격으로서 식품 관련 분쟁 시 해결 기준이 된다. 소비자는 이를 통해 품질 및 안전 보장 식품을 섭취할 수 있고 원활한 식품교역에 활용되며, FTA 체결 확대 등으로 중요성이 커지고 있다.

108) KC 인증은 과거 부처마다 분야별로 다르게 사용하던 법적 강제인증(안전, 보건, 환경, 품질 등)을 국가적으로 단일화한 인증으로서 한국에 정식 출시하는 제품들은 반드시 받아야 한다.

109) 중세 페르시아어에서 유래한 키오스크(Kiosk)는 튀르키예어로 작게 세워둔 정원, 정자 같은 건축물을 의미한다. 현대적 의미는 신문, 잡지, 간식을 팔기 위해 작게 세워둔 건축물을 뜻하며, 매장에 주문과 정보제공을 위해 작게 세워둔 기계는 인터랙티브 키오스크라 부른다. 무인 경제시스템

서비스 표준화를 추진한다.

5) 시험, 인증제도 신뢰성 확보를 위한 사후관리 강화

부정, 부실 성적서 관련, '적합성 평가 관리 등에 관한 법률(2014. 4)'에 따라 전문기관 선정 및 운영 등 적합성 평가의 신뢰성을 높인다. 적합성 평가관리법 시행으로 원전부품 관련 허위성적서 발급, 아파트 층간소음 부실시험 등 고질적으로 반복되는 부정, 부실 시험을 원천적으로 차단한다. 사후관리 관련, 저품질, 위해 제품 유통 방지 등을 위해 KC, KS 인증제품 및 법정 계량기 등 안전관리 제품의 사후관리를 강화한다.

6) 보안 및 융복합 시스템에 최적화된 표준개발

보안기술 관련, 데이터 보안기술과 사물인터넷, 자율주행, 디지털원 등 디지털기반 기술에 대한 사이버위협 대응을 위한 차세대 융합보안 표준화를 확대한다. 예컨대 비식별 데이터 결합 보안, 차량 통신 보안, 5G 보안을 위한 국제표준 개발 등이다.

시스템 관련, 빅데이터, 인공지능, 소프트웨어 등 다양한 기술과 서비스가 접목되어 스마트화된 복합시스템에 활용 가능한 표준개발을 지원한다. 시스템 표준화 지원용 온라인 플랫폼을 통해 산업계 수요를 반영한 표준분석 자료 등을 제공한다.

7) 서비스 KS 인증

선진국들의 첨단기술 패권경쟁의 주도권 확보수단으로서 표준이 크게 활용된다. 국가기술표준원은 민간주도 표준개발 활성화를 위해 2011년부터 국가표준 코디네이터 제도를 운영하고 있다. 산업현장 경험과 표준화 역량이 높은 민간전문가인 국가표준 코디네이터는 정부의 표준화 계획 수립을 지원하고 표준개발사업과제 기획, 표준포럼 활동 등을 수행한다. 현재 초격차 경쟁력 확보가 필요한 인공지능, 에너지, 자율주행차, 저탄소기술, 전기전자시스템, 서비스산업 등 6개 분야에서 활동하고 있다.[110]

국민의 일상생활에서의 안전과 관련하여 서비스산업 표준화에 관심을 기울일 필

의 핵심으로서 효율성과 비용절감 효과가 큰 반면, 일자리 상실, 노인층의 적응 어려움, 정보보안 문제 등 문제점이 발생할 수 있다.

110) 국가기술표준원(김종욱 원장) 주재, 국가표준코디네이터 간담회, 롯데호텔 서울, 2023. 6. 23(전자신문)

요가 있다. 안전을 고려한 서비스 표준화 절차를 마련한다면 우리 사회의 전반적인 안전수준을 높이는데 큰 도움이 될 것이다. 현재 서비스 KS 인증 업종은 13개이다. 43개사가 인증을 받고 1,041개 사업장에서 사업을 하고 있으며 확대해 나갈 전망이다.[111]

---

111) 현재 서비스 KS인증 업종은 콜센터, 시설관리, 골프장, 차량수리 및 견인, 건축물 클리닝, 휴양 콘도미니엄, 장례식장, 노인요양시설, 혼인예식장, 산후조리원, 택배, 컨벤션, 시장 및 여론조사시비스이다(박재우 국가표준코디네이터/서비스, 국가표준코디네이터실).

정상 사고(Normal Accidents)와 안전

산업재해가 끊이지 않는 사유를 고찰하면서 '정상 사고' 개념이 안전에 대한 이해의 폭을 넓히는 데 큰 도움이 되리라 생각된다. 정상 사고란 긍정적 단어인 '정상(正常)'과 부정적 단어인 '사고(事故)'가 조합된 것으로 얼핏 보면 모순처럼 보이지만 현대사회의 복잡한 시스템으로 인해 사고가 날 수밖에 없는, 즉 사고가 나는 것이 정상인 속성을 지니고 있다는 점을 함축하고 있다.

1 정상사고의 개념과 배경

1) 정상사고의 개념

석유화학 공장, 발전소, 항공기, 선박처럼 많은 요소(부품, 절차, 운용자 등)로 구성된 시스템에서는 예상치 못한 방식으로 두 가지 이상의 장애가 상호작용을 일으키는 경우가 많다. 설계자가 겪어 보지 못한 문제가 발생하면 운용자들이 원인 파악과 적절한 대처가 어렵다. 사후에 경보장치와 소방장치 등이 추가될 것이나 그만큼 예상치 못한 장애들이 상호작용을 일으킬 위험성도 커진다. 이는 시스템 자체의 속성이며 찰스 페로는 이를 상호작용적 복합성(Interactive Complexity)이라 부른다.

이에 더하여 시스템이 긴밀하게 연계(Tight Coupling)되어 공정 진행속도가 빠르고 문제 요소를 차단할 수 없다면 연쇄적인 장애를 막지 못하고 빠르게 확산되어 대형 참사로 이어진다. 이 경우 문제 파악이 어려우므로 운용자의 대처나 안전장치가 오히려 상황을 악화시킬 수 있다.

이처럼 '상호작용적 복잡성'과 '긴밀한 연계성'이라는 시스템의 속성에 따라 불가피하게 발생하는 사고를 정상사고(正常事故) 또는 시스템사고(System Accident)라 하며, 시스템 속성상 예상치 못한 다발적 장애의 상호작용이 불가피하다는 의미를 함축하고 있다.112)

2) 정상 사고 이론의 배경

예일대학교 사회학과 찰스 페로 교수는 1979년 미국 스리마일섬 핵발전소 사고조사에 조직사회학자로 참여하면서 정상사고이론을 정립하였다. 스리마일섬 사고는 국제 원자력 사고 5등급(최고 7등급은 체르노빌, 후쿠시마 사고)에 해당하지만 특별한 이상 징후가 없는 상태에서 사소한 기계 오작동이 원인이 된 것으로, 페로 교수는 실상을 파악하는 과정에서 깨달은 바를 새로운 개념으로 제시한 것이다.113)

그는 기존 고정관념에서 벗어나 새로운 시각으로 관찰하였다. 스리마일섬 사고 관련, 대부분의 연구는 운영자의 대응 미숙이 주요 원인이며 안전장치를 강화하면 보완할 수 있다는 것이었으나 페로는 시스템 속성에 따른 사고(事故)라는 새로운 관점으로 접근하였다. 즉 사고발생 후 되돌아보면 문제점과 원인을 파악할 수 있으나 사고가 진행되는 순간에는 파악할 수가 없다. 만약 파악할 수가 있다면 사고를 막을 수 있을 것이나 그럴 수가 없으며, 이러한 속성은 복잡한 시스템일수록 더 크다. 그리고 안전 장치를 추가로 설치하면 안전이 보장될 수 있다는 통념을 재검토해야 한다고 보았다. 원자력발전소는 안전장치가 가장 잘 되어 있는데 이런 장치가 사고가 진행되는 과정에서 안전 보장이 아니라 대응을 더 어렵게 만드는 요인으로 작용한다는 것이다.

---

112) 찰스 페로, 무엇이 재앙을 만드는가? 김태훈 옮김, 알에이치코리아, pp.11－14.
113) 스리마일 섬 사고는 직접적 희생자는 없었지만 노심융해로 인한 방사능 유출과 폭발 위험 때문에 시민들을 공황상태로 몰았다. 사고 원인을 운용자 실수로 공식 기록했지만 실상은 몇 가지 작은 사고가 겹쳐서 일어난 것이다. 정수장치에 불순물이 섞여 터빈작동이 멈추었는데 이때 공교롭게도 비상시 작동하는 급수 펌프가 막혀 있었다. 하필이면 비상 급수 펌프가 막혀 있음을 말해주는 계기판이 보수작업 후의 수리표에 가려져 있었다. 각각의 원인은 충분히 제어가능한 것이나 이 작은 요소들이 연쇄적으로 일어날 때 예측할 수 없는 큰 재난으로 확산된다(대전일보 최정 기자, 2013. 7. 11).

원자력발전소처럼 많은 시스템이 복잡하게 얽혀 있고 긴밀하게 연계된 시스템은 시스템 간, 그리고 하부 시스템과의 상호작용을 충분하게 파악하기 어려우므로 사고가 진행될 때 대응 매뉴얼이 충분한 해결책을 제시해 줄 수가 없다. 안전장치는 복잡성을 키우고 긴밀한 연계성을 촉진하므로 문제를 더 악화시킬 수 있다. 그는 조사과정을 통해 스리마일섬 사고는 외부요인이 아니라 시스템 자체 요인으로 발생한 시스템 사고(事故), 즉 정상 사고라고 주장하였다.[114]

2 정상 사고에 대한 이해

사고는 비정상 상태에서 발생한다는 관념에 익숙한 우리들에게 정상 상태에서도 일어날 수 있다는 것은 충격적인 동시에 획기적일 수도 있다. 우리의 의지와 노력으로 어찌할 수 없는 대형사고가 항상 우리를 위험에 빠뜨릴 수도 있다는 불편한 진실을 어떻게 해석할 것인가.

페로는 정상 사고 개념을 쉽게 이해시키고자 다음과 같이 일상에서의 머피의 법칙을 활용, 가상 사례인 '어느 하루'란 제목의 에피소드를 예로 들어 설명한다.[115] 요지는 어느 한 집안의 가장이 면접을 보는 날 아침, 집을 급히 나서면서 겪는 연속적인 불운을 통해 정상 사고의 속성을 보여준다.

에피소드

가장이 면접을 보기로 한 날의 아침에 커피포트 과열이라는 사소한 문제가 발단이 되어 식구들 간에 언쟁을 높이다가 시간을 놓쳐 서둘러 집에서 나오게 되고, 주차장에 가서야 자동차

---

114) 페로의 주장에 의하면 핵 발전소와 같은 고위험 기술시스템의 경우에는 사고를 완벽하게 예방하는 것이 원천적으로 불가능하다는 사실을 보여 준다. 그러므로 사고의 원인을 운영자의 대응 미숙에만 두고 안전 교육 강화와 안전장치의 보강에만 몰두하는 것은 번지수를 잘못 짚은 것이라는 것이다.

115) 찰스 페로, 전게서, pp.14 – 18.

키와 아파트 열쇠를 집에 두고 나온 것을 깨닫고, 마침 아파트 여분 열쇠는 친구에게 빌려준 상태라 집에 도로 갈 수가 없고, 이웃집 차를 빌리려는데 정비소에 맡긴 상태이고, 버스를 이용하려니 파업이며, 버스 파업으로 택시를 잡을 수가 없다. 결국 면접 보기로 한 회사의 비서에게 연락해 사정을 설명하고 면접 날짜를 뒤로 미룬다. 다음 면접에는 실수를 반복하지 않을 것이나 합격할 확률은 그리 높지 않을 것이다.

평상시 직접 관련 없는 문제들이 머피의 법칙처럼 연결되면서 면접을 그르치게 되고, 만일의 상황에 대비한 안전장치(여분 열쇠 등)가 작동하지 않으면서 손쓸 수 없는 지경이 되었다. 일상에서 이런 일이 벌어질 수 있다면, 복잡한 요소들이 긴밀하게 연결된 복잡 시스템의 경우에는 어떠할까?

페로는 고위험 기술시스템에서는 대형 사고를 피할 길이 없다고 주장한다. 전적으로 완벽함은 존재하지 않으며, 만약 조직이 단순하거나 선형적이 아니라 구성요소가 복잡하게 얽혀 팽팽하게(긴밀하게) 연계되어 있다면 사소한 오류가 예상하지 못한 방식으로 상호작용을 일으키고 팽팽한 연계에 따라 연쇄 반응을 일으키면서 거대한 참사로 이어질 수 있다.[116]

즉 예측 불능의 사고에 대응하는 조직과 운영자 능력에는 한계가 있으며 기술 개선도 위험요소를 완전히 제거하지 못한다. 안전장치를 비롯한 기술적 보완이 때로는 새로운 사고를 일으키기도 하는데 이는 더 열악한 환경에서 더 큰 위험과 함께 운용되도록 만들기 때문이다. 그렇다면 우리는 어떠한 선택을 해야 할 것인지 해답을 찾아야 한다.

3 기존 관점에 대한 성찰

"현대사회는 과거보다 더 안전해졌는가"라는 질문에 대해 다양한 조사 결과에 의하면 더 위험해졌다는 답이 많다.[117] 위험 관련 학자들은 '기술위험'이란 개념을 사용

---

116) 조직 구성요소의 복잡성이란 조직의 구성형태뿐만 아니라 설계, 설비, 절차, 운용자, 근무 환경, 외부 조건 등 다양한 요소가 얽혀 서로 상호작용하는 복잡성을 말한다.

117) 이에 대한 설명들을 살펴보면 매슬로우 욕구 5단계 이론에 의거, 생활수준 향상으로 안전욕구가 더 커짐에 따라 세상이 더 위험해졌다고 느낀다는 것이며, 히드라 효과에 따라 과학기술의 발달로

하여 현대의 위험은 과거의 위험과 근본적으로 다르다고 지적한다. 현대 사회의 많은 재난사고는 기술과 연계된 인공 구조물과 (겉으로 보이지 않는) 다양한 내외부 시스템과 밀접하게 관련되어 있다. 최근 기후변화로 빈번해진 자연재해도 시설물이나 장치에 영향을 미쳐 대형 재난으로 이어진다. 대표적 케이스가 지진으로 인한 쓰나미로 영향을 받아 발생한 후쿠시마 핵발전소 사고이다.

현대 사회에서 기술위험이 빈번해진 이유를 설명하는 개념으로 기술권(技術圈, Techno-sphere)이 있다. 생물권(生物圈, Bio-sphere) 개념에서 차용한 것으로 프랑스 기술철학자 장 이브 고피(Jean Yves Goffi)가 기술의 준 생물적 특성(생물에 가까운 속성)을 강조하기 위해 제안한 것이다. 각종 기술 인프라(시스템)로 둘러싸여 있는 공업단지, 테크노파크, 복합도시 등을 기술권으로 본다. 과거에는 외부 환경의 위험에 주로 노출되어 있었다면 현대에는 기술권 구축을 통해 외부 위험의 차단 능력은 향상되었지만, 기술권 내부에서 발생, 그리고 타 기술권과 연계된 위험에 직접 노출되게 된다. 우리는 본능적으로 내부의 적(잠재적 위해요소 등)에 더 큰 두려움을 갖게 되고 내부에서 발생하는 위험에 대한 공포는 더 커지고 있다. 이에 대해 두 가지 관점이 제시될 수 있다.

① 기술 문명의 혜택을 받기 위해서는 어느 정도의 불편함(위험성)은 감수해야 한다는 것, ② 기술 인프라를 충분하게 안전을 보장하도록 구축할 수 있고 학습효과가 있으므로 관리를 제대로 한다면 위험을 예방할 수 있다는 것이다.

우리는 이미 기술권 내에 살고 있으며 기술시스템도 우리가 만든 것이므로 우리 힘으로 관리할 수 있고 문제가 발생하더라도 해결책을 찾을 수 있다. 안전문화를 우선으로 하는 조직 관리와 운영자가 시스템을 제대로 관리하는 체제를 수립하는 것이 핵심이라는 것이다. 여기에서 기술시스템 자체는 완벽해질 수 있다는 공학적인 믿음은 얼마나 유효한지, 이런 전제가 흔들린다면 우리의 안전은 어떻게 보장될 수 있을지 자문해 보아야 한다.

페로는 재난사고와 관련하여 관리 소홀, 부적절한 대응, 제도적 미비 등이 문제점으로 많이 거론되지만, 운영자에게 과도하게 책임을 묻는 경향이 많다는 것이다. 사고

큰 위험은 많이 사라졌지만 그 과정에서 사소한 위험이 생기나 얼핏 보기에 더 많은 위험이 생겨난 것으로 착각한다는 것이다. 예컨대 전염병 예방을 위한 백신의 위험이 논란이 되고 있다는 식이다. 이런 설명들은 언론의 선정성이나 시민들의 무관심으로 더 위험해졌다고 잘못 느낄 뿐이라 설명하지만 진짜로 현재가 더 위험해진 것일 수 있다. 히드라는 목을 잘라내면 더 많은 머리가 생기는 그리스 신화 속의 괴물을 말한다(프레시안북스, 에너지전환 강윤재 대표 2014. 4. 17).

처리의 사회적 기능이 작용하기 때문이다.

영국 옥스퍼드대 사회인류학자 메리 더글러스(Mary Douglas)는 "모든 위험에는 책임과 비난이 뒤따른다. 사고 원인을 기술시스템 자체에 두면 책임소재가 불분명해지므로 비난 대상이 없어지게 된다. 비난이 사람이나 조직에 가해지는 것은 위험 초래 원인을 사회적으로 처리하는 한 방식으로 볼 수 있다."라고 주장한다.

4 정상 사고 관점 정립

정상 사고가 피할 수 없는 불편한 진실이라면 이를 인정하고 올바른 대책을 세우는 것이 마땅하다. 문제의 진단이 잘못되었다면 올바른 해결책이 제시될 수 없다. 이에 대해 페로는 다음과 같은 견해를 제시한다.

"우리는 전문가의 판단에 의존하는 경향이 강하다. 전문가는 절대적, 과학적 합리성에 근거하여 위험을 평가하도록 훈련되어 있고 특정 분야에 대한 전문성을 획득하여 세부적인 데는 강하지만 맥락을 파악하고 종합적으로 판단하는 데는 약할 수도 있다. 전문가들의 특수 기법은 정량화를 위주로 하므로 특정한 편향을 띠게 된다."

위험과 사고 관련 분야는 규제과학 분야로서 실험과학과는 달리 신뢰성에서 차이가 날 수 있어 전문가에 대한 지나친 의존은 그릇된 판단으로 이어질 가능성을 높일수 있다. 찰스 페로는 이에 대해 "사회적 합리성이 이러한 부작용을 완화 시키고 새로운 문제에 대한 해결방식을 제공할 수 있으며, 고위험 기술시스템과 함께 살아가기 위한 지혜를 갖추어야 한다"고 주장한다.

스탠퍼드대 정치학과 스코트 새건(Scott Sagan) 교수는 '정상 사고이론(Normal Accidents Theory)'과 '고도의 신뢰성 이론(High Reliability Theory)' 중에서 어느 것이 더 현실에 부합하는지 살펴보았다.[118] 후자는 열심히 노력하면 복잡성과 연계성이 심한 시스템에서도 무사고를 달성할 수 있다고 주장하는 반면, 전자는 복잡하고 긴밀하게 연계된 시스템의 속성상 사고는 불가피하다는 것이다. 새이건 교수는 다양한 사례를 통해 두 이론을 검증하면서 집단적 이해관계 때문에 안전이 핵심 목표가 아닐 수 있

---

118) 찰스 페로, 전게서, pp.520-526.

고, 될 수도 없다는 사실을 확인했다.[119] 또한 사고를 통한 학습이 이루어지지 않고, 분권화가 도움이 되지 않거나 철회되며, 참사의 위험을 지닌 시스템에 대한 현실적 테스트가 거의 불가능한 문제 등을 지적했다.[120]

페로는 정상사고 이론과 고도의 신뢰성 이론은 상호 보완적 관계를 맺을 수 있으므로 시스템 속성을 분석하여 시스템 사고(事故)에 대한 상황이론을 만들어야 한다고 주장한다. 그의 주장의 핵심은 시스템이 내포한 복잡성과 위험성을 안다면 사고 위험을 조금이라도 줄일 수 있다는 것이다. 사고 원인의 60~80%가 인재(人災)로 기록된다. 그는 재난사고는 운용자가 예상치 못한 다발적 장애 사이의 상호작용과 마주칠 경우에 수면 위로 드러난다는 사실을 주지시키고자 한 것이다.

5 절대 안전의 역설[121]

대형사고가 발생한 기업이나 정부 기관으로부터 "있어서는 안 되는 일이 발생하여 죄송합니다", "있어서는 안 되는 일이 발생하여 안타깝습니다"라는 유감 표명이나 사과를 듣는 경우가 많다. "이렇게 말하는 기업은 위기관리를 제대로 할 수 있을까"라는 생각을 하게 된다.

우리 사회에 위험성은 항상 존재한다. 기업은 안전한 제품 만들려 하지만 결함제

---

119) 사고에 따른 피해는 공정하게 분배되지 않는다. 위험의 잠복기는 의사결정권자들의 재임 기간보다 훨씬 더 길 수 있으므로 사고가 일어나 안전을 경시했다는 이유로 처벌받는 경우가 드물다. 반면 지장점유율 하락, 회사 위상 추락 등을 초래한 관리자는 오래 버티지 못한다. 위험을 알리는 정보가 정치적 알력으로 제대로 알려지지 않을 경우 관리자는 안전을 우선시한다는 조직의 허울을 믿게 된다. 참사는 쉽게 일어나지 않으므로 사회가 감수해야 할 리스크는 큰 반면 관리자나 권력자가 감수해야 할 리스크는 적다.

120) 권력자들과 운용자들은 알면서도 교훈을 무시한다는 것이다. 즉 재난이 발생할 가능성이 낮다는 사실을 깨닫고 위험 감수 편익이 더 높다는 계산을 한다. 대부분 안전 규정을 엄격하게 따르지 않고 편법을 써도 문제가 생기지 않는다. 그리고 사고 후 잘못된 교훈을 얻기 쉽다. 예컨대 사고 후 A와 B가 원인이라는 진단이 내려지면 변경 조치를 취한다. 그러나 같은 조건하에서 사고가 발생하지 않은 경우들에 대한 조사는 제대로 이루어지지 않는다. 그래서 조건 C가 근본 원인일 가능성이 배제된다. 조사자들은 같은 요인을 안고 있으면서도 사고가 발생하지 않은 다른 시스템들을 간과한다는 것이다.

121) 절대안전의 패러독스, 정진우 고용노동부 성남고용노동지청장(안전저널 2014. 10. 22), 정진우, 산업안전관리론 이론과 실제, 잔류 위험성은 최후까지 관리한다는 관점 필요, pp.76－79.

품이 제로가 될 수는 없다. 위기관리는 '위험성을 전혀 없게 하는 것이 불가능하고, 상황에 따라 사고가 발생할 수 있음'을 직시하는 데서부터 출발해야 한다.

우리가 "있어서는 안 되는 일이 발생하고야 말았다"라는 주술(呪術)에 속박당하면 사고(思考) 정지에 빠진다. 위기 관리능력이 존재하지 않게 되어 냉철한 위험성 분석, 사고 직면 시 대처방법 등을 준비해야 한다는 발상이 나오기 어렵다. 전형적인 예가 세월호 사고(2014.6)와 화성 일차전지 제조공장 화재사고(2024.6)이다. 이 사고의 발생 이전까지 우리 사회는 사고를 상정한 엄격한 훈련을 하지 않았거나, 하더라도 형식적이었다. 위험성 존재를 인정하지 않고, '사고는 있어서는 안 되는 성질의 것', '사고는 일어나면 안 된다.' 또는 적어도 '나에게는 일어나지 않는다.' 등의 막연한 생각에 파묻혀 있었다. 그렇다면 실효성 있는 위기관리는 어떻게 하면 좋을까?

① 위험성을 '있어서는 안 된다.'라는 정신론적 영역으로 간주하지 말고, 위험성 존재를 인식하고 위험의 크기를 평가해야 한다(존재론적 인식 필요). ② 평가된 위험의 크기에 따라 이를 최소화하기 위한 예방시스템을 구축한다, ③ 만일을 상정한 행동규범을 사전에 마련한다.

이러한 접근방법은 기계설비의 안전에 관한 국제기준 이론과 일맥상통한다. "안전조치를 취한 후에도 위험성은 잔존하며, 찰과상 정도의 위험성이면 허용된다."라는 것이다. 국제기준이 지향하는 것은 절대 안전이나 명분이 아니며, 현실적, 실용적 방법으로 안전을 실현하는 것이다.

사회 일각에서 '수용 가능한 위험성이라도 위험성이 남아 있는 제품을 판매할 수 없다', '위험성 평가를 실시한 제품은 위험성이 존재함을 의미하므로 안전한 것이라 볼 수 없다.' 등의 의견이 적지 않다. 그리고 현실과 기술의 한계를 인정하지 않는다. '사고가 절대로 있어서는 안 된다.'라는 '절대 안전' 세계에 빠져 있다. 제품의 위험성은 기술의 한계에 기인한다. 연필 한 자루도 위험성 제로는 불가능하다. 날카로운 연필은 사용방법에 따라 상처를 입을 수 있다. 경미하더라도 사고 발생 가능성은 언제 어디서나 존재한다. 이차선 도로에서 앞차를 추월할 때 굴곡선이라 마주 오는 차를 확인할 수 없을 때는 무조건 위험하다고 생각해야 한다.

'절대 안전'을 주장하면 자기합리화에 빠져 사고 은폐 유혹에 빠질 수 있다. 사고 발생 사실을 숨기면 원인분석과 대책 마련의 기회를 잃는다. '절대 안전' 주장이 역설적으로 큰 사고의 원인이 될 수 있다. '위험성이 존재하는 한, 사고는 발생할 수 있다.'

라는 현실을 인식하고 이를 상정하여 대책 수립, 긴급대응, 대피 훈련 등을 실시해야 한다. 사고를 '있어서는 안 되는 것'이라고 생각하면 피해를 키울 수 있다. 사고 위험성 존재를 인정한 후 대책을 강구하는 것이 안전의 첫걸음이다.

절대안전 역설과 위험불감증을 극명하게 드러낸 사고가 화성 일차전지 제조공장 화재사고이다(23명 사망, 8명 부상−사망자: 중국인 17, 라오스인 1. 한국인 5, 2024.6.24.). 화성소방서 브리핑과 언론 보도 내용은 다음과 같다.[122]

① 사고 이틀 전, 배터리 화재사고가 있었으며 입단속시킴
② 원통형 리튬 배터리 35천 개가 적재되어있는 2층에서 연소 시작, 샌드위치 패널구조라 가연성 내장재가 타면서 유독가스 발생
③ 2018년 8월에 입주한 A사는 샘플 점검으로 제대로 된 안전점검 받지 않음
④ 스프링쿨러 설치 의무대상 아님
⑤ 리튬 보관 허용량 23배 초과로 벌금(2019) 및 소방시설 작동 불량으로 시정명령(2020) 받음

한편 관련 전문가들은 다음과 같이 문제점을 지적하고 있다.
① 위험 물질을 한곳에 적재(이창우 숭실사이버대 교수)
② 일정 간격 적재 등 저장 및 취급기준 준수 필요(손원배 초당대 소방방재학과 교수)
③ 리튬전지는 공기 및 열과 반응성이 높아 고온, 수증기와 접촉 시 폭발로 이어짐. 외부 충격으로 화재가 발생하면 다른 배터리로 연쇄 폭발을 일으키므로 정전기 등 점화원이 닿지 않게 해야 함. 배터리 화재는 내부에서 수백도 열이 계속 발생하며, 불산가스를 발생시켜 진화인력의 진입이 어려움(공하성 우석대 소방방재학과 교수)
④ 제대로 된 현장 교육훈련 부재. 희생자들이 출구 쪽이 아닌 내부로 피신, 진화에 모래가 아닌 소화기 사용. 외국인 근로자 소통 부재 및 내부구조 미숙지(정혜선 가톨릭대 보건의료경영대학원 교수)

---

122) 나무위키, 아시아경제(2024.6.25.), BBC코리아(2024.6.26.)

기술적 관점에서의 절대 안전의 확보

안전을 위해 "절대 안전(Absolute Safety)"이라는 의미를 복합적으로 이해해야 한다. 예를 들면 구경 40mm와 76mm 함포가 설치된 해군 함정에서 포탄을 발사할 때 전자 신관(Electronic fuse)이 10m 이상의 절대 안전거리를 유지하게끔 설계되어 있다. 이는 포병의 오작동에 따른 아군의 피해를 막기 위함이다.

마찬가지로 일상에서 절대 안전을 확보하는 게 안전생활에 중요한 모멘텀(momentum)이 될 수 있다. 일상에서나 산업현장에서 '절대 안전'의 개념을 어떻게 이해하고 확보할 것인지를 연구해야 한다.[123]

사례 연구 (11) 절대안전 추구 기업 사례(한국프츠마이스터)

펌프와 블로워, 건설중장비를 취급하는 회사인 한국프츠마이스터(대표 엄광섭)는 절대 안전을 모토로 하여 탁월한 안전수준을 추구하고 있다. 독일에 본사를 두고 있는 프츠마이스터는 콘크리트 타설장비 분야의 세계적인 전문기업이다. 엄광섭 대표는 인터뷰를 통해 절대 안전 추구 방침에 대해 다음과 같이 밝혔다.

"통상적으로 제작사가 규격에 맞는 제품을 공급해도 사용자가 허용 기준을 초과해서 쓰는 경우가 있습니다. 그러다가 사용 도중에 문제가 생겨 제작사에게 이의를 제기해도 규격 제품이라 달리 대처할 방법이 없습니다. 프츠마이스터는 이를 고려하여 장비제작 규정에 기준보다 더 높은 수준의 규격을 반영하여 사용자들이 안전을 확보하도록 하고 있습니다(예: 철판 두께 규격을 20% 더 상향 등). 중량이 더 나가고 원가 부담이 되지만 고객 만족과 안전확보를 동시에 추구하는 메리트가 훨씬 더 큽니다. 최근 ESG 경영에서 안전의 가치가 더욱 크게 부각되고 있어 프츠마이스터의 안전경영이 정도(正道)를 걷고 있다고 확신하고 있습니다."

---

123) SF글로텍 우일영 대표의 논지로서 절대 안전의 역설에도 불구하고 개념적으로 이를 일상에 적용하면 안전 확보에 큰 도움이 된다.

MEMO

CHAPTER

06

4차 산업혁명과 안전

01 디지털과 안전

경제, 산업, 사회 전 분야에서 디지털 전환이 가속화되면서 시스템융합(상호운용성)의 중요성이 부각되고 있으며, 디지털기술을 활용한 신 유망산업의 글로벌 시장 주도를 위해 선진국들이 각축전을 벌이고 있다. 안전과 관련, 디지털기술을 활용하여 작업자 접근이 어려운 지역 감시, 위험 상황 조기 발견 및 대응 강화, 원격지 관리 등 혁신적인 방안이 마련되고 있다. 우리나라는 아직 안전에 대한 디지털화 인식 정도가 상대적으로 낮으며, 사람 및 규제중심으로 안전관리가 이루어지고 있어 유사 사고가 반복해서 발생하고 있다. 따라서 안전의 질적 수준을 높이기 위해 디지털 안전에 대해 이해도를 높여야 한다.

1 핵심 메시지

디지털 안전과 관련, 두 가지 메시지가 있다. ① 디지털 자체의 안전에 관한 것이고,[1] ② 디지털기술의 안전분야에 적용하는 것이다. 정부는 디지털 자체의 안전 확보를 위해 '디지털 안전 3법' 시행령을 개정하여 시행 중이며(2023.7), 안전분야에 디지털

---

[1] 디지털 안전에 대해 통상적으로 비밀번호, 보안 관련 하드웨어 및 소프트웨어, 개인정보, 사이버 범죄 등으로 국한하여 생각하기 쉬우나, 이제는 개인과 기업뿐 아니라 사회, 국가, 글로벌 차원에서 매우 광범위하고 중대한 문제로 대두되었으므로 전 국민이 이에 대한 안목을 높여야 한다.

활용을 늘리기 위해 관계부처 합동으로 '디지털 기반 국민안전 강화방안'을 추진 중이다(2022.8). 2023년 7월 시행령 개정은 판교 데이터센터 화재 및 서비스 장애(2022.10) 재발 방지를 위해 디지털 안전 3법(방송통신발전법, 정보통신망법, 전기통신사업법)에서 하위 법령에 위임한 사항을 규정하고, 디지털 서비스 안정성 강화방안(2023. 3. 30)의 후속 조치로서 제도개선 내용을 반영한 것이다.[2] 이와 관련, 금융감독원(IT 검사국, 검사기획팀)은 금융업계 IT 내부통제 수준을 향상시키고 IT부문 개발 및 운영상의 문제점을 금융회사가 자율적이고 근본적으로 개선하도록 가이드라인을 마련하였다(2023.11.8).

주요 내용은 전산시스템의 성능을 관리하고(IPO 등 대형 이벤트 유입량 분석 및 예측 등), IT 부문 비상대책을 수립하고 운영하며(재해복구센터 인프라 확충, 전산센터 화재 예방 및 대비, 업무 지속성 확보 등), 프로그램의 통제 가이드라인 수립(제3자 검증 및 통제 강화, 테스트역량 신장, 교육 강화 등) 등이다. 이에 따라 IT 운영능력 제고, 복원력 향상 등 IT 안전성 강화로 증권사 MTS(Mobile Trading System), HTS(Home Trading System)의 접속 지연 등의 각종 서비스 중단사고가 크게 감소될 것으로 기대된다.

한편 2023년 11월 행정안전부 전산망에 장애가 발생, 민원 업무 등에 큰 불편을 초래한 적이 있어 원인 규명, 개선조치 등 전면 검토 및 개선이 필요하다. 이는 평소 장애가 발생하지 않더라도 담당자는 평소에 장애가 언제라도 발생할 수 있음을 염두에 두고 철저히 대비해야 한다는 점을 일깨워주고 있다. 본서에서는 디지털의 안전분야 활용 방안에 대해 논의하고자 한다.

2 디지털 기반 국민안전 강화방안

동 방안에 의하면 안전을 '일터, 생활, 재난 분야'로 나누고 분야별로 디지털 융합 가속화를 통한 재난대응 효율화와 디지털 안전산업 생태계 구축을 목표로 대책을 마련하고 있다.

첫째, 일터 안전 관련, 디지털 안전기술로 일터에서의 위험요소 예방을 강화한다.

---

2) 동 시행령 개정에 따라 재난관리 사각지대에 있던 부가통신서비스 및 데이터센터도 재난관리 의무 대상에 포함하여 국민 생활에 큰 영향을 미치는 디지털 재난의 사전 예방 및 신속 대응을 강화하기 위한 조치를 취할 수 있게 되었다.

먼저 4대 산업현장의 안전 제고와 관련하여, 현장별 시스템을 살펴보면 다음과 같다. ① 제조 물류현장에서 끼임사고 방지와 즉각적 전원차단을 위한 초저지연 이음 5G 안전서비스,3) 충돌 위험성이 높은 적재작업의 무인화, 원격화 등이다. ② 건설현장에서 건축물 붕괴 등에 의한 추락, 고립 등을 막기 위해 영상 센서, 사물인터넷 센서 등을 활용하여 안전장치 상태, 건축물 붕괴위험 등을 분석하는 디지털 건설 안전관리 시스템이다. ③ 콜센터 상담원 등 감정근로자의 스트레스를 분석해 맞춤형 정신건강 관리를 지원하는 메타버스 기반의 디지털 치료법이다. ④ 안전관리가 약한 중소기업 밀집단지, 중대사고 다수발생 산업단지 등 고위험 산업단지를 특별안전구역(Safety Zone)으로 지정해 재난안전 탐지카메라, 유해물질 감지센서 등 디지털 안전장비의 집중 배치이다. ⑤ 밀폐공간에서의 질식, 가스중독, 폭발사고 예방을 위한 복합가스(15종) 검출 시스템과 연구실 유해물질 누출, 산소결핍 등에서 연구자를 보호하기 위한 연구실 통합안전 모니터링 시스템이다. ⑥ 어민이나 선원들이 물에 빠졌을 때 조난신호를 발송하는 '해상조난 SOS 워치'이다.

둘째, 생활 안전 관련, 안전사각지대 없는 생활 속의 디지털 안전망을 구축한다. ① 실내 화재, 스토킹 범죄자의 주거침입 등 실내에서의 긴급상황 발생 시 구조를 위한 황금시간(Golden Time) 확보체계를 구축한다. 구조자의 위치를 신속, 정확하게 파악하기 위해 기지국, 와이파이, 블루투스 등 신호를 활용하는 '실내 정밀 측위구축 고도화'를 추진한다. ② 생활 주변 안전사각지대를 디지털로 해소한다. 안심돌봄 환자, 노인 등 '생체 이상 상황 감지 레이더 주파수(70GHz 대역) 공급'으로 독거노인 미활동 등 응급상황을 감시한다. 초광대역 무선기술(UWB)4)과 위성항법장치(GPS)를 연계해 치매노인, 아동 등의 위치추적을 통한 안심 귀가를 추진한다.5) 폭행, 납치, 주변 배회 등

---

3) 이음 5G(세대)는 기존 LTE, 와이파이로 구현할 수 없는 특화서비스를 제공하는 Digital Transformation의 핵심 인프라이다. 기업, 학교, 공장 및 산업에서 보안강화, Network resource에 대한 제어강화, 사용자 맞춤 등 다양한 기능을 제공한다. 이음5G는 초고속(EMBB-Enhanced Mobile Broadband), 초저지연(URLL-Ultra Reliable Low Latency), 초연결(MMTC-Massive Machine Type Communication)의 특징을 지니고 있어 고화질을 제공하고 고신뢰성 및 저지연 통신(공장자동화, 자율주행 자동차 등), 대규모 사물통신을 지원한다(에너지, 헬스케어, 물류 등).

4) 초광대역 무선기술(UWB, Ultra-wideband)은 고주파수에서 전파를 통해 작동하는 단거리 무선통신 프로토콜이다. 정밀한 공간 인식과 방향성이 특징으로, 모바일 기기가 주변 환경을 잘 인지할 수 있도록 작동한다. 이를 통해 다양한 기기들이 지능적으로 연결돼, 안전한 원격 결제부터 리모컨 위치 찾기까지 다양한 기능을 수행할 수 있다. 넓은 공간에서 정확한 탐색이 가능하므로 스마트폰을 이용, 공항에서 음식점 찾거나 주차된 자동차 위치를 파악할 수 있다(나무위키).

범죄행위를 탐지하는 지능형 감시카메라 고도화 등 안심 거리를 구현한다.

의료분야에서 고령화, 서구화, 사회적 갈등 등으로 기존 의학으로는 의료비 증가를 감당하기 어렵다. 미국은 2018년에 전체 예산의 18.2%를 의료비로 썼고, 이대로 가면 2050년에 37%, 2060년에 50%를 의료비로 써야 한다고 하는데 이를 방치하면 국가 운영이 불가능하게 된다.

그렇다면 의료비를 지금의 1/10수준으로 낮추어야 하며 의료 디지털화를 추진해야 한다. 효과적인 방안의 하나가 질병 데이터를 축적하여 빅데이터를 만들어가는 것이다. 이를 통해 알츠하이머, 암, 대사질환 등 많은 질병을 정확하게 예측할 수 있게 되고, 자신의 유전 요인과 관련하여 취약한 부분을 미리 알게 되면 생활습관을 바꾸어 질병에서 벗어날 수 있게 된다.[6]

셋째, 재난 안전 관련, 지구온난화로 인한 자연재해 증가, 테러 등 다양한 재난에 대응하기 위한 디지털 기반의 위기관리를 강화한다. ① 홍수 관련, 디지털 트윈 기반으로 홍수 피해(하천범람, 도시침수 등)를 예측하고 인공지능이 방류, 대피 등 의사결정을 지원하는 대비체계를 5대강 중심으로 확산시킨다. ② 물 관리 고도화를 위해 전국 하천에 물 저장, 방류 등 의사결정에 활용하기 위한 '하천범람 사전 대응, 조기 경보체계'를 고도화시킨다. ③ 기습 폭우 시 도시침수 피해를 최소화하기 위해 '도시침수 사전예측 체계'를 구축하여 주민 대피, 건물 내 침수 보호(지능형 사물인터넷 기반 차수 장치)를 추진한다. ④ 산불 관련 데이터를 개방하여 초동 단계 산불을 감지하는 영상 인공지능을 개발하고 '산불감시 지능형 상시 모니터링 체계'를 구축한다. ⑤ 발전소 등 국가 중요 기반시설에 대해 안전성을 확보한다. 순찰 드론, 로봇 등이 연기입자(煙氣粒子)와 이상 행동을 탐지하여 화재, 테러 등을 막는 인공지능관리체계를 구현하고, 센서, 인공지능 기반으로 철도, 지하공동(地下空同) 입구 등에서의 위험요인을 선제적으로 관리한다. ⑥ 중요성이 높은 기반시설의 소프트웨어 오류를 점검하고 통신 재난을 예

---

5) 위성항법장치(GPS−Global Positioning System)는 위성을 이용해 위치를 찾는 항법 시스템의 한 종류다. 미 국방성이 개발, 미 공군 제50우주비행단에서 관리하고 있다. 노후 위성 교체, 새 위성 발사 등 유지와 연구, 개발에 필요한 비용은 연간 약 7억 5천만 달러이며 전 세계에서 무료로 사용 가능하다. 원래 군사용으로 개발되었으나 1983년 대한항공 007편이 당시 쓰던 항법장치(NIS)에 문제가 생겨 항로이탈로 소련전투기의 공격으로 격추, 269명이 전원 사망한 사건을 계기로 당시 미국 레이건 대통령이 민간 개방을 결정한 것이다(위키백과, KBS 뉴스 2018. 6. 17).

6) 서정선, 마크로젠 창업자, 분당서울대병원 석좌교수, 청조포럼 강연(2023. 12. 21).

방하기 위한 시스템 기반 통제체계, 통신사 상호 백업 등을 추진한다.

넷째, 민관 협력을 통해 디지털 국민안전 서비스, 산업 생태계 기반을 강화한다. 분산된 재난안전 데이터를 수집, 연계, 분석, 활용하는 재난안전 데이터 공유 플랫폼 (행정안전부)과 인공지능 학습용 데이터(과기정통부)를 구축하고 클라우드 기반 서비스 개발과 확산을 촉진한다.

중장기 기술개발 로드맵을 수립하고 표준화, 규제 합리화 등을 논의하는 민관협의체 운영을 추진한다.[7] 우리 기업들도 정부 정책에 맞추어 디지털 안전체제를 갖추고 있으며 점차 확산될 것으로 전망된다. 포스코이앤씨는 사물인터넷, 로봇공학, 가상현실 등을 활용한 안전 스마트기술을 확대 적용하고 있다.[8]

다섯째, 사이버 보안환경을 강화해야 한다. 특히 차세대 인증방안에 대해 깊은 연구가 필요하다. 코로나 팬데믹으로 클라우드 기반의 재택 및 원격근무환경 구축에 따라 디지털 전환이 가속화되었으며, 클라우드 환경 전환으로 IT 보안 취약성이 커지고 사이버 공격 수법도 빠르게 진화하여 더욱 수준 높은 보안 조치가 필요하다.[9]

차세대 인증은 보안 프레임워크, 보안성, 호환성, 사용자 경험, 경제성 측면에서 자산을 보호하기 위한 최적의 방법을 제공해야 한다. 2013년에 설립된 피도 얼라이언스는 웹서비스 및 온라인 서비스 공급업체가 패스워드 기반의 인증을 탈피해서 사용할 수 있는 여러 규격을 제안하였으며, 스마트폰, PC, 생체인증 보안키 등 하드웨어 보안기기에 탑재되어 차세대 보안인증 체계를 활용할 수 있도록 해준다. 차세대 보안 인증은 강력한 보안성을 기반으로 하되 편의성을 높인 다양한 수단을 제공하고 관련 시스템은 위험요소를 파악하여 보안 인증을 제공하는 제로 트러스트 기반의 클라우드 보안 인증서비스로 발전해 나가야 한다.

---

7) 보안뉴스 2022. 8. 19
8) 건설사 안전관리, 사고 예방 넘어 이젠 경쟁력 잣대(한경 2023. 11. 23)
9) FIDO(Fast Identity Online) Alliance에 따르면 기업 및 기관들이 데이터 유출 원인의 80%를 차지하는 취약한 패스워드를 사용하고, 인터넷 사용자들은 연평균 11시간 이상 패스워드 재설정에 투입하며, 위험성을 알면서도 패스워드를 재사용하거나 여러 사이트에 사용하고, 심지어 동료들과 공유하는 것으로 나타났다(이재형, 서울과학종합대학원 AI 융합공학 석사과정, AI 경영학회 등 동계 통합학술대회, 2024. 1. 24).

2023년 5월 16~18일 영국 최대규모 안전보건 전시회(Safety & Health EXPO 2023)가 런던에서 열렸으며 여기에 전시된 디지털기술 응용 제품 및 프로그램은 다음과 같다.[10]

첫째, 세탁기 A/S 모습을 동영상으로 촬영하고 머리, 목, 팔에 부착된 센서로부터 각 부위에서 얻어지는 데이터를 통해 작업 행동을 점검하여 근골격계 질환을 예방 또는 교정하는 프로그램이다. 이를 통해 자세 교정과 교육을 실시하여 보건안전을 확보하도록 도움을 제공한다.

둘째, 손−팔 진동 증후군(HAVS − Hand & Arm Vibration Syndrome)을 관리하기 위한 진동감지 센서이다. 작업자가 이것을 끼고 작업한 총 작업시간 동안 노출된 진동을 통계로 집계하고 이를 활용하여 작업상 안전 확보에 활용한다.[11] 우리나라에서도 진동, 열 스트레스, 피로, 소음 노출, 1인 작업자를 위한 안전 기능인 론 워커(Lone worker) 기능과 맨 다운(Man−down) 기능 등을 준비한다.

셋째, 트럭 기사에게 알람을 제공하는 디지털 안전장비이다. 트럭 기사들을 대상으로 여러 가지 컨디션을 체크하고 이상 상황 발생 시 알람 신호를 보낸다. 단순해 보이지만 상당히 효과적이다. 트럭 기사의 귀에 이상 상황 감지 센서 장치를 꼽고 허리에 부착한 배터리팩과 연결하여 귀에서 오는 각종 신호를 처리하는 구조이다. 장거리 화물 운송과 관련, 운전기사의 피로 누적 등으로 안전사고의 위험이 도사리고 있는 우리의 실정에 비추어 볼 때 많은 시사점을 주고 있다.

전시회에 참관한 GSIL(Global Safety Innovation Laboratory) 이정우 대표의 소감은 다음과 같다. "국내에 스마트 안전이라 불리고 있으나 해외에서는 디지털 안전이라는 단어가 더 이해도가 높다. 스마트나 디지털은 해를 거듭할수록 안전관점에서 중요성이 높아지고 있다. 스마트는 데이터를 바탕으로 기계가 어느 정도의 판단이나 선택을 해주거나 유용한 정보를 전달하는 것이며, 디지털은 여러 입력, 출력값들이 0과 1로 정리되어 설명, 관리할 수 있는 것이다."

---

10) 이정우 GSIL 대표 참관기, 세이프티퍼스트닷뉴스(2023. 6. 20)
11) 영국에서는 2017년 근로자들의 해당 증상으로 회사가 12만 파운드의 벌금과 7,241파운드의 비용 지불 명령을 받은 사건이 있었다고 한다(이정우 대표, 상동).

우리나라 스마트 안전은 다양한 기능과 데이터 제공 목적으로 발전하고 있고, 해외 디지털 안전은 데이터 정량화와 이를 통한 안전관리에 목적을 두고 있다. 단순 모니터링으로 '현재의 수치가 얼마이다.'라는 표출도 중요하나 과거 데이터의 정량화를 통해 현재 상태의 표준치를 끌어내고 이를 바탕으로 방향성 또는 사고 예측을 할 수 있도록 안내하는 부분도 중요하다.

영국 전시관의 부스디자인, 운영방식 등에서 이들의 안전데이터 정량화에 대한 자신감을 느낄 수 있다. 제품 홍보처럼 보이지만 실제로는 안전가치를 팔고 있다. 데이터로 고객 어려움을 이해할 수 있다는 자신감으로 '우리의 디지털은 바로 이것이다'라는 정체성(Identity)을 전한다. 안전의 정량화가 어렵지만 재난예방에 필수인 정량적 평가를 위해서는 디지털 안전의 개념이 정립되어야 한다.

영국은 '최소한'이 아닌 '최선'의 관점에서 안전을 준비하고 실행한다. 우리의 중대재해처벌법이 경영책임자를 중심으로 모든 조직이 최대한의 관심을 가지기를 바라는 취지이듯이 작업장의 안전에 대해 깊이 이해해야 한다. 안전을 대하는 자세가 중요하다. 작업 또는 공정, 작업장소, 환경을 적극적으로 이해하고 요인 하나하나를 모니터링하며 해결해 나가는 것이 중대재해 예방을 위한 올바른 모습이다. ICT 수준이 높은 우리가 레퍼런스를 쌓아간다면 해외 디지털, 스마트시장 진출 비전을 크게 가져갈 수 있다. 재해 예방 장비를 파는 안전에서 나아가 안전의 정량화 등을 통해 안전가치를 올려 시장을 확대해야 한다.

3 건설현장 디지털 트랜스포메이션(DX)과 안전 향상

산업현장 중에서 건설현장의 산업재해 비율이 높으므로 이에 대한 디지털 적용에 대해 살펴본다.

1) 건설 현장 디지털 트랜스포메이션 필요성

건설 현장의 안전을 높이기 위해서는 육안조사에 의존했던 기존 방식의 건축공사 감리에서 벗어나 디지털기기를 활용한 디지털 트랜스포메이션이 필요하다. 건설현장의 안전을 높이기가 쉽지 않은 이유는 인력 위주의 전통적 관행, 경직적 위계 문화, 프로젝트 마감기한 압력, 설계변경, 예산 부족 및 예산 한도 내 집행, 다양한 이해관계자(건축주, 설계자, 시공자, 허가권자, 고객 등) 등의 다양한 요인이 복합적으로 작용하기 때문이다. 이들의 요구와 기대를 조화롭게 충족시키기 어렵고 역량과 자원이 부족할 수 있다.

건설업계는 건설의 안전과 품질 향상을 위해 노력을 기울이고 있으나 전체 산업재해 사망자 수 대비 건설업 사망자 수 비율은 절반을 상회하며, 건설재해 원인별 구성비는 시설물 불량(31.4%), 작업계획 미흡(20.2%), 보호구 미착용(15.1%), 관리체계 미비(14.9%), 작업 방법 불량(12.8%) 순으로 나타났다. 그럼에도 현실적으로 안전시설물 보강과 근로자 교육만으로는 한계가 있어 4차산업혁명 기술과 혁신을 활용하여 시공 자동화, 센서 활용 작업자 보호조치 강화가 필요하다. 따라서 디지털 트랜스포메이션을 통해 건설 현장에 작업들을 모니터링하는 플랫폼을 구축하고 근로자 안전시스템을 도모해야 한다(위험감지 센서, 모니터링시스템, 안전장비 구축, 경보시스템 등).

2) 건설 현장의 디지털 트랜스포메이션 방안

첫째, BIM(Building Information Modeling)으로서 건설 프로세스의 디지털화를 통한 건축물의 가상 모델을 구축하고 관리하는 방법이다. 건축물 설계, 시공, 운영, 유지관리 등 프로세스를 통합 처리하며, 자재 관리, 비용 최적화 및 공사 단계별 관리 편의성을 높인다.

둘째, 클라우드 기술과 현장관리 소프트웨어를 활용하여 중앙에서 효율적으로 관리하는 것이다. 작업 이력, 작업자 관리, 재고, 품질 등 공사 제반 내용을 추적하고 모니터링하며, 작업자들 간 실시간 소통과 협업을 촉진하며 프로젝트 투명성, 효율성을 향상시킨다.

셋째, 인공지능 및 시공자동화 기술로 현장작업을 개선시켜 작업의 정확성, 생산성, 안전성을 높이고, 현장 데이터를 자동 분석, 생성한 예측 모델로 산업재해를 예방하며, 로봇 기술로 위험 작업을 대신한다.

넷째, 모바일 애플리케이션을 활용하여 작업지침서, 계획, 도면, 보고서 등을 검토하며, 작업 효율성, 시공의 정확성, 품질 등을 향상시킨다. 또한 공사 감리자는 위험요인 발견 시 신속한 보고 및 대응이 가능하며, 근로자, 기술자 등 구성원들 간의 소통과 협업을 강화시킨다.

다섯째, 건설장비와 센서를 연결한 사물인터넷을 활용하여 현장 모니터링과 데이터를 수집한다. 이를 통해 건축물 환경조건을 모니터하고 장비 상태를 실시간으로 확인, 유지, 보수할 수 있어 장비 효율 개선 및 에너지 소비를 최적화할 수 있다. 또한 작업자의 움직임을 감지하여 안전을 확보하는 데에 큰 역할을 하게 된다.

3) 건설현장 디지털 기반 기술 활용

첫째, 현장 데이터를 체계적으로 수집, 분석, 관리하여 육안조사의 오류를 줄이고, 작업 효율을 높이며, 데이터를 기반으로 합리적인 의사결정을 내릴 수 있다. 예컨대 에너지 사용, 자재 구입 및 사용, 폐기물 처리, 안전사고 기록 등을 모니터링하여 성과 측정 및 비교분석을 할 수 있으며, 안전하면서도 생산성 높은 작업 현장을 구현하게 된다.

둘째, 건설현장 발생 데이터를 실시간 모니터링하는 시스템을 구축하여 건축의 안전과 품질을 관리하고 부실공사 가능성 및 근로자 건강상태까지 중앙에서 파악하게 된다.

셋째, 자동화, 인공지능, 로봇, 드론 등을 활용, 현장을 모니터하여 상시 공사현장을 감독하고, 사물인터넷 디바이스로 근로자의 안전시공을 도모하며 데이터 분석을 통해 산업재해를 예방하게 된다.

4) 공사현장 감리의 비대면 시스템 활용

건축공사의 공사감리는 현장의 실제 시공과정을 감시하고, 설계 및 시공단계에서의 표준 및 규정준수를 확인하여 공사 품질과 안전을 확보하고, 시공과정상 문제점 발견 시 조치함으로써 추후 공공의 안전을 확보한다. 공사 현장의 감시, 감독을 비대면 시스템을 이용할 경우 다음과 같은 장점이 있다. ① 비용 및 시간 절감으로 효율적 감리 ② 실시간 현장 모니터링하고 데이터 및 정보의 실시간 공유로 작업 효율과 공사 품질을 높이며, 여러 현장을 동시에 감리하므로 감리 범위 확대 ③ 감리자와 현장 관계자 간 일정 조율이 쉽고, 현장방문 제약이 없으며, 온라인 플랫폼을 통해 실시간 커뮤니케이션하고 문제를 논의할 수 있어 작업의 유연성과 편의성, 신속성 ④ 건설 현장의 다양한 데이터를 수집, 분석할 수 있는 기회를 확보하여 데이터 기반으로 의사결정, 원격으로 피드백 제공, 작업결과를 검토, 승인하여 감리업무의 효율성 제고.

그러나 비대면 업무 적용 시 어려움도 있어 보완이 필요하다. ① 현장 상황이나 문제의 정확한 파악과 현장 관계와의 조율이 어려울 수 있어 채팅, 화상회의. 현장보고서 실시간 공유 등 협업 도구를 활용하여 의사소통을 강화하고, 현장방문으로 확인해야 한다. ② 적절한 기술 인프라와 통신 네트워크가 필요하므로 웹 기반의 인터페이스, 모바일 애플리케이션을 통해 실시간 영상 스트리밍, 사진 및 도면 공유, 센서 데이터수집 등의 지원 기술을 적용한다. ③ 비대면 공사감리를 위해 법 제도적인 검토와 적용이 필요하다. 예를 들면 원격 감리의 법적 인정, 원격 감리에 필요한 기술적 요건, 감리자의 업무 내용과 책임, 데이터 관리와 보호, 예외 및 특례 상의 규정 등이다.[12]

---

12) 노영숙, 서울과학기술대학교 건축학부 교수, 건설현장의 ESG 구현을 위한 디지털 트랜스포메이션 방안 제시와 개선사항 분석, 한국ESG학회, ESG 연구 제1집, 제2호 pp.53−72(2023. 12).

인공지능과 안전[13]

어느 분야를 막론하고 인공지능이 없으면 무엇도 할 수 없는 시대가 되었다.[14] 미래 세대는 인공지능과 함께 살아간다는 것에 대해 이해의 폭을 넓히고(결국, 책임은 자기 자신), 문제를 정의하는 능력과 문제 해결을 위해 본질적이고 치열한 고민을 해야 하며(더 나은 방법은 없을까?), 용불용설, 즉 인공지능을 더 잘 쓰면 자신의 능력이 된다고 한다.[15]

안전 관련, 대형 복합재난에 대한 효과적인 대책으로 빅데이터를 기반으로 인공지능 활용 사례가 늘어나고 있다. 인공지능은 예측하기 힘든 재난 상황을 예측하고 탐지 및 예방 조치를 취하는 데 크게 도움이 된다.[16] 인공지능 자체에 대한 안전의 확보

---

13) AI 경영학회 조동성 회장은 경영학의 흐름이 관리–전략–인공지능 순으로 발전해 왔다고 한다. 1973년 석유 위기 속에서 경영이 관리에서 전략으로 넘어가는 절호의 찬스였으며, 2020~2023년 코로나 위기 속에서 경영이 전략에서 인공지능으로 넘어가는 절호의 찬스. 인공지능 과학의 세 방향은 '자연과학'이 인공지능 이론의 새로운 지평을 개척하고, '공학'은 이를 응용하는 기술을 개발하고, '경영학'은 이를 활용하여 사업화를 추구하는 것이다. 인공지능 연구의 세 기반은 수학 및 통계학, 창조력, 사고력이며 이는 자연과학과 공학, 예술, 인문학이 기반이 되어야 한다(조동성회장, AI 경영학회, 메커니즘 경영학회, 지속경영학회, 2024 동계통합학술대회, 2024. 1. 20)

14) 인공지능으로 인해 지금 이 순간에도 일자리가 사라지고 있다고 하지만 인공지능이 절대 가질 수 없는 인간 고유의 능력은 공감능력과 창조적 상상력이라고 한다. 이지성 작가는 저서 '에이트(EIGHT)'에서 인공지능에게 대체되지 않는 나를 만드는 법 여덟 가지를 소개하고 있다. ① 디지털을 차단하라 ② 나만의 평생유치원을 설립하라 ③ Knowing을 버려라, Being하고 Doing 하라 ④ 생각의 전환, Design thinking 하라 ⑤ 인간 고유의 능력을 일깨우는 무기, 철학하라 ⑥ 바라보고, 나누고, 융합하라 ⑦ 문화인류학적 여행을 경험하라 ⑧ 나에서 너로, 우리를 보라

15) 하정우 박사, 초거대 AI가 불러온 변화와 우리의 대응전략, 선진경영연구회(이철 교수) 강의에서 인용(2024. 3. 19)

도 매우 중요하다. 하정우 박사는 AI시대 주요 Safety 이슈로 세 가지를 거론하고 있으며, ① 기술적인 한계로 인한 문제, ② 악의적인 의도로 활용하는 문제, ③ 통제를 벗어나 생기는 문제(Out of control)이다. 특히 악의적인 의도로 생기는 문제의 심각성을 지적하며, 정부도 아래 각주와 같이 다양한 대책을 마련하고 있다.[17]

인공지능기술이 폭넓게 활용되고 윤리이슈가 쟁점화되는 산업 분야는 제조 및 건설, 의료, 금융, 국방(군사) 등이며, 윤리 이슈 중 머신러닝에 의해 인종, 종교 같은 인간의 편견이 프로그래밍 되는 것이라 여기고 있다. 알고리즘 기술에 의해 인간의 편견이 인공지능에 학습되는 기제(워드 임베딩)이 알고리즘 개발단계에서의 도덕적 제어장치가 필요하다고 한다(영국 바스대 조애너 브라이슨 교수팀, 2017. 4)[18]

여기에서는 산업재해 예방을 위한 인공지능의 활용에 대해 살펴본다.

1 산업재해 예방

현재 우리나라에서 산업재해 예방에 많이 활용되는 인공지능 기술의 하나가 '비전 AI'이다. 알고리즘을 통해 영상 내 정보를 인식하고 분석하는 기술로서 영상에 찍힌 객체를 인식하여 이상 여부를 판단한다. 예컨대 중장비 근처에 사람이 있는지, 사람이 장비에 끼어 있는지, 안전장비 착용 여부 등을 감지하고 상황 발견 시 경보음, 음성,

---

16) 예를 들면 5년 뒤 기상정보 예측, 지진 정보, 화재 예측, 질병 예방, 범죄 예방, 불량고객 제로화, 재테크 전략, 수출대상국 및 품목 추천, 카드 사용 및 소비동향, CCTV 최적 설치장소, 과학적 민생치안, 질병 위험성 예보, 인간의사 추월, 보건의료시스템 혁신, 교통시스템 혁신, 교통사고 예방, 재난 시 주행가능한 도로 안내, 온난화 예측, 에너지 소비 절감 등이다. UNLOCK 혁명, 데이터, AI, 국민의 삶을 혁신하다, pp.139-173.

17) 인공지능 자체의 안전이란 인공지능 시스템이 예기치 않은 동작이나 잠재적 위험으로부터 사용자를 보호하는 것이다. 잘못된 데이터로 부적절한 의사결정을 내릴 수 있다. 인공지능 자체의 안전을 확보하기 위해서는 양질의 다양한 데이터 확보, 투명성과 해명 가능성을 통한 신뢰 확보, 윤리적 가이드 라인과 규제 정책, 개발자 및 운영자의 책임성 및 윤리성 확보, 사회적 공감대 형성 등이다. 인공지능 발전과 함께 안전성 강화 노력이 이루어져야 한다. 정부도 디지털 안전의 중요성을 주요 이슈로 다루고 있으며 인공지능, 디지털 재난과 사이버 위협은 생산성 저하, 민생 피해, 인명에 대한 위해(危害)까지 촉발될 수 있음을 인지하고 대안을 마련하고 있다. 디지털서비스안전법 제정, 재난대비 실태점검 및 모의훈련강화, 사이버위협 대응책, 위협정보 데이터셋, 위협정보탐지 시스템, 신 보안체계 수립 등이다(과학기술정보통신부, 2024년 주요정책 추진 계획, 2024. 2. 13).

18) 이원태, 신지원, 정보통신정책연구원 한국인공지능법학회 세미나(2019.3.7)

문자 등을 통해 작업관리자에 알린다.[19] 삼성물산 건설부문은 2022년부터 인공지능 카메라와 타워크레인 과부하 방지 모니터링 장치를 도입해 현장 장비의 안전관리를 강화하고 있다. 이동식 장비에 장착하는 인공지능 카메라는 작업자가 장비와 가까워지면 경고음이 울려 협착 사고 등을 예방한다.

현대건설은 인공지능을 기반으로 한 안전 솔루션을 개발하였다. 회사 보유 데이터를 바탕으로 개발한 AI CCTV 영상분석 시스템으로서 건설장비, 현장 작업자 등 2백만 개 이상 객체를 포함한 정보를 기반으로 구축하여 실시간으로 건설장비 운용, 화재 위험요소 등을 감지한다.

건설 중장비에 장착된 카메라 영상을 인공지능이 분석한 후 사람과 사물을 구분해 사람이 중장비에 접근하는 경우에만 경고음을 내도록 하며, 영상인식 카메라의 사각지대를 없애기 위한 기술을 개발하고 있다.

롯데건설은 2022년 9월부터 위험성 평가에 인공지능을 적용하여 세밀하게 위험 상황을 탐지하고 있으며 딥러닝을 통해 발굴하고 있다.

KT는 끼임 사고 예방을 위한 라이다(LiDAR)기술 기반의 인공지능 가상 펜스 솔루션을 개발하여 기아 광주 오토랜드에 공급하고 적용 확대를 추진 중이다.

건설사업 관리기업인 한미글로벌은 프리콘 단계(시공에 앞서 현장 위험 검토)에 인공지능 등 디지털솔루션을 도입하고 있다.

DL이앤씨는 인공지능 바탕의 컴퓨터 비전 기술과 360도 카메라를 활용해 건설공정 현황관리 솔루션인 '디비전'을 도입하여 적용하고 있으며 사람이 감시하기 힘든 부분까지 24시간 감시한다. 이 기술은 이스라엘의 세계적 인공지능 건설기술기업 컨스트루와 협력해 도입한 것이다.

스마트건설 솔루션기업 비엘은 인공지능을 활용, 터널공사 중에 굴착면의 위험성을 평가하여 낙반 사고를 방지하는 기술(낙반 안전성 평가시스템 Safe-T)을 개발하여 2021년부터 고속국도 현장에 활용하고 있다.[20]

---

19) 비전 AI 기술의 활용범위는 작업자 안전관리, 중장비 협착 인식, 위험요소 인식, 작업 상황 감지, 위험지역 접근 인식 등이며 이 기술의 대표적인 기업은 인텔리빅스이다. LG화학, SK 에코플랜트, 삼성물산, 한화솔루션, 코오롱글로벌, LG디스플레이 등의 기업이 작업현장에서 사용하고 있다. (CCTV뉴스 2023.2.1)
20) 아이티비즈 뉴스(2023. 10. 27)

산업안전 챗봇은 산업현장 작업 과정에서 안전지킴이 역할을 할 수 있다.[21] 동서발전은 2021년부터 AI 안전챗봇인 '세동봇'을 활용하고 있다.

2 재난예측

급박한 재난 상황에서의 중요한 결정에 인공지능의 활용이 필요하다. 인공지능을 통한 판단과 의사결정은 인간의 이성적인 한계를 극복하는 데 도움을 준다. 예컨대 이태원 참사에서 관리책임자들의 의사결정과 판단 오류로 인한 늦장 대응이라는 지적이 많았다. 인공지능은 데이터를 기반으로 최적의 대응조건을 학습해 의사결정권자에게 알려 주고 재난 상황을 신속하게 지시할 수 있도록 지원한다.

정부는 재난 분야에 필요한 인공지능 기반의 재난 안전시스템 개발과 현장 적용을 확대하고 있으며 R&D 예산을 증액하였다. 산림청은 '전국 산불방지 종합대책'에서 인공지능을 활용한 산불감시와 의사결정 지원과정을 고도화할 계획이며, 환경부는 인공지능을 활용한 홍수 예보 체계를 도입하여 국지성 집중 호우로 인한 침수 등 수해를 최소화하기로 하였다. 행정안전부는 모든 CCTV를 지능형으로 바꾸고 인공지능을 기반으로 이상 징후 자동감지와 영상 자동분석 등 위험 상황을 재난상황실에서 상시 관리하는 체제로 전환할 계획이다.

3 활용 범위 확대

인공지능은 로봇, 드론, 디지털 트윈 등 여러 기술과 결합되어 재난 안전분야에 널리 사용될 수 있다. 국립재난안전연구원(김성삼 박사)은 드론과 인공지능 카메라를 통한 재난피해지역의 맵핑, AI CCTV를 활용한 실종자 탐색 등 인공지능을 활용한 연구가 진행 중이다. 인공지능은 재난 상황의 감지, 위협도 측정, 피해 정도 확인 등 재난

---

21) 한국방재안전학회 주관, '컨테이너 터미널의 위험성 평가 및 산업안전 AI 챗봇 기술 적용방안 연구'(2022년).

사고의 모든 과정에서 활용도가 높아 재난분야에 필수적이다.[22]

국토부는 2020년 7월에 스마트건설 활성화 방안 S-Construction 2030을 발표하여, 건설 과정의 디지털화, 자동화를 목표로 삼고, 산업안전 분야에서 사물인터넷, 인공지능 등을 접목해 위험을 사전에 알리는 스마트 안전장비를 민간에 무상으로 대여하는 등 안전에 취약한 현장 중심으로 지원 대상을 확대한다.

인공지능의 활용을 위해 확보한 안전데이터를 생산성으로 연결함으로써 안전과 생산성 향상 효과를 동시에 높이는 기술 및 플랫폼을 발전시켜 나가고 있다. 예컨대 중장비 가동률을 모니터링하고 장비가 언제, 어디서, 얼마만큼 작업했는지, 정지상태라면 고장인지, 대기 중인지 등의 데이터를 취합해 장비 배치의 최적화 등 자산운용의 효율성을 높이는 것이다.[23]

한국전자통신연구원(ETRI) 과학치안 공공 ICT 연구센터(박현호 선임연구원)는 인공지능을 사용, 112와 119의 신고 내용의 위험상황 인식 및 대응 정보를 제공하는 '지능형 신고접수 지원시스템'을 개발하고 있다. 범죄, 재난 피해를 줄이기 위해 신고접수 요원에게 신속하게 위험 상황을 제공하고자 함이다. 동 시스템은 신고가 접수되면 신고 음성을 텍스트로 변환하고 범죄 또는 재난 상황을 인지하여 상황에 맞는 정보를 접수 요원에게 제공하며 접수 요원은 신속 정확하게 대응할 수 있게 된다.[24]

SK 쉴더스는 세이프웨어와 협력해 공사현장 작업자가 높은 곳에서 추락하면 0.2초 만에 팽창해 신체를 보호하는 '웨어러블 에어백'을 출시했다(2022년). 근로자의 위치, 움직임, 속도 변화 등을 감지하는 GPS, 회전감지 및 가속도 센서, 통신 모듈이 탑재되어 근로자 추락을 감지하면 0.2초 만에 조끼에 내장된 이산화탄소가 팽창, 빵빵한 에어백을 만든다. 이를 통해 추락에 따른 충격을 완화하고, 관리자에게 자동으로 메시지를 전송한다. 건설, 제조, 물류센터 등 고소 작업에 유용하다. 테스트 결과 최대 55%까지 충격을 완화시켜 생명을 구하는 데 크게 기여할 수 있다.

---

22) 인공지능 도입 효과를 극대화하기 위해서는 많은 데이터를 기반으로 하는 검증이 필수이며 체계적 제도 개선을 통한 산업적 인센티브가 중요하고 인공지능 기술기반의 비즈니스 모델 창출이 요구된다. 이러한 조건이 충족되면 재해 안전관리에 획기적 변화 및 개선을 가능하게 할 새로운 패러다임으로 성립이 가능할 것이다(한국건설관리학회, 2021. 8, 건설산업의 안전 및 재해 관련 인공지능, 연세대 건설환경공학과 김형관 교수 외).

23) IoT와 AI, 건설현장의 안전과 생산성 제고한다, 산업일보(2022. 10. 24)

24) 인공지능과 함께 하는 전국민 안심사회, 충청투데이(2023. 8. 7)

4 산업용 로봇

산업용 로봇의 기원은 1961년 제너럴 모터사 뉴저지주 트렌턴 공장에서 도입한 것으로 유니매이션사가 개발한 유니매이트 로봇이다. 단순 반복적이고 열악한 공정에 투입되었으며 이후 크라이슬러, 포드사 등에서 활용하였다. 산업용 로봇은 공장자동화 및 스마트화의 한 축을 담당하면서 작업자의 요통, 건초염 같은 근골격계 질환을 예방하고 고위험 공정에 투입하여 안전한 작업환경 조성에 기여하고 있다.

1) 산업용 로봇의 안전기준 및 법제 분석

국내에서 산업용 로봇을 제조하거나 수입하는 자는 산업용 로봇이 제작 및 안전기준에 적합함을 스스로 평가하여 안전보건공단에 신고해야 하며(산업안전보건법 제89조), 산업용 로봇을 사용 또는 소유하는 자는 주기적으로 안전검사를 받아야 한다(산업안전보건법 제93조). 산업용 로봇에 의한 사고는 수리, 청소 등 비정형 작업과 방호장치 기능해제 시에 많이 발생하며 대부분 끼임, 협착이다. 이의 예방 조치로서 산업안전보건 기준에 관한 규칙 제222조(교시 등), 제223조(운전 중 위험 방지), 제224조(수리 등 작업 시의 조치 등)에 상세 내용을 기술하고 있다.

산업용 로봇의 위험원으로 KS B ISO 10218-2 부속서 A에서 열 가지로 분류하고 있다(기계적 위험원, 전기적 위험원, 열에 의한 위험원, 소음에 의한 위험원, 진동에 의한 위험원, 방사선에 의한 위험원, 재료 및 물질에 의한 위험원, 인체공학적인 위험원, 기계가 사용되는 환경과 관련된 위험원, 여러 위험원의 결합).

2) 산업용 협동 로봇

작업 공정 중에 인력이 더 효율적인 공정도 존재하므로 산업용 로봇과 인력의 장점을 모두 활용하는 방법으로서 협동 로봇의 중요성이 대두되었다. 산업용 협동 로봇은 작업자와 함께 작업하므로 안전이 매우 중요하다. ISO에서는 협동 로봇의 안전한 설계 및 사용을 위하여 ISO 10218-1, ISO 10218-2의 표준을 제정하였다. 산업용 협동 로봇의 위험 요인은 다음과 같다. ① 센서 기능의 안전 미확보, ② 다수 작업자 공동운전 시 규정 미준수, ③ 장치의 위치 변경, ④ 협동작업 공간에서 표지 미비, ⑤ 작업자의 위험성 인식 부족, ⑥ 안전 정격감시정지의 미적용으로 핸드가이딩 장치를 놓앉을 때 로봇이 작동, ⑦ 생체 역학적 기준의 잘못 적용, ⑧ 속도 및 위치 감시기능에서 안전거리를 잘못 계산한 경우 등이다.[25]

3) 인공지능기반 산업용 협동 로봇

Industry 4.0을 통해 제조업 스마트화를 구축했다면 Industry 5.0을 맞이하여 산업 현장에서 '인공지능기반 산업용 협동 로봇'이 도입될 것으로 자연스레 예측된다. 따라서 이에 대한 안전기준을 명확히 하고 법과 제도적 대책이 마련되어야 한다. 이 로봇은 '데이터를 이용해 스스로 학습, 분석하여 최적의 운전 조건을 설계하는 협동 로봇'이라 정의할 수 있다. 협동 로봇에 인공지능을 활용하면 로봇이 엔지니어의 주관적 경험이나 현장의 관행적인 방식에 따라 작동하지 않고, 센서로 확보한 데이터를 바탕으로 한 알고리즘을 기반으로 신속, 정확한 공정 최적화와 높은 안전성을 확보할 수 있다.

인공지능기반 산업용 협동 로봇의 활용 분야로는 물품 분류공정, 용접 공정, 연마 공정, 포장 공정 등이다. 센서 기술과 인공지능 기술을 활용함으로써 협동 공정에서 정확하게 작업자를 감지할 수 있게 되어 더 높은 작업 안전성을 확보할 수 있다.

정부는 지능형 로봇 개발 및 보급 촉진법을 제정하고(2008년), 글로벌 4대 로봇 강국 진입을 비전으로 삼아, 5년마다 기본계획을 수립하고 매년 실행계획을 세우고 있으며(제3차 지능형 로봇 기본계획, 2019),[26] 정부 추진 방향은 다음과 같다(2023.5). 첫째, 인공지능 기반의 로봇－장비 융합 표준공정모델 개발과 위험공정 안전로봇의 개발 및 보급 확대로 제조업 생산성 향상, 산업재해방지, 인력난 해소 등에 기여한다.[27]

---

25) 이를 세부적으로 살펴보면 다음과 같다. 협동 로봇에 활용되는 센서인 라이트 커튼, 레이저 스캐너의 경우 작업자 외에도 물체를 감지하기 때문에 작업자를 정확하게 감지하기가 어렵다. 또한 협동 방식의 하나인 속도 및 위치 감시 모드의 경우 작업자와의 안전거리가 유지되어야 하는데 안전거리 산출 계산 과정에서 다양한 수식들의 결합이 요구된다. 여기에서 각 수식이 정확하게 산정되지 않으면 작업자가 위험 영역으로 진입한 후 로봇이 동작을 멈추는 위험이 생길 수 있다. 그리고 동력 및 힘 제한 기능의 설계과정에서 생체 역학적 수치가 적절하게 고려되지 않으면 작업자에게 상해를 미칠 수도 있게 된다.

26) 세부 목표 내용은 로봇산업 시장규모 15조원으로 확대, 1천억원 이상 로봇 전문기업 수를 20개사로 확대, 제조로봇 보급 대수를 누적 기준 70만대로 확대하는 것이다(2019~2023).

27) 안전 관련 추진내용은 다음과 같다. 소방안전과 관련하여 화재현장 인명 탐색과 화재진압 활동 지원을 위한 센서 및 로봇기술 개발, 소방용 4족 보행 로봇기반 인명탐지, 화재진압 솔루션 개발 및 소방 로봇센서 실증 과제가 진행 중이다(2023~2028). 그 외 협소 공간에서 무선 탐지와 대응이 가능한 안전로봇 기술개발(산업부), 고위험 감염우려 의료폐기물 비대면 수거처리 기술개발(환경부), 유해가스 등 화학테러 현장의 대응기술 개발(소방청), 해양사고 신속대응 군집 수색 자율 수중 로

둘째, 현장 수요기반, 국민체감형 로봇서비스 구현을 위한 로봇융합 실증을 추진하여 자율주행자동차 시대, 근로환경 개선, 장애인 및 고령자 돌봄 서비스 등의 요구에 부응한다.

셋째, 로봇제품, 서비스 활성화를 위해 실제 및 가상 데이터 수집, 활용기술을 개발하고 가상 및 물리적 기반의 실증 인프라를 구축하며 현장 규제 개선 및 신제품 사업화 환경을 조성한다.

정부의 이러한 과제들의 성공적 추진을 위해 연구자들은 다음과 같은 의견을 제시한다. ① 안전기준 개선이다. 협동 로봇의 성능 향상을 위해 센서가 추가되고, 인공지능, 정보통신기술 등으로 스마트, 디지털화됨에 따라 위험 유발 변수가 증가할 수 있다. 따라서 기능 보강에 따른 위험과 사이버 보안공격에 의한 위험을 관리할 수 있도록 안전기준을 보완해야 한다. ② 인공지능기반 산업용 협동 로봇에 대한 성능시험제도를 법적으로 의무화하여 설계 및 제조단계에서 근원적으로 안전성을 확보해야 한다. ③ 현재 산업안전보건법 제93조(안전검사)에는 협동 로봇의 검사대상은 3축 이상의 다관절 로봇에 한정되어 있으나 모든 인공지능기반 산업용 협동 로봇에 대한 안전검사 범위를 재정립하여 적용할 필요가 있다. ④ 인공지능기반 산업용 협동 로봇의 인공지능 적용 수준에 따라 위험도를 구분하고 안전기준 및 법제의 적용 수준을 차등 적용하여 체계적으로 관리해야 한다. ⑤ 의도된 기능안전 및 사이버 보안 확인 절차를 구축하여 성능 시험 및 안전검사 제도에 도입함으로써 인공지능 협동 로봇의 제작에서 폐기 단계에 이르는 생애 주기의 안전관리체계를 구축해야 한다. ⑥ 5차산업혁명 핵심은 인간과 협동로봇과의 협업을 통한 제조혁신이다. 산업현장에서 인공지능을 접목한 협동로봇의 도입이 빨라질 것이므로 안전기준 및 제도가 신속하게 수립되어야 하며, 정부의 디지털 트윈 기반 평가 소프트웨어, 오픈 소스 플랫폼 등 지원이 필요하다.[28]

봇시스템 개발(해경청)등의 과제가 소관 부처별로 추진 중이다.

28) 양은지, 인공지능기반 산업용 협동 로봇의 안전성 확보에 관한 안전기준 및 법제 개선방안 연구, 연세대 공학대학원, 건설환경 및 방재안전공학(2022. 6)

5 자율주행자동차[29]

자율주행자동차 보급에 맞추어 윤리적, 법적, 안전문제(해킹에 의한 사고 유발 등) 등 많은 논의가 필요하다. 관련 법은 '자율주행자동차 상용화 촉진 및 지원에 관한 법률(주관: 국토교통부 첨단자동차기술과)'이며. 자율주행자동차가 인공지능 개입, 온라인을 통한 운행 등 특수성이 있으므로 기존 법리로 해결하기에 부족한 면이 많다. 이러한 사안을 규율하기 위한 법규로 자동차법제, 교통법제, 개인정보보호법, 소비자법제, 제조물책임법 등이 있다.

경찰청 보고서에 의하면 자율주행자동차 운전자 정의를 신설하고, 운전자 의무규정을 보완해야 한다는 의견과 자율주행자동차 운전면허제도도 일반 자동차와 다르게 개정되어야 한다는 의견이 개진되고 있다(2022년 3월).

1) 자율주행자동차 사고 시 고의, 과실 확인의 어려움

자율주행자동차의 운행이 운행 장비인 제조물로 볼 것인지, 소프트웨어의 오작동의 경우 제품 제공사의 잘못인지, 해킹에 의한 것인지 등 고의 과실 주체가 누구인지, 누구에게 책임을 묻는가에 따라 결론이 달라지는데에도 불구하고 그 기준을 정하기 어렵다.[30] 특히 해킹은 사람의 목숨과 직결되는 중대한 문제이다. 이처럼 자율주행자동차 사고 책임을 둘러싸고 운행자, 보유자, 제작사, 기술감독관 등 관여자 사이에 사고 원인에 따라 책임 배분 기준이 명확하게 규정되어야 한다. 입법자는 종전의 교통상황에서 문제 되지 않던 기술감독관의 지위와 의무를 규정하는 기준을 마련하고 누가 사고 원인을 입증해야 하고 어느 정도의 입증을 해야 하는지 합리적인 기준을 제시해야 한다.[31]

형사책임의 귀속과 관련, 자율주행자동차가 인공지능의 도움을 얻고 있으므로 특

---

29) 우세나, 자율주행자동차의 법적 문제와 제조물 책임법, 영남대학교 법학연구소 영남법학 제56호 (2023. 6) 95-123면.

30) 문병준, 자율주행자동차 기능안전 및 성능안전 법규 추진동향, 오토저널, 제42권 12호 한국자동차공학회(2020. 12)

31) 강지현 동아대 법학연구소 선임연구원, 4차산업혁명시대, 자율주행자동차 운행을 위한 법제 개선방안-개정 독일 도로교통법제의 대응과 시사점(2023), 동아대 법학연구소, 제주대 법과정책연구원, 한국부패학회가 공동개최한 동계학술대회(2022) 발표 내용을 수정 보완한 것이다.

정 목적상 판단 주체로 의제할 수 있는지를 고려하여 윤리적 객체로서의 지위, 즉 아시모프의 로봇 3법칙이 적용될 수 있다는 주장이 제기되기도 한다.[32] 한국교통안전공단은 자율주행자동차 운행 중 사고 발생 시 처리와 관련하여 통신, 소프트웨어, 알고리즘 설계회사까지 민, 형사상 책임을 묻는 방안도 검토 중이다. 이처럼 자율주행자동차의 기술 발전과 병행하여 입법 노력이 따라야 한다.

2) 선진사례 벤치마킹 필요

자율주행자동차의 최종 지향점은 모든 상황에서 인간이 개입되지 않아도 되는 완전자율주행이고 이를 위해 제한된 조건 하에서 무인자율주행이 허용될 필요가 있으나 안전성 우려로 상용화되지 못하고 있다. 이러한 상황에서 독일은 최초로 선제적 제도를 마련하여 물류 및 승객 운송에서 무인 자율주행차의 상용화 길을 열어놓았다.[33]

6 자율운항 선박

정부는 자율운항 선박의 상용화를 추진하고 있으며 이와 관련하여 항만 자동화시스템, 해양 위치정보 서비스 고도화 등을 추진하고 있다. 이를 위해 국제해사기구(IMO)가 규정하는 레벨-3의 자율운항 지능화, 자동화 시스템을 개발하고 검·인증 및 실증을 통한 운용기술을 확보하여 국제 표준을 선도하고자 한다.[34] 세부적으로 데이

---

32) 이중기, 자율주행자동차, 로봇으로서의 윤리와 법적 문제, 국토통권, 제416호(2016. 6) 국토연구원 pp.39. 한편 로봇 3원칙(Three laws of robotics)은 '로봇이 인간에게 해를 끼치지 않고, 인간의 명령에 복종해야 하며, 로봇 자신의 존재를 보호해야 한다'는 로봇 안전준칙을 말한다. 1942년 아이작 아시모프(Isaac Asimov)의 공상과학소설 '런어라운드(Runaround)'에 처음으로 언급되었다. 그는 1985년에 위 원칙에 인류의 안전을 위한 0번째 법칙, 즉 '로봇은 인류에게 해를 끼치는 행동을 하지 않음으로써 인류에게 해가 되어서는 안 된다'를 추가하였다. 우리나라 '지능형 로봇 개발 및 보급 촉진법'에는 '지능형 로봇 윤리헌장'이 정의되어 있다. 즉 '지능형 로봇의 기능과 지능이 발전함에 따라 발생 가능한 사회질서 파괴 등 각종 폐해를 방지하고 인간 삶의 질 향상에 이바지하도록 지능형 로봇의 개발, 제조 및 사용에 관계하는 자에 대한 행동지침'을 말한다(네이버 지식백과).
33) 독일은 2021년 도로교통법을 개정하여 무인 자율주행자동차 상용화를 위한 제도적 기반을 마련하였다. 개정 내용은 ① 무인 자율주행자동차 운행 허가 요건(단독운전 가능, 법규준수, 사고방지시스템, 위험 최소화 전환, 기술감독관 개입방안 등 기술적 요건 충족), ② 관련 당사자들의 의무(보유자, 기술감독관, 자동차 제작사), ③ 데이터 저장 및 제공이다(강지현, 전게서).
34) 국제해사기구(IMO)는 해상 안전, 보안과 선박의 해양오염 방지를 책임지는 유엔 산하 전문 기구이

터 교환 및 바다에서 실 검증, 사이버 안전 및 보안기술 개발, 자율운항 선박의 육상제어 기술개발 및 항만연계 시스템 고도화, 신뢰성 평가 및 사고대응기술 개발, 원격관리 및 안전운영 기술시스템 고도화, 국제표준화 선도를 위한 기술개발(IMO, IEC, ISO 등), 자율운항 선박과 연계된 화물운송시스템 개발 등이다.35)

HD현대는 2024년 5월 7일부터 이틀간 미국 워싱턴DC 소재 월터E 워싱턴컨벤션센터 AI엑스포에서 AI기반 USV '테네브리스' 모형을 전시하고 기술 역량을 소개했다. 미국 방산기업 팰런티어테크놀로지스와 공동 개발한 정찰용 무인수상정(USV)으로서 정찰, 기뢰 탐색 등의 임무에서 유인 함정 대체 필수 전력이며, 미래 해전의 '게임 체인저' 가능성이 높다.36)

7 의료용 로봇

1) 로봇 수술의 발전 및 현황

로봇수술은 1985년 산업용 로봇 PUMA 560의 뇌 수술 활용이 시초이다. 다빈치(da Vinci)가 2000년 로봇 수술기로 세계 최초로 미국 FDA 승인을 받고 미국 캘리포니아 Intuitive Surgical이 출시한 수술 로봇이 세계 최초다. 수술 시 절개부의 최소화 등 우수성을 인정받으며 산부인과, 외과, 비뇨의학과, 흉부외과 등 널리 활용되나 유지 비용이 많이 든다. 1대에 200만 달러를 웃돌며 수술 유지비가 150만 원 정도다. 의료보험 미적용으로 수술비는 700~1,500만 원 선이다. 2022년 현재 전 세계 6천여 대, 국내 50여 개 병원에 보급되어 있다.37) 의료서비스 로봇은 수술, 재활, 보조 로봇(진단 포함)으로 분류되며 진단, 치료, 수술, 재활, 환자 이송, 회진, 간호 등에서 쓰인다. 고령화가

며, IMO의 자율화 등급은 네 단계로 나누며 Level-1은 선원 의사결정 지원, Level-2는 선원 승선 원격제어, Level-3은 최소인원 승선, 원격제어, 기관 자동화, Level-4는 완전 무인 자율운항이다.

35) 2024년도 해양수산과학기술 육성 시행계획, 해양수산부, 해양수산과학기술진흥원

36) HD 현대 AI 장착 무인 함정 첫 공개, 한국경제 2024 5.9

37) 뉴욕타임스가 '전립선 수술에서 다빈치 없는 수술은 이례적이다.'라고 할 정도이며 고령화, 의료인력 부족, 감염병, 시술의 정확성, 안전성 등으로 의료용 로봇은 인류의 삶을 획기적으로 바꾸는 요인의 하나가 되고 있다(고려대 김영훈 교수, 코메디닷컴, 2023.12.4.).

급속히 진행되고 있어 간병, 독거노인 보호 등 생활보조 영역으로 확대되고 있다.

첫째, 수술 로봇은 수술 과정에서 의사 대신 또는 보조하며 뛰어난 성능을 지닌다. 현재 대부분의 수술 로봇은 수술 보조 로봇에 해당한다. 안전성 등으로 현장에서는 의사 보조 기능으로 활용되기 때문이다. 침습·비침습 수술 전 과정이나 일부에 참여한다.38) 세계적인 수술 로봇은 인튜이티브 서지컬, 존슨앤존슨, 메드트로닉스, 지멘스 등 빅 테크기업을 중심으로 투자가 이루어지고 있다.39)

둘째, 재활 로봇은 환자, 노약자, 장애인 등의 치료, 보조, 돌봄 및 간호, 간병 로봇이다. 의사가 아니라도 간호사, 간병인, 환자가 사용할 수 있으며 웨어러블 기기를 이용한 팔다리 재활, 일상생활 보조, 간병 등에 활용하며, 복지 시설, 가정에서 주로 사용한다.

셋째, 보조 로봇은 안내, 경비, 물류 및 약재 처리, 소독, 청소 등을 담당한다. 원격 진료, 상담, 처방 등을 보조하기도 한다.

2) 선진국의 의료용 로봇 경쟁 상황

수술 로봇은 인간의 한계를 넘는 고정밀도·고난도 기술이 요구되어 자동화, 스마트화, 최소 침습 관련 기술이 개발되고 있다.

미국은 수술 상처가 여러 곳인 멀티포트 방식에서 단일포트 위주의 기술을 개발하고 있으며 최소 침습과 마이크로 수술을 위한 초소형 신체삽입형 로봇을 연구 중이다. 독일은 수술 로봇의 투입 목표 지점에 신속·정확하게 도달하면서 주변 위험 조직과 최소 충돌하는 최적 경로를 개발하고 있다. 일본 도쿄대 로봇연구그룹은 수술용 로봇 범용화를 위해 성능 향상과 손기술로 어려운 초미세 수술기술을 개발하고 있다. 중국은 암 수술, 안과 질환 등에 군집 나노 로봇을 보내 약물 전달, 종양 제거 등 인공 마이크로 군집 로봇을 개발하고 있다.

---

38) 침습(侵襲)은 세균, 바이러스 같은 미생물이나 생물, 검사용 장비의 일부가 체내 조직 안으로 들어가는 것을 말한다.

39) 인튜이티브 서지컬은 복강경 수술 로봇 세계 1위 기업으로, 이 분야에서 세계적 수준이다. 존슨앤드존슨은 2019년에 뛰어들어 무릎 관절 치환 수술 등으로 영역을 넓히고 있다. 메드트로닉스는 척추 수술 분야에서 세계 최고 기술을 갖춘 마조 로보틱스를 인수했고, 복강 수술 로봇으로 유명한 캐나다 타이탄 메디컬과 협력 관계이다. 지멘스의 GRX는 혈관 수술 로봇으로는 유일하게 FDA 승인을 받았다. 우리나라는 고영 테크놀러지가 내비게이션 시스템 기술과 뇌수술 로봇을 개발하였다.

재활로봇 분야에서 미국 국립보건원(NIH-National Institute of Health)을 중심으로 이동 및 생활 지원, 신체기능 대체, 재활 훈련 등 다양한 분야의 상용화를 추진한다. 독일은 궤적을 따라 움직이는 트레드밀 형태의 로봇에 집중하고 있다. 중국은 외골격 로봇의 단순 동작 반복 시 실시간 제어, 3D 프린팅을 이용한 맞춤형 웨어러블 기기 제작에 성과를 내고 있다.[40]

3) 의료용 로봇 향후 과제

미래의 병원에서 로봇 활용이 필수이지만 우리나라가 인공지능 의료 선도국으로 성장하기 위해서는 의료로봇의 임상효과 검증, 국내 트랙 레코드 축적 및 의료 데이터 공유, 의료수가 인정, 개발 기간 단축, 인허가 및 인증절차 간소화, 융합인재 육성 등이며 기업의 부담을 낮추는 방안을 모색해야 한다. 융합인재를 육성하기 위해서는 전기, 전자, 기계 등 관련 공학이 융합되고 협력체제를 구축해야 한다. 예컨대, 인공 심장 펌프기에 모터가 필수이므로 의학과 공학이 결합해야 한다. 미래의 의료로봇도 공학자와 함께 의료인들이 참여해야 하며 융합 교육이 본격화되어야 한다. 의료용 로봇 개발 및 활용 제반 과정에서 안전 사안을 중시해야 하는 이유는 의료사고요인을 미리 제거하여 고귀한 생명을 지켜야 하기 때문이다.

8 생성형 인공지능

Open AI 개발 Chat GPT는 대규모 언어모델 GPT-3.5 및 GPT-4 기반의 대화형 인공지능 챗봇으로서 논문, 코딩, 소설, 문서, 번역, 교정 등 콘텐츠 제작에 활용되며 글로벌 열풍을 일으키고 있다. GPT(Generative Pre-trained Transformer)는 자연어 생성 모델로 머신러닝을 통해 방대한 데이터를 학습함으로써 사람이 쓴 것처럼 텍스트를 생성한다. 그러나 생성형 인공지능 서비스는 태생적 한계와 문제점이 존재한다. 첫째, 기능적 측면으로서 관계성을 분석해 답을 생성하는 형태이면서 모델 구축 이전의

---

[40] 우리나라는 2002년 관절치환 수술에 로봇이 보조해 로봇시술 시대를 열고 2005년에 복강경 수술, 2009년 대한의료로봇학회가 창설되었다. 이후 의료로봇 기업들이 다양한 로봇을 생산하고 있으며 2020년 의료로봇기업 협의회가 설립되었다.

데이터를 학습하므로 부정확하거나 최신성이 떨어지는 한계가 있다.

둘째, 윤리적 측면으로서 학습 데이터에 편향성이 있을 경우 차별, 불평등 심화 등 사회적 혼란을 유발할 수 있다.

셋째, 비용 측면으로서 데이터 구축, 학습 등 운영을 위한 대규모 컴퓨팅 자원을 필요로 하므로 엄청난 비용이 소요된다.

넷째, 환경적 측면으로서 막대한 전력 소비로 온실가스가 다량 배출된다.

다섯째, 저작권 측면으로서 인공지능이 만든 결과물은 대부분 국가에서 저작물로 인정하지 않고 있다. 그러나 작가가 쓴 글, 이미지의 선택과 배치에 대해서는 창작물로 인정하므로 작가들이 인공지능을 창의적으로 통제할 수 있다면 결과물 역시 저작권의 보호를 받을 수도 있음을 시사해 준다. 따라서 알고리즘 학습에 기여한 사람들의 권리에 대해 사회적 합의를 위한 논의가 필요하다.

여섯째, 개인정보 측면이다. 생성형 인공지능 개발을 위해 동의를 구하지 않은 개인정보가 포함될 수 있으며, 활용 과정에서 민감한 기업정보 또는 개인정보가 유출될 수 있다. 삼성전자, 포스코, SK하이닉스, LG디스플레이 등 국내 기업들도 업무 특성을 고려하여 생성형 인공지능 서비스 사용을 제한하는 등의 방침을 마련하고 있다. 공공 분야에서 생성형 인공지능 활용의 실효성을 확보하기 위해 다음 사항을 고려해야 한다. ① 생성형 인공지능 서비스를 규정하고 총괄 조정을 위한 조직 차원의 지원 ② 적용가능한 업무 도출 ③ 업무 활용 결과에 대해 데이터학습과 모니터링 실시 및 피드백 ④ 생성형 인공지능 활용 역량과 보안 강화. 이를 위해 실습형 교육과 전문인력 충원. 보안 및 개인정보 보호조치를 마련하고 침해 가능성을 최소화하며 데이터 활용 시 법과 규정을 지키도록 교육 실시.[41]

---

41) 김태원 수석연구원, 공공분야 생성형 AI 활용방안, 한국지능정보사회진흥원 정책본부 AI미래전략 센터(2023)

9 인간과 기술의 협력으로 노동력 부족 대응[42]

인구절벽 문제를 해결하기 위해서는 인적 자원으로서 노령인구의 가치를 재평가해야 한다. 생성형 AI, 로봇 기술 등의 보급으로 누구나 기술에 대한 접근이 가능해졌고 이러한 기술의 민주화로 나이, 성별 같은 태생적 요인의 영향이 줄어들고 있다. 자동화 기술, 인공지능, 로봇공학, 비즈니스 애널리틱스(BA–Business Analytics)[43] 등 혁신적 기술이 노동력 부족을 보완하는 데 크게 기여할 수 있다.

기술 진보와 민주화는 노령인구들도 풍부한 경험과 지혜에 전문성을 장착해 젊은 세대 못지않게 회사에 장기적, 안정적으로 이바지할 기회를 제공하게 되었다. HR은 기술의 민주화를 토대로 노령인력을 전문화하기 위해 기술과 인간과의 관계에 대한 인적자원(HR) 철학을 재정립해야 한다. 지금까지 HR은 기술은 인간 노동력을 대체하는 비용이라는 관점으로 접근해왔다면, 이제는 기술과 인간과의 관계를 협업하는 관계로 설정하고 전략을 수립할 필요가 있다. 기술과 인간의 관계가 협업 관계로 정립되면 나이, 성별 등 태생적 요인과 상관없이 생산 프로세스 최적화와 안전을 확보할 수 있는 대안들을 도출할 수 있게 된다.

---

42) 윤정구 이화여대 경영학과 교수, 인구절벽시대, 우리가 고민해야 할 HR 전략(HR 인사이트, 2023. 9. 25)

43) 비즈니스 인텔리전스가 과거 데이터 및 정형데이터를 기반으로 무엇이 발생했는지를 분석하는 도구라면, 비즈니스 애널리틱스(BA)는 과거뿐만 아니라 현재 실시간 발생 데이터에 대해 연속적, 반복적 분석을 통해 미래 예측 통찰력을 제공하는데 활용된다. 즉 실시간 미래 예측적 분석을 위해 기업 전체 데이터를 통합 분석하는 형태로 발전하고 있다. 이에 따라 데이터 양이 크게 늘어나고 이에 더하여 기사, 블로그, 이메일, 소셜 데이터 등을 통해 트렌드, 감성을 분석하여 사업계획에 반영하기 위해 비정형 데이터 분석도 크게 확장되고 있다(네이버 지식백과).

초경량 비행장치 조종자 안전[44]

드론은 접근이 곤란한 지점, 플랜트 및 건축물 등에 접근이 가능하여 플랜트, 군사시설 등에서 다각도로 쓰이고 있으며 산업현장의 안전성을 높이고 있다. 사전에 입력된 프로그램에 의해 자율적 순찰이 가능하고, 고해상도 영상 구현(0.5mm)으로 미세한 손상을 탐지할 수 있고, 적외선, 초분광 센서 등 다양한 센서에 의해 육안으로 보이지 않는 영역에 대한 손상도 판독이 가능하다.[45] 특히 대형화, 초고층화, 복잡화된 건설 분야에서 측량, 근접 영상촬영, 현장 순찰, 감시를 제공하는 건설관리 통합시스템 기술의 사용이 이루어지고 있으며 향후 더욱 확대되는 추세이다.[46] 이처럼 유용한 드론에 대해 어떠한 법적 규제가 있는지 알아볼 필요가 있다.

드론과 관련, 항공안전법 제2조 제3호에 초경량비행장치를 다음과 같이 정의하고 있다. "항공기와 경량항공기 외에 공기의 반작용으로 뜰 수 있는 장치로서 자체중량, 좌석 수 등 국토교통부령으로 정하는 기준에 해당하는 동력비행장치, 행글라이더, 패러글라이더, 기구류 및 무인비행장치 등을 말한다."

---

44) 이강원 외, 드론(무인기) 원격탐사 사진측량, 드론 관련 항공 법규, pp.447-470.

45) 이강원, 드론 이론과 플랜트 안전관리 응용, 서울대 엔지지어링개발연구센터(2018. 9)

46) 임범준, 시설안전평가원, 드론 활용을 통한 건설현장 재해 저감에 관한 연구, 한국재난정보학회 정기학술대회 논문집(킨텍스 2019.9.27)

1 준수사항

초경량비행장치 조종자의 준수사항은 항공안전법 제122조, 제129조, 동법 시행규칙 제310조에 규정되어 있으며 요약하면 다음과 같다. ① 사고나 분실에 대비해 소유자 이름과 연락처를 기재한다. ② 항상 육안거리 내에서 비행한다. 일몰 후부터 일출 전까지 야간에 비행하지 않는다. ③ 사람이 많은 곳 위로 비행을 자제한다. 인구 밀집 지역 위에서 위험한 방식으로 비행을 금지한다(스포츠 경기장, 각종 페스티벌 등). ④ 음주, 환각물질 등 비정상 상태에서 조종하지 않는다. ⑤ 비행 중 위험한 낙하물을 투하하지 않는다. ⑥ 항공 촬영 시 관할 기관의 사전 승인을 득한다. ⑦ 비행 금지 장소에서 비행하지 않는다(비행장으로부터 반경 9.3Km 이내, 국방보안상 금지 구역, 150m 이상의 고도). ⑧ 비행하기 전 해당 제품의 매뉴얼을 숙지하고, 전파 인증 제품인지 확인해야 한다.

2 불법 사용에 대한 처벌

초경량비행장치의 불법 사용에 대해서는 항공안전법 제161조에 의거 3년 이하의 징역 또는 3천만 원 이하의 벌금에 처하도록 되어 있다.

04 스마트팩토리와 안전[47]

스마트팩토리와 공장 자동화는 근본적인 차이가 있다. 재무관리를 엑셀로 하느냐 ERP(Enterprise Resource Panning)로 하느냐처럼 차이가 엄청나며, 공장 자동화가 전자이면 스마트팩토리는 후자이다.

1 공장 동작 기술의 발달 단계

공장을 동작시키는 기술은 몇 단계를 거쳐 발전해 왔으며 요약하면 다음과 같다.

단 계	내 용
수동화 단계 (Manual Stage)	인간이 손과 발을 사용하여 기계를 직접 동작
자동화 단계 (Automation Stage)	인긴의 손과 발 역할을 자동화된 기계가 대신하고 이를 어떻게 동작시킬지를 인간이 머리로 생각해 옴
디지털화 단계 (Digitalization Stage)	인간의 머리로 생각하던 역할까지도 인공지능이 과거 동작 데이터로부터 보고 배워 대신함(AI와 융합된 기계가 인간의 역할까지 대신함)

---

47) 최두환, 스마트팩토리로 경영하라, 스마트 팩토리 이해, pp.100−103, 보안, pp.96−98.

2 공장 자동화와 스마트팩토리의 차이

공장 자동화는 설계할 때 정해진 개념과 아이디어에 따라 공장이 작동한다. 초기 설정값에 기초하여 모든 경우에 같은 동작을 하며 미리 알고 있던 지식에 한정되어 동작한다. 설비의 동작 설정이 처음에는 최선이었는지 모르나 그 후 정체한다.

스마트팩토리는 AI가 설비동작 데이터를 보면서 마치 전문가가 설비 동작을 개선해 나가듯이 공장을 동작시킨다. 실시간 데이터에 기초하여 상황에 맞는 최적의 동작 상태를 찾아 나간다. 설비가 동작함에 따라 많은 데이터가 쌓이고 설비 동작이 계속 발전한다. 그간 모르던 지식까지 알게 되며 이를 실시간 수용하여 발전해 나간다. 만약 공장 자동화가 안 된 상태라면 바로 스마트팩토리로 나아가도 좋다. 양자의 특성을 요약하면 다음과 같다.

	공장 자동화	스마트팩토리
작동 기반	정해진 개념과 아이디어	데이터와 인공지능
동작 근거	초기 설정값	실시간 데이터 활용
발전 방향	설정 시 최선, 이후 정체	데이터 축적에 따라 발전
지식의 폭	알고 있던 지식에 한정	모르던 지식까지 수용

3 안전관리 방안

공장이 스마트팩토리가 되면서 네트워크로 연결된 존재는 사람이건 기계건 모두 공장을 제어할 수 있게 되므로 외부 침범을 방지하기 위해 보안에 각별히 신경을 써야 한다. 도메인 전문가가 결정해야 하고 이에 맞추어 IT 전문가가 보안을 설계해야 한다.

이를 위해 세계적으로 많은 보안 표준화 활동이 진행되고 있으나 아직 범용적으로 안전한 보안 표준 확립은 미흡하며 초기에 권장하는 보안 방안은 성벽(Walled Castle) 구조이다. 이는 스마트팩토리를 성벽으로 둘러싸서 성으로 만들고, 외부 접촉은 개방된 하나의 성문(Gateway)을 통해서만 하게 하고 그 성문을 통과할 때 모든 필요한 보안 조치를 하게 하는 것이다. 성안에서는 기능에 제한 없이 접속할 수 있지만 어떤 데이터나 제어 신호가 성을 넘어서려면 성문을 통해서만 가능하게 하고 성문에서 필요한 모든 보안조치를 하는 것이다.

성벽 구조는 스마트팩토리 기술이 발전하면서 제약 사항이 될 소지도 있지만 초기에는 이 구조를 활용하는 것이 좋다. 점차 이 구조로써 스마트팩토리 발저을 감당하기 어려운 수준이 되면 그때는 사물인터넷과 스마트팩토리 보안기술도 상당히 발전할 것이므로 새로운 기술을 적용하면 될 것이다.

CHAPTER

07

인문학적 관점과 안전

01 코칭과 안전

안전 관련 연구에 의하면 코칭은 일반 직무뿐만 아니라 안전분야에서도 효과가 큰 것으로 나타났다. 버지니아공대 E.S. Geller 교수 등은 안전코칭을 "작업장에서 위험한 행동에 대해 건설적인 피드백을 제공하고 안전행동을 증진하기 위한 대인관계 과정"이라 정의하고, 실제 글로벌 건설업체의 14개 현장에 안전코칭을 실시한 결과 근로자의 안전행동이 증가하고 사고도 크게 감소한 것으로 나타났다. 또한 Kines 등의 연구에서도 건설 현장에서 의사소통에 대한 안전코칭을 적용한 결과 의사소통이 증가하고 안전수준이 향상된 것으로 나타났다.

건설업 외에도 관리자 대상 안전리더십 교육을 실시한 결과 직원의 안전행동이 증가하고 사고가 감소하였으며, Zohar의 연구에서 현장 관리자를 대상으로 안전 리더십 기반 코칭 결과, 직원들의 안전보호구 착용비율이 9%에서 59%까지 증가되었다.[1]

한국코치협회 이상택 코치(전 DL이앤씨 기술직 임원)는 다음과 같이 안전문화는 코칭이 답이라고 단언한다. "안전우선이라는 암묵적 기본가정이 체화되고 안전문화가 형성되려면 경영자가 안전우선 철학을 깨닫고 근로자는 안전참여 동기를 극대화해야 한다. 그러나 문화를 바꾸기가 쉽지 않다. 사회적 유전자가 변해야 하기 때문이다. 교육이나 강요로 가능하지 않다. 반드시 성찰을 통해 이룰 수 있다. 코칭을 통해 안전에 적

---

1) 중앙대 심리학과 이지동 외, 안전리더십 코칭 프로그램이 건설현장 근로자들의 안전 행동에 미치는 효과(2018. 12)

극 참여할 수 있고 자율성과 내적 동기가 활성화될 수 있다."[2]

이처럼 코칭이 안전문화 수준을 높이는데 효과가 크므로 코칭에 대해 이해도를 높이고 코칭을 안전관리에 접목할 경우의 효과를 사례를 통해 살펴본다.

1 코칭의 어원과 의미

코치(Coach)의 어원은 헝가리어 콕치(Kocs), 즉 네 마리 말이 끄는 마차에서 유래되었으며 "출발지에서 목적지까지 데려다준다."라는 의미를 지닌다. 코칭은 '개인과 조직이 잠재력을 극대화하여 최상의 가치를 실현할 수 있도록 돕는 수평적 파트너십'을 말한다. 코치는 코칭 대상자(통상적으로 '고객'이라 표현)가 추구하는 목표와 현재 수준과의 갭을 줄이고 고객의 목표 수준에 도달하기 위해 경청 – 질문 – 인정과 격려 – 점검 및 피드백 과정을 거친다.

2 코칭 철학

코칭은 다음과 같은 기본 철학을 바탕으로 한다. ① 모든 사람에게는 무한한 가능성이 있다. ② 그 사람에게 필요한 해결책은 그 사람 내부에 있다. ③ 그 해결책을 찾기 위해서는 파트너가 필요하다.

---

2) 이상택, 안전코칭이 답이다, 한국코치협회(월간지 Coaching 2022.12)에서 인용함. 이상택 코치는 현장 관리자로 해외 근무 시절, 현장에서 대형 안전사고를 당한 근로자가 대퇴부가 거의 절단되고 과다 출혈로 머나먼 이국땅에서 가족도 없이 이상택 코치의 손을 잡고 눈을 감았다. 이로 인해 안전을 가장 절실하게 생각하게 된 그는 프로젝트 책임자가 되었을 때 업무에서 안전을 최우선으로 고려하였으며, 이러한 노력으로 험난한 플랜트 공사에서 3,200만 인시(人時) 무사고 대기록을 달성하였다. 그는 강력한 관리만이 답이 아니며, 통제와 감독이 안전 규칙을 지키는 원동력이지만 행동 변화를 유발하지 못하고 위험을 회피하는 일시적 방어기제이며, 자발적 참여 동기를 방해하고 있음을 깨달았다. 당시 그는 통제받을 때만 행동하는 인간 심리를 알지 못해 더 강하게 관리하려 했고 그럴수록 안전 의지는 강박증이 되었다. 그는 "안전에 최선의 길은 무엇인지 심사숙고 끝에 안전을 행동과 동기의 관점으로 연결하여 생각하게 되었고 심리학과 코칭에 입문하게 되었다"고 소감을 밝히고 있다.

3 코칭 단계(I-GROW 모델)

코칭 스킬의 대표적인 모델의 하나인 I-GROW모델을 보면 다음과 같은 절차를 거쳐 코칭을 수행한다.

❖ 코칭 단계(I-G-R-O-W 모델)

단계	내용
주제(Issue)	코칭 주제 선정
목표(Goal)	코칭 대상자가 원하는 목표 설정
현상(Reality)	현재 상황 점검, 목표 도달에 장애가 되는 요인 찾기
대안(Options)	여러 대안 중 근본적, 현실적 대안을 찾고 구체적 행동계획 수립
실행(Will)	코칭 대상자 의지 확인,지지, 실행 계획을 다짐 받으며, 상호책임 나눔

4 안전문화 정착을 위한 코칭의 필요성

안전문화 수준을 높이기 위해서는 듀폰의 브래들리 커브의 3, 4단계 수준으로 격상시켜야 하는데 이는 개인의 자발성과 조직 간의 유기적 협력이 필수이다. 현장 담당자들의 자발성을 높이는 데에는 개인의 인식 변화가 최우선이다. 자율성이 요청되는 안전관리 분야에 코칭이 강력한 도구가 되며, 유수 대기업에서 실행하고 있다. 안전코칭은 구성원들에게 심리적 안전감을 조성해 줌으로써 자율성을 크게 높일 수 있어, 서로 눈치 보지 않고 자유롭게 수평적으로 소통하며, 신속하게 문제를 해결하고, 혁신해 나가는 문화를 구축할 수 있다.[3]

코칭의 효과성을 집약한 코칭의 의미를 요약하면 다음과 같다. ① 조직 구성원들이 스스로 현장의 제반 문제점을 인식하고 개선방안을 수립, 실행하도록 돕는 프로세

---

3) 하버드대 교수이자 '두려움 없는 조직'의 저자 에이미 에드먼슨은 '심리적 안전감'을 '구성원이 업무와 관련, 어떤 의견을 제기해도 처벌이나 보복을 당하지 않을 것이라고 믿는 조직환경'이라고 정의하였다. 이를 조성하기 위해서는 실수를 숨기지 않고 실수를 통해 학습하고 공유하는 것과 리더가 모르는 점이 있으면 솔직하게 인정하는 모습을 보여 주며, 구성원의 발언을 진정으로 경청하고 제기된 문제를 인정하고 감사를 표명하는 것이다(출처: 코칭적 솔루션, 인코칭 코민상담소, 2022. 10. 11).

스이다. ② 구성원들의 현장 지식과 경험, 노력을 인정하고 칭찬하여 동기를 부여한다. ③ 구성원의 실행력 부족에 대해서는 구체적이고 실효성 높은 질문과 경청, 피드백을 통하여 구성원들이 자발적이고 의욕적으로 실행력과 창의력을 높여나가도록 한다. ④ 구성원들이 스스로 인식을 개선하고 안전하고 건강한 환경에서 작업하도록 돕는 강력한 실천 도구이다.[4]

코칭의 핵심인 경청과 질문은 동전의 양면이다. 한국코치협회 김영헌 회장은 자신의 저서 '행복한 리더가 끝까지 간다'에서 질문의 힘은 ① 자신에게 질문할 때, ② 경청할 때 ③ 상호 신뢰가 있을 때 크게 발휘된다고 하며 질문하기가 어렵게 느낀다면 주디스 클레이저가 다음과 같이 제시한 LEARN 기법이 도움이 된다고 한다. ① 미팅에서 좋았던 점(Like), ② 흥분되었던 점(Excite), ③ 불안했던 점(Anxiety), ④ 축하할 일(Reward), ⑤ 앞으로 필요한 일(Need)이다.[5]

5 코칭의 생산성 효과

셔먼 세브린(Sherman Severin) 박사는 2003년에 개최된 국제코치연맹(ICF—International Coaching Federation) 코칭 조사 심포지움(Coaching Research Symposium)에서 "포춘지 선정 100대 기업의 투자수익률(ROI)은 교육만 받았을 때 385% 신장을 나타낸 반면, 코칭을 함께 실행했을 때 1,825%의 증대를 나타낸 것으로 검증되었다"고 발표하였다. 교육만 받은 경우 4배 신장이지만 교육과 코칭을 동시에 받은 경우 18배의 효과를 가져왔다.[6]

저자는 기업 대표가 자사의 안전문화 진단 결과, 안전수준을 높이려 한다면 안전문화 코칭을 받아보라고 권한다. 에릭 슈밋 구글 회장의 다음과 같은 소감은 참고하기에 충분하다.

---

4) 질문과 경청은 코칭의 핵심 스킬인데 이에 대해 전문서적을 통한 학습이 필요하다. 비즈니스북스의 질문의 힘(제임스 파일, 메리엔 커린치 저, 권오열 역)이 많은 도움이 된다.

5) 김영헌, 행복한 리더가 끝까지 간다, 좋은 질문의 힘은 어디에서 나오는가, pp.140 − 144.

6) 셔먼 세브린 박사는 국제코치연맹 보고서 141페이지에 'ROI in Executive Coaching Using Total Factor Productivity'란 제목으로 위의 내용을 발표하였으며, 한국코치협회 안전문화코칭사업단(배용관 단장)의 '안전문화코칭을 기반으로 한 조직 안전문화 지원 프로그램'에 이를 소개하고 있다.

"내가 세상에서 이 일을 가장 잘하는데 코치가 무슨 조언을 해 줄 수 있겠는가... 라고 생각했는데, 막상 코칭을 받고 보니 달랐다. 내가 지금까지 받아본 조언 중 최고의 조언은 바로 코치를 고용하라!는 것이다(Hire a coach!)."

6 코칭을 통한 구성원들의 역량 개발[7]

GE 사장 및 부회장을 역임한 래리 보시디는 자신의 저서 '실행에 집중하라'에서 "코칭은 타인의 역량을 향상시키는 효과적인 방법 중 하나이다. 물고기를 주면 그 사람의 하루를 즐겁게 하지만, 물고기 잡는 법을 가르쳐 주면 그 사람의 평생이 즐거워진다." 이것이 바로 코칭이다. 단순히 명령을 내리는 것과 방법을 가르치는 것에는 엄연한 차이가 있다. 유능한 리더는 만나는 모든 사람들에게 가르침을 전한다.

또한 광고회사 신입사원이었던 셸리 라자루스는 자신이 평생 광고업계에 종사하게 된 것은 광고업계의 전설적인 인물 데이비드 오길비의 코칭에 기인한다고 밝혔다.[8]

사례 연구 (13) 작업 현장에서의 코칭 적용 사례(S사 조선소)

S사 조선소 특수선 3부 현장 총괄관리자는 형식적으로 진행되어 오던 툴박스 미팅에 코칭을 접목시킨 결과 작업 현장의 안전문화가 바뀌고 있음을 확인하였다.

1) 작업자의 인식 변화(고백)

먼저 현장 작업자의 인식이 변화되기 시작하였다. "코칭 전에는 형식적인 TBM, 즉 별다른 생각을 하지 않고 듣기만 하고, 안전에 대한 생각이 적었으며, 주의력이 산만한 편이었다. 그러나 코칭 접목 후에는 안전에 대한 경각심을 일깨우고 더 안전한 작업이 가능하다는 믿음이 생겼다. 어떤 질문을 할까? 어떤 위험한 상황이 발생할 수

---

7) 래리 보시디, 실행에 집중하라, 코칭을 통해 구성원들의 역량을 개발하라, pp.108-113.
8) 다니엘 골먼 외, 감성의 리더십, 코치형 리더, pp.109-114.

있을까... 등 안전에 대해 한 번 더 생각하게 되었다. 생각의 변화로 행동이 변화되기 시작하였다, 안전에 대해 곰곰이 생각하고 작업하게 되었으며, 작업 시작 전에 작업장과 작업장 주위를 한 번 더 체크하게 되었다. 질문을 통한 작업자의 생각을 정확하게 인식하고, 문제점은 즉시 시정하고, 동료로서 서로 존중받고 있다는 관계가 형성되었으며, 이를 통해 작업자 주도의 안전행동을 이행하게 되었다."

2) 작업반장의 인식 변화

작업반장의 인식도 변화되기 시작하였다. "코칭 전에는 TBM 시 질문 없이 일방적으로 지시하고 반원들의 생각을 묻지 않았다. 그러나 코칭 접목 후에는 서로 묻고 답변하는 가운데 반원들의 생각과 고충을 알게 되었으며 좀 더 친해지고 반 분위기가 올라가게 되었다. 가장 큰 변화는 칭찬, 소통, 경청, 질문을 통해 반원들의 생각과 서로 더 챙겨주는 마음이 생기는 등 조직 분위기의 향상이다. 칭찬이 늘었고 웃음이 많아졌으며 반원들과 소통이 늘어남에 따라 서로 배려하는 문화로 바뀌고 있다. 아쉬운 점은 부끄러워서 칭찬을 더 해 주지 못하고 더 많이 웃어주지 못한 것 같다."

3) 현장 관리자의 인식 변화

현장을 지휘하는 현장 관리자 역시 인식에 변화를 가져왔다. "코칭 접목 전에는 현장에서의 위험요소나 잘못된 점 위주로 보는 시각을 가졌다. 그러나 코칭 접목 후 지금은 잘하고 있는 점도 보는 관점이 추가되어 현장을 보는 시각이 달라졌다. 코칭을 통해 칭찬과 격려, 인정해 주는 스킬이 향상되었다. 소통 횟수가 증가함에 따라 친밀 관계가 확장되고 작업 공정에 긍정적인 영향을 주고 있다. 생산성 향상을 느끼게 되며, 앞으로 전사적으로 안전 수준 및 생산성이 향상되도록 코칭 접목활동이 사내에 확산되기를 바란다."

4) 코칭의 안전활동 접목 성과

① 안전성과로서 무사고 무재해 실현의 기반을 조성한 것이다. 안전개선, 시정요구서 발생 건수가 현저히 줄어들고 있다. ② 생산성이 향상되고 있다. 스마트 공정관리시스템 구축과 동반 활동으로 상승작용을 가져오고 있다. ③ 품질 성과로서 선박 주문사의 신뢰와 만족이 향상되고 있다. ④ 현장 관리자−작업반장−반원들 간의 원만

한 관계가 형성되어 노사관계 안정기반 조성에 큰 도움이 되고 있다.

5) 코칭의 안전활동 접목 시사점

코칭을 접목한 안전활동은 작은 행동들의 변화를 통해 큰 변화를 이끌어 낸다. 기존 방식과 다른 안전 리더십 발휘가 필요하며 지속적이고 꾸준하게 추진해야 한다. 조직별 특성에 적합한 코칭을 적용할 필요가 있으며, 강요가 아닌 구성원 스스로 참여가 이루어져야 한다. 코칭을 접목한 안전활동은 생산, 설비운영, 보수담당 등 관련 분야 담당자들과의 유기적인 협력 활동이라야 효과적이다. 코칭을 접목한 안전활동은 보건안전환경(HSE), 생산성 향상, 품질관리, 공법 및 기술, 노사관계가 결합한 총체적 개념(Holistic Concept)이며 회사의 경영방침과 전략 방향에 맞추어야 한다.9)

6) 추진 방향

TBM을 통한 코칭 접목 활동은 관리자가 관찰자 역할을 하고, TBM 후 열린 질문 등 양방향 소통을 통한 피드백을 실시한다. 여기에서 작업 목표 및 각자 역할을 전달하고 작업 방법 및 위험요소에 대해 질문을 한다. 현장 관리자는 요약 정리한 후 현장에서 확인 및 지원한다. 현장 행동강화를 위한 코칭 프로세스는 다음과 같다. ① 규칙, 규정을 넘어서서 더 안전한 상황을 찾기 위해 관찰한다(Observation). ② 찾아낸 사안이 장려할 만한 것인지 평가한다(Evaluation). ③ 무엇을 더하거나 빼면 더 안전하게 작업할 수 있을지 질문과 답변을 통해 안전성을 높여나간다(Improvement of Safety through Q&A). ④ 감사와 칭찬을 통해 안전한 작업장을 이루어 나간다(Formation of Safety Culture through Gratitude and Compliment).10)

---

9) 조직문화는 실과 바늘처럼 경영전략과 긴밀하게 연계되어야 한다. 현대 경영학의 구루 피터 드러커는 문화는 매일 먹는 아침 식사처럼 전략을 먹는다(Culture eats strategy for breakfast)라고 설파하였다.

10) 코칭에 대한 전반적인 내용을 파악하려면 박창규 외, 코칭핵심역량, 학지사, 오정근, 커리어코칭, 북소울 등을 참고하기 바란다.

포스코엠텍의 박기덕 소장은 자신의 퇴임 후에도 회사가 지속적 혁신을 이루어 나가는 방안을 모색하던 중 가치관 경영을 떠올리게 되었다. 가치관 경영이란 경영시스템 전반에 걸친 모든 사항을 임직원들이 스스로 공유하는 것이 핵심이며, 사명, 핵심가치, 비전이 주요 요소로서, 직무 효율성을 넘어 각자 일에 대한 참된 의미를 깨닫게 한다. 현대의 기업문화는 사람의 마음을 움직여 자발적으로 행동하게끔 하는 데 초점을 맞추고 있으며 미래학자 다니엘 핑크는 그의 저서 '드라이브'에서 이를 밝힌 바 있다.

박소장은 직원들의 내적 동기를 가치관 향상 계획 수립을 통해 만들어 나가기로 마음을 먹고 설문지를 만들어 작성토록 하였다. 나는 어떤 사람인가, 나는 제대로 프로다운 직장인인가, 나는 주인의식을 가지고 있는가 등이다. 직원들은 문항을 체크하면서 스스로를 돌아보며 항목별로 자신의 수준을 점검, 인식하여 개선 목표를 정하고 활성화하도록 관리자들이 도와주게끔 하였다.

가치관 향상 활동을 하면서 관리자들이 현장을 방문해서 직원들과 대화를 나눌 때 개선 대책에 대해 칭찬과 격려를 하였다. 비난과 질책을 하지 않도록 관리자들에게 주지시켰다. 개선하도록 기다려 주는 미덕이 필요하다. 평가와 진단에 끝나지 않고 직원 스스로가 지속적으로 자신이 개선해 나가야 할 방향을 정하고 개선해 나가도록 시간을 주고, 시행한 것에 칭찬과 격려를 하고, 도움을 줄 것이 있는지, 장애요인이 있는지 살펴보게 하였다. 이것이 코칭기법이기도 하다. 가치관 향상 활동을 하면서 무조건 반대만 하던 사람, 고객과 충돌이 많았던 사람, 변화를 따라가지 못해 뒤쳐진 사람 등 수많은 불합리한 상황들이 교육이 아니라 스스로의 노력으로 변해갔다. 고객사들은 깜짝 놀라 요사이는 일하기가 편하다고 평가해 주고, 모회사 직원을 자발적으로 도와주어 고맙다는 전언도 있었다.

직원 각자가 가치관 평가표를 스스로 채점하면서 자신의 내적 동기를 부여한 것이 자발적 참여, 적극적 행동, 주인의식이 강화되었고 작업표준 준수 활동에서도 성찰하게 됨으로써 회사의 전반적인 수준이 높아지게 되었다.

---

11) 박기덕, 마음이 변해야 행동이 바뀐다, 가치관 경영에 답이 있다, pp.63−92.

"모든 사람이 온전하고(Holistic), 솔루션을 내부에 가지고 있고(Resourceful), 창의적인 존재(Creative)"라는 코칭 정의를 바탕으로 과제의 해결 방안을 스스로 찾아가도록 도와주는 코칭 활동과 일맥상통하여 코칭의 효과를 톡톡히 보았다.

일 년 정도 가치관 활동 후 리더들이 전원 모여 토론한 결과 핵심가치는 모회사와 일체감을 갖기 위해 그대로 쓰고 단계별 목표는 실정에 맞게 재작성하고 개선 내용도 추가하였다.

5대 핵심 가치관과 키워드는 다음과 같다.

5대 핵심 가치관	키워드
1. 고객 지향	고객 중심, 경청, 가치 창출
2. 도전 추구	최고 지향, 위험 감수, 변화 주도
3. 실행 중시	책임 의식, 상호 협력, 성과 추구
4. 인간 존중	신뢰와 배려, 공정성, 자아실현
5. 윤리 준수	윤리의식, 투명성, 파트너십

02 심리학과 안전

심리학은 인적자원 역할이 중요한 안전과 관련이 깊다. 사람의 심리를 연구하는 심리학 내용이 안전 수준을 높이는 데 큰 도움이 된다. 심리학계에서는 일찍이 대구대학교 심리학과 이종한 명예교수(한국심리학회장 역임)가 심리학의 역할을 제시하였으며 중앙대학교 심리학과 문광수 교수 등 많은 분들의 활약이 두드러진다.[12]

1 산업안전보건법에서의 접근

산업안전보건법에는 안전관리에 심리학적인 접근 근거가 마련되어 있으며, 동법 제5조에 사업주의 의무를 다음과 같이 규정하고 있다.

---

12) 이종한 대구대 명예교수는 한국가스안전학회와 한국가스안전공사가 공동 주최한 "2008년도 동계 산학협동 워크샵(2008. 2. 21)을 주재하고 내용을 정리하여 외부에 기고한 바 있다. 주요 내용은 한국 사람들의 문화적 심리적 특성, 즉 집단주의, 운명론적 사고, 비합리적(막무가내식) 낙관주의 등을 지적하고 일본의 재난관리와 문화재 관리 사례, 미국의 크루즈 선상의 안전교육 사례를 소개하였다. 또한 이를 근거로 안전 수준 제고 방안을 다음과 같이 제시하였다. ① 개인 차원에서 확률론적 사고로 전환하여 언제 어디서나 사고를 당할 수 있다는 관점에서 준비해야 하며, ② 기업 차원에서 사고는 확률상 일어나므로 지속성장 측면에서 장기적으로 안전 투자가 이득이며, ③ 정부 차원에서 전문성을 높여 기업과 국민들에게 실질적으로 도움을 제공할 수 있어야 함 등이다. ④ 끝으로 재해사고 원인 규명과 대책 수립 시 기계설비 보강 등 기술적 접근에만 머물지 말고 심리적 기제에서도 모색할 것을 제안하였다.

"사업주는 산업재해 예방을 위한 기준을 준수하며, 당해 사업장의 안전, 보건에 관한 정보를 근로자에게 제공하고, 근로조건의 개선을 통하여 적절한 작업환경을 조성함으로써 근로자의 신체적 피로와 정신적 스트레스 등으로 인한 건강장해를 예방하고, 근로자의 생명과 안전 및 보건을 유지, 증진하도록 하여야 하며, 국가 산업재해 예방 시책에 따라야 한다." 아울러 동법 제6조에는 근로자의 의무를 다음과 같이 규정하고 있다. "근로자는 이 법과 이 법에 의한 명령에서 정하는 산업재해 예방 기준을 준수하여야 하며, 사업주 기타 관련 단체에서 실시하는 산업재해 방지에 관한 조치에 따라야 한다."

2 안전과 심리학의 연계성

심리학은 인간과 동물의 행동 및 그 행동에 관련된 생리적, 심리적, 사회적 과정을 연구하는 학문이다. 개인의 심리적 과정뿐만 아니라 신체기능을 제어하는 생리적 과정, 개인 간의 관계와 사회적 과정까지 대상이다.[13] 심리학은 다섯 가지 관점으로 연구한다. ① 생물학적 관점으로 행동의 기초는 생물학적 기능이라고 본다. ② 인지적 관점으로 사고(思考) 과정 및 세상에 대한 이해에 초점을 둔다. ③ 행동적 관점으로 관찰 가능한 행동에 대해 연구한다. ④ 정신분석적 관점으로 무의식적 요인들에 대해 초점을 맞춘다. ⑤ 인본주의적 관점으로 인간의 잠재력을 실현시키기 위한 인간의 욕구에 대해 연구한다. 마슬로우 욕구 5단계설은 이에 속한다.

3 안전심리 이론

안전수준 향상을 위한 심리학의 관련 이론은 다음과 같다.[14]

---

13) 국립 한경대학교 박재희 교수 강의록 참고.
14) '심리적 관점에서 본 안전'이란 제목으로 세종사이버대학교 안전학과 정진우 박사의 유튜브 강의 내용을 토대로 재구성한 것이다.

1) 리스크 항상성이론(Risk Homeostasis Theory)

생리학 용어인 항상성(Homeostasis)은 외부 환경이 변해도 몸속의 조건이 일정하게 유지되는 메커니즘을 말하며 항온동물의 체온, 에어컨의 실내 온도 조절을 예로 들수 있다. 항상성의 메커니즘은 역피드백(Negative feedback) 기능으로서 각 센서를 통해 일정 수치에서 벗어나면 자동으로 원상태로 돌아가기 위해 체온, 혈압, 체액의 염분, 당분, 미네랄 성분의 농도를 조절하는 대응책을 발동한다. 제럴드 와이어는 위험 분석(Risk Analysis)지에 리스크 항상성 이론을 발표하여 센세이션을 일으켰으며(1982), 그의 논지는 다음과 같다. ① 사람들이 활동으로부터 얻는 기대 이익과 바꿀 수 있는 건강, 안전, 그 밖의 가치를 훼손하는 리스크의 주관적 추정치를 어느 정도까지는 받아들인다. ② 행동을 바꾸지만 자발적으로 책임져야 할 리스크의 양을 바꾸고 싶다고 생각하지 않는 한 행동의 위험성은 변하지 않는다. 즉 안전대책으로 사고가 줄어들면 사람들은 리스크가 낮아졌다고 느끼고 리스크를 목표 수준까지 감당하려 한다. 이는 편익(Benefit)이 커지기 때문이다.

교통안전 심리학에서 이를 교통사고 감축 방안으로 활용한다. 도로의 안전 조건이 좋아지더라도 운전자가 위험한 행동을 감수하는 쪽으로 의식이 바뀐다는 것이다. 예컨대 고속도로의 곡선 구간을 직선화시키면 운전자들은 속도를 높여 고속주행을 즐기려 한다. 미식축구의 헬멧 강도를 높이더라도 사망사고가 줄어들지 않는다. 더 과감하게 부딪히는 행동을 하기 때문이다. 결국 위험 수준은 동일해지고 안전대책 효과가 없어진다는 것이다.[15]

이러한 관점에서 기계설비 개선이나 교체로 안전이 확보된다고 생각하면 안 된다. 안전가치를 올리는 것이 수반되어야 한다. 안전목표 수준 강화, 안전비용이 투자라는 인식, 동기부여 등 소프트웨어 대책이 병행되어야 한다. 설비개선, 보강 등 하드웨어 대책만으로는 한계가 있다.

2) 깨진 유리창 이론(Broken Window's Theory)

1982년에 발표된 범죄심리학 이론이며 1990년대 뉴욕시가 채용하여 치안회복 모

---

15) 하가 시게루, 안전의식 혁명, 안전장치를 해도 사용자 때문에 다시 위험해진다. pp.55-75.

델로 활용되었다. 이는 건물의 유리창이 깨진 채 방치되면 누구도 관리하지 않는다고 생각되어 낙서, 쓰레기 투기, 불량의 온상이 되고 경미한 범죄가 발생하기 시작하며, 주민들은 불안하여 그곳에 가지 않게 되고, 질서가 문란해져 흉악한 범죄가 많이 발생하게 된다는 것이다. 남에게 폐를 끼치는 행위, 경미한 범죄를 묵과하면 이것이 상승 작용을 일으켜 흉악한 범죄에 이르게 되므로 경찰은 질서 사범 등 대수롭지 않은 행위부터 단속하고 주민들도 협력함으로써 치안이 회복될 수 있다는 방법론이다. 뉴욕시는 이를 통해 중범죄를 75% 줄이는 효과를 가져왔다.

직장에서도 중대한 위반에는 반드시 작은 위반이라는 전조현상이 있다(예: 삼풍백화점). 직장이 정한 규칙의 위반에 대해 경미한 단계에서부터 개입해 나가지 않으면 위반이 상습화되고 질서가 문란해진다. 안전관리도 마찬가지다. 사업장에서 안전 규칙을 경미하게 위반하는 것을 용납해서는 안 된다. 작업장 통로에서 스마트폰을 보면서 걸어간다든지, 핸드 레일을 잡지 않고 계단을 이용한다든지, 금연구역에서 무심코 담배를 입에 무는 경우 등 사소한 행동을 방치하면 중대한 위반으로 연결되고, 안전 규칙을 지키는 분위기가 깨어지며, 안전풍토가 무너지게 된다.[16]

3) 정상화 편견(Normalcy Bias)[17]

정상화 편견이란 비상시에 "설마 이런 일이 일어날 리가 없다."라고 생각하거나 가상(Virtual) 현실일 것이라고 생각하는 경향을 말한다. 인지편견(편견에 의한 인식 왜곡)이 작용하여 현실을 받아들이지 않으며 막연한 믿음으로 두뇌가 비상상태로 인식하지 못하는 상태다. 그러다가 제3자 또는 객관적 매체에 의해 상황을 알고 나서야 정확한 상황을 파악하게 된다. 정상화 성향은 재난 심리와 관련성이 높다. 화재 등 큰 재난 발생 시 빠지기 쉬운 편견으로서 "설마 나에게 이러한 일이 일어날 수 없다"라는 생각에 빠지는 것이다.

---

16) 깨진 유리창의 특징은 다섯 가지로 요약할 수 있다. ① 사소한 곳에서 발생하며 예방이 쉽지 않다. ② 문제가 확인되더라도 소홀하게 대응한다. ③ 문제가 커진 후 치료하려면 몇 배의 시간과 노력이 필요하다. ④ 투명테이프로 숨기려 해도 여전히 보인다. ⑤ 제대로 수리하면 큰 보상을 가져다준다(출처: 마이클 레빈 저, 김민주, 이영숙 역, 흐름출판. 2010).

17) 재해심리학에서는 재해 관련 정보는 제때 전달되었으나 주민들이 그에 따른 피난 행동을 즉각 시작하지 않는 ,즉 '나만은 괜찮겠지'라는 안이한 생각을 일컫는 말이다. 안전의식혁명, 대참사의 원인은 리스크에 대한 착각과 오해, pp.121-131.

첫째, 1980년 11월, 일본 도치기현의 온천장, 가와지 프린스호텔의 화재 발생 시 비상벨이 울린 후 종업원이 "이것은 테스트니 안심해도 좋습니다"라고 잘못된 방송을 내보냈다. 이로 인해 투숙객 45명이 사망했다. 이들은 도쿄에서 두 개의 노인회 회원들이 관광버스로 도착하여 짐을 풀고 녹차를 마시면서 쉬고 있을 때다. 그중에 한 노인회 리더가 상황파악을 위해 복도로 나와보니 계단 부근에서 올라오는 연기를 발견하고 소리쳐 대피시켰지만, 다른 노인회에서는 이를 무시하고 느긋하게 있다가 질식사하고 말았다.

둘째, 2011년 5월, 일본 JR 홋카이도 세키쇼우센 122터널에서 일어난 특급열차 화재사고 시 운전사는 "연기는 보이지만 불꽃은 보이지 않는다"고 지휘소에 연락했고 지휘소는 승객들에게 열차 내에서 대기할 것을 지시했다. 그리고 연기가 열차 내에 자욱해 숨쉬기 어려운 데에도 긴급 사태임을 인식하지 못했다. 승무원은 열차 내 대기 방송 후 혹시나 해서 터널 출구까지 걸어갈 수 있는지 알아보러 열차를 빠져나왔다. 방치된 승객들은 스스로 열차의 문을 열고 한치 앞도 보이지 않는 터널을 빠져나왔다.[18]

교육 훈련을 받지 않으면 누구라도 빠지기 쉽고, 비상상태로 인식하지 못하여 대피가 늦어지게 되어 재난으로 이어진다. 평소의 주기적 훈련이 얼마나 중요한지 실감하게 된다. 대구 지하철화재와 세월호 침몰 등의 사건이 확대된 이유는 사고의 직접 원인이 엄중한 면도 있지만, 정상화 편견으로 대피가 늦어진 것도 크게 작용한 것으로 볼 수 있다.[19]

4) 동조 편향(Conformity Bias)

재난사고 시에 "다 같이 있으면 무섭지 않다"라는 아무런 과학적 근거가 없는 심리로서 혼자 있으면 무서우나 같이 있으면 괜찮을 것이라는 심리를 말한다. 긴급 상황 시 혼자 있을 때는 자신의 판단으로 행동하지만 집단으로 있을 때는 무의식적으로 서

---

18) 하가 시게루, 안전의식혁명, 대참사의 원인은 리스크에 대한 착각과 오해, pp.121-131.

19) 세월호 사건의 직접적인 원인으로 과적의 일상화, 불법 증축, 기상 악화 상황에서 무리한 출발, 선장 및 선원들의 경험 및 기초 지식 부족(흘수 등), 교육 훈련 미흡, 책임의식 부족 등 리더십 부재 등이 거론된다(고려대 김인현 교수).

로 동조하여 타인과 다른 행동을 취하지 않으며, 안심감에서 대응이 늦어진다.

이는 다수파 동조 편향(다수의 의견이 올바르다고 생각하는 경향)에 의해서도 지배된다. 건널목에서 적색 신호등일 때 여러 명이 건너가면 괜찮다고 생각한다든지, 강의실에서 혼자 있을 때 경보 벨이 울리면 즉시 대피하게 되나, 남들과 함께 있을 때 사람들이 대피하지 않으면 대피할 생각을 하지 않게 된다는 것이다. 삼풍백화점 붕괴, 세월호 침몰, 대구 지하철 화재 등을 보더라도 누구나 이러한 편견에 빠지기 쉬우며 대형 참사로 이어지게 된다. 이러한 편향을 극복하기 위해서는 반복적 교육 훈련을 실시하여 구성원들이 체득하게 하고, 위험 감수성을 향상시키며, 솔선수범하는 자세, 용기 있는 행동을 취하도록 몸으로 익히도록 만들어야 한다.

5) 링겔만 효과(Ringelmann Effect)

링겔만 효과는 "나 혼자쯤이야 책무를 다하지 않아도 표시 나지 않겠지."라는 심리를 말한다.[20] 사회적인 태만 분위기와 관련이 있으며 안전문제와 밀접하다. 자신이 하지 않아도 어느 누군가가 할 것이라 생각하여 일을 거르기도 하고, 팀 활동 때는 혼자 할 때보다 열성을 적게 기울이는 현상이다. 툴박스 미팅, 위험예지 활동에서 스무 명이 활동할 때와 세 명이 활동할 때 차이가 난다. 스무 명일 때는 긴장도 되지 않고 경각심도 들지 않아 나태해지기 쉬우나, 세 명일 경우에는 태만이나 게으름을 피울 수가 없다. 큰 집단은 효과를 거두기가 쉽지 않고, 교육도 50여 명씩 한꺼번에 실시하면 교육 효과가 반감될 수 있다. 그리고 구성원 스스로 조직 내 자신의 존재 의미나 가치를 발견하지 못할 때(기여도가 낮다고 여기든지, 내가 없어도 팀에 지장이 없다고 느낄 때 등), 또는 집단 속에서 개인의 잘잘못이 명확하게 드러나지 않을 때 팀의 규모가 크면 개인에 대한 평가가 어려워 발생할 수 있다.

링겔만 효과의 극복 방안은 ① 참여자에 대해 개별 평가를 실시하여 기여도를 확인하고 소규모 집단으로 구성하는 것이다. 효율적 조직 통솔(Span of Control)이란 관점에서 검토할 필요가 있으며, 집단주의가 작용할 수 있다는 점을 고려하여 구성원의 행

---

20) 독일 심리학자 링겔만은 줄다리기 실험을 통해 집단에 속한 개인들의 공헌도 변화를 측정하였다. 개인이 당길 수 있는 힘의 세기를 100으로 볼 때 2명, 3명, 8명으로 이루어진 그룹은 각각 200, 300, 800의 힘이 발휘될 것으로 기대하였으나 실험 결과, 2명 그룹은 기대치의 93%, 3명 그룹은 80%, 8명 그룹은 49%에 불과하였다. 참여 수가 늘어날수록 1인당 공헌도가 떨어지는 현상을 발견한 것이다(윤언철 LG경제연구원, LG 주간경제, 2004. 3. 17).

동을 관리해야 한다. ② 팀 목표에 대한 구성원의 몰입도(Personal Involvement)를 높이는 것이다. 공동 목표를 달성하기 위해 개인 역할을 명확하게 하고 책임감을 부여하여 스스로 가치를 발견하도록 한다. ③ 팀 전체 평가 시에도 엄정한 개인 평가를 통해 개인의 공헌도가 드러나도록 한다(무임승차 방지 등).

6) 리액턴스 효과(Reactance Effect)

미국 심리학자 샤론 브렘이 주장한 이론으로서 사람들은 금지된 것일수록 더 갖고 싶거나 선택의 자유가 위협당한다고 느낄 때, 감추어진 비밀에 대해 더 관심을 갖게 되는 현상이다(네이버 지식백과). 하지 말라고 하면 더 하고 싶고, 갖지 못하게 하면 더 갖고 싶어 하는 심리, 즉 청개구리 심보와 유사하다.[21] 안전과 관련하여 자율적인 안전풍토 조성에 구성원 상호 간에 지적할 수 있는 지적 활동(指摘 活動)이 중요한데 리액턴스 효과에 의하면 상대방 심리에 따라 지적한 내용이 반감을 줄 수 있으므로 이를 고려해야 한다. 즉 상대방이 잘못된 행위를 했음에도 지적을 당한 데에 반발심을 느낄 수 있다는 것이다.

따라서 상대방이 기꺼이 잘못된 행위를 바로잡을 수 있게 심리적 요인을 활용할 필요가 있다. 지적을 통해 잘못된 행위를 바로 잡는 것이 자존심이 손상되는 것이 아니라 자신에게 이득임을 인식하도록 유도하는 것이다. 이럴 경우 서로 더 좋은 관계로 발전하는 계기가 될 수도 있다.

7) 프레이밍 효과(Framing Effect)

프레이밍 효과는 행동경제학자 다니엘 카너먼[22]과 아모스 트버스키가 1981년 발표하였으며, '문제의 표현방식에 따라 동일한 사건이나 동일한 상황임에도 불구하고

---

21) 홍승표 원남초교 교장, 마음속의 청개구리, 리액턴스 효과, 충북일보(2023. 4. 11)
22) 이스라엘 출신의 미국 심리학자이자 행동경제학자인 다니엘 카너먼은 1979년에 위험에 대한 선택 문제를 주제로 전망이론(Prospect Theory)을 발표하고 심리학자로서 처음 노벨경제학상을 수상하였다(2002). 카너먼과 스탠포드대 행동과학연구센터 동료인 리처드 탈러는 전망이론을 발전시켜 긍정적 소비자 선택이론을 발표하고 이는 행동경제학의 기초가 된다(1980). 행동경제학은 인간의 행동을 심리학, 사회학, 생리학적 견지에서 보고 인간은 합리적으로 소비한다고 전제하는 주류 경제학으로는 설명하기 힘든 인간 행동을 연구한다. 시카고대 리처드 탈러 교수는 행동경제학에 대한 연구로 노벨경제학상을 수상하며(2017), 2009년 출간된 저서 넛지(Nudge)는 품귀 현상을 가져왔다(위키백과 등).

개인의 판단이나 선택이 달라질 수 있는 현상'을 말한다. 즉 긍정적인 틀을 사용하면 긍정적 결론을, 부정적인 틀을 사용하면 부정적 결론을 내릴 가능성이 높다는 것이다.[23] 따라서 안전활동과 관련하여 부서 간 긴밀한 협조를 강화하기 위해 긍정적인 표현을 쓰는 것이 효과적이다. 예컨대 "~~를 보완하지 않으면 안 된다, 큰일 난다"라기보다는 "~~를 보완하면 훨씬 좋아진다, 매우 효과적이다."라고 표현하는 것이 낫다. 안전 관리자는 안전활동을 독려할 때 열린 질문을 사용하여 경청하고, 긍정적인 표현을 사용하면 구성원들의 자발성을 높이는 데 효과가 크다.

8) 채찍효과(Bullwhip Effect)

소를 몰 때 긴 채찍을 사용하면 손잡이에 작은 힘을 가해도 끝부분에 큰 힘이 생기는 데에서 붙여진 것으로 황소채찍효과라고도 하며 미미한 요인이 엄청난 결과를 가져오는 나비효과(Butterfly Effect)와 유사하다(네이버 지식백과). 이처럼 수요의 작은 변동이 제조업체에 전달될 때 정보가 왜곡되어 생산계획의 차질, 과잉 재고, 수송의 비효율 등이 발생한다. 이를 막기 위해 정확한 정보 파악, 주기적 판매 예측, 수요변동을 반영한 생산, 거래선과 협력 강화 등이 필요하다. 안전도 이와 같은 맥락이다. 현장의 사소한 변화, 예외적 사안의 발생에 민감하게 반응해야 하며, 변동 내용의 반영, 생산 및 정비부서와 협력을 강화하여 위험요인의 발생 가능성을 차단해야 한다.

9) 회피동기와 접근동기(Avoidance vs Approach Motivation)

1978년 노벨경제학상 수상자인 인지과학자 허버트 사이먼은 인간의 의사결정에 관한 질문에 "어떤 결정상황이든지 선택지는 많고 모든 대안을 판단하는 것은 인지능력의 한계를 넘는다. 따라서 '인간은 자신이 결정함으로써 만족하는 순간이나 그 수준까지만 판단하고 생각을 멈춘다'는 가정이 더 적절하고 현실적이다. 즉 만족하는 순간에 결정하며, 판단과 의사결정은 '최적'이 아닌 '만족'의 해법이다."라고 답하였다.

---

23) 예컨대 환자에게 선택지를 "A 치료법은 600명 중 200명이 살 수 있고, B 치료법은 600명 중 33% 가 살고 67%는 죽는다."라고 제시했을 때 사실상 치료 효과가 동일한 데에도 참가자의 72%가 A 치료법을 선택했다. 그리고 선택지의 표현만 살짝 바꾸어 "C 치료법은 400명이 죽고, D 치료법은 아무도 죽지 않을 확률이 33%, 모두 죽을 확률이 67%이다"라고 제시했을 때 내용이 같은 데에도 이번에는 참가자의 72%가 D 치료법을 선택하였다. 네 가지 경우가 실질적으로 모두 같은 내용인데 질문이나 표현 방식에 따라 선택이 달라진다는 것이다(기획재정부, 경제배움).

아주대 심리학과 김경일 교수는 사람은 두 가지 성질의 욕구 충족에 의해 만족하는데 하나는 '싫어하거나 마지못해서 불편한 상황에서 벗어나려는 욕구(Want)'와 다른 하나는 '자신이 좋아하는 일을 하고자 하는 욕구(Like)'로서 전자는 '회피동기', 후자는 '접근동기'라고 한다. 두 가지 모두 중요한 개념이며, 하고자 하는 일과 상황이 맞아야 효과적이다. 즉 "회피 동기로 해야 할 일은 회피동기로 하고, 접근동기로 해야 할 일들은 접근 동기로 해야 결과가 좋고 과정도 힘들지 않다."고 한다.

회피동기가 강한 사람들은 구체적인 언어를 사용하는 경향인 반면, 접근동기가 강한 사람들은 모호하더라도 추상적으로 말하는 것을 두려워하지 않는다. 그 이유는 회피동기가 강한 상황에서는 불안을 해소하기 위해 구체적인 무엇을 떠올리지만, 접근동기가 강하면 즐거움, 기쁨을 지향하기 때문에 다양한 무언가를 포괄적으로 떠올리는 경향을 보이기 때문이다.

사안을 판단할 때 숲과 나무를 보아야 하듯이 디테일한 것은 회피동기, 복합적인 사안은 접근동기가 위력을 발휘한다. 안전과 관련해 Safety-I에서는 회피동기, Safety-II에서는 접근동기로 보아야 하며, 수평선 이론에서는 좌측 영역은 회피동기로, 우측 영역은 접근동기로 보면 좌우 균형을 이루고, 안전 관련 업무를 즐겁게 수행하고 만족할만한 결과를 도출하게 된다.[24] 무언가 좋은 상태나 목표를 이루기 위한 접근동기는 추상적 사고와 언어 행동을 가능하게 하며, 이로 인해 사고의 폭이 넓어지고 창의성을 높이게 된다.[25] 안전은 고도의 추상명사이므로 안전이란 명제를 구체화시키는 전략과 과정이 안전 확보의 중요 포인트다.[26]

---

[24] 업무 중 사고 유발 가능성이 높은 사람의 특성은 충동적이거나, 규칙을 잘 지키지 않으며, 짜증을 많이 낸다는 것이다. 비현실적 낙관주의로 "어쩌면, 아마도, ~~때쯤이면..."이란 말을 입에 달고 산다. 자신의 감정을 알아차리고, 인정하고, 좋아하는 것으로 전환하면, 슬기로운 직장생활과 안전 의식을 높이게 된다(상담심리학자 이동귀 교수, TVN 어쩌다 어른, 2024. 3. 10).

[25] 추상성과 창조성은 깊은 연관이 있다. 예를 들면 진돗개와 샴 고양이를 구체적 수준에서는 서로 다른 범주이므로 상관이 없으나, 포유류로 생각을 이동하면 진돗개와 샴은 포유류의 하위동물로 유사성이 생긴다. 어떤 대상을 추상적으로 쉽게 설명할 수 있어야 하며(메타인지), 이 능력을 키워야 한다. 코닥 연구진이 필름 생산원가 인하 프로젝트 시 필름에 대한 정의를 내려 보았다. '빛에 노출되면 표면에 변화가 일어나 영상이 포착되는 화학물질'이라는 정의에 머물렀다면 물질 분야에 한정되었겠지만, '필름도 무언가를 담는 그릇'이라 다르게 생각해 보았다. 이처럼 모호하고 추상적인 말로 인해 다른 대안들이 보이기 시작하고 디지털 카메라 진화의 길을 열게 된 것이다(김경일 교수, 교육부 공식 블로그, 심리학 수업, 유튜브 등 종합).

[26] 조직의 추상적 전략과 개인의 구체적 목표를 정렬하는 방법으로 OKR(Objective Key Results) 기법이 있다. 이는 구성원이 자신의 일에 대한 의미와 동기를 자극하는 목표를 실현하기 위해 구체적

10) 인지부조화 이론(Cognitive Dissonance Theory)

미국 사회심리학자 페스팅거의 인지부조화 이론에 의하면 사람이 자신의 신념, 생각, 태도와 행동 사이에 부조화가 생기면 이에 따른 심리적 불편함을 해소하기 위해 태도나 행동을 변화시킴으로써 일관성을 유지하려 한다는 것이다. 여기에 따르면 규칙 위반자에게 규칙 준수의 효익을 주지시키고 자신의 입으로 설명하게 하는 것이 효과적이다. 안전관리자는 근로자들이 규칙 위반을 합리화하지 않도록(구실을 주지 않도록) 평소 조치해 놓아야 한다(합리화 사유의 예: 규칙 위반이 이득이다, 다른 사람들이 다 하고 있다, 자신은 다르다 등).[27]

11) 자기효력감 이론(Self efficacy Theory)

미국 인지심리학자 반듀라가 제창한 자기효력감(또는 효능감) 이론에 의하면 사람들은 어떠한 상황에서 필요한 행동을 잘 수행할 수 있다고 확신을 가지면 실제로 그 행동을 수행하는 경향이 있다는 것이다. 이 이론에 의하면 규칙 준수의 작은 목표를 세우고 이를 달성한 경우 확실하게 칭찬하는 것이 효과적이다. 이것이 자기효능감으로 연결되고 더 큰 목표에 도전하고자 하는 의욕이 생긴다. 규칙을 준수하는 사람에게는 플러스 방향의 보상이 중요하다(격려, 칭찬, 포상 등). 지금까지 규칙을 제대로 준수하지 않던 사람이 조금이라도 준수하였을 때 격려하면 효과가 크다. 누군가로부터 인정받고 있다는 감정을 갖도록 하는 것이 바람직하다.[28]

12) 사후 확증 편향(Hindsight bias)

사후 확증편향은 사건 발생 후 "자신이 항상 그것이 일어날 것이라는 것을 알고 있었다."라고 생각하는 경향을 말한다. 이는 사람들이 자신에게 유리한 증거만 수집하

으로 측정하고 피드백할 수 있게 도와주는 기법이다. OKR이 내비게이션이라면 목적지인 Objective와 현재 위치를 알려주는 GPS인 Key Results가 제 기능을 하는 것이 중요하다(김봉준, 브런치스토리, 2020.6.8.).

27) 정진우, 안전과 법, 인지부조화 이론, pp.332-333.
28) 자기 효력감이 부적절한 행동에 적용되지 않도록 유의해야 한다. 예컨대 "속도를 높여도 사고를 일으키지 않는다"라는 생각으로 운전하면 사고를 일으킬 위험성이 높아진다. 정진우, 안전과 법, 자기효력감 이론, pp.334-335.

고 불리한 증거는 무시하려는 경향이 있기 때문이다. 사후 확증편향은 투자, 위험성 평가, 의사결정 등 다양한 의사결정에 영향을 미친다. 예컨대 주식이 오를 것이라 생각하면 그 주식에 관련된 긍정적인 뉴스에만 주의를 기울이거나, 주식시장에서 돈을 번 적이 있으면 주식시장이 안전한 투자처라고 믿거나, 의사결정 시 자신이 옳다고 믿고 싶은 옵션을 택하게 된다. 사후 확증편향은 정책 결정 시에 무시할 수 없는 편중된 시각으로서 이를 제대로 인식해야 여기에 종속되지 않고 더 나은 의사결정을 내릴 수 있다(네이버 블로그 용도레, 2023.5.13.).

4 조직심리학

조직심리학(Organizational Psychology)은 조직 문제에 초점을 두고 동기부여, 리더십, 조직개발, 조직문화 등에 관심을 둔다. 그리고 산업심리학(Industrial Psychology)은 개인의 문제에 초점을 두고 직원의 선발, 배치, 성과에 대한 평가 등에 관심을 기울인다.

조직심리학계에서는 안전문화를 측정하고 몇 년 후의 사고율을 조사한 연구도 있다. 이러한 연구들을 통합한 연구들은 안전문화가 재해에 영향을 준다는 실증적 증거를 제시하고 있다. Clarke(2006)는 안전문화와 재해의 관계에 관한 28개의 연구자료(17,796명 참여)를 통합하여 안전문화와 사고 및 재해 간의 관련성을 살펴보았다. 그 결과, 구성원들이 소속 조직의 안전문화를 높게 지각할수록 안전행동을 더 잘하고, 안전행동을 잘할수록 사고 재해를 적게 경험하는 것으로 나타났다. 이는 안전문화가 사고 및 재해에 영향을 준다는 주장을 뒷받침하며 안전문화에 대한 개인의 지각이 높을수록 재해 경험 횟수가 줄어든다는 것이다.

1) 안전문화의 긍정적 작용

안전문화는 어떻게 해서 재해를 예방하는데 긍정적으로 작용할 수 있을까? 이는 문화가 조직 구성원들이 '공유'하는 지각이기 때문이다.

이후 연구자들은 심층적인 연구를 위해 조직수준의 안전문화와 조직의 사고, 재해율과의 관계를 연구한 논문들을 뽑아 메타분석을 실시한 결과(Beus 등, 2010),[29] 안전문화가 높은 조직일수록 사고 및 재해율이 낮은 것으로 나타났다. 이 연구에서 안전문화의 세부항목에 따라 사고 및 재해에 대한 예측력에 차이가 있는지 살펴보았다. 그 결과 6개 세부항목, 즉 ① 경영층 의지, ② 경영층 실천, ③ 절차, ④ 의사소통, ⑤ 안전 관련 보고, ⑥ 안전행동 중에서 '경영층 의지'가 사고 및 재해를 가장 잘 예측하는 것으로 나타나 리더십의 중요성이 확인되었다.

2) 안전 관련 우리 사회의 지향점

안전 관련, 우리 사회의 지향점은 다음과 같다. ① 지금까지 불안전 행동을 줄이려 노력해왔으나 앞으로는 안전행동을 증가시키는 접근법이 필요하다. 이러할 경우 불안전 행동을 감소시키고 근로자 스스로 안전을 실천하는 문화가 조성되어야 한다.[30] ② 자원보존이론(Resource conservation theory)에서 함의를 찾을 수 있다. '자원'이란 개인이 가치 있게 여기거나 신체적, 정신적 건강을 확보하는 데 도움을 주는 것들이다. '심리적 자원'은 긍정적 감정, 동기, 에너지, 자존감, 사회적 지지, 건강 수준 등 개인적 자원을 의미하며 직무에 몰입할 수 있도록 도와준다. 스트레스에 대처하는 자원을 가질 경우 스트레스 상황을 완충시킬 수 있다. 반대일 경우 업무 몰입도가 낮아지고 낮은 직무 만족, 일과 가정에서의 갈등을 겪게 된다. 기업은 근로자들의 신체적, 정신적 건강을 자원으로 여기고 지원해야 하며 근로자들도 관심을 기울이고 관리해야 한다. ③ 안전에 대한 인식을 바꾸어야 한다. 지금까지 근로자의 안전의식에 편중되는 경향이었으나 이것이 전부가 아니다. 경영진 의지, 안전경영체제 수립, 적정 인력 확보, 자원, 작업 일정, 시스템, 장비, 교육 훈련 등 다양한 요소들이 고려되어야 하며 현장에서 실현되어야 한다. 문화(文化)는 '글이나 말이 현실이 된다'라는 의미인데 이러한 요소들이 현장에서 발현될 때 안전문화가 정착될 수 있다. 안전이 기업활동과 일상에서 최우선 가치로 자리 잡는다면 선진국 수준의 안전 인프라를 구축하게 된다.[31]

---

29) 조직수준의 안전문화란 조직별로 안전문화에 대해 구성원들의 평가 점수 평균을 말한다.
30) 이와 관련하여 Safety-II 개념이 등장하며 이에 대해서는 후술한다.
31) 중앙대학교 심리학과 문광수 교수의 안전저널 대담기사에서 요약 발췌하였다(2020. 4. 8).

산업심리학은 산업현장에서의 인간 행동을 심리학적으로 연구하여 산업활동에 미치는 영향을 규명하는 과학이다. 산업현장에서의 인적 자원관리를 위한 이론을 수립하고 생산성 향상, 안전확보 및 복지를 증진시키는 데 목적을 두고 있다. 현장관리자는 현장에 투입된 인적 자원의 심리적 요인을 잘 파악하여 위험요소를 관리해야 한다. 여기에서 현장에서의 인간 심리적 요소에 대해 살펴본다.

__ 안전심리 5대 요소(기질, 동기, 감정, 습관, 습성)

안전에 영향을 미치는 심리는 다섯 가지로 볼 수 있다. 서로 상호관계에 있으며 그 결과로 나오는 것이 행동인데 긍정적인 방향일 경우 안전행동, 부정적인 방향이면 불안전 행동이 된다. 현장 관리자는 현장 담당자들이 안전행동을 하도록 관찰하고 대응해야 한다. ① 기질(Temper)은 사람의 타고난 성질로서 자극에 대한 민감성이나 특정한 정서적 반응을 보여 주는 개인의 성격적 소질이다. 성장환경에 영향을 받고 인간관계, 환경, 습관, 교육 정도 등에 따라 달라진다. 개인의 특징이므로 나쁜 속성이 강하면 결함이 있는 것이며 불안전한 행동을 유발하고 안전의 위험 요인으로 나타난다. 자만심, 다혈질, 인내력 부족, 경솔함, 과도한 집착, 배타성, 남의 탓하기 등이다. 기질적으로 부정적 성향이 큰 사람에게는 타인과 협력하는 일을 맡길 때 신중해야 하며 집중적으로 관찰해야 한다.33) ② 동기(Motivation)는 인간의 마음을 움직이게 하는 원인 또는 일을 말하며, 목표를 지향하여 생각하고 행동하도록 만든다. 동기는 생리적, 심리적, 환경적 요인 등 다양한 동기가 있다. 업무 담당자가 자신이 맡은 일에 대해 의미를 부여하면 책임의식이 강화되고, 자율적으로 일을 챙기며, 타인에게 도움이 되도록 노력하게 된다. 경영자와 현장 관리자는 이러한 동기를 부여해서 일을 맡겨야 한다. ③ 감정(Feeling)은 오감이 아닌 다른 방식으로 느끼는 것으로서 생각하게 하는 동기를 만

---

32) 산업심리학과 직접 관련이 있는 학문은 인사관리, 인간공학, 사회심리, 응용심리, 안전관리, 노동과학, 행동과학, 신뢰성공학 등이며, 간접적으로는 자연과학, 사회학, 교육학, 인류학, 생리학, 위생학, 병리학, 정신병학, 체질학, 해부학 등 많은 학문들이 산업심리학에 영향을 준다. 자세한 내용은 김용수 외 산업안전관리론, 산업심리학, pp.131-163 참조하기 바란다.

33) 조직행동론에서 이러한 기질을 지닌 사람을 N.A(Negative Affectivity-부정적 정서성)라 하며 현장 관리자는 이들이 조직 생활에 긍정적으로 작용하도록 면밀하게 관리해야 한다.

들며, 때로는 자기방어를 유발시킨다. 순간적으로 나타나는 감정(희로애락)은 정신상태에 영향을 주며 불안정한 정신상태는 이직(離職), 습관성 결근, 능률 저하 등으로 나타난다. 현장 근로자의 정서적 안정성(Emotional stability)은 조직 생활과 안전에 매우 중요하다. 정서적으로 안정된 사람은 온화하고 자신감이 있으며 안전행동을 하는 데 반해 정서적으로 불안정한 사람은 신경질적이고 우울하며 불안전 행동을 유발한다.[34)]
④ 습관(Custom)은 반복적으로 행하여 형성된 특성이 몸에 밴 것으로 동기, 기질, 습성, 감정과 관련된다. 정기적 건강관리 등 좋은 습관 형성은 건전한 생활에 꼭 필요하며, 나쁜 습관은 고쳐야 한다. 현장 관리자는 이러한 점에 유념하여 담당자들을 관리해야 한다. ⑤ 습성(Habit)은 의식과 주의력, 집중 등 정신상태 및 일정한 생활 태도로 본능, 학습, 조건반사, 지능 등과 연계되어 있다. 좋은 습성을 지니면 좋은 태도로 나타나며 현장 업무수행과 타인과의 협력에 큰 도움이 된다. 잘못된 습성은 주의력 부족, 방심, 공상, 판단력 부족 등으로 나타나므로 교육훈련, 코칭, 컨설팅 등을 통해 교정해야한다. 습성에 영향을 주는 생리적 결함은 진료, 운동, 상담 등을 통해 치유해야 한다.

안전관리 책임자는 현장 근로자들의 습관화된 행동이 위험요소로 작용하지 않도록 다음과 같이 점검해야 한다.[35)]

    ① 작업장에 습관화된 잠재 위험요인의 정기 점검

    ② 사고가 나지 않아도 위험요인 개선 노력

    ③ 안전 절차의 준수 여부를 주기적 확인

    ④ 습관화된 위험 행동을 대체할 방안 마련

---

34) 조직생활에 적응력이 강하고 탁월하게 업무를 수행하는 사람들은 다섯 가지 특성을 지니고 있다고 하며 이를 빅 파이브 모델(Big Five Model), 즉 정서적 안정성(Emotional stability), 외향성(Extraversion), 친절성(Agreeable), 성실성(Conscientiousness), 개방성(Openness to experience)을 말한다(조직행동론 14판 로빈스 외2인, 피어슨, 이덕로 외 2인 역 한티미디어 2011년 pp.148-151). 독일경제연구소 사회경제패널팀과 뮌스터대학 공동연구 결과에 의하면 자수성가한 백만장자들은 일반인과 다른 성격적 특징을 가지고 있으며, 이는 위험을 감수하려는 능력과 의지가 강하고, 정서적으로 안정되어 있으며, 개방적이고 외향적인 성격과 성실성을 지니고 있다는 것이다(코메디닷컴 2022. 4. 7).

35) 안전문화 길라잡이 2, 전게서, p.49.

6 인적오류 관리[36]

현장에서의 불안전 행동 유형은 다음과 같다. ① 안전장치 미사용, 안전장치 제거(고의 또는 실수로), 불안전한 설비 방치, ② 화물 과다적재, 목적 외 설비사용, ③ 전원이 켜진 상태에서 비정상 작업, ④ 보호장구 미착용, ⑤ 위험 장소에 무단 접근, ⑥ 무자격자 업무수행, ⑦ 불필요한 행동(뛰거나, 장난) 등이다. 인간공학(Ergonomics)[37]에서는 불안전한 행동을 인적 오류(Human error)라 부르며 위험요인 자체보다 위험을 다루는 사람의 역할을 강조한다. 같은 위험요소라도 사람이 어떻게 다루는가에 따라 위험도가 결정된다. 인적 오류 연구는 미국 스리마일섬 원전사고를 계기로 본격 시작되었다.[38]

다음 그림에서 보는 것처럼 불안전한 행동은 실수(Slips), 망각(Lapses), 착오(Mistakes), 위반(Violation)으로 분류하며 앞의 두 가지는 의도하지 않은 행동, 뒤의 두 가지는 의도한 행동에 속한다. 조직에서 인적오류가 발생하면 원인을 정확하게 파악하고 조직 차원에서 최선을 다해 해결하는 모습을 보여야 한다. 그렇게 해야 구성원들이 "회사가 진정으로 안전을 중시한다."라고 생각하게 되고 이러한 인식이 공유되어 긍정적인 문화가 조성될 수 있다.

1) 실수

실수는 부주의로 발생하며 실수 요인은 세 가지로 요약된다. ① 지식, 기술 및 경험 부족, 인간관계 미흡, 맞지 않는 적성, 건강 문제 ② 기질적인 측면, 정서 불안, 습

---

36) 안전문화 길라잡이 2, 전게서, pp.66-79.

37) 에르고노믹스는 힘을 뜻하는 그리스어 에르고(Ergo)와 법칙을 뜻하는 노모스(Nomos)의 합성어로서 일의 자연적 법칙을 의미하며, 인간과 가계, 환경과 일 사이에 존재하는 생리 및 심리 법칙을 연구하는 학문이다. 주위에 있는 도구와 기계, 환경 등이 인간의 특성에 어울리는지 인간공학적 측면에서 검토할 필요가 있다(인간공학을 활용한다, 위험과 안전의 심리학, pp.18-22).

38) 1979년 3월 28일 미국 펜실베니아주 스리마일섬(TMI-Three Mile Island) 원전사고가 운전원이 수리 중인 계기판을 잘못 판단하여 발생함에 따라 인적오류의 중요성이 부각되고 이에 대한 본격 연구가 시작되었다. TMI 원전사고는 1986년 구 소련 체르노빌 원전사고 이전까지 최대 원전사고였다. 조사 결과 설계 측면에서 인적 요소의 미흡한 고려가 사고의 주원인으로 제기되면서 원자력발전소 설계에 인간-기계 연계요소(MMI; Man Machine Interface)의 반영이 부각되었다. 이에 따라 원자로 운전원의 체계적 훈련 및 절차서 개선과 함께 인간-기계 연계성을 강화한 설계 반영 등 후속 조치가 이루어졌으며 우리나라 원자력발전소 건설 및 운영에 적용되었다(위키백과).

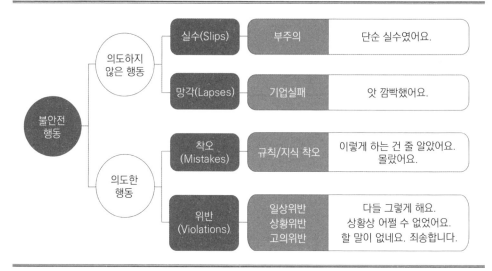

출처: 안전문화 길라잡이2, Rasmussen 1982, Reason 1979

관성, 스트레스 상황 등에 따른 주의력 부족 ③ 작업환경 불량, 의사소통 어려움, 표준 불량, 규정 미비 등이다.

▄ 실수 점검 포인트

현장 관리자는 누구라도 실수할 수 있음을 인정하고 실수에서 배울 점을 찾는 분위기를 만들어야 한다. 작업 중 경험한 실수를 구성원들 간에 편안하게 이야기를 나누도록 만든다. 질책이나 경고 위주로만 관리하면 구성원들이 입을 다물거나 숨기고, 허위로 보고할 수도 있다. 특히 신입사원, 새로 배치받은 요원들에게 훈련기회를 제공하고 작업에 주의를 기울이도록 환경을 조성해 주어야 한다. 그리고 인간이 실수 등으로 오작동하더라도 사고가 나지 않도록 Fail−safe, Fool−proof 개념이 설계에 반영되어 있어 이를 인식하고 활용해야 한다.39) 안전관리자는 기계설비의 기능이 제대로 작동되는지 주기적으로 점검해야 한다.

---

39) Fail−Safe는 기계나 부품에 고장이나 기능 불량이 생겨도 안전을 유지하는 구조를 말하며 2중, 3중으로 안전을 확보하는 시스템이다. 자동감지, 자동제어, 차단 및 조정의 기능으로 나눈다(예: 난로가 넘어지면 자동으로 불이 꺼짐 등). Fool−Proof는 실수로 잘못 취급해도 기계설비 안전기능이 작동되어 사고로 연결되지 않도록 하는 기능이다. 풀 프루프 예시로 가드, 록(Lock) 장치, 오버런 기구, 덮개, 울 등이다(대한산업안전협회, 2023. 2. 28).

2) 망각

　　망각은 불안전한 기억력으로 기억하지 못함에 따라 의도치 않게 발생하는 불안전 행동을 말한다.[40] 사람들은 자신의 기억력을 과신하기 쉬우나 시간이 지나면서 세부 정보를 잊어버리게 되어있다. 망각을 방지하기 위해서는 주기적인 리허설이 필요하며 복습의 효과가 더 크다.[41]

▄ 망각 점검 포인트

　　현장 관리자는 구성원들에게 망각은 사고 원인이 될 수 있음을 각인시켜야 한다. 마무리작업 시 긴장감이 풀려 마지막 작업을 빠뜨릴 수가 있다.[42] 배관 해체 작업 종료 후 배관을 연결하면서 볼트 조임을 잊어버려 가스가 누출되고 대형 재난으로 이어진 사례가 적지 않다. 그리고 사무실에 핸드폰이나 USB를 두고 퇴근하거나, 아니면 출근할 때 집에 두고 오거나, 차량에 두고 내릴 때도 있다. 사소한 망각도 안전문제와 생산성 저하로 연계된다.[43]

　　주기적으로 안전 지식 및 절차에 대해 반복 교육을 실시해야 한다. 파블로프 실험처럼 몸이 기억하도록 어느 정도의 과잉학습이 필요하다.

---

40) 실수가 행동으로 옮기는 과정에서 생긴다면 망각은 기억과정에서 생긴다. 기억은 감각기억, 단기기억, 장기기억으로 나눈다. 감각기억(Sensory memory)은 시각, 청각, 촉각 버퍼로 구성되며 시각의 잔상효과, 청각의 잔향효과가 있다. 이것이 모여 단기기억이 된다. 기억용량은 7±2개, 유지 시간은 15~30초다. 단기기억 용량 확장 방법은 Chinking과 Encoding 전략이 있다. 전자는 기억 대상이 되는 자극이나 정보를 의미 있게 연결하거나 묶는 인지 과정이며 후자는 자극이 들어오면 뇌에서 정보 처리할 수 있는 기호형태로 바꾸는 것이다. 이를 통해 단기기억을 장기기억으로 변화시킬 수 있다.

41) 에빙하우스의 망각곡선에 의하면 우리가 기억했던 내용 중 절반 이상이 1시간 내에 사라진다. 10분 후 망각이 시작되어 1시간 뒤에는 50%, 하루 뒤에는 70%, 한 달 뒤에는 80%를 잊어버린다. 에빙하우스는 망각을 막으려면 반복 학습이 필요하며 일정한 시간 간격을 두고 분산하여 반복하는 것이 더 효과적이라고 한다. 아울러 망각곡선을 토대로 최적의 반복 학습 시기를 제시하였다. 즉 10분 반복하면 1일 동안 기억되고, 1일 후 반복은 1주일 동안, 1주일 후 반복하면 1개월 동안, 1개월 후 반복하면 6개월 이상 기억된다는 것이다. 또한 정보의 기억을 위해 최초로 기억을 만들 때 가능한 한 오랜 시간을 들여 관심을 가지고 충분히 이해한 다음에 저장하는 것이 중요하다고 하였다(위키백과).

42) 배관 해체 작업을 마친 후 배관을 연결하면서 연결 부위의 볼트 조임을 잊어버려 가스누출 사고로 이어지고 결국 대형 재난으로 확대된 대표적인 사례가 영국의 북해 유전개발 시설의 폭발사고이다.

43) 핸드폰은 인체의 오장칠부로 불릴 만큼 일상생활, 업무수행에서 뺄 수 없는 도구다. 이를 잘 챙기는 습관을 들이면 원활한 업무수행과 안전 확보에 큰 도움이 된다.

작업절차 안내, 안전 항목 체크리스트, 주요 공지사항을 설비 주변과 출입구 등 잘 보이는 곳에 상시 비치해야 한다. 직원들은 표시된 내용을 주의 깊게 보고 숙지하여 업무에 적용해야 한다. 핸드폰, USB, 보호장구 등의 소품을 잊어버리지 않고 챙기려면 사무실이나 집의 눈에 띄는 곳에 문구를 부착해 두면 효과적이다.

3) 착오

착오는 안전하다고 알고 있는 절차나 규정을 따라서 한 행동이 실제로는 불안전한 행동인 경우를 말한다. 규정이나 절차를 적합하지 않은 상황에 적용하거나 불충분 또는 잘못된 지식을 바탕으로 한 행동이 해당된다.[44]

▬ 착오 점검 포인트

현장 관리자는 현장 상황을 충분히 파악하고, 안전 전문성을 확보하여 현장에 즉각 도움을 줄 수 있도록 준비한다. 작업자들이 편안하게 질문할 수 있도록 신뢰 관계 및 분위기를 조성해야 한다. 안전 규정과 절차를 적용하기 전에 실제 상황에 적합한지 재차 확인해야 한다. 안전 교육을 실시할 때 작업자들이 필요한 내용을 확실하게 배우고 인식하는지 확인해야 한다. 이때 주입식보다는 참여식 교육이 효과적이다. 교육 후 피드백을 실시하여 올바른 지식이 되도록 확산시켜 착오의 여지를 줄여나간다. 예외적인 상황에 대처할 수 있는 교육훈련이 이루어지는지 확인한다. 안전교육, 기술교육, 안전 원칙과 노하우 등에 대해 정확성과 적합성을 지속해서 검토하고 확인해야 한다.

4) 위반

위반은 위험한 줄 알면서도 의도적으로 불안전한 행동을 하는 경우를 말하며 이유는 다양하다. ① 안전 절차 위반이 습관화된 경우이다(일상 위반). 이는 규칙을 준수하는 이익과 준수하지 않을 경우의 이득(Benefit)을 고려하여 위반을 일삼는 경우이다. 예컨대 시속 50㎞ 제한 구간에서 그 이상의 속도로 달리는 것이다. ② 촉박한 일정,

---

44) 예컨대 안전장갑이라 하더라도 회전 절삭공구를 사용하는 작업에서는 안전장갑을 착용하는 것이 구동 부위에 빨려 들어갈 위험성이 훨씬 더 크다. 더 쉬운 예로서 속도제한이 시속 80㎞인데 100㎞인 줄 알고 90㎞로 주행한 것은 잘못된 의도에 기인하는 것이다. 베테랑 간호사가 가습기에 증류수가 아니라 에탄올을 세트해 환자가 알코올 중독으로 사망한 사례는 에탄올 용기와 증류수 용기의 외양이 비슷하여 착오로 잘못 세트한 것이다.

인력 부족 등으로 어쩔 수 없이 위반하는 경우이다(상황 위반). 예컨대 트럭 기사가 일정에 쫓겨 신호 위반과과속하는 경우이다. 일상 및 상황 위반은 집단 현상일 경우가 많고 관리자가 묵인하는 경우도 있다. 예컨대 기계 이상 작동 시 정지시키지 않고 서둘러 처리하는 경우이다. 또한 업무가 지체될 때 다음 공정, 교대조나 고객에게 민폐를 끼치지 않으려고 규칙을 무시하거나 절차를 일부 생략하는 것 등이다. 여기에는 규칙 미준수에 따른 자기효능감도 작용한다. 예컨대 "이 정도 위반이면 아무렇지 않다, 발각되지 않는다, 나 정도니까 이 정도 할 수 있는 거지, 전에도 괜찮았으니 지금도 문제 없다..." 등이며 자기현시(顯示) 욕구와 연계될 수도 있다. 주위 사람들(애인, 친구 등)에게 멋진 모습을 보여주려고 위험한 방법을 택하거나, 스릴을 맛보려고 감행할 수도 있다(Risk-taking). ③ 불만을 품고 스스로나 타인에게 고의로 해를 가하는 경우이며(고의 위반), 대상은 상급자, 동료, 조직, 사회 등이다. 새로운 규칙 제정 시 자신이 배제되었거나, 자신의 방식으로 문제없이 해 왔는데 갑자기 다른 방법으로 작업하라고 지시받았을 때 등이다.

▬ 위반 점검 포인트

위반의 원인을 파악하고 열린 마음으로 대화 분위기를 조성한다. 작업장에서 서로 눈감아 주는 위반 행동이 있는지 파악한다. 어쩔 수 없이 위반하게 되는 상황적 요인이 있는지 체크하고 구성원들과 의견을 교환한다.

규칙 실행 자체가 어렵거나 복잡하면 위반이 증가하므로 개선해야 한다. 예컨대 횡단보도가 멀리 있으면 개선시키는 것이다. 안전과 효율의 균형을 이루어야 한다. 그리고 작업자들에게 불공정한 처우나 비인격적 대우가 있는지 모니터링하고 개선 절차를 마련한다.

5) 주의와 부주의

주의(Attention)는 일에 집중하거나 행동의 목적에 맞추어 의식 수준이 집중되는 상태이며, 부주의(Inattention)는 행동 과정에서 목적에서 벗어나는 심리적, 신체적 변화를 말한다. 사람은 주의력 집중에 한계가 있어 주의를 선택적으로 배분한다. 여러 종류의 자극에서 특정한 것에 한정하여 선택하는 특성이 있다(선택성), 또한 주의력을 집중하기 위해서는 초점이 존재한다. 초점을 맞추는 데에는 주의력이 높으나 초점에서 멀어질수록 주의력은 저하된다. 한 곳에 집중하면 여기에서 벗어난 부분은 인지하기가 어렵고(방향성). 주의력 수준의 높낮이가 주기적(40~50분)으로 변동하는 특성이 있다(변동성).45) 안전관리를 제대로 수행하려면 하는 일에 집중해야 하므로 현장 관리자는 담당자들의 주의력을 관찰해야 한다. 담당자가 규칙이나 표준을 준수하지 않거나 못하는 이유는 다음과 같다.46) ① 규정이나 기준이 명확하지 않거나 내용을 잘 모름 ② 규정을 납득하지 못하고 잘못된 행동의 결과를 실감하지 못함 ③ 지금까지 아무도 지적하지 않았거나 일깨워주지 않음(주의, 처벌 등) ④ 반복 행동으로 타성에 젖음(습관화) ⑤ 지금까지 문제없었으니 앞으로도 그럴 것이라 인식 ⑥ 컨디션이 좋지 않고, 심리 상태 복잡(개인적 문제 등) ⑦ 빨리 쉬고 싶음 ⑧ 안전한 작업 여건 미비 ⑨ '잠깐이면 되는데 별 일 없겠지'라는 생각 ⑩ 종료 전 마감 작업을 서두름 ⑪ 돌발 상황(기계설비 트러블, 불량품 발생 등)에 집중하다가 다른 사항을 인식하지 못함 ⑫ 마감 업무에 집중하다가 목전의 위급상황에 대응하지 못함(협착, 충돌 등) ⑬ 경력이 짧은 직원의 자신감 부족 ⑭ 경력 직원의 매너리즘, 존재 과시, 자만심, 타인 의견 무시 등이다.47)

6) 휴먼에러와 시스템에러

산업현장에서의 휴먼에러는 "주어진 작업을 완수하는데 필요한 행동을 시간과 정확도 등에 있어서 기준에 못 미치게 하거나, 작업완수에 불필요하거나 장애가 되도록 한 행동"이라고 정의할 수 있다(기도형 외, 2010: 387).48) 휴먼에러를 심도 있게 검토하면 에러의 원인이 개인이 아닌 설비, 작업의 결함, 관리 운영 면에 불비(不備)로 인해 잘못 조작할 수도 있다. 예컨대 잘못된 연락 내용, 작업절차서 미비 등의 작업시스템의 결함일 수 있다. 외견상 휴먼에러라 하더라도 실제로는 시스템 에러로 볼 수 있는

---

45) 학교 수업시간에 학생들의 집중력이 흐트러지는 이유도 여기에 있다.

46) 한국안전심리개발원 김한기 부소장 특강(2017. 7)을 참고하여 정리하였다.

47) 항공기 조종사는 권한이 큰 만큼 책임도 크다. 1975년 이스턴 항공 66편 비행기가 뉴욕 케네디공항에 착륙할 때 강한 하강기류(Downburst)에 휘말려 추락, 124명 중 115명이 사망했다. 당시 같은 항공사의 다른 기장은 착륙을 포기했다. 사고원인 조사 과정에서 66편 기장은 부기장에게 "저 친구 바보 아냐"라고 말한 것이 음성기록장치에 기록되어 있음이 밝혀졌다. 과도한 자신감이 실패로 이어진 대표적인 사례이다(안전의식의 혁명, '난 천재야'라는 자신감이 대형사고의 원인, pp. 50−53)

48) 오태근 외, 안전 및 재난관리의 주요 이론, 휴먼에러, 스트레스 이론, pp.177−178. 알란 스와인은 작업완수에 필요한 행동 과정에서 나타나는 에러를 누락오류, 작위(부정확 작업) 오류, 시간(지연) 오류, 순서 오류, 불필요한 수행 오류로 분류하였다.

것이 상당히 많을 수 있다. 대부분 작업자는 이전부터 발생해왔던 문제나 잠재되어 있었던 문제를 촉발시킨 방아쇠 역할에 불과하고 예견된 사고가 발생한 여지가 크다.

에러의 책임을 외양적인 현상을 기초로 현장 관계자 중심으로 부과한다면 안전관리에 부정적인 결과를 초래할 수도 있다. 사고재해의 책임이 자신들에게만 있는 것으로 밝혀져 자신들만 처벌받을 수 있다고 생각하고 숨기거나 자세한 내용을 보고하지 않을 수도 있다. 휴먼에러와 시스템에러를 비교하면 다음과 같다.

휴먼에러	시스템에러
• 인지, 확인의 미스 • 잘못된 판단 • 오조작 • 기능 미숙	• 작업기준의 미비 • 점검 불량 • 지휘 명령의 불명확 • 잘못된 작업 정보의 제공 • 보수 불량

사회심리학자 리즌은 사고재해가 잠재적 원인에 의해 발생할 수 있다고 하면서 다음과 같이 제시하였다. ① 부적절한 작업 환경, ② 잘못된 인간공학적 인터페이스, ③ 부적절한 수면과 피로, ④ 부족한 교육훈련, ⑤ 부실한 작업 지원, ⑥ 잘못된 장비 관리, ⑦ 효율을 지나치게 중시하는 태도, ⑧ 부적절한 작업장 온도 등이며 조직 내 안전문화와 연계된다.[49]

7) 인적오류에 의한 사고 예방 방안

인적오류에 의한 사고 예방을 위해서는 첫째, 휴먼에러와 시스템에러를 동시에 살펴야 한다. 둘째, 인적오류를 사고의 원인으로 보기보다는 인적오류가 일어나는 체제에 대해 질문을 해 보는 것이 분석과 대책 수립에 효과적이다. 인적 오류를 막기 위해서는 다음의 세 가지 능력을 갖추어야 한다. ① 이상 감지 능력, ② 이상 근원 추적 능력, ③ 확실한 실행력이다. 이중에서 이상(異狀) 감지 능력, 즉 눈앞의 상황에서 이상이 있는 곳을 간파하는 능력이 최우선이다.

2008년 일본에서 농약이 주입된 중국산 냉동 만두로 소비자 10여 명이 피해를 입은 사건이 있었다. 만약 누구라도 독극물 함유 여부를 검사해 보았더라면(즉 이상 감지

---

49) 정진우, 안전심리, 휴먼에러, pp.147–192.

사고방지 능력	의 미	순위
1. 이상 감지	이상(異狀)을 알아차림	1
2. 이상 근원 추적	이상의 발단과 범위를 특정할 수 있음	2
3. 확실한 실행	실수하지 않고 능숙하게 작업	3

능력을 발휘했더라면) 막을 수 있었을 것이다.[50]

안전관리자는 근로자의 그러한 행동의 의도와 배경을 이해하는 것이 중요하다. 누구라도 불안전 행동을 할 수 있음을 인정하고 작업자들과 함께 인적 오류의 원인을 정확히 파악하려는 자세가 필요하다.[51] 관리자의 이러한 자세는 회사가 개인에게 인적 오류 책임을 씌우려는 것이 아니라 구성원의 안전을 위해 노력하고 있다는 진심을 보여주는 길이다.

구성원들이 이를 통해 회사의 진심을 알게 되고 불안전한 행동을 예방하기 위한 노력을 함께 해나가는 것이 안전확보를 위한 가장 효과적인 방법이다. 구성원과 함께 개선하려는 노력은 향후 더 큰 사고 재해를 예방할 수 있는 전화위복의 계기가 될 수 있다.

이를 촉진하는 좋은 방안의 하나가 소집단 활동이다. 업무 특성별로 그룹으로 나누어 공통된 주제를 두고 토의하면 공감대를 형성하고 결속력을 높이며 실천력을 강화시키게 된다.[52]

---

50) 나카타 도호루, 휴먼에러를 줄이는 지혜, 원인규명보다 방어체제 평가가 필요하다. pp.19-34.

51) 인적 오류의 원인을 정확하게 이해한다는 것은 사람들이 공통적으로 생각하는 경향을 시스템에 반영하여 구조화시키는 것이다. 예컨대 기계가 달라도 덮개나 볼트 등 표준적인 품목을 사용하여 혼돈을 방지하고, 순서가 달라도 작동되도록 한다든지, 버튼, 배선 등을 색깔로 구분해 표시하여 명료하게 한다는 것 등이다. 또한 회사 경비원이 화재경보기를 끄고 자는 이유가 평소 고장이 많았기 때문이며, 한 병원에서 심장박동기에 환자 심장 상태가 심정지로 나오는데 의사가 기계 작동을 확인하느라 골든타임을 놓친 사례가 많았는데 이는 평소 오작동이 많아 기계 고장으로 착각했기 때문이다(세종사이버대 안전학과 정진우 박사).

52) 나가마치 미즈오, 안전관리자를 위한 인간공학, 안전소집단 활동이란 무엇인가, pp.221-235.

일본 치바현 북서부 내륙에 위치한 카마가야 시(市)는 도쿄도와 치바시와 가까이 있어 주택도시로서의 성격이 강하다. 일본대학의 타카다 교수는 카마가야 시(市)의 교통사고 다발지점을 선정하고 이 지역의 아차사고를 관리하여 매년 22건씩 발생하던 이 지역에서의 교통사고를 3건으로 감소시켰다.

그는 이 지역의 운전자, 보행자를 대상으로 평상시 사고가 날 뻔했던 위험사례들을 제보받아 왜 사고가 날 뻔한 상황이 발생했는지, 이러한 상황을 아예 만들지 않기 위해서는 어떻게 할 것인지를 파악하여 이 지역주민들에게 알리고 공감대를 형성하였다. 이를 통해 사고가 날 뻔한 상황을 아예 만들지 않도록 하여 사고를 크게 줄인 것이다.[53]

7 정상적 의식수준 유지

1) 의식수준의 다섯 단계

의식수준은 제로 단계에서 4단계까지 나눈다. ① 제로단계는 무의식, 실신의 상태이며 수면과 이에 가까운 상태. ② 제1단계는 의식이 몽롱하고 부주의 상태가 지속되는 집중력 저하 단계로서 실수가 빈발하며 과로, 졸음 등이 발생하며 업무의 신뢰성은 매우 낮다. ③ 제2단계는 정상적인 상태의 휴식, 안정기. 정상적인 작업이 가능하며 업무의 신뢰성은 높다. ④ 제3단계는 적극적인 활동 상태로서 뇌가 활발하게 작용하고 집중력이 높아 실수가 거의 일어나지 않는다. 업무의 신뢰성은 매우 높다. ⑤ 제4단계는 과도한 긴장 또는 감정이 흥분한 상태로서 주의가 한 곳에 과다 집중되고 냉정함이 결여되어 판단력이 둔화된다. 신뢰성은 낮은 수준을 보인다.[54]

---

53) 허 억, 안전교육이 최고의 보약입니다, 아차사고가 주는 준엄한 경고, pp.244-246.

54) 일본 니혼대학교의 교수이자 의학자 하시모토 쿠니에는 뇌파 패턴을 기초로 의식수준을 다섯 단계로 분류하고 각 단계에서 의식의 상태, 주의의 작용, 생리적 상태, 신뢰성 등을 제시하고 있다. 정진우 안전심리, 주의력과 대뇌의 활동, pp.283-290, 안전관리자를 위한 인간공학, 인적 실수의 단

관리자는 담당자들의 의식 수준이 2~3단계를 유지하고 있는지 관찰해야 한다. 툴 박스 미팅, 스몰토크, 면담, 코칭 등을 통해 수시로 담당자의 의식 수준 상태를 점검해야 한다.55) 현장 근로자가 누적된 피로, 스트레스, 갈등 관계로 2~3단계에서 벗어나 있다고 여겨지면 해소방안을 찾아야 한다. 이러한 근로자를 고난도 작업에 투입해서는 안 된다. 고소(높은 곳) 작업일 경우 자살 충동이나 추락 가능성이 생긴다.

2) 피로의 원인과 회복

현장 관리자는 근로자의 피로가 쌓이지 않도록 주의해야 한다. 피로의 원인은 ① 개인적인 조건으로 체력, 연령, 숙련도, 건강상태, 질병, 성별 등에 따라 다르며, ② 작업조건으로 일 자체가 고난도인 질적 조건, 업무 처리량이 많은 양적 조건 등에 따라 달라지고, ③ 환경조건으로 온도, 습도, 진동, 소음, 조명, 색깔, 음악, 공기 오염 등에 따라 영향을 받는다.56) ④ 생활조건으로 수면, 식사, 가족생활, 여가활동 등에 따라 달라지며, ⑤ 사회 조건으로 인간관계, 생활 수준, 통근시간 및 방법, 주거환경 등에 영향을 받는다.

피로회복은 자기 실정에 맞는 방법을 택해야 하며 다음과 같은 방법이 효과적이다. ① 충분한 휴식과 수면, ② 산책 및 운동, 스트레칭, 요가, ③ 음악 및 미술감상, 독서, 오락, 명상, ④ 목욕, 사우나, 마사지, 물리요법 등.

사례 연구 (17) 담당자의 누적된 피로가 큰 사고로 이어진 사례

한 철강회사에서 1977년 4월, 끔찍한 사고가 발생한다. 크레인 운전원의 실수로 40여 톤의 뜨거운 쇳물을 공장 바닥에 쏟아버린 사고다. 바닥이 녹으며 지하 매설 전선의 70%가 파괴되고 한 달 가까이 공장 가동이 중단되었으며, 피해 복구에 많은 자

계이론 p.85.

55) 툴 박스 미팅은 근무교대조 등 현장에 투입 전에 현장에서 체조, 구호 제창, 간단한 대화, 업무지시 등을 공유하는 미팅으로서 현장 안전관리의 주요한 툴이다. 스몰 토크는 회의 시작 전후에 안전, 보건에 관한 이야기를 하여 안전의 중요성을 일깨우고 안전 수준 향상을 위한 아이디어를 얻게 된다.

56) 김병석, 산업안전관리론, 작업 조건, pp.235－239.

원이 투입되었다.

조사 결과 교대 근무자인 크레인 운전원이 주간에 다른 일을 하다가 휴식 없이 출근하여 피곤했던 나머지 자기도 모르게 오조작을 한 것이다. 이 사고 이후로 이 회사는 개인별 피로도, 고충 처리, 작업환경 개선 등 체계적인 안전활동을 하는 계기가 되었다.[57)

3) 스트레스 관리

스트레스는 '개인과 그 개인의 자원을 혹사시키거나 범위를 초과하고 복지를 위태롭게 하는 것으로 여겨지는 환경과의 특정한 관계'라 정의되고(Lazarus), 직무 스트레스는 '직무요건이 개인의 능력, 자원, 또는 근로자의 욕구와 맞지 않을 때 발생하는 유해한 신체적, 정서적 반응'이라 정의된다(Nosh).

스트레스 상태에서 출근하면 업무에 전념하기 어렵다. 현장 근로자의 정서적 안정이 중요하며, 스트레스를 잘 관리하는 것이 안전확보와 직결된다. 스트레스와 마주칠 때 두 가지 방안, Fight(적극 대처)와 Flight(회피)가 있다. 스트레스를 잘 관리하면 성과를 높이고, 활력을 회복시키며, 도전정신을 북돋우는 긍정적인 효과가 있다. 스트레스 관리방안은 개인적인 대처방법과 조직적인 대처방법이 있다.[58)

가) 개인적인 대처방법(Individual Approaches)

개인적인 대처 방법은 다음의 여섯 가지, 즉 시간관리, 신체운동, 이완기법, 사회적 지지 네트워크, 긍정적 스트레스 전환, 90대 10법칙 활용이 있다.

▬ 시간관리

첫째, 시간관리(Implementing time management)이다. 매일 해야 할 일의 리스트를 작성하고, 중요성과 긴급성에 따라 순위를 정하고 일정을 수립한다. 마감 시간을 정해 놓고 마감 시간 내에 매듭을 짓도록 한다(예; 10일이 마감이면 7~8일 이내 마감 등). 관리자는 '중요하지만 당장 시급하지 않은 과제'에 대해 별도의 시간을 할애해 관리해야

---

57) 허남석, 안전한 일터가 행복한 세상을 만든다, pp.44−45.
58) 조직행동론 전게서, pp.679−684.

한다.59)

신체 리듬에 맞추어 정신이 맑고 생산성이 높은 시간(전략 시간)에 핵심 업무를 처리한다. 시간관리에 있어 〈빠르게, 다르게, 바르게〉 세 가지 명제를 가지고 차별화시켜야 한다. 시간관리 방법 중 '뽀모도로' 기법이 있으며, 자신에게 적합한 시간관리 방법을 찾아 적용하면 효율적인 시간관리에 큰 도움이 된다.60)

▬ 피터 드러커의 시간 관리61)

피터 드러커는 "시간은 한정된 자원이고, 공급을 늘릴 수 없으며, 가격과 한계효용곡선이 없다. 사용가능 시간을 파악하고, 비생산적 요구들을 잘라내어 생긴 시간을 연속 단위로 통합하라"는 것이다. 세부적으로는 다음과 같다. ① 시간 낭비 요소를 찾아 줄임(개인적 인간관계 등) ② 실제 사용시간 진단 및 기록, 업무와 무관한 요청에 대해 슬기롭게 거절하는 방식 동원 ③ 권한 위임 ④ 효율적 회의 진행(룰 정하고, 예외 사안 집중) ⑤ 반복적 일은 절차적 업무로 전환 ⑥ 과잉 인력 점검 및 대응 ⑦ 조직 기능 간 유기적 소통 ⑧ 자유재량 시간의 통합으로 연속적 시간 확보(생산적 업무에 투입)

▬ 스티븐 코비의 시간 관리62)

주어진 과제를 '시급성'과 '중요성' 기준으로 네 영역으로 구분할 수 있다. 시급하고 중요한 일(A), 시급하되 중요하지 않은 일(B), 시급하지는 않으나 중요한 일(C), 시급성과 중요도 모두 낮은 일(D)이 그것이다. (A) 업무를 우선 처리하는 것은 당연하지만 관리자일수록(C) 업무에 시간을 배정해야 한다(어학 학습, 자격증 취득, 현장 근무자와 코칭시간 확보 등). (B), (D) 업무는 위임하거나, 지혜로운 거절, 자투리 시간을 활용 등으로 업무의 효율성을 높일 수 있다.

---

59) 시간관리방안에 대해 좀 더 연구하고자 하면 쉬셴장 저, 하정희 역의 하버드 첫 강의, 시간관리. 리드리드 출판을 참고하기 바란다.

60) 1980년대 후반, 프란체스코 시릴로가 창안한 뽀모도로 기법(Pomodoro Technique)은 타이머를 이용해 25분간 집중 일한 다음 5분간 휴식하는 방식이다. '뽀모도로'는 이탈리아어로 토마토를 뜻하며, 대학 시절 토마토 모양의 요리용 타이머를 이용해 25분간 집중 학습 후 휴식하는 방법을 적용한 데서 유래했다(위키백과).

61) 피터 드러커, 자기경영노트, 자신의 시간을 관리하는 방법, pp.23-61.

62) 스티븐 코비, 성공하는 사람들의 7가지 습관, 소중한 것을 먼저 하라, pp.204-255.

김영헌의 세 박자 시간 관리[63]

한국코치협회 김영헌 회장은 시간 관리 세 박자 개념을 제시하였다. ① 미래의 크고 담대한 꿈과 비전을 가져라. ② 중요한 것을 하기 위해 준비시간을 가져라. 활용 가능한 시간을 떼어 놓는다. ③ 자신만의 시간을 가져라. 내적 동기를 위한 자아 성찰 시간을 가져야 한다. 그리스인들은 시간을 둘로 구분하여 물리적 절대적 시간을 크로노스(Chronos), 의식적, 주관적, 상대적인 시간을 카이로스(Kairos)라 하였다. 카이로스는 미래의 시간이 될 수도, 자신의 시간이 될 수도 있다. 시간관리는 미래를 다스리는 것이다.

신체운동 증진

둘째, 신체 운동의 증진(Increasing physical exercise)이다. 심장박동수를 낮추고 업무 부담의 경감과 기분 전환, 신체 및 정신적 노화 현상을 지연시킨다. 유산소, 근력, 유연성 운동을 꾸준히 병행해야 효과가 크다.

이완기법 활용 및 훈련

셋째, 예술치료(음악, 미술, 사진 등), 명상, 기도, 최면, 요가, 복식호흡 등 이완 기법(Relaxation technique training)을 통해 스트레스를 극복할 수 있다. 하루에 15~20분 정도라도 깊이 이완할 경우 긴장 완화와 마음의 평화를 느낄 수 있다. 이완기법을 실시할 때 두 단계의 태도를 견지한다. ① 육체적 이완으로서 천천히 숨을 들이마시고 천천히 내쉬는 것이다. 이를 통해 자율신경(교감신경과 부교감신경)의 균형을 유지하여 정상적인 신체 상태를 유지할 수 있다.[64] 이 균형 상태가 무너지면 자율신경실조증(Autonomic dysfunction)이 생기고 질병의 원인이 된다.[65] ② 정신적 이완으로서 컴퓨터

---

63) 김영헌, 행복한 리더가 끝까지 간다, 시간관리가 미래관리다, pp.229−231.

64) 교감신경(Sympathetic)과 부교감신경(Parasymapthetic)은 자신이 처한 상황에 따라 작용을 달리한다. 교감신경은 동공 이완, 침 분비 억제, 심박 수 증가, 기관지 이완, 위 운동 감소, 소화액 억제, 글리코겐 분해, 에피네프린과 노르에피네프린 방출, 연동운동 억제, 방광 이완 등의 기능을, 부교감신경은 동공 수축, 침 분비 자극, 심박수 감소, 기관지 수축, 위 운동 증가, 소화액 분비, 쓸개즙 분비, 연동운동 증가, 방광 수축 등을 담당한다.

65) 자율신경실조증이란 자율신경계(교감, 부교감신경)의 균형이 깨짐으로 발생하는 증후군을 말하며

가 작동되지 않으면 컴퓨터를 잠시 끄고 기다렸다가 다시 켜면 정상 작동되는 것처럼 복잡한 생각을 잠시 접고 떨쳐버리는 것이다. 자신의 에고(Ego)를 절대자 앞에 내려놓고 대수롭지 않은 자신의 존재를 고백한 다음(自己無化, Self-naughting), 생각을 가다듬고 자신이 귀중한 존재임을 자각하는 것이다. 이렇게 하면 내면에 핵심 안전 마인드(Inner Core Safety)가 생겨 스트레스 대응 능력이 강화되고 문제 해결 방안도 떠오르고 평정심을 회복하게 된다.66) 이와 관련, 마음챙김(Mindfulness) 명상치료가 도움이 된다.

마음챙김 명상치료(MBSR-Mindful Based Stress Reduction)는 미국 메사츄세츠 의대 존 카빗진 교수가 1979년부터 명상법을 심리치료와 건강증진에 응용하여 만든 프로그램이며, 효과가 입증되면서 국제적으로 활발하게 연구되고 있다. 마음챙김은 자동조종 상태(무의식적, 습관적으로 빠져드는 상태)에서 벗어나 객관적으로 자신의 상태와 상황을 자각하고 자신의 마음을 바라볼 수 있게 한다. 고통 억제가 아니라 알아차리고 받아들임으로써 내려놓는 것이다. 나에게서 떨어져서, 있는 그대로 바라보면 객관적으로 나를 관찰할 수 있고 더 잘 이해하게 된다.

내가 어디에 있는지, 어디로 가야 하는지를 자꾸 알아차리다 보면 마음이 명료해지고, 내적 질서와 균형이 생기며, 신경회로가 긍정적으로 바뀌게 된다. 명상하는 동안 생각을 그치고, 욕구를 내려놓고, 마음을 비운 상태로 깨어있도록 한다. 이러한 과정을 통해 타인뿐 아니라 자신과 더 온전하고 친밀해지면서 불안정한 심리 상태를 극복하게 된다. 정신건강 효과(우울, 불안, 불면증 극복 등)뿐 아니라 스트레스 관리, 자율신경 조절, 만성 통증, 질병 회복, 면역기능 강화, 집중력 향상, 공감 능력과 긍정 정서 함양에 도움이 된다.67)

자율신경의 항상성 유지 기능이 떨어져 여러 가지 질병이 발생한다. 많은 사람 앞에서 얼굴이 달아오르며 가슴이 답답하고 두근거린다든가, 몸이 나른하고 쉽게 피로가 온다. 자율신경은 인식으로 조절할 수 없으므로 자율신경이 제대로 작동하지 않을 경우 대응하기가 쉽지 않다. 인도 등에서 오랜 역사를 통해 명상 수련, 호흡법을 통해 자율신경의 밸런스를 회복할 수 있음을 알게 되었다.

66) 미국에서 정신과 클리닉을 운영하는 의사에 의하면 이러한 방식으로 환자 치유에 크게 효과를 보고 있다. 두뇌 활동도 전자회로로 이루어지므로 여러 사안이 복잡하게 얽히면 컴퓨터를 끄는 것처럼 일단 빠져나와야 하며 그런 다음에 해결책이 생긴다는 것이다.

67) 서호석, 차병원 정신건강의학과 교수, 법조신문(2014. 4. 21). 한국마음챙김연구소 홈페이지 참조.

▬ 사회적 지지 네트워크

넷째, 자신을 지지할 사회적 네트워크(Expanding social supportive network)를 넓혀 자신의 문제를 들어 줄 사람을 갖게 되고, 스트레스 상황에 대해 객관적 시각을 갖게 됨으로써 긴장감을 완화시킬 수 있다. '재난안전 실무자의 직무 스트레스와 조직몰입에 대한 연구'에 의하면 사회적 지지가 직무 스트레스를 경감하고 조직몰입 효과가 있으며 현장 중심 집단에 더 크게 나타난다. 직무 스트레스 해소 및 조직몰입에 사회적 지지가 중요하다.[68] 코칭은 구성원들의 스트레스 극복과 당면 문제 해결에 큰 도움이 된다. 사회적 네트워크를 넓히기 위해 평소 인간관계 개선에 관심을 기울이고, 모임에 참여하며, 자신의 재능과 능력에 맞추어 역할을 감당하는 것이다. 약한 연결고리와 강한 연결고리의 균형이 생활 리듬에 도움이 된다.

▬ 긍정적인 스트레스로 전환

다섯째, 스트레스 상황에 놓일 경우 긍정적인 스트레스로 전환하는 것이다. 캐나다 생리학자로 노벨생리의학상을 받은 한스 셀리 박사에 의하면 스트레스는 두 가지 종류, 즉 디-스트레스(Dy-stress)와 유-스트레스(Eu-stress)가 있다.[69] 전자는 통상의 부정적 스트레스(Negative stress)로서 과도할 경우 스트레스성 호르몬이 분비되고 부정적 시각으로 상황을 인식함에 따라 몸에 나쁜 현상이 유발된다. 후자는 긍정적 스트레스(Positive stress)로서 스포츠, 예술 활동처럼 도전적 과제를 수행할 때 느끼는 스트레스로서 도파민, 엔돌핀 등 좋은 물질이 분비된다. 똑같은 스트레스 상황에서도 개인의 수용 자세에 따라 달라진다. 전학 가는 학생이 새로 맞이하는 학교생활을 즐거운 마음으로 기다린다든지, 야구시합에서 9회 말 투아웃 만루, 역전 찬스에서 등장한 대타가 그동안의 피나는 연습결과를 보여줄 절호의 기회라 여기는 것은 유-스트레스

---

68) 박현신, 동덕여대, 재난안전 실무자의 직무 유형에 따른 직무 압박과 직무 스트레스 그리고 조직몰입 간 관계: 미디어 노출과 사회적 지지의 역할 중심으로, 한국사회와 행정연구 제33권 제4호, 서울행정학회, pp.181-213(2023.2)

69) 조직행동론(로빈스 외 전게서) 및 이시형 박사의 기고문에서 발췌하였다. 한스 셀리박사가 하버드대 졸업식에서 강연을 마치고 단상에서 내려오는 중에 한 학생으로부터 질문을 받는다. "박사님의 말씀을 한마디로 요약하면 어떤 말이 될까요?" 한스 셀리박사는 잠깐 생각한 후 "늘 감사하는 것일세"라고 답했다고 한다.

상황이 된다. 디-스트레스의 유-스트레스로 전환이 필요하다.[70]

▪ 90 대 10의 법칙 활용

여섯째, 90대 10의 법칙(The 90-10 Rule)을 적용하는 것이다. 이는 사건 자체보다 반응하는 방식이 더 큰 영향을 준다는 것으로, 사건 자체는 10% 정도밖에 영향력이 없고, 90%는 자신이 어떻게 반응하느냐에 따라 결정된다."는 것이다. 10%의 사건은 조절하거나 막을 수 없지만 90%는 의지와 노력으로 통제할 수 있다. 같은 사건을 마주하더라도 대응 방식은 제각기 다르다. 눈앞에서 일어난 일에 대한 반응에 따라 좋게 지나갈 수도 있고 그렇지 않을 수도 있다. 역경을 마주하는 순간 자신의 반응이 나머지를 좌우한다. 하루, 일주일, 한 달, 1년 또는 평생을 좌우할 수 있다. 성공은 시련을 어떻게 대응하느냐에 달려 있으며 외부 환경이 아닌 나 자신이 결정한다.[71]

나) 조직적인 대처방법(Organizational Approaches)

경영층은 조직이 구성원들에게 스트레스를 주지 않도록 관리해야 하며 전문가들도 이를 언급하고 있다. 뉴욕대학교 그로스먼 의과대학 정신의학과 교수이자 정신과 의사인 엘리슨 영 박사는 내담자와 직업에 관해 상담할 때 '나의 문제'와 '직장의 문제'를 분리하라고 권한다. 나의 문제는 내가 통제할 수 있지만 직장의 문제는 통제할 수 없다는 것이다. 미국외과의사회는 2022년 10월, '직장에서의 정신건강과 웰빙'을 위한 새로운 체계를 발표했으며, 여기서도 직장의 문제에 초점을 맞추고 있다. 작업환경, 규범, 상사의 요구 등 직장의 영역이 직원의 정신건강과 복지에 매우 중요하다는 것이다. 직원들이 직장에서 많은 시간을 보내고, 회사는 직원들의 만성 스트레스를 줄일 수도, 늘릴 수도 있는 제도적 권한을 가지고 있어 대개 직장은 스트레스를 가중시킨다는 것이다.[72]

---

70) 와타나베 준이치, '나는 둔감하게 살기로 했다(The Power of Insensitivity)', 정세영 옮김, 다산북스. 일본 정형외과 의사가 쓴 책으로 조급하고 예민한 사람들을 위한 마음의 처방전이란 부제가 말해 주듯이 독특한 시각의 스트레스 해소법을 제시하고 있다.

71) 김진혁 한국취업컨설턴트협회 대표, 페로타임즈(2023. 1. 17)

72) 코메디닷컴 2022. 10. 29 기사. 그리고 근로기준법(제6장의 2 직장 내 괴롭힘의 금지)에 의거 직장 내 괴롭힘을 금지하고 있다. 그러나 작업공간이 극히 한정적인 선원들을 위한 규정이 없어 정부는 선원법을 개정하여 선원법을 적용받는 선원들도 괴롭힘 금지 및 그에 따른 조치와 관련된 보호를

직무스트레스에 대해 많은 연구가 있다. 직무스트레스는 직무로 인한 요구가 근로자의 능력, 자원 및 욕구와 일치하지 않을 때 발생하는 해로운 신체적, 감정적 반응으로서(KIOSH, 1999), 질병 발생에 직간접적으로 영향을 미치는 것으로 알려져 있다. 직무스트레스가 증가할수록 혈압 및 카테콜아민이 상승하여 심혈관질환이 증가한다는 것을 선행 연구를 통해 확인할 수 있다.[73]

조직 차원에서 스트레스 경감 방안을 여덟 가지로 살펴본다. ① 조직 니즈에 맞는 직원의 선발과 배치(Improving personnel selection and job placement)이다. 직무에 맞는 직원을 선발하여 동기부여하고 피드백해 준다면 도전적인 과제나 안전업무를 성실히 수행해나갈 것이다. ② 훈련과 교육(Training and education)은 구성원들의 자기효능감을 증가시키고 업무의 긴장을 감소시킨다. ③ 실현가능한 목표를 설정(Use of realistic goal setting)하고 이의 달성 노력에 대해 피드백을 받을 때 동기를 부여받는다. ④ 업무를 재설계(Redesigning of jobs)하여 구성원들에게 책임의식과 의미 있는 일, 자율성, 피드백을 통해 직무 불확실성을 줄여줄 수 있다. ⑤ 의사결정에 구성원 참여도를 높임으로써(Increasing employee involvement) 재량권을 키워 일에 대한 자부심을 키울 수 있다. ⑥ 의사소통을 활성화하여(Improving organizational communication), 업무 분장과 구성원들의 역할을 명확히 하여 업무 추진의 불확실성을 줄여준다. ⑦ 안식년 제도(Offering employee sabbatical) 시행으로 직원들이 프로그램을 짜서 여행하고 일상적 휴가에서는 할 수 없는 개인 프로젝트를 추진할 수 있게 해준다. 탈진상태(Burn-out)의 유능한 직원에게 힘과 생기(회복력)를 줄 수 있다. ⑧ 복지프로그램(Establishing corporate wellness programs)을 제공하여 직원들의 신체적, 정신적 건강증진에 도움을 준다. 금연, 음주, 체중, 식습관, 정기적 운동을 위한 워크숍 등을 통해 구성원들의 스트레스 수준을 상당 부분 줄여주고 있음은 실증적으로 확인되고 있다.

받게 되었다(2024. 1. 25 시행).

73) 미국 산업안전보건연구원(NIOSH)는 직무 스트레스 모델을 제시했으며 여기에서 스트레스 요인은 ① 환경 요인(조명, 소음 등), ② 직무 요인(부하, 속도), ③ 조직 요인으로 구성되어 있다. 오태근 외 전게서 pp.179-181.

사례 연구 (18) 현장 관리자의 담당 직원 스트레스 경감 사례

LG 전자 중국 베이징 고객센터 총괄 관리자로 부임한 최우영 부장은 저자와의 인터뷰를 통해 "센터를 개설하고 현장 직원들의 스트레스를 성공적으로 관리하였으며 다음과 같은 방침을 세우고 관리했다"고 밝혔다.

일반적으로 지칭하는 콜센터를 저는 고객상담센터라 부른다. 고객이 존재하므로 회사가 생존하고, 직원 월급과 복지는 고객으로부터 나온다. 고객은 총수 이상으로 응대해야 하므로 최상의 서비스를 위해 다음과 같은 원칙을 두고 운영하였다. ① 단정한 옷차림을 갖추기 위해, 여직원은 계절별로 멋진 옷으로 개인별 맞춤 형태로 두 벌씩 제공하고, 남자직원은 개인 취향에 맞는 와이셔츠와 넥타이를 개인별로 구매하고 회사에서 지급한다.

② 고객에게 예의범절을 갖추고 마주 대하듯 응대하게 한다. 전화 통화는 상대방이 보이지 않아 함부로 대하는 경우가 생길 수 있다. 설명이 필요한 부분은 음계의 도미솔 사이에서 적절한 높이의 음으로 응대한다. 목소리가 너무 크고 톤이 높으면 오해할 수도 있어 듣기 좋은 상태의 높이를 유지한다. 회사 제품에 불만을 품고 좋지 않은 감정으로 전화한 고객이 응대 직원의 친절한 설명을 듣고 평생 고객으로 전환한 경우가 적지 않으며, 이들은 고객 상담실 홈페이지에 담당자 이름과 칭찬의 글도 올려준다.

회사는 매달 우수 직원을 선정해 표창과 선물을 준다. 그러나 고객으로부터 욕설을 듣고 서러움에 울고, 격한 감정과 분을 삭이지 못하는 경우도 있다. 이런 경우를 몇 번 겪으면 스트레스성 우울증으로 직업병이 될 수 있어 정신과 의사와 계약하여 심리상담을 받도록 하였다. 직원 책상 위에 가족사진과 좋아하는 물품을 비치하여 심리적 안정감을 찾도록 배려하고 있다.

③ 쾌적한 근무환경 조성이다. 중국 베이징에서 고객상담센터 설립과제를 안고 먼저 고려한 곳이 직원 휴게실이다. 출근하여 첫 발걸음 닿는 탈의실, 유니폼 갈아입는 공간, 자리로 들어가는 동선에 밝고 쾌적한 공간, 전화 상담하는 옆 사람의 목소리가 타고 들어가지 않는 공간, 안전거리 확보, 방음 장치 등을 구비하였다. 전화 응대는 힘든 직무이다. 두 시간 근무 후 가지는 30분 휴식이 달콤하도록 배려한 휴식공간은 중국 최고의 공간이라는 자부심을 갖게 되었다. 짧은 30분이지만 숙면을 위한 최상급

침대를 갖춘 수면실, 음악매니아를 위한 방음 장치와 소파가 비치된 나만의 음악실, 게임을 즐기는 컴퓨터실, 다과를 즐기는 다실(茶室) 등을 초기 설계에 반영하였다. 흡족한 직원들은 최고라는 칭송을 아끼지 않는다.

이러한 투자는 생산성과 직결되므로 단순 비용지출이 아니다. 직원 한 사람 한 사람의 올바른 생각과 행동이 충성심 높은 고객을 만든다. 사소한 배려 같지만 여러 형태의 안전사고 가능성을 미리 차단하는 것이다.

④ 마음이 안정된 상태라야 불만 고객의 마음을 읽을 수 있다. 고객을 이해하고, 고객이 느끼는 심정으로 응대하고, 친절하게 설명하면 많은 문제가 대부분 해결된다. 금방 떠날 것 같던 고객이 돌아서서 충성고객으로 이어지는 경우가 적지 않다. 충성도 높은 고객의 확보는 직원의 정성이 담긴 한 통의 친절한 전화 응대에서부터 시작된다.

4) 갈등관리

갈등(葛藤)이란 "의지를 지닌 두 성격의 대립이며, 개인이나 집단이 가지고 있는 두 가지 이상의 목표나 정서들이 충돌하는 현상"을 말한다. 내적 갈등은 한 인물의 심리적 갈등이며 외적 갈등은 사람과 환경 사이의 갈등이다. 조직에서의 갈등은 개인 또는 집단의 내부와 외부에서 발생할 수 있다.[74] 조직 생활에서 갈등 관계를 맞이할 경우, 사람에 따라 해소하는 사람이 있는가 하면, 악화시키는 사람도 있다. 조직 갈등 대처방안을 유형별로 살펴보면 다음과 같다.

가) 개인 갈등

개인 갈등의 원인은 맡은 역할에 대한 이해와 목표에 대한 시각 차이를 들 수 있다. 개인 간의 갈등 해소를 위해서는 내가 상대방을 좌우하기 어려우므로 나의 입장을 먼저 정해야 한다. 나의 입장을 정할 때 다음 그림의 두 원 이론을 참고로 하면 도움이 된다. 단순해 보이지만 효과적이다. 업무적으로 겹치는 부분에 관심을 집중하면 개인

---

74) 갈등(葛藤)은 왼쪽으로 감아 자라나는 칡(葛)과 오른쪽으로 감아 자라나는 등나무(藤)가 서로 얽히고 설킨 모습에서 유래한다(위키백과). 일이 뒤엉켜 풀기 어려운 상태, 서로 입장이 달라서 일어나는 불화 또는 분쟁을 말한다. 라틴어 콘플리게레(Confligere)에서 나온 말로 상대가 서로 맞선다는 뜻이다. Reiz의 정의에 의하면 개인이나 집단이 함께 일하는 데 애로를 겪는 형태로서 정상적인 활동이 방해되거나 파괴되는 상태를 말한다(1981). 지속가능한 고성과 창출을 지원하는 경영코칭, 배용관 안전문화코칭사업지원단장 강의(2022. 11)

❖ 두 원 이론

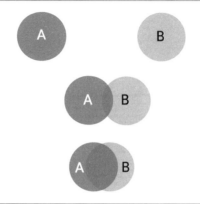

간의 갈등요인을 최소화시킬 수 있다.[75]

　① 위 그림의 첫째 칸 두 원의 그림처럼 업무적으로 관련이 없으면 갈등 소지가 없다. ② 둘째 칸 그림은 업무로 인해 서로 접촉하는 관계가 생기는 단계이다. 여기에서는 업무적으로 겹치는 면적을 조절하면서 일에 집중하면 개인 간의 갈등 소지를 줄이고 업무의 효율성을 높일 수 있다. ③ 셋째 칸 그림은 갈등 관계를 해소하면서 업무적으로 겹치는 면적을 점차 넓혀 나가는 것이다. 이럴 경우 협조 관계를 강화시키며 시너지 효과를 높이게 된다.

　이처럼 약한 연결고리 관계로 업무에 집중하면서 점진적으로 강한 연결고리로 관계를 확장하게 되면 서로 힘이 되는 파트너 관계로 발전하게 된다.

나) 집단 내 갈등

　집단 내 갈등은 집단 내 구조적인 문제, 의사소통, 사회 심리적 요인, 한정된 자원 배분 등의 문제로 발생한다. 집단 내 갈등의 해결 방안은 나 자신이 백 퍼센트 만족하는 방안이 아니라 상생 방안을 찾는 것이 묘책이다. 상대방의 학식, 경험, 사회 기여도 등 평판이 높아 상대방의 입장을 존중해야 할 경우에 협력(Collaboration) 또는 순응(Compliance)하는 방안이 효과적이다. 상대방과 경쟁이나 피해야 할 입장이라면 경쟁(Competition)을 감수하거나 또는 회피(Avoidance) 방안을 찾아야 한다. 한시적으로 이

---

75) 저자의 오랜 경험을 토대로 정립한 것으로 대학에서 위험관리론 강의 교재에 수록하여 강의하였다.

러한 요소가 공존할 경우 우선 타협하거나 절충하는 방안(Split)을 찾아 갈등을 줄여나가면서 앞으로의 관계설정을 모색하는 것이다.

다) 집단 간의 갈등

집단 간의 갈등은 집단 간의 의견 차이, 목표 차이로 발생하거나 한정된 자원의 배분 문제로 발생한다. 이의 해결 방안은 상위 목표를 제시하여 조정하거나, 자원을 확충하고 직무 순환을 통해 역지사지의 관점으로 상대방 집단의 입장을 이해하는 것이다. 여러 사업부를 함께 운영하는 제조업체(예: 설비의 공동 활용 등)에서는 공통비(스태프 인력, 전력, 용수 등 간접제조경비 등) 배분 비율에 갈등이 많으므로 이의 해소방안은 배분 원칙을 정하고 합의된 원칙에 따라 배분하는 것이다. 이때 최고경영자의 합리적 방침이 갈등을 줄이는 데 큰 역할을 한다.

개인과 조직의 갈등을 해소하고 생산성을 높이기 위해서는 이슈에 집중해야 한다. 다음의 경구를 떠올려 보면 자신이 스스로 갈등을 줄이려는 자세를 견지할 수 있다.

Separate the Issue from People!(이슈와 사람을 분리하라!)

라) 사회적 갈등[76]

우리 사회가 반목과 질시의 언어가 난무하는 사회가 되었음에 한탄하는 사람들이 늘고 있다. 그 이유 중 하나로 우리 사회의 높은 피로도(疲勞度)에서 찾는다. 스트레스를 초래하는 일들을 극복하기 위해서는 많은 에너지가 필요한데 이것이 한정되어 있다. 에너지가 고갈되면 지치고 상대방의 도발에 대해참을 때까지 참다가 폭발하는 것이다. 이때는 단편적, 감각적, 감정적으로 세상을 이해하고 행동하며, 외부 자극에 충동적으로 반응하게 된다. 또한 부정적인 말이 난무하는 이유는 상대방을 괴롭히고 학대하고 싶은 사람에게 부정적 언어가 더 효율적인 무기라 생각하기 때문이다.[77]

사회적 갈등요인이 지속되면 아노미 현상(일탈 현상-逸脫 現象)[78]이 심화되고 개

---

76) 사회갈등 및 사회통합에 대한 인식과 시사점(한국보건사회연구원 김문길 부연구위원, 2016) 내용에서 발췌, 정리한 것임.

77) 정태연 중앙대 심리학과 교수, 한국사회 마음 읽기, 피로 사회, 대한민국을 판치는 악의 언어, 교수신문, 2024.3.4

78) 아노미(Anomie)는 무법, 무질서, 신의나 법을 무시한다는 뜻의 그리스어 아노미아(Anomia)에서 유래되었으며 에밀 뒤르켐(1858-1917)이 사회분업론(1893), 자살론(1897)을 통해 근대사회학에

인 및 조직의 갈등요인으로 확산될 수 있다. 아파트 층간 소음, 주차 시비 등으로 이웃 간에 폭력사태가 발생하고, 폭염에 따른 긴장감으로 SNS에 살인 예고 글을 올리거나 묻지마 폭행 등 사회적 갈등 사례가 매스컴을 장식하고 있다. 사회적 갈등을 유형별로 보면 ① 계층 갈등(또는 경제 갈등)으로서 정규직 비정규직 갈등, 노사갈등, 원하청 갈등, 빈부격차 갈등, 주택 소유 미소유자 간 갈등 등이고, ② 가치 갈등으로서 이념 갈등(진보와 보수, 역사 인식, 국가주의와 민족주의 등),79) 다문화 갈등(외국인 근로자, 결혼 이주 여성 및 자녀, 이민자 등),80) 개발주의와 환경보호주의 간 갈등, 종교 및 종족 간 갈등이 있으며, ③ 복합 갈등으로서 세대 간 갈등, 지역 간 갈등, 기후변화 등 환경적 요인에 의한 갈등이 있다.

이러한 갈등요인 해소와 사회통합 방안을 살펴보면 ① 사회경제적 비용을 고려해 사회갈등 해소에 유의미한 정책 과제들을 발굴하여 추진.81) ② 청년 고용과 실질소득 문제를 선제적으로 대응, 빈곤 집단이 되지 않도록 하고, 안정적인 미래의 주인공이 되도록 종합 대책 수립(노동시장, 주거, 결혼 및 출산 등). ③ 공정성은 사회적 갈등 해소를 위한 기제로 작용하므로 정치권과 경제 주체는 정치, 경제, 사회 각 영역에서 부정 부패가 만연하지 않도록 선도(제도, 법질서, 캠페인 등). ④ 민주주의와 자유시장 경제를 위한 제도적 정비 등이다.

사회갈등 요인을 사회통합을 위한 제도개선 요소로 인식해야 한다. 사회적 갈등

등장시켰다. 뒤르켐은 사회가 급격히 변동하였을 때 대응규범이 나타나지 않으면 사람들이 혼란을 겪고 무규범 상태가 지속되면 일탈이 발생한다는 것이다. 로버트 머튼(1910-2003)은 사회 문화적 목표를 이루기 위한 제도적 수단이 존재하지 않을 때 규범갈등에 의해 일탈이 발생한다고 한다. 머 튼은 아노미 현상의 대응을 위한 다섯 가지 방식, 즉 ① 순응(합법적으로 사회적 목표를 성취하므 로 대부분 문제를 일으키지 않으나 대다수가 거부하면 혼란 야기), ② 개혁(정당한 방법으로 목표 를 이룰 수 없다고 판단, 불법적인 방법까지 시도/가장 일반적), ③ 의례적(무관심), ④ 도피(자연 인의 삶), ⑤ 반항(반란, 혁명 등)을 소개한다(나무위키).

79) 국가 없는 민족으로서 불행을 겪고 있는 대표적인 민족이 쿠르드족이다. 3~4천만 명으로 추산되 며 언어와 문화로 정체성을 유지하고 있으나 국제 질서에 편입하지 못하고 각지에 흩어져 어려움 을 겪고 있다. 쿠르드족은 일차대전 당시 영국을 도와 독립을 꾀하였으나 연합국과 튀르키예 간의 로잔조약(1923.7)으로 무산되었다. 국가의 존재, 산업기반, 국방, 외교 등 국력의 중요성을 인식해 야 한다.

80) 출산율 저하 및 고령화 대책의 일환으로 다문화정책 수립 시 고대사연구가 중요한 이유는 이민자 들이 우리의 고대사를 통해 동질성을 확보할 기반이 되기 때문이다(고구려, 발해, 중앙아시아 등). 동국대 역사학과 윤명철 명예교수의 고대사 연구 활동이 주목을 받고 있다.

81) 사회적 포용(기회균등), 사회적 자본, 사회 이동성(교육, 노동정책)은 사회통합 정책의 중요 구성요 소이다.

에 지면을 많이 할애한 이유는 사회적 갈등은 누구라도 겪지만 이를 해소하고 긍정적으로 전환시키는 몫은 집단과 집단에 속한 사람들마다 다르기 때문이다.

개인이 지혜를 발휘하여 갈등을 극복하고 전화위복의 계기로 삼는다면 당연히 안전을 확보하는 데에 큰 도움이 된다. 저자는 코로나 사태를 인식 전환의 계기로 삼았다. 코로나 특성 중의 하나는 '피해자가 되는 동시에 곧 가해자가 된다'라는 사실임을 깨닫고 먼저 안전수칙을 지키고 상대방 입장을 이해하고자 하였다. '따로 또 같이' 관점을 통해 이타주의가 확산되어야 하고 이는 높은 수준의 안전문화로 발전하는 통로라 할 수 있다.[82]

마) 스트레스와 갈등관리를 위한 범국가적 대응

우리 사회에서 겪는 갖가지 스트레스와 갈등을 개인이 감당하기에 벅찬 면이 있다. 높은 자살률, 저출산, 실업률, 주택문제 등은 우리 사회의 미래를 걱정하게 만든다. 한국인의 마음 문제를 과학적으로 해결할 방법이 시급하다. 한국심리학회(회장 최진영, 서울대 심리학과 교수)는 서정숙 의원과 함께 국민 정신건강 문제를 효과적으로 해결하고자 심리서비스 모델 논의 자리를 만들었다. 2023년 11월 1일 "근거기반 심리서비스 제도화, 어떻게 할 것인가?"라는 제목으로 국회의원회관에서 열린 정책토론회에 세계 최초로 '근거기반 심리서비스'를 제도화하여 실질적으로 정신건강 문제를 상당히 개선시킨 영국에서 이를 설계하고 자문한 데이비드 클라크 옥스퍼드대 명예교수가 발제자로 참여하였다. 한국인의 마음 문제를 효과적으로 해결할 '근거기반 심리 서비스'를 도입하는 것은 시의적절하다(경기대 이수정 교수).[83]

---

82) '코로나 19를 극복하는 따로 또 같이의 개념'이란 제목으로 (사) 한국문화 국제교류 운동본부가 발간하는 한국문화교류 소식지 37호(2020. 9. 15)에 이와 관련된 내용을 게재한 바가 있다.

83) 근거기반 심리 서비스란 내담자에게 행할 심리치료 방식을 정하는 과정에서 근거가 확보된 심리치료를 숙련된 치료자가 환자의 필요, 가치와 선호 등의 맥락을 고려하여 적용하는 것이다(미국심리학회, 2006). 이는 근거를 기반으로 한 심리측정, 사례 개념화, 치료 관계와 개입을 통해 심리학적 치료 효과를 증진시키고 공중보건의 질을 높이기 위해 제안된 개념이다(한국심리학회지, 2013, 32권).

5) 내 마음의 주인이 되는 방법[84]

갈등 해결을 함축하면 "멈추고, 관찰하고, 변화하라"이다. 자신의 감정을 파악하고 다스리며, 기존 습관을 새로운 습관으로 대체하는 것이다. 갈등의 원인이 상대방이나 환경에 있다 하더라도 이를 조절하고 대처하는 사람은 나 자신이며 나의 태도에 따라 갈등의 폭이 결정된다. "나 자신이 내 마음의 주인이 되어야 한다."고 인식하며 다음과 같이 생각하면 도움이 된다. ① 내 감정의 주인은 나 자신이다. 내가 선택할 수 있다. ② 타인에게 인정받으려 하지 말고 내 감정을 강요하지 말자. ③ 모든 감정에는 특별한 목적이 있고 통제 가능하다. 관점을 바꾸면 감정도 바뀐다. ④ 자신에 대한 기대치를 낮추고 강박적 의무감에서 벗어나자.[85]

6) 타인을 이해하는 방법

누군가에 대해 싫은 감정을 지니면 더불어 살아가는 데 방해가 되고, 공감할 수 있는 사람을 만나면 보람이 커진다. 누군가를 싫어하는 데에 명백한 사유가 있기도 하지만 특별한 이유가 없는 경우도 많다.[86] 지각한 정보를 바탕으로 의식에 나타나는 느낌과 감정을 '표상(表象)'이라 하는데 이는 사람마다 다르게 나타난다. 누군가를 싫어하는 것은 누군가의 특정 행동이 나의 부정적인 기억 표상을 의식적, 무의식적으로 떠오르게 하기 때문이다. 사람은 자신을 지키려는 방어기제(防禦機制)를 가지고 있다. 불안, 두려움 등을 통제하기 어려울 때 스스로를 보호하기 위한 무의식적 사고(思考)와 행동을 말한다.[87]

주석에 있는 방어기제 중에서 승화(Sublimation)가 바람직하다. 이러한 이론을 바

---

84) 김현주, 나눔과 도움 평생교육원(2021.5)

85) 인지기능 회복방법으로서 관점을 바꾸는 인지 치료와 공감을 얻는 지지 치료가 있다. KBS 아침마당 장민욱 신경과 의사의 방송내용은 참고가 된다(2023. 8. 31).

86) 네덜란드 철학자 스피노자의 다음의 경구는 이를 잘 대변하고 있다. "우리는 어떤 것을 기쁨 또는 슬픔의 감정을 가지고 고찰했다는 이유만으로도 그 어떤 것 자체가 그러한 감정의 작용 원인이 아닌데도 그 어떤 것을 사랑하거나 증오할 수 있다."

87) 방어기제는 부정(거부), 환상(공상, 백일몽), 투사(타인의 탓으로 돌림), 전위(대안적인 표적 대상에게 감정 표현), 합리화, 반동 형성(반대의 태도, 행동 표출), 현실 도피, 억압, 억제, 주지화(이성적으로만 행동하려 함), 퇴행, 취소(속죄 행동), 신체화(두통 등 신체 증상), 동일시(타인의 탁월성을 끌어들여 인정받으려 함), 보상(강점 강화로 약점 보완), 대치(대체), 행동화(충동을 억제하지 않고 행동 표현), 승화(건설적, 사회적 허용 방식으로 표현) 등 다양하다.

탕으로 타인을 이해하고 갈등을 줄이는 방법은 다음과 같다. ① 사람마다 표상(表象)이 다름을 이해, ② 사람마다 방어기제(防禦機制)가 다름을 이해, ③ 상대방의 방어기제를 이해하고 수용 ④ 나의 방어기제를 알고 자제하면서, 나의 욕구와 바람을 이야기한다.88)

---

88) 이수정, 타인을 이해하는 방법, 나눔과 도움 평생교육원(2021.5)

03 휴먼스킬과 안전

디지털 전환이 가속화되고 로봇과 인공지능이 뛰어난 능력을 선보이고 있으나 인공지능이 넘볼 수 없는 인간의 기술이 휴먼스킬이다(니들북, 2020). 휴먼스킬은 미래에 어떤 상황이 펼쳐지든 간에 개인의 내적, 외적 성공 및 성취에 큰 영향을 미치는 사회정서 기술(Skill)의 집합체이다. 안전은 조직 내 의사소통과 구성원들 간의 협력으로 확보되므로 관리자는 이에 대해 관심을 크게 가져야 한다. 휴먼스킬 향상 방안은 다음과 같이 다섯 가지로 제시할 수 있다.

① 집중(Concentration) 및 마음 챙김(Mindfulness)이다. 현재에 집중하면서 중요한 정보에 관심을 쏟는 기술이며 명상 등을 통해 뇌를 활성화시키는 것이다. ② 내적, 외적으로 자기를 인식하는 것이다. 내가 나를 보는 시선과 타인이 나를 보는 시선이 균형을 이루어야 한다.[89] ③ 공감 능력을 키운다. 타인의 세계와 경험을 이해하고 있음을 보여주는 기술이며 상대방의 입장을 헤아려 줄 수 있다.[90] ④ 복잡한 사안에 대한

---

[89] 조 아리의 네 가지 마음의 창(Joe Ari's Window) 이론에 의하면 네 가지 영역 중에서 '타인은 나에 대해 알고 있지만 나 자신은 모르는 영역'에 대해 관심을 가져야 한다. 이 영역에 대해 타인이 나에게 솔직하게 이야기해 주는 경우는 드물다. 나에 대한 타인의 솔직한 의견을 고맙게 여기는 사람은 개방적이고 수용성이 높으며 대인관계 수준이 높다.

[90] 공감은 인지적 공감, 감정적 공감, 동정적 공감의 세 가지 유형이 있다. ① 인지적 공감은 타인의 생각과 기분을 읽을 수 있는 상태의 공감(유능한 영업사원에게 필수 덕목), ② 감정적 공감은 자신의 몸의 감각이 타인의 타인이 겪는 감정을 그대로 반영하는 감정 중심적 공감이며, ③ 동정적 공감은 타인의 경험을 보거나 느끼는 것으로 끝나는 것이 아니라 그들을 지지하거나 도와주는 행위로 이어지는 경우를 말한다(심리학자 대니얼 골먼, 폴 에크먼).

의사소통 능력이다. 높은 품격의 피드백을 주고받으며 까다로운 사안을 대화로 풀어가는 기술이다. 의사소통 능력을 키우는 방식으로 QLES 방식이 있다.[91] 의사소통 장애를 극복하는 개념으로 '전환반응'이 아니라 '지지 반응'을 보이는 것이다. '전환반응'은 대화의 중심이 나에게 있으며, '지지 반응'은 상대방에게 있다. 상대방이 "죄송한데요, 제가 지금 너무 바빠서요..."라고 할 경우, '전환반응'에 의하면 "나도 요즘 정말 바빠서 정신이 없어요"라고 답하지만, '지지 반응'은 "그렇게 일이 많으시니 정말 바쁘시군요. 제가 도와드릴 일이라도 있나요?"라고 답하는 것이다.[92]

비언어적 소통도 중요하다. 상대방의 무언의 의사 표현을 관찰하고, 무엇을 느끼는지를 파악하고 따뜻한 감정을 전달할 수 있어야 한다. 비언어적 의사전달방식은 다음과 같다.

　－신체 동작(표정, 손발동작, 고개 흔들기, 서 있는 자세 등(Body language)).
　－상대방과 마주할 때의 간격(Distance).
　－눈을 마주 보거나 시선을 피하는 행위(Eye contact).[93]
　－악수, 포옹, 어깨 등 신체 접촉(Physical contact).
　－대화 중 침묵 시간과 침묵 횟수(Silence) 등

비언어적 의사 표현의 의미는 나라별로 달라 유의해야 한다. 현장 관리자가 외국인 근로자를 격려한다고 어깨를 툭툭 칠 경우가 있다. 우리로서는 격려이지만 이들은 폭력으로 인식할 수 있다. 외국인의 머리를 쓰다듬는 행위는 모욕으로 인식될 소지가 크다.[94]

⑤ 적응회복력이다. 힘든 일을 회피하지 않고 도전하며 계속 나아가는 능력이다.

---

91) QLES방식은 복잡한 사안을 처리하는 데에 의사소통 능력을 키우는 방법이다. ① Questioning: 효과적인 질문을 만들고 질문을 하는 기술, ② Listening: 상대방이 하는 말을 주의 깊게 듣고 문의 사항을 정확하게 파악하는 기술, ③ Energizing: 상대방에게 밝은 에너지(긍정 에너지)를 전달하는 기술(친절한 미소, 대화 시 맞장구 등), ④ Scribing: 대화, 질문 및 답변 내용의 정리와 이를 시각화하는 기술을 말한다. 재해예방과 커뮤니케이션에 대해 자세한 내용을 보려면 정진우, 안전관리론, pp.285－295를 참조하기 바란다.

92) 사회학자 찰스 더브, 전환반응 대 지지반응(셀레스트 헤들지 지음, 말 센스).

93) 동양에서는 연장자에게 눈을 똑바로 쳐다보는 것이 예의에 어긋나는 것으로 인식되지만 서양에서는 시선을 피할 경우 무언가 속이려는 것으로 인식한다. 서양인과의 협상에서 신뢰감을 떨어뜨리는 요인이 될 수 있으며 협상 차질을 가져올 수 있다(안세영, 글로벌협상전략, 박영사).

94) 자세한 내용은 베트남, 인도와 협상하기, 안세영, 김형준 공저, 박영사(2021) 참조.

심리학의 90:10 법칙에 의하면 삶의 10%는 자신에게 일어나는 사건들로 결정되고, 90%는 사건들에 대한 반응에 따라 결정된다는 것이다.[95] 누구라도 어려움을 맞이하지만 해결해 나가는 몫은 대부분 자신이 감당해야 한다. 10%로 인해 전체가 휘둘릴 이유가 없다. 성패가 자신의 반응에 달려있는 것처럼 안전에 관해서도 자신이 어떻게 대응하느냐에 따라 안전이 확보될 수도 있고, 재난사고로 이어질 수도 있다.

사례 연구 (19) 포장품질향상에서 표준준수로 안전 확보[96]

포스코엠텍 박기덕 소장은 부임하여 혁신과제로 포장품질을 선정하였다. 선정 이유는 제품이 고객과 대면하면서 첫인상을 결정짓는 가장 중요한 요소가 포장품질이므로 이를 통해 직원들의 자긍심을 심어주고자 한 것이다. 먼저 낭비 요소들을 하나씩 개선하고 구조적 문제들을 해결해 나갔다. 현 상황을 파악하여 자사 품질관리 수준을 인식하고 품질 불량 제로라는 다소 무리한 목표를 설정하였다.

활동 전 불량률이 3%였으며 원인분석 결과, 작업자 부주의, 검수 미흡 및 최종검수 미실시, 검사표준 미흡 등이었다. 따라서 일정 기간까지 전수검사를 하였고, 미비한 포장 품질검사 항목도 개선하였다. 50여 가지 표준 항목 중 한 가지라도 미흡하면 불량으로 처리하고 모회사 품질 전문가를 초빙하여 품질관리 지도 및 교육을 받았다. 전문가는 모든 라인을 점검하고 부족한 직원들을 교육시키면서 품질준수 분위기가 조성되고 상황이 개선되기 시작했다. 처음에는 전 제품을 조사하여 불량률을 산정해 개선해 나갔으며 나중에는 모회사와 합동으로 문제점들을 개선해 나갔다. "품질은 명예다!"라는 인식이 싹트기 시작했다.

종전에 우리나라 제품은 '후공정'이 시원치 않아 물건 전체 이미지를 나쁘게 하는 경우가 많았다. 예컨대 디자인, 색상, 원단이 우수한 와이셔츠를 몇 번 입지 않아 단추가 떨어지는 식이다. 물건이 완벽하게 마무리되기 위해서는 각 부분에서 작업하는 사람들의 의식 수준이 높아야 한다. 이제는 품질 경쟁시대이다.[97]

---

95) 90:10의 법칙을 커뮤니케이션에 적용하면 커뮤니케이션이 잘 되도록 만드는 것은 90%가 나에게 달려 있다는 말이 된다.
96) 박기덕, 마음이 변해야 행동이 바뀐다, 포장품질 향상, 안전이 최우선이어야 한다, pp.100-135.

박소장은 일본기업 생산 현장을 방문하였을 때 마무리 공정에서 작업하는 직원이 즐겁게 일하는 모습을 보게 되었다. 이유를 물어보니 "마무리를 잘해야 품질이 확보되므로 그만큼 중요한 일을 하는 제가 자랑스럽다."라고 답하였다.

품질향상 활동을 통해 불량률이 0.01% 이하가 되니까 목표 수치를 ppm 단위로 바꾸었다. 0.01%는 100만 개 코일 중 불량이 100개 있다는 뜻이다. 이를 바탕으로 월 단위 품질 불량 제로라는 꿈에 그리던 실적을 달성하는 라인들이 생겨나고 직원들이 자신감을 가지게 되었다.

작업표준 100% 달성 도전

박소장은 가치관 경영을 통해 자아 성찰의 중요성이 확인되어 그동안 도무지 방법이 없다고 여겨 왔던 작업표준 준수율 도전에 이를 적용하고자 하였다. 첫 단계로 회사의 지난 10년간 산업재해 사고원인을 분석한 결과 작업표준 미준수가 76%를 차지하고 있었다.

박소장은 표준이 제대로 준수되지 않는 이유를 다음과 같이 냉철하게 성찰해 보았다. ① 표준준수가 잘 안 되는 것이 직원들만의 문제인가? ② 관리자의 역할이 남아 있다면 어떤 것이 있는가? ③ 모든 표준에 불합리한 점은 없는가? ④ 준수할 환경이 충분히 조성되어 있는가?

박소장은 이에 따라 다음과 같이 하나씩 점검하고 개선해 나갔다. ① 직원들에게 표준을 준수하기 힘든 사항을 발췌하도록 하고, 환경의 위험성, 작업 설비의 열악함과 부적합, 안전보호구 준비 등을 살펴보고 90여 건의 항목을 개선하였다. ② 일상적이지 않은 트러블 유형을 조사하고 대응책의 표준 여부를 확인하고 표준을 보완하였으며, 이에 따라 도상훈련과 현장실습을 하였다. 발굴 작업 수는 143건이며, 작업표준 323건을 제·개정하고, 1년간 4,829건의 시뮬레이션으로 전 직원의 대응 능력을 향상시켰다. ③ 전 직원에게 작업표준 준수 여부에 대해 자가진단할 수 있도록 모든 작업 단위에 대한 평가표를 만들고 준수 여부를 점검하였다. 이를 통해 직원들이 스스로 작업표준

---

97) 품질은 타협의 대상이 아니다. 우수한 품질은 많은 연구와 노력의 결과물이다. 제품의 불량은 인체의 질병과 같으며 품질은 생명과 같다. S사 한 임원은 가격이나 물량은 타협이 가능하지만 타협이 되지 않는 품질만큼은 만전을 기해야 한다고 하였다. 품질문제는 전 구성원의 과제이며 안전 확보와 맥락을 같이한다. 김기남, 실전 중소기업 성공전략, pp.250-251.

을 지키기 위해 노력해야겠다고 다짐하는 분위기가 자연스럽게 형성되고 100% 달성하겠다는 마음을 갖기 시작하였다.

　박소장이 현장에 나가면 표준준수율이 낮아 미안해하는 직원에게 질책이 아니라 격려해 주었으며, 나중에는 직원들이 먼저 다가와 개선한 내용을 자랑스럽게 이야기하였다. 그때는 크게 칭찬해 주면서 꿈만 꾸던 작업표준 100% 준수라는 고지를 즐거운 분위기에서 오르고 있음을 강조하였다. 드디어 9개월이 지난 시점부터 100% 달성했다는 직원이 생기기 시작했고 10개월 후에는 대부분이 달성하는 성과를 거두었다. 나중에 확인한 바로는 6개월 지났을 때 100% 달성한 사람이 많았으나 스스로 확인하고 다짐하는 시간이 필요하여 표현하지 않았다는 것이다.

　표준준수 자가진단 활동 소감문에 직원들이 이구동성으로 큰 깨달음을 얻었다고 밝히고 있다. 그중 안전과 관련된 내용을 소개하면 다음과 같다.

> "작업표준 자가진단을 통해 미처 몰랐던 부분을 배우게 되었고 한편으로는 나의 잘못된 작업 방법으로 인해 나와 동료의 안전을 생각하지 않고 작업한 것에 대해 반성의 시간을 가지고, 한 번 더 작업 과정에 있어서 무엇이 문제였는지 반성하고 생각할 수 있는 밑거름이 되었습니다."

　결국은 안전도 관리자들의 교육과 지도, 관찰 등의 방법만으로는 해결할 수 없고 직원들이 스스로 성찰하고 부족함을 느끼는 마음이 안전행동으로 발전한다는 것을 보여준 것이다.

인성교육과 안전[98]

1 사회적 가치의 대두

환경보호, 사회적 책임, 투명경영이 핵심인 ESG 경영으로 이타적 자본주의 시대가 도래하고 사회 전반의 안전문화, 부정부패 방지, 준법정신 등이 중요 화두로 대두되었다. 이에 따라 경제 주체의 역할 변화가 요구되며 기업은 투철한 윤리의식과 투명경영의 기치 아래 사회적 가치와 이윤을 동시에 창출해야 한다. 여기에서 벗어나면 소비자와 투자자의 외면은 물론 노동, 환경, 안전 등 폭발적 이슈가 발생할 경우 기업의 존립 문제로 대두될 수 있다.

2 준법정신의 중요성

이러한 패러다임의 변화로 기업이 장기적으로 생존하기 위해서는 5년 이상 내다보는 장기적인 안목이 필요하며 도전과 모험, 실패를 용인하는 풍토가 필요하다. 아울러 기업과 중앙정부, 지자체 등 나라 전체적으로 합리적 의사결정, 공정한 평가, 보상

---

98) 전남 순천대학교에서 열린 한국 ESG학회 학술세미나(2023.5.1)에서 저자가 발표한 내용을 정리한 것이다.

등 관련 시스템이 정비되어야 한다.

안전은 준법정신과 밀접하게 연계되어 있다. 구성원들이 남들이 보지 않더라도 스스로 규칙을 지키는 자세는 안전확보의 첫걸음이다. 글로벌 기업으로 도약하기 위한 명제 중 하나가 준법정신과 신뢰 사회이다. 신뢰 사회가 되지 않으면 불확실성이 커져 투자자가 투자를 망설이게 되며, 각종 분쟁의 증가로 기업인이 본업에 집중할 수 없다. 근자에 SNS 활용 확대로 가짜뉴스가 범람하고 폭로, 고발 등의 사례가 늘어나며, 직장 상사, 거래처의 갑질에 분개한 직원, 하도급업체의 불만, 피해를 본 소비자들의 목소리 등 대다수 국민들의 법적 감수성도 크게 예민해졌다.

최근 우리 기업의 국제적 위상이 많이 올라가 준법정신이 중요하게 취급되고 있다. 미국, 영국 등 선진국에서 우리 기업들의 부패문제를 지적하고 있으며,[99] 준법 리스크 대상도 확대되고 있다. 주주, 직원, 고객, 협력업체, 지역사회. 비영리단체, 산업 안전보건, 환경문제까지 집중해야 한다. 준법정신이 사회안정과 기업생존에 필수이다.[100]

3 인성교육을 통한 준법정신 함양

준법정신을 높이기 위해 인성교육에 대해 주목해야 한다. 지금까지 우리 사회는 경쟁과 결과에 치중해 인간 본연의 가치와 윤리 문제를 소홀히 취급하는 경향이 컸다. 인성은 '사람됨'을 지칭하는 것으로 '한 사람의 생각과 감정, 행동의 총체적 표현'이며, 인성은 언행으로 드러난다. 인성교육은 인간의 가치와 도덕적인 지식을 배우고 적용하는 과정이다. 이를 통해 사회 구성원들은 자신과 타인을 존중하며, 책임감과 도덕적 가치를 배우고, 공동체 삶에서의 자신의 역할을 폭넓게 이해할 수 있게 된다.[101]

---

99) 우리 기업들이 미국 법무부에 납부한 벌과금 총액만 수조 원에 달한다(매경 2020.9.4, 봉욱 전 대검차장, 변호사).

100) 높은 가치와 이윤을 동시에 추구하는 기업이 불멸의 기업이다 – 성공하는 기업들의 8가지 습관(Built to Last) 중에서 인용.

101) '인성수업이 답이다'의 저자이면서 상담심리학자인 정동섭 교수는 진정한 성공은 인성이 바탕이 되어야 한다고 강조한다. "인성교육은 학교 교육만으로는 한계가 있다. 가정에서 부모와 자녀가 식탁에서 함께 나누고 실천하는 시간이 중요하다. 좋은 생활습관과 인성교육은 어릴 때부터 시작해야 한다"고 주장한다. 인성교육이'개인, 사회, 국가 문제'를 푸는 열쇠이며, 자녀들이 어린 시절

'인성을 가르치는 학교'의 저자 안양옥 회장은 "시대의 변화에 따라 복잡한 현상에 대해 원인 파악과 문제 해결 능력이 더 중해졌다. 혼자서 풀 수 없는 다양한 문제들이 늘어나면서 협력적인 태도가 중시되고 상대방과의 대화 능력이 중요해졌다. 새로운 제품과 서비스를 만들어내야 할 창의성도 역시 중요해졌다. 그러려면 실패를 두려워하지 않는 도전정신을 길러야 한다."라고 피력하고 있다.[102]

인성교육의 내실화를 위해서는 국가적 관심과 지원이 필요하다. 교육부, 지자체 등이 지원하고 학교, 유관단체 및 가정에서 실천해야 한다. 인성교육을 항목별로 보면 다음과 같다. ① 자아계발 관련, 자기 자신을 이해하고, 발전시키는 것이다. 이를 위해 자기 인식과 성찰, 자기관리, 목표설정, 스트레스 관리가 필요하다. ② 인간관계 관련, 타인과의 소통과 협력, 갈등관리 등을 배우는 것이다. 상대방 입장과 감정의 이해, 존중 등 공감 능력, 적극적 경청과 맞장구, 솔선수범, 리더십과 팔로워십, 팀워크, 친절, 겸손, 예절 같은 덕목이 필요하다. ③ 도덕성 관련, 도덕적 가치와 윤리적 원칙을 배우고 지키는 것이다. 도덕성을 함양하기 위해서는 정직, 책임감, 배려, 공정성, 사회 정의, 헌신, 양심 회복의 가치를 배우고 실행하는 것이다. ④ 시민의식 관련, 공동체 삶에서의 자신의 역할을 이해하고, 사회 참여와 봉사활동에 동참하는 것이다. 이를 위해 사회 문제에 대한 이해와 참여의식, 질서의식, 공익과 환경보호, 애국심의 가치를 배우고 실천하는 것이다. 전문기관, 학교, 가정 등 일상에서 관심을 가지고 꾸준히 실천하는 것이 중요하며 사회적 문제인 있는 학교폭력, 성폭력, 성윤리 문화, 마약 확산 등의 문제도 크게 개선될 수 있다.

4 인성교육을 통한 안전문화 정착

인성교육진흥법은 2015년 7월에 시행되었다. 인성교육은 진정한 인간화를 위한 교육이며 참다운 인간이 되게 하는 종합 인문학이며, 이의 실천적 행동, 인간에 대한 이해, 인간의 도리를 안내하는 교육이다.[103] 사회 구성원이 어떠한 상황에 부닥쳤을

부터 인성교육을 제대로 시켜야 한다고 설파한다.
102) 안양옥, 인성을 가르치는 학교, 인성이 진정한 실력이다, pp.20−27.
103) 윤문원, 차기 대통령의 숙제, 씽크파워(2021.7), pp.69−77.

때 어떻게 행동해야 하는지 판단 기준을 설정하고 실천해 나가기 위해서는 인성교육이 널리 보급되어야 한다.

인공지능이나 로봇도 어떠한 인성의 사람이 만들고 다루느냐에 따라 선용과 악용으로 나뉜다. 문명의 이기를 올바르게 다루기 위해 인성교육을 먼저 강화해야 한다.

학생들이 사회 진출 전에 가지는 고민 중의 하나가 조직 생활 적응 문제이다. 기업에서는 신입사원 채용 시 고민하는 것 중의 하나가 인성(태도, 자질 등) 문제이다.

이토록 중요한 인성은 단기간이 아니라 어릴 때부터 올바른 풍토 속에 함양된다. 인성교육을 진작시키는 방안의 하나로 입사, 공직 기관 채용, 대입 논술 등에 인성교육 과목을 반영하면 파급효과가 커질 것이다. 아울러 인성경시대회, 인성 특화 교사 양성 등의 프로그램도 고려해 보아야 한다.

안전교육과 인성교육은 연계되어야 한다. 안전은 인식의 문제로서 자율성과 책임감이 중요 덕목이므로 인성교육과 분리할 수 없다. 안전가치 추구 사회로 나아가는 것은 사회 구성원들이 자존감을 높이고 자신이 수행하는 일에 자부심을 높일 때 가능하다. 존재(Being)와 행위(Doing) 두 명제가 선순환을 이룰 때 자율성과 책임의식, 협동과 배려, 학습과 전문성, 창의성과 반복훈련을 바탕으로 안전 선진사회로 나아갈 수 있다. 인성교육은 이를 뒷받침하는 확실한 수단이다.

05 조직행동론과 안전(자율성)

선진 안전문화 정착의 핵심은 구성원들이 자율성을 발휘하는 것이며 조직행동론에 이와 관련된 다양한 이론이 있어 살펴보고자 한다.

1 조직시민행동(Organizational Citizenship Behavior)

조직시민행동은 직무 필수요건은 아니더라도 조직활동을 긍정적으로 촉진시킨다. 성공적인 조직은 평상시 직무 책임량보다 더 열심히 하거나 기대 이상의 성과를 올리는 직원을 필요로 한다. 자율성이 요구되는 작업 현장에서는 팀 차원의 과업수행과 유연성이 발휘되어야 하므로 좋은 시민행동을 지닌 직원을 찾는다. 이들은 서로 도와주며, 추가적인 일을 자발적으로 수행하며, 불필요한 갈등은 피하면서, 규율을 지키고, 업무 외의 부담이나 성가심도 이겨내는 인내심을 지니고 있다.

조직은 이처럼 직무기술서상에 없는 일까지 챙겨 수행하는 직원을 선호한다. 이러한 직원을 보유하고 있는 조직은 성과가 우수하다는 증거가 차고 넘치며, 안전확보에서도 탁월한 성과를 보인다.[104]

조직시민행동을 발휘하는 직원은 이타적 성향이 강하고(Altruism), 양심적이며

---

104) 조직행동론, 제14판 Stephen, Robbins, Timothy Judge 지음, 이덕로 외 번역, 피어슨 출판(2011)

(Conscientiousness), 신사적 행동을 하며(Sportsmanship), 타인을 배려하고(Courtesy and Consideration), 대내외 활동에 적극 동참하는(Civic Virtue) 자질을 지니고 있다.

조직시민행동을 높이려면 구성원들이 직무에 만족하고, 몰입도를 높이며, 공정성이 확보되는 등 조직풍토가 먼저 조성되어야 한다. 구성원들은 주도적 사고를 통해 자율적 행동을 하며 자신의 감정을 긍정적으로 발휘하여 내적 동기를 극대화하는 것이다.[105] 이러한 조직은 결과적으로 우수한 성과를 올리고 안전문화 수준이 향상된다. 경영층은 조직 구성원들의 조직시민행동을 지니도록 관리해야 한다.[106]

아울러 다문화 사회로 진입하였으므로 조직시민행동을 글로벌 시민행동으로 확장시켜 모범적인 국제사회의 일원으로 발돋움해야 한다. 외국인 근로자의 비중이 높아지고 있어 이들을 잘 리드하고 한 식구처럼 대하기 위한 노력을 해야 하며 이는 현장의 안전수준을 높이는 것과 직결된다.

2 빅 파이브 모델(Big Five Model) 인성 이론[107]

조직행동론은 조직 구성원들의 인간관계 및 업무 처리방식을 관리하기 위해 빅 파이브 모델을 중시하며, 여기에서 '빅'이란 '중요하다'라는 뜻이다. 빅 파이브 모델의 다섯 가지 요소는 개방성, 성실성, 외향성, 우호성, 정서적 안정성이며 특성은 다음과 같다. ① 개방성(Openness to Experience)은 새로운 경험, 아이디어, 가치 등에 대해 수

---

105) 내적 동기를 극대화시키는 데에 명 귀절을 소개한다. "배를 만들고 싶다면 사람들에게 목재를 가져오게 하고, 할 일을 나눠주고, 일을 시키지 말라. 대신 그들에게 끝없는 바다에 대한 동경심을 갖게 하라" ─앙투안 드 생텍쥐페리

106) 조직시민행동이 보이는 조직문화의 10대 핵심가치는 다음과 같다. ① 고객 감동 서비스 실천, ② 변화의 수용 및 주도, ③ 재미와 약간의 괴팍함 추구, ④ 모험심과 창의성 그리고 열린 마음, ⑤ 배움과 성장 추구, ⑥ 커뮤니케이션을 통한 정직하고 열린 관계, ⑦ 확고한 팀워크와 가족애, ⑧ 적은 프로세스로 더 많은 일 수행, ⑨ 열정적이고 단호한 행동, ⑩ 항상 겸손함이다. ─자포스의 행복배달 시스템의 10대 핵심가치(KBC 파트너스 최동하 코치, 행복한 조직문화는 어떻게 만들어지나?)

107) 펩시콜라의 CEO 인드라 누위(Indra Nooyi)는 빅 파이브 성격 모델의 모든 요소에서 높은 점수를 보였다. 그는 사교적이고 상냥하며, 성실하고 감성적으로 안정되어 있으며, 새로운 체험에 개방적이다. 이러한 성격으로 그는 높은 직무 성과와 성공적인 경력을 이루게 되었다. 그는 1994년 펩시콜라 전략개발담당 부사장으로 영입되어 사장과 재무총괄 CFO를 거쳐 최고직에 오르게 되었다(조직행동론, 전게서 p.149).

용적인 정도를 의미한다. 호기심이 많고 상상력이 풍부하며, 창의적이고 다양성과 참신성을 선호하는 것을 포함하여 다양한 특징을 지닌다. 지적 호기심이 많고 예술과 아름다움을 감상하며, 새로운 아이디어와 관점을 탐구한다. 다른 문화에 개방적이고 다양한 경험을 즐긴다. ② 성실성(Conscientiousness)은 계획적이고 체계적 성향이다. 계획을 세우고 이행하며 규칙을 준수하고 책임감을 가지고 업무를 수행한다. 꼼꼼하게 일을 처리하고 세부사항에 주의를 기울이며 효율적으로 자원을 관리한다. 일을 잘 마무리하기 위해 노력하며 타인으로부터 신뢰받고 존경받는다. 효율성, 동기부여, 철저한 업무수행, 장기 목표 달성에 중요한 역할을 한다. 그러나 과도하게 성실성을 고집할 경우 완벽주의(Perfectionism)와 집착(Obsession)으로 이어질 수 있다. ③ 외향성(Extraversion)은 낯선 사람과 잘 어울리고 대화를 주도하며 사교적이고 적극적인 태도를 말한다. 타인과 교류하면서 에너지를 얻고 함께 하는 것을 선호한다. 활동적이고 대회를 즐기고 다양한 사회 활동에 참여한다. 그러나 외향성이 높다고 해서 항상 긍정적이거나, 또는 외향성이 낮다고 해서 항상 소외감을 느끼는 것은 아니다. 다양한 요소와 상호작용에 따라 다양한 특성을 보일 수 있다. ④ 우호성(Agreeableness)은 타인 관계에서 적극적이고 협조적이며 이해와 협력을 중시한다. 친절하고 배려심이 높으며 타인의 감정을 존중한다. 충돌을 피하고 조화로운 환경을 선호한다. 타인과 원만한 관계를 형성하고 타인의 요구를 이해하고 지지하는 경향이 강하다. ⑤ 정서적 안정성(Emotional Stability)은 개인의 감정적 안정 수준이다. 정서적으로 안정된 사람은 감정적으로 안정되어 있고 자기 조절이 가능하다. 스트레스에 영향을 적게 받고 부정적 감정들을 쉽게 극복한다. 평온하고 안정적인 상태를 유지하며 긍정적인 감정들을 자주 경험한다. 반면에 정서적으로 불안정한 상태는 신경증(Neuroticism)이라 부른다. 신경증이 높은 사람은 민감하고 감정기복(Mood swing)이 심한 편이다. 스트레스에 영향을 쉽게 받고 부정적 감정(슬픔, 걱정, 불안, 우울, 염려, 분노 등)을 자주 경험한다. 쉽게 긴장하고 일상에서 우려나 걱정을 많이 하며 이는 신체적, 정신적, 사회적으로 크게 영향을 미친다.

안전과 관련하여 구성원들은 자신의 성격이 어떠한지 객관적인 시각으로 단점을 찾아 시정하고 안전 관련 업무를 충실히 이행하도록 노력해야 한다. 안전 관리자는 현장 구성원들의 다양한 성격적 특성을 파악하여 두드러지게 표출되는 특성을 중점 관리해야 한다. 정서적 안정성은 안전과 밀접하다. 사고의 대부분은 현장 직원의 심적 요인에 의해 시발된다. 가정사, 대인관계 등의 문제점이 있는 직원에게 고소 작업(높은 곳에서 작업)을 맡겨서는 안 된다. 자살 충동, 낙하 위험이 있다. '빅 파이브와 사업장 안전사고 및 상해와의 관계'를 연구한 논문(베우스 등)에서 '우호성과 성실성이 의미 있는 특성'이라 밝히고 "우호성과 성실성이 낮으면 안전사고 발생이 상대적으로 높게 나타났다"고 지적하였다.108)

3 삶의 위치와 통제력(Locus of Control)

자신의 삶의 주도성을 높이기 위해 알아야 할 개념이 통제의 위치(Locus of Control)이다. 사회심리학자 질리언 로터(Jilian B. Rotter)는 자신의 환경에 대해 적은 영향력을 가지고 있으며 자신을 둘러싸고 벌어지는 일들에 대해 통제력이 높지 않다고 생각하는 '외재론자(Externals)'와 자신을 둘러싼 세상과 자신의 진로에 대해 스스로 영향력을 행사한다고 믿는 '내재론자(Internals)'로 구분하고 이들 간에 인식의 차이가 있다고 보았다(위키백과).

외재론자(Externals)는 외적 요인이 자신의 운명을 결정한다고 믿는 경향이 강하다. 근로조건이 만족할만한 수준이 되지 않으면 불만을 표출한다. 자신의 성과는 운이 좋거나 영향력 있는 사람 또는 업무의 용이함과 같은 외부 영향에 의해 결정된다고 여긴다. 반면에 내재론자(Internals)는 자신의 삶을 자신이 책임져야 하며, 성과는 자신의 능력과 노력에 따라 결정된다고 믿는다.109)

내재론자는 안전과 관련된 사안을 챙기고, 남을 배려하고 도와주며, 부족한 부분을 보완하며, 자신의 역할과 기여에 만족과 기쁨을 느끼므로 안전확보에 크게 기여한다. 현장 관리자는 내재론자의 역할에 대해 칭찬과 격려를 하며, 외재론자에 대해서는 업무 만족도를 점검하여 안전에 차질이 없도록 관리해야 한다.

---

108) J. M. Beus, L. Y. Dhanani, M. A. Mccord, 2015. A meta−analysis of personality and workplace safety:addressing unanswered questions, Journal of Applied Psychology, 안전문화 이해와 적용, pp.244−245.

109) 조직행동론(6판) 제니퍼 조지, 가레스 존스, 양동훈, 시그마프레스, p.41, 정리하는 뇌, 대니얼 레비틴, 와이즈베리, pp.419−420. 저자의 제자 중에 철저한 내재론자가 있다. 5개국어에 능통하고 학업이 우수해서 어떻게 그렇게 열심히 공부하는지 물어보았다. 그는 "자신은 가난한 집에 태어나 대학 다니는 것만으로도 감사하며 열심히 공부해서 집안을 일으키겠다."라고 포부를 밝힌 적이 있다.

혁신 활동을 통해 조직 구성원들이 패배의식을 극복하고 내재론자로서 주도적인 활동을 하도록 만들어 회사를 획기적으로 변화시키고 안전을 확보한 사례를 다음과 같이 소개한다.

사례 연구 (20) 혁신과 연계하여 안전 추구 사례(S토탈)[110]

한국표준협회가 발간한 '혁신, 사람이 첫째다'란 제목의 단행본은 S사의 TPM을 통한 성공적 혁신 스토리를 담고 있다. 이를 추진한 손석원 사장과의 인터뷰에서 다음과 같이 성공 비결을 밝혔다. "사람의 마음을 움직이는 것이었다. 생산성의 '생'자도 말하지 않았다. 본인의 안전과 경력 관리에 필요한 것이 무엇인지 깨닫게 하자 모두 스스로 따라왔다."

1) TPM 활동을 통한 혁신 추구

TPM(Total Productive Management)은 분임조 활동을 기본 단위로 하여 구성원 전원이 참가하여 생산성, 품질 향상, 안전을 추구하는 경영기법이다. 만 16년을 이어온 성공적인 내부 혁신 사례로 꼽힌다. "직원 스스로 개선 과제와 목표를 설정하게 하고 회사는 인센티브로 실행을 독려하였다. 어느 순간부터 공장이 깨끗해졌고 직원들은 고급 업무 지식을 습득하기 위해 도서관을 찾았다. 사고는 줄었고 경영은 개선되었다. 매년 서너 번씩 사고로 공장이 멈추고 적자이던 회사가 안전한 공장 운영, 매출 7조, 영업이익 2,600억을 달성하게 되었다.(2012)"

손사장은 TPM의 초기 단계 혁신활동(청소, 점검을 통해 불합리를 찾아내 복원, 개선하고 표준화시킴)을 성공적으로 추진하고, 둘째 단계에 진입하여 공장을 한 단계 더 업그레이드시켰다(Total Productivity Management라 칭함). 설비와 프로세스를 총 점검하여 크

---

110) TPM은 설비 고장을 없애고 효율을 극대화하려는 일본 제조기업들의 노력에서 시작되었다. S토탈 손석원 사장은 글로벌기업 토탈의 석유화학부문 본사가 있는 벨기에 브뤼셀에서 열린 최고경영자 연례 세미나에 참석하여 혁신 성공사례를 소개한 바 있다(매일경제 2013.9.11). 일본의 이데미쓰는 S토탈 대산공장을 방문하여 감탄을 금치 못하고 불과 몇 년 전 가르치던 입장에서 배우는 입장으로 바뀌게 되었다. 말하자면 혁신 철학을 역수출하게 된 셈이다. 이 사례는 '혁신, 사람이 첫째다', 한국표준협회 미디어 발간집에 자세한 내용이 나온다.

고 작은 문제점들을 찾아내 개선시켰다.

꾸준한 PE(Production Engineering) 교육 프로그램을 통해 현장 운전원들은 준 엔지니어라 할 정도로 실력을 갖게 되자 어지간한 설비 업무는 자체 해결할 수 있게 되고 공장 가동도 한결 원활해졌다.

2) 환경안전 추구

손사장은 여기에 그치지 않고 셋째 단계로 환경안전에 도전하였다(Total Performance Management라 칭함). 공장 내 관련된 모든 문제를 끄집어내고 사진과 동영상 등으로 세밀하게 분석하였다. 위험도에 따라 A,B,C,D 등급으로 나누고 A등급부터 차례로 하나씩 제거해 나갔다. 회의와 보고 자리에서의 첫 주제는 환경안전이다. 환경안전과 관련하여 어떤 이슈가 있었고 사고 예방을 위해 어떤 조치를 시행하고자 하는지가 먼저 보고된다. 안전과 효율이 상충할 때 안전을 먼저 택했다.

외부 작업자들이 회사에 들어오면 안전을 먼저 교육시킨다. 비용이 추가되더라도 안전과 바꾸지 않는다. 금요일 오후와 월요일 오전에는 안전과 밀접한 공사를 하지 못하게 하였다. 주말과 주초에 집중도가 떨어지기 때문이다.

3) 안전관리 여섯 요소(4E + 2E = 6E)

안전관리의 네 가지 핵심 요소는 엔지니어링, 장비, 교육, 평가의 4E이다(Engineering, Equipment, Education, Evaluation). 손사장은 여기에 두 개의 E-감동(Emotion)과 실행(Enforcement)을 추가하여 안전관리의 실효성을 높였다.

감동(Emotion)과 관련된 사례의 하나로 회사는 생일을 맞는 직원의 집으로 생일 케이크를 보내 남편의 기를 살려주고 가족들은 세심한 부분을 챙겨주는 회사에 감동을 받게 되었다(혹시 부부가 서로 생일을 잊어버릴 수도 있어 이를 미연에 방지하는 효과도 있음). 수지기술팀 유병창 팀장은 팀장 재임 7년 동안에 한 번도 거르지 않고 년 말 자정을 맞이하기에 앞서 케이크와 과일 상자를 들고 집을 나서 공장으로 향했다. 새해를 공장에서 맞는 근무자들을 격려하고자 함이다. 유팀장이 전해주는 것은 케이크나 과일이 아니라 마음이다.

실행(Enforcement)과 관련된 사례로 공장 내부와 정문에서 음주 및 과속 단속이다. 단속대상은 직급, 나이, 부서와 상관이 없고 입주사, 상주 협력업체 직원, 배송기사까지 해당되며 예외가 없다. 한번은 손사장이 구내식당에서 직원들과 함께 식사하느라 기사가 식당 밖 길에 주차시키고 있는데, 환경안전팀 담당자가 기사에게 이야기해서 차량을 주차 가능지역으로 이동시켰고, 손사장은 직원을 크게 칭찬하였다. 사고는 직급의 높이에 따라 비켜가는 것이 아니며 예외를 인정하는 순간 원칙이 무너진다.

4) TPM 정신을 4대 경영요소로 재탄생

TPM 16년째를 맞이하면서 현장 직원들이 일의 원리와 본질에 대해 스스로 생각할 수 있게 되었다. 현안 과제의 개선뿐만 아니라 근본적으로 일하는 방식에도 변화를 가져왔다. 재탄생된 4대 경영요소는 다음과 같다. ① 본질 추구, 업무의 목적을 명확히 하는 것이다. 업무 처리에 기본을 지키고 목적을 명확히 하였다. 회사가 위기에서 살아남은 원동력은 사업의 본질에 집중하는 것으로서, 작고 본질적인 부분에서 답을 찾았다. 일터를 깨끗이 하고 나사 같은 부속품 하나라도 제대로 닦고 조였다. ② 지속발전, 혁신은 마라톤처럼 '계속'에서 힘이 나온다. 늘 변하는 기계와 설비를 따라가고 앞서가야 트러블을 없앨 수 있고 끊임없이 공부해야 한다. 설비 및 프로세스 총 점검으로 시스템에 의한 업무를 이루고 비효율과 리스크 요인들을 제거하였다. ③ 예측경영, 고장 나기 전에 고친다. 철저한 사전 대비를 통해 문제가 생기기 전에 사전 조치하는 예방보전을 실시한다. 이는 영업, 구매 등 모든 부서에 해당되는 것으로 기업의 경쟁력을 높여준다. ④ 이질 융합, 한 방향으로 가기 위해 협력을 강화한다. 자기 부서는 물론 타 부서 일도 잘 알고 협력해야 한다. 생산부서(운전)와 공무부서(설비 정비)가 머리를 맞대고 문제를 풀고 화합과 소통으로 전체의 힘을 한 방향으로 결집하였다.

5) 무재해 직장 구현방안[111]

① 기술력과 관리력의 부족을 스스로 인식하고 개선해 나간다. 소통의 이질 융합의 중요성을 인식한다. 설비개선만으로는 모든 안전이 확보되지 않는다. 사람이 모든 것을 해야 한다. ② TPM, 형-아우 정신, 주민 및 언론 관계 등을 계속 발전시킨다. ③ 오픈 마인드를 갖고 진단 시 지적된 합리적 사항을 수용하고 업그레이드한다. 설비개선은 단, 중, 장기로 구분하여 우선순위를 정해 추진한다. ④ 법적 사항은 현장 임원

---

111) 손석원, 위기를 기회로 한계를 뛰어넘다, 영원한 무재해 직장 구현, pp.66-73.

과 소공장장 책임으로 완벽하게 개선한다. ⑤ 신설공장과 기존공장은 설비 안전 부분에서 차이가 난다. 과거의 안전 스탠다드가 적용되는 기존공장은 필수 불가결성, 현장 여건, 투자비, 효율성을 검토하고 적용 가능한 사항은 단계적으로 보완해 나간다. ⑥ 그룹의 안전진단을 계기로 국가적 과제인 환경안전 보건 확보와 무재해 직장 구현 의지를 다진다.

6) 안전확보를 위한 자세[112]

① 신뢰와 소통이 중요하며, 위에서부터 솔선수범하여 규정을 준수하여야 한다. ② 안전은 '종합예술(설비＋사람＋공정기술)'로서 아는 만큼 보이므로 전문가 육성과 반복교육으로 습관화해야 한다. 엔지니어는 프로세스 엔지니어 → 프로젝트 엔지니어 → 안전 엔지니어로 발전해야 한다. ③ 안전은 나 자신과 회사의 생명이다. 안전 법규 준수를 조직원들의 의식과 문화로 발전시켜야 한다.

4 부정적 정서성(N.A.-Negative Affectivity)[113]

조직에서 부정적인 의견을 피력하는 직원들을 만나면 좋은 감정이 일어나지 않는 경우가 대부분이다. 관리자는 이들을 어떻게 관리해야 하는지 고심하게 된다. 안전과 관련해서는 더욱 그러하므로 이를 슬기롭게 대처하는 방안을 살펴볼 필요가 있다. 정서(情緒-Emotion)는 '감정'이나 '무드'와는 달리 장기적이고 일관된 심리상태로서 조직행동론에서 중요한 개념이며, 구성원들의 부정적 정서성을 잘 관리해야 한다.[114]

---

112) 서울대 엔지니어링개발연구센터(EDRC)에서는 8차 글로벌 엔지니어 인재양성 프로그램(2018.9.
10-12)에서 자세한 내용을 소개하였다(발표자: 한울이엔알 윤춘석 대표).

113) 위키백과, 저자 강의록 등을 참고로 하여 저자가 재구성하였다.

114) 감정(Feeling)은 기분에 비해 구체적이다. 특정한 대상(사람, 사물, 사건 등)에 대한 반작용으로 생기는 느낌이다. "상대방이 화를 내 짜증이 난다"라는 표현은 상대방이 화를 낸 구체적인 사건에 대한 감정이다. 기분(Mood)은 막연하고 모호한 추상적인 심리상태이다. "오늘은 왜 그런지 모르지만 우울하다."라는 표현은 구체적인 대상이나 사건에 대한 반응이 아니다. 기분은 감정에 비해 다소 길게 지속되는 경향이 있다(네이버 블로거, 임병권, 긍정적 정서와 부정적 정서, 인사와 경영 스타디). 부정적 정서성은 부정적인 감정과 빈약한 자아개념을 특징으로 하며 분노, 경멸, 혐오, 죄책감, 공포, 불안, 초조 등의 감정을 포함한다.

1) 부정적 정서성에 대한 일반적 견해

일반적으로 부정적 정서성을 지닌 구성원들은 무슨 일이든 누구를 만나든 부정적 경험을 겪는 경향이 강하고 기분 나쁜 상태를 유지한다. 부정적 정서성은 직무 만족 수준을 낮추어 낮은 성과를 보이며 창의성 발휘에 부정적으로 작용한다. 사고의 폭을 좁히고 혁신적 사고를 방해한다. 이들은 자신은 물론 자신을 둘러싼 단면들을 부정적으로 바라본다. 삶의 만족도(Life satisfaction)와 연관되어 괴로움, 불안, 불만을 보이며 자신과 세상, 미래, 타인에 대해 불쾌한 단면에 초점을 맞추고 부정적인 사건들을 떠올린다.

2) 부정적 정서성에 대한 다양한 평가

그렇다면 부정적 정서성은 조직에 무조건 나쁜 영향만 끼치는 것일까? 전문가 연구에 의하면 반드시 그렇지는 않고 다음과 같이 긍정적인 요소도 많다고 한다. ① 업무수행 시 신중한 처리방식에 의존하므로 타인의 기만, 심리적 조종, 고정관념 등에 대해 대처 능력이 뛰어나다. 분석적이고 치밀하므로 기억을 되살려 재구성하는 데 오류가 적고(Reconstructive memory). 정보의 오류를 줄이고(Misinformation effect), 디테일한 정확도가 높다. ② 회의감(Skepticism)이 높아 기존의 지식(Pre-existing Knowledge)에만 의존하지 않으므로 정확하게 판단할 수 있다. 기본적 귀인 오류(Fundamental attribution error),[115] 고정관념(Stereotype), 잘 속아 넘어감(Gullibility) 등이 줄어든다. ③ 역설적으로 대인관계에서 이득이 되기도 하는데 타인에게 요청할 사안이 있을 경우 공손하고 세심하게 행동하기 때문이다. 그리고 상황 판단과 디테일의 정확성으로 의사소통을 향상시킬 수 있다. 부정적 정서성을 지닌 사람이 수습하는 디테일들은 이전부터 간과되어 온 것일 수 있다. 이는 관행에서 벗어나 안전 관련 사안을 철저하게 이행하는 것과 관련이 깊다. 자신이 속한 세계를 보는 시각과 그 안에서 일어나는 일에 대하여 색다른 관점을 가지고 있어 이들에게서 흥미로운 점을 발견하게 된다. 관리자는 이들의 호

---

115) 누군가의 행동의 원인을 찾는 것을 귀인(歸因-attribution)이라고 한다. 다른 사람의 행동에 대해서는 그 사람의 성향이나 성격에서 원인을 찾고, 나의 행동에 대해서는 어쩔 수 없는 상황을 원인으로 돌리는 것을 기본적 귀인 오류라고 한다. 기본적이라는 말이 붙는 것은 누구나 이런 오류를 쉽게 범하기 때문이다(네이버 지식백과, 생활 속 심리 이야기).

기심과 아이디어에 관심을 가져야 한다. ④ 타인과 정보공유 및 신뢰를 신중하게 결정하므로 업무 차질 가능성을 낮춘다.

3) 부정적 정서성에 대한 연구자들의 견해

부정적 정서성은 일반적으로 장기적이고 대물림 특성이 있으며 걱정, 불안, 자기비판, 부정적 자아관(自我觀) 등 부정적인 감정을 경험한다고 인식되고 있다. 그러나 그 자체로는 부정적일지 몰라도 이들을 부정적이거나 우울한 사람으로 일반화해서는 안 된다. 이들은 정상적인 과정을 겪고 있는 것이며, 타인들이 다른 문제로 인해 느끼지 못하거나 처리하지 못하고 있는 것들을 느끼고 있다는 것이다.[116]

4) 부정적 정서성과 작업장 안전과의 관계

부정적 정서성과 안전사고 증대 관계 연구에서는 "현장 관리자들이 '나쁜 기분에 빠져있는 담당자'들이 위험성 높은 업무를 하고 있는지 확인하면 안전을 개선시킬 수 있다."고 제안한다. 나쁜 기분은 위험을 초래할 수 있다. 나쁜 기분에 빠진 사람은 불안하고 초조해지기 쉬워 위험에 효과적으로 대응하기 어렵다. 겁이 많은 사람은 위협적 상황에 직면하면 공황상태에 빠져 옴짝달싹하지 못한다.[117]

5) 부정적 정서성 관리 방안

정서는 장기적이고 일관성을 보인다고는 하지만 한번 형성된 정서가 영원히 간다는 법은 없으며 지속적 관리를 통해 긍정적 정서성으로 변화시킬 수 있다. 관리자는 이러한 점을 헤아려 조직에 긍정적으로 작용하도록 해야 한다. 부정적 정서성을 지닌 직원은 신중하고 정확한 판단을 내리는 경향이 강하므로 안전관리에 기여할 몫이 클 수 있다.

---

116) 이러한 발견을 통해 연구자들은 환경으로부터 기인되는 어려움에 대처하고 이를 극복하는 데에 정서적 상태가 중요하다고 한다. 정서적 상태는 적합한 인지적 전략을 촉진하는 적응 기능 Adaptive function)을 제공하며, 진화심리학(Evolutionary Psychology)에 도움을 제공하였다.

117) 제니퍼 조지, 가레스 존스, 양동훈, 전게서, p.129

6) 자신이 부정적 정서성을 지니고 있다고 느낄 경우의 극복 방안[118]

중립적인 이야기에서도 부정적인 의도인 것으로 오해하는 오귀인(誤歸因 −Misattribution)과 우연한 사건을 자신과 관련된 것이라 넘겨짚는 관계사고(Idea of reference)는 누구에게나 볼 수 있다. 이는 머릿속의 가설에 바탕을 두고 일어나며, 실체적 근거가 없지만 약하지 않고 신앙처럼 단단할 수 있다. 왜 타인들이 나를 싫어하는지 마땅한 증거가 없으니 반증할 도리가 없으며 관계망상(Delusion of reference)과 관련성을 보인다(관계망상: 중립적인 데에도 자신과 특별한 의미가 있다고 믿는 망상).

머릿속의 생각들을 유기적으로 엮어 생산적인 결과물을 만드는 것은 좋은 일이다. 하지만 뜬금없는 의심과 추정이 자기 가치감, 자존감, 효능감에 얽혀 발목을 잡는 것은 도움이 되지 않는다. 여기에 해당되는 뇌의 영역들은 정서 처리 역할과도 관련되어 고통과 분노가 가중된다.

민감하게 반응하는 사람들은 자신의 꿰어놓은 가설들이 언젠가 파국적 형체를 드러낼 것이라 생각하므로 우연한 중립적인 단서에 부아가 치밀고 표정이 굳어지고 주위에게 부정적인 한마디를 던진다. 이러한 불쾌한 경험에서는 통찰이나 지혜를 얻을 기회가 박탈된다. 분노를 표출하고 상대의 화를 돋우며 관계가 악화되면 우울로 이어진다.

---

118) 허지원, 나도 아직 나를 모른다, 자의적인 추정과 의심이 만든 퍼즐놀이, pp.144−151

여러 사람이 모인 자리에서 누군가의 농담이나 대수롭지 않은 말이 거슬려 "그런 말을 왜 하는데?" 등의 분노를 좌중에 던진다면 분위기는 깨지고 참석자들은 당황하게 된다. 그러면 분노를 정당화하기 위해 분노 게이지를 더 올린다. 화가 날 때 작업기억 (Working memory)이 작동하므로 분노상황에서 빠져나오기 어렵다. 다른 사람들은 유쾌한 상황으로 방금 전의 기억을 반전시키지만 화가 난 사람은 일일이 기억해뒀다가 왜곡하고 분노가 증폭된다. 정서적, 인지적 에너지는 한정적이므로 실망하고 화를 내고 있으면 다른 아무 일도 못하게 된다.

▬ 자신의 부정적 정서성 극복 방안

넘겨짚는 버릇, 과거의 기억, 부정적인 감정이 멋대로 뛰어드는 비이성적이고 비합리적이며 불필요한 퍼즐 놀이에 단호히 거리를 두어야 한다. 뇌의 전기-화학적 신호들이 사고와 정서와 자기개념 영역의 이곳저곳을 다니며 멋대로 연결 짓도록 놔두면 안 된다.

원래 그만큼 화가 나 있지도 않았고 사람들은 원래 나에게 그런 뜻으로 말한 것도 아니다. 그러니 나의 존재나 가치감이 누군가 건드린 것 같아 불쾌한 짜증이 치밀어 오를 때면 "아, 나 또 이러고 있네"라고 생각하고 냉정하게 자신을 바라보아야 한다. 설령 누군가 악의를 가지고 빈정거리더라도 그런 이야기들로 자신의 가치가 훼손될 수 없음을 자신과 타인에게 분명하게 알리고 그 무례함에 휘말려 들지 말아야 한다.

5 감성지능(EI-Emotional Intelligence)

조직 구성원의 자율성을 높이도록 설득하는데 감성지능은 매우 효과적이다. 감성 지능은 ① 자신의 감성을 인식하는 능력, ② 상대방의 감성을 파악하는 능력, ③ 감성 적 단서와 정보를 관리하는 능력으로 나눌 수 있다.[119]

---

119) 제니퍼 조지, 가레스 존스, 양동훈, 전게서, pp.121-123.

감성지능이 낮은 CEO의 사례를 살펴보자.

> 미국 의류회사 블룸필드의 CEO 메어리는 자신과 타인의 감성에 대해 거의 고려하지 않는다. 그는 변덕스럽고 직원들의 열정과 흥미를 이끌어내는 능력이 부족하다. 직원들이 왜 그에게 불만이 많은지 이해할 수가 없다. 그는 간혹 문제에 대해 과민 반응을 보이고, 특히 감성과 관련된 상황에서 효과적이지 못한 반응을 보일 따름이다.

이번에는 감성지능이 부족한 관리자의 사례를 들어보자.

> K전무는 퇴사를 결심한 유능한 직원과 면담했지만 마음을 돌릴 수 없었다고 아쉬워하며 답답함을 토로했다. 그는 P팀장에게 "잘 살피고 일이 커지기 전에 보고하라"고 지시했는데 해당 직원이 사표를 내고 나서야 상황을 알게 되었다. 그 직원은 어떤 형태로든지 신호를 보냈을 텐데 어떻게 알아채지 못했을까?

위의 두 가지 사례의 원인은 낮은 감성지능(감수성 능력 부족)에 있다. 높은 감성지능을 지니기 위해서는 타인의 고통, 기쁨 등의 감성을 인식하고 이해하고 존중하며, 환경이나 상황의 변화를 민감하게 알아차려야 한다. 그래야 남들이 보지 못하는 것을 보고 대비할 수 있다. 안전문제는 더욱 그러하다. 관련된 사안의 맥락을 살피고 내가 놓치고 있는 것은 없는지, 다른 사람들은 이 사안에 대해 어떻게 느낄지를 파악해야 한다. 나의 인식이 상황에 따라 편견일 수도 있음을 알게 되면 새로운 시각으로 판단할 수 있다.

위의 사례에서 CEO 메어리, K전무, P팀장이 평소 직원들의 표정, 행동, 말투 등을 살피고 감정, 숨겨진 의도(Hidden Interest)를 알아차리고자 노력했더라면 어려운 사정을 이해하고 공감을 끌어내어 상황의 악화를 막을 수도 있었을 것이다.[120]

감성 지능이 높은 경영자는 자신과 상대방의 감정을 알고 있으며, 감정의 단서를

---

120) 김종철 파트너코치, 사회적 감수성이 중요한 이유, 코칭경영원(Coaching Management Institute).

읽고, 왜 자신이 화를 내는지, 규범에 맞게 의사를 표현할 줄 아는 사람으로서 상대방을 효과적으로 설득할 수 있다.

아리스토텔레스는 수사학(Rhetoric)에서 상대방을 효과적으로 설득하는 데 세 요소, 즉 로고스(Logos-이성), 파토스(Pathos-감성), 에토스(Ethos-윤리)가 필요하며 구성비가 10:30:60이라 하였다.[121] 상대방의 평판을 파악하기 위해서는 시간이 필요하므로 이성과 감성 요소만 볼 때 감성적 요소가 이성적 요소보다 세 배의 효과가 있다. 상대방을 설득할 때 감성적 요소를 충분히 고려해야 할 이유가 있다. 부하 직원을 끌어가는데 무언가 아쉬운 점이 있다고 느끼는 경영자는 이를 성찰해야 한다. 정서적 안정성은 안전문제와 직결되므로 관리자는 세심하게 관찰해야 한다.

감성지능이 높은 사람들 특징

① 스트레스를 쉽게 받지 않고, 자신의 가치와 자신을 보호하는 방법을 잘 안다. 타인의 비난, 공격을 받을 때 자신감과 감정의 균형을 유지한다. ② 감정을 언어로 정확하게 표현하고, 적절한 행동을 보이며, 합리적 결정을 내린다. 정보가 부족하면 객관적 상황을 파악한 후 판단을 내린다. ③ 긍정적인 감정으로 상대방을 대한다. 자신의 실수를 기억하면서 좌절하지 않고 실패를 거울삼아 성장 발판으로 삼는다. ④ 자신의 감정을 관리하고 통제한다. 자신감이 넘치고 개방적 태도를 견지한다. 유머 구사로 분위기를 밝게 하고 의식적으로 노력하여 감성지수를 키운다.[122]

---

121) 알렉산더 대왕(BC 356-323)은 20대 초반 어린 나이에 즉위하자 곧바로 마케도니아 인접국들을 설득하여 우호세력으로 결집시키고 스승 아리스토텔레스의 제자로서 동문수학한 귀족 자제들을 규합하여 협력체제를 공고히 하여 10여 년에 걸친 대장정의 기반을 조성하였다. 그는 병사들에게 동기를 부여하고(미션 공감, 자발성 발휘 등), 전장에서 선봉에 서며, 마케도니아 병사들이 페르시아 병사들과 확연히 차별화된 고귀한 존재임을 상기시켰으며, 새로운 무기와 전술을 개발하여 활용하였다. 아울러 문화 예술인과 철학자를 우대하여 이들을 대동하고 전장에 나감은 물론 정복지의 문화 예술인과 철학자를 우대하여 토론 등을 통해 유대감을 가지도록 만들었다. 이러한 성공적인 정복의 배경에는 근본적으로 아리스토텔레스의 가르침이 바탕이 되었음을 짐작할 수 있다.

122) 감성지수는 심리학 교수인 피터 샐로비와 존 메이어 교수가 '자신의 감정을 이해하거나 타인의 감정을 잘 읽어 내는 능력'이라는 뜻으로 쓰기 시작하였으며, 1995년 대니얼 골먼은 'Emotional Intelligence-Why it can matter more than IQ'란 책에서 지능지수 위주의 사회가 가져온 병폐를 지적하고 감성지수의 중요성을 강조하였다.

06 디테일과 안전

1 디테일의 의의

무술에 필살기가 없듯이 실생활이나 일에서도 문제를 해결하고 시장전략을 세우고 기업을 관리하는 데 특별한 비법이 있는 것은 아니다. 필살기는 작은 동작을 꾸준히 연마하는 과정에서 나온다. 거의 모든 일들이 잡다하고 복잡하여 세세한 일의 반복이라고 보면 거의 틀리지 않는다. 대개 이런 일들은 제대로 처리하더라도 성과가 금방 눈에 띄지 않는다. 그렇지만 제대로 처리하지 못했을 경우 다른 업무나 다른 사람의 일까지 그르치고 심지어 사업 전체를 망치기도 한다. 그럼에도 이런 사실을 깊이 새겨 행동하는 사람은 많지 않다.[123] 안전 관련 업무가 대표적이다.

2 중국 천연가스전 폭발 사례와 시사점

중국 충칭(重慶)의 촨둥베이치(川東北氣) 천연가스전에서 대형폭발사고가 났다 (2003.12.23). 전문가에 따르면 관계자들이 말로만 인간 중심이라는 구호를 외치고 있으며, 사고 예방조치와 유기적인 관리가 이루어지지 않았다고 한다.

---

123) 왕중추, 작지만 강력한 디테일의 힘, 작은 차이가 큰 차이를 낳는다. pp.180-185.

세부적으로 보면 ① 천연가스전과 생산공장이 500m 이상 거리를 두어야 하고, 반경 1Km 이내 주민 거주지역이 없어야 하는데 '중국신문주간' 기자의 조사에 의하면 가스전에서 불과 30m 거리에 민가가 6~7채 있고 반경 1km 이내에 수백 채의 민가가 있었다. ② 지역주민들 대상 안전교육, 대피훈련, 행동요령을 알려 주는 사람은 전혀 없었다. ③ 정부와 석유관리부처는 허가증 발급, 세금 징수 이외에는 교류가 없었고 사고를 알리는 통신 시설도 부족했다. 즉시 사이렌을 울려 긴급상황을 알렸다면 사망 자가 그렇게 많지는 않았을 것이다. ④ 사후 처리가 효과적으로 시행되지 않았다. 가 스정 굴착 시 주입한 시멘트의 밀도가 기준보다 낮아 압력이 균형을 이루지 못했다. 톱 드라이버(Top driver)가 제대로 제어되지 않아 가스 분출을 억제하지 못했다. 제때 점화되지 않아 유독가스인 황화수소가 분출되었다. ⑤ 사고 발생 직후 작업반에서 본 사에 상황을 보고하였지만 지방정부 당국이 소식을 전달받지 못해 초기 진압 시기를 놓쳤다. 한 주민은 '사고 소식을 우리에게 신속히 알려만 주었더라도 대피시간을 당겨 사상자 수를 줄일 수 있었을 것'이라고 했다.[124]

왕중추는 네티즌과의 대화에서 다음과 같은 견해를 밝히고 있다. "디테일에 세심 한 주의를 기울이기 위해서는 먼저 의식을 변화시켜야 하고, 훈련에 치중해야 한다. 그리고 조직을 규범화시켜야 한다. 규범화를 통해 일정한 묵계가 형성되어야 조직이라 할 수 있다. 그렇지 않다면 오합지졸에 불과하고 전투력을 갖출 수 없다. 오늘날 많은 일들이 제대로 이루어지지 못하는 것은 의식 부족이 태반이다. 책임감을 가져야 어떤 일이든 제대로 처리할 수 있다. 일을 할 때에는 큰 것만 추구하지 말고, 처세에서는 작 은 것에 연연하지 말아야 한다."

대화 진행자는 장 루이민 회장의 코멘트를 소개하고 결론을 맺는다. "간단한 일을 모두 잘 해내는 것이 간단하지 않은 것이다. 평범한 일을 모두 잘 해내는 것이 평범하 지 않은 것이다."[125]

---

124) 본 사고는 형양에서의 화재로 20명의 소방대원이 목숨을 잃은 지 불과 50일 만에 발생하여 충격 을 주었다. 왕중추, 디테일의 힘, 전게서, 안전관리에 사소한 것은 없다. pp.245-251.
125) 왕중추 전게서, pp.284-301.

3 디테일을 제대로 이루는 방법[126]

1) 사소한 것이 큰 차이를 만든다

문장을 작성할 때 물음표냐 마침표냐에 따라 의미가 완전히 달라진다. 제품 포장의 색깔, 재질, 디자인, 글자체, 숫자 등에 따라 고객의 마음을 사로잡을 수 있기도 하고 놓칠 수도 있다. 색깔과 숫자는 문화권에 따른 금기(Taboo) 시 되는 사안에 대해 유의해야 한다. 아무리 맛이 괜찮은 음식점도 화장실이 불결하면 손님이 끊어진다.

우리가 하는 일은 미세한 '점'으로 연결되어 있어 그중 하나만 끊어져도 성과라는 '선'으로 이어지지 못한다. 성공과 실패의 차이는 어처구니없게도 사소한 것 한두 가지 때문일 경우가 많다. 안전도 이와 같다.

2) 수집된 정보를 분석하고 분석하고 또 분석하라

ITT의 해롤드 재닌 회장은 임직원들이 사실 확인을 제대로 하지 않고 결정하려고 하면 불호령을 내리는 것으로 유명하다. 한번은 그가 회의장을 박차고 나가더니 '사실(Fact)'이란 제목의 메모지를 들고 들어와 다음과 같은 내용을 읽어 보게 하였다.

"사실이란 말은 논쟁의 여지없이 강력하게 명백함을 전달하지만 실제로는 내용과 크게 차이가 난다. 조금 전 우리는 '사실로 보이는 것'과 '사실이라 생각한 것'과 '사실이라 보고된 것'과 '사실이기를 바라는 것'을 가지고 회의를 했다. 그러나 대부분의 경우 이 모든 것은 사실과 거리가 멀다."

3) 정보의 옥석을 가려라

일단 주어진 시간 내에 정확하고 풍부한 정보를 수집해야 하며 평소에 관련 정보를 미리 수집해 두는 것이 좋다. 그다음 정보의 옥석을 가려야 하는데 정보제공자의 성품과 평판도 고려해야 한다.

4) 자신의 시각과 관점을 점검하라

사람들은 정보를 수집할 때 정보의 함정(Information Trap)에 빠지기 쉽다. 익숙함,

---

126) 전옥표, 이기는 습관, 디테일의 힘, 1미터씩 쪼개고 잘라서 관찰하라, pp.143-158.

편견, 신념, 처음 선택한 것에 편중, 최신 정보 등 원하는 정보만 취하고 있지 않은지 점검해야 한다. 다음과 같은 질문을 통해 이러한 오류를 발견할 수 있다. 문제를 제대로 파악할 수 있는지, 문제의 한쪽 면만 보고 있는지, 강박관념이나 시간에 쫓기고 있는지 등이다.

5) 잘라서 보면 해결책이 보인다

크고 멀고 복잡해 보이는 문제나 목표도 잘라서 스텝 바이 스텝으로 진척도를 그려보면 의외로 쉽게 답이 나올 수 있다. 철저하게 분류해서 각각의 단계를 전략적으로 정리하면 대처방안, 우선순위 등이 명확하게 보이게 된다. 전체를 하나의 큰 덩어리로 볼때보다 조각조각 영역별로 분류하여 각각에 대해 논리적으로 접근할 때 더 손쉬워진다.

이를 위해 다음 세 가지를 고려하면 된다. ① 열심히 하고 싶도록 만든다. 결과에 따른 혜택을 세분화해서 알려 줌으로써 의욕을 높이고 자율성을 제고한다. ② 방법을 찾거나 스킬을 키우기 위해 학습시간을 확보한다. ③ 선임자와 함께 활로를 찾는다. 사수－조수 관계, 형－아우 정신 등으로 함께 하면 효과가 크다.

6) 숫자로 구체화시켜 표시하라

피터 드러커는 "측정되지 않는 것은 관리되지 않는다. 관리되지 않는 것은 개선할수 없다."라고 하였다. 안전과 관련하여 개선할 사안들도 수치로 표시하면 구체적, 객관적이며 신뢰도를 높이며, 개선의 진척도를 체크해 나갈 수 있다.

이순신 장군은 아래 각주와 같이 관리 항목을 구체적으로 수치로 관리한 것을 보면 그의 디테일한 관리방식과 치밀함에 놀라게 되며, 부하들도 업무를 엄밀하게 수행하였으리라 충분히 짐작할 수 있다.[127]

---

127) ① 목재를 끌어내릴 인원 1,283명에게 밥을 먹여주고 작업하였다. ② 선박건조용 목재를 끌어내릴 일로 전라우도 군사 300명, 경상도 100명, 충청도 300명, 전라좌도 390명을 송희립이 인솔하여 갔다. ③ 파직당한 후 원균에게 인계할 때 군량미 9,914섬, 화약 4천근 등 살림살이가 숫자로 전달되었다. ④ 곳간 조사 결과 군량미 349섬 14말 4되와 나무를 팔아 들인 쌀 80섬, 모두 432섬 14말 4되에서 지금 남은 것은 65섬 14말 4되이다. ⑤ 청어 13,240두름을 곡식과 바꾸려고 이종호가 받아갔다 ⑥ 황득중과 오수 등이 청어 7천여 두름을 싣고 왔기에 계산해 주었다 ⑦ 오수가 청어 1,310두름을, 박춘양이 787두름을 바쳤는데 하천수가 받아서 말리기로 했다. 황득중은 200두름을 바쳤다. 이부경, 이순신의 리더십 노트, 숫자 경영의 힘, pp.252－257.

신뢰 사회와 안전

1 신뢰는 안전 확보의 전제 조건

신뢰에 대해 최초로 이론적으로 논의한 사람은 독일 사회학자 니클라스 루만 (1927-1989)이다. 신뢰는 타인의 행동이 자신에게 호의적이거나 악의적이지는 않을 것 이라는 믿음하에 상대방의 협조를 기대하는 것이다. 미국 스탠퍼드대 프랜시스 후쿠야 마 교수는 그의 저서 '트러스트(Trust)'에서 "한 국가의 신뢰수준이 경쟁력을 결정짓는 다."라고 설파하였다. 신뢰 기반이 약한 나라는 사회적 위험(거래 불신, 소송 및 고소 남발 등)에 따른 사회비용이 증가하여 본업(本業)에 집중하기가 어려우나, 신뢰 사회는 사회 제도, 계약 등이 신뢰(도덕, 윤리)와 연계되므로 계획에 의한 안정적 사업수행 등 본업 에 집중할 수 있다.[128]

세계은행보고서(2007년)는 법질서, 신뢰, 지식 등을 사회적 자본(Social capital)이라 하고, 신뢰를 바탕으로 하는 자발적 사회성이 사회적 유산이며, 이의 주도적 국가로 독일, 미국, 일본으로 꼽고 있다(원제: Where is the wealth of nations?). 사회적 자본을 통 해 다양한 집단 간에 결합과 협업이 쉬워지고 새로운 사업을 탄생시킬 수 있다(건강, 실버산업, 새로운 형태의 보험 등).[129]

---

128) 신뢰는 사회적 관계를 맺는 대상에 대한 정보의 결핍에 의한 복잡성을 줄여주며 신뢰가 없다면 경제적 교환행위를 이루기 위해 많은 감시 수단이 필요해진다.

조직의 신뢰수준은 문제 해결 속도와 정비례한다. 높은 신뢰는 커뮤니케이션, 팀워크, 자발성을 높인다. 신뢰는 연못에 돌을 던져 물결이 퍼져 나가듯이 이해당사자들의 관계로 확장된다. 성과를 낼 수 있는 능력을 갖추어야 한다. 신뢰를 쌓으면 그 자체로서 자산(資産)이며 목표 달성 가능성을 높인다.130) 높은 수준의 안전을 확보하려면 신뢰 사회가 구축되어야 하며, 다양한 계층에 종사하는 국민들의 성찰이 필요하다.131) 신뢰를 바탕으로 안전 성과를 낼 수 있는 능력을 갖추어나가야 한다.

2 불신 사례와 신뢰 사례 비교132)

첫째, 세계금융위기가 악화되던 2007년 12월, 리먼 브라더스는 갑자기 최고재무책임자(CFO)를 43세의 젊은 여성 에린 캘런으로 교체하였다. 외부에 알려지지 않은 사내 변호사이다. 그는 2008년 초, 실적 발표 석상에 모습을 외부로 드러냈다. 그는 미사여구를 구사하며 청중을 압도했다. 어려운 상황은 다 해결되었고 앞으로 실적이 개선될 일만 남았다고 발표했다. 발표 직후 주가가 하루 동안 15% 상승했고 모두들 환호했다. 그러나 얼마 지나지 않아 허구임이 드러났다. 그는 6개월 만에 사임했고 회사도 파산했다. 개인투자자들은 그를 상대로 소송을 제기했다. 리먼 브라더스의 결여된 윤리의식을 적나라하게 보여주었다. 경영진 주도로 상당한 분식회계를 수행해 파산 직전까지 막대한 액수의 부채를 장부에서 누락시킨 사실이 언론에 보도되었다.

에린 켈런은 구체적 수치는 거의 언급하지 않고 애매한 표현을 반복적으로 구사했다. 튼튼한(Strong) 24회, 대단한(Great) 14회, 믿을 수 없는(Incredible) 8회 사용했다.

둘째, 2011년 4월 H캐피탈의 고객 데이터 유출사건이 발생했을 때 정태영 사장은

---

129) 신뢰는 사회적 관계를 전제로 한다. 상호 간에 신뢰가 있으면 행위자들이 협동할 수 있고 감시와 통제 비용을 줄일 수 있어 신뢰가 사회적 자본의 전형적인 예가 되며 신뢰가 공중재(Public wealth)로서의 가치라 할 수 있다.

130) 신뢰는 성품과 역량의 두 요소를 기초로 한다. 성품은 성실성, 동기, 의도 등을 말하며 역량은 능력, 기술, 성과 등을 말한다. 글로벌 경제에서 윤리성이 크게 중요시되면서 신뢰의 성품 측면이 시장진입 요건(Price of entry)으로 부상하고 있다.

131) 주요국가별 신뢰 사회의 특성에 대해서는 김용수, 리스크 커뮤니케이션 씨앤아이북스, pp.35−48을 참조하기 바란다.

132) 최종학, 숫자로 경영하라 3, 남들이 보지 않는 곳에서도 자신을 속이지 않겠습니다, pp.366−373.

해외 출장 중 보고를 받고 급거 귀국해 바로 기자회견을 열었다. 고객에게 머리 숙여 사죄하고 즉시 경찰에 수사 의뢰를 하였으며, 사건을 숨기지 않고 바로 공개함으로써 더 이상의 피해를 막았다. 홈페이지에 게시하고 모든 고객에게 이메일로 비밀번호 변경을 요청하고 피해자 신고 핫라인 전화도 만들었다.

셋째, 북한 소행으로 추정되는 N금융기관의 전산망 해킹사건으로 전산망이 마비되어 며칠간 정상적 업무가 이루어지지 못했다. 최고경영자는 "전산에 대해 알지 못하니 잘못이 없고 사과할 것이 없다."라는 식의 태도를 취하고, 책임을 부하직원에게 돌리며 공개석상에서 무안을 주기도 하였다. 사태 해결 방안에 관한 기자의 질문에 대해서도 거의 답하지 못했다. 이로 인해 많은 국민들과 피해자들의 분노를 불러일으켰다.

그렇다면 신뢰받는 기업이 되기 위해서는 어떠한 태도를 지녀야 할까? 미국의 포드 전 대통령은 "남들이 보지 않을 때 그 사람의 성품이 드러난다."고 하였고, LS산전 임원은 명함과 이메일에 "남들이 보지 않는 곳에서도 자신을 속이지 않겠습니다"라는 문구를 사용하며, (고)정주영 회장은 "사업은 망해도 다시 일어설 수 있지만, 사람은 한 번 신용을 잃으면 그것으로 끝장이다."라고 하였고, 독일의 칸트는 "내 머리 위에는 별이 빛나는 밤하늘이 있고, 내 마음에는 도덕 법칙이 있다."라고 하였듯이, 사람이나 기업도 모두 남들이 보지 않는 곳에서도 자신을 속이지 않는 마음으로 고객과 투자자 등 이해관계자들을 대해야 한다. 장기간에 걸쳐 진정성을 가진 사람과 기업이 성공하기 마련이다.

미래시장은 소비자의 신뢰를 얻은 몇몇 기업, 몇몇 브랜드에 의해 지배될 것이다. 적자생존, 승자독점의 냉혹한 시장원리는 미래시장에서도 적용되지만 게임의 법칙이 달라졌을 뿐이다. 이제는 착한 기업(Good Company)이 인정받는 시대가 되었다.[133]

---

133) 이문규, 케리에이티브 마케터, 정보화가 착한 기업을 키운다, pp.210-217.

3 불신사회 대응

1) 허위조작 정보 대응[134]

정보 홍수시대에 신속한 정보로 인해 유용한 가치를 쉽게 얻을 수 있는 편리함 이면에 허위조작정보를 유포하여 자신과 자신의 소속 집단이 이득을 취하도록 거짓 정보를 생성하여 문제를 일으키는 경우가 늘어나고 있다. 챗GPT 등 생성형 인공지능의 신기술을 활용한 허위조작 수준이 고도화되고 있으며 불신사회를 조장하는 가짜뉴스(Fake-news)에 대한 대응이 시급하다. 유튜브 방송을 통해 거짓 정보 유포도 많아 엄중한 규제가 필요하다는 목소리가 커지고 있다. 가짜뉴스는 다음과 같이 세 가지로 나눈다. ① 잘못된 정보(Misinformation)는 내용은 허위이지만 악의(Actual malice)는 없는 정보이며, ② 조작된 정보(Disinformation)는 정보제공자가 허위로 만들어 낸 내용을 나쁜 의도를 가지고 유포하는 것이며,[135] ③ 악의적 정보(Mal-information)는 정보 내용은 사실이지만 누군가의 명예를 더럽히거나 사생활 침해 등 악의를 가지고 유포하는 정보이다.

2) 허위조작정보 방지 방안

허위조작정보 방지 방안은 다음과 같다. ① 정책적 제언이다. 개인 및 다양한 조직의 노력과 사회적 협력과 제도 수립이다. 민관이 가짜뉴스를 탐지, 제보를 위한 플랫폼 운영, 검증 강화, 가짜뉴스 광고 차단, 신뢰성 있는 미디어에 광고, 처벌 강화(생성 유포자 신원 공개 등) 등이다.[136] ② 기술 및 교육적 제언이다. 인공지능과 머신러닝을 활용하여 가짜뉴스 탐지 및 차단 방법을 개발하며 자동 팩트체크 시스템, 알고리즘 기반의 가짜뉴스 필터링 시스템 등이다(블록체인, 이미지 및 오디오분석 기술 등 활용). 아울러 디지털 리터러시 교육 강화이다(교육프로그램 개발, 토론 및 의견교환 기회 마련 등).

---

134) 김주식, 인터넷환경 내 효율적인 허위조작 정보관리 방안에 대한 고찰, AI 경영학회 등 2024 동계 통합학술대회(2024. 1. 20)

135) 허위정보(Disinformation)는 괴담(Hoax), 풍자 뉴스(Satire), 패러디(Paradies), 체리피킹(Cherry-picking), 유언비어, 루머, 오인정보, 오보, 낚시 기사(Clickbait), 선동기사(Propagande), 설명 불일치(Mis-captioned), 사기(Scam) 등으로 세분될 수 있다.

136) 가짜뉴스는 미국, 영국, 프랑스 등 해외 선진국에서도 커다란 문제인 만큼 국제적인 차원에서도 협력을 강화하고 가짜뉴스 대응 협약이나 규약을 개발해야 한다.

이를 통해 이용자들이 가짜뉴스를 식별하고 대응하는 안목을 키운다. ③ 사회적 제언이다. 신뢰할 수 있는 정보제공 및 정보의 정확성을 검증하는 시스템을 구축해야 한다. 정부, 언론기관, 사회단체 등이 협력하여 신뢰할 수 있는 정보 소스를 제공하고 사실확인을 위한 독립 기관의 운영도 검토해야 한다. 사회적 캠페인을 통해 미디어 리터러시의 중요성을 알리고, 정보 평가, 미디어 분석, 윤리의식 및 기술적 능력을 강화하여 가짜뉴스 판별력을 높인다. ④ 가짜뉴스 신고 메커니즘을 마련하고 강력하게 대응한다. 인터넷 실명제는 허위정보와 가짜뉴스 방지에 도움이 될 수 있다.

안전과 관련, 사회적 재난의 정치적 악용 사례를 막아야 한다. 재난을 이용하여 사회적 불신을 조장하면 재난의 원인에 대한 과학적 규명과 실체적이고 효과적인 예방조치를 마련하는 본질에서 벗어나 정치적 투쟁의 장으로 변질될 수 있다. 허위정보에 휘둘리지 말고 정확한 사실을 파악하고 냉철하게 판단해야 한다.

08 협상과 안전

안전을 확보하려면 경영자와 근로자 간의 협력이 전제되어야 한다. 경영자와 근로자 두 당사자를 협상 파트너라 가정하고 합리적이고 만족할 수준의 안전을 확보하기 위한 관계 정립 방안을 모색해 본다면 의미가 있다. 따라서 협상이론에서 협상 당사자들 간의 협력관계에 관한 이론을 살펴본다.[137]

1 관계-성과 모델(Relation-Outcome Model)

다음 도표상의 모델은 Lewicki–Hiam의 R–O 모델로서 협상 상황은 '관계의 중요성'과 '기대 성과' 두 가지 요인에 의해 결정된다고 본다. 가로축은 성과(Outcome), 세로축은 관계성(Relations)을 나타내며, 양자 간에 생길 수 있는 경우의 수는 다섯 가지다. ① 양보 및 수용 관계, ② 피해야 할 관계, ③ 타협 관계, ④ 경쟁 관계, ⑤ 협력 및 공생관계이다. 노사 간의 관계는 협력 및 공생관계로서 협력하여 지속적으로 발전을 이루어 나가야 한다. 갈등이 있더라도 안전에 관한 한 협력 및 공생관계를 굳건히 해야 모두가 사는 길을 확보하는 것이다. 안전이 무너지면 회사 기반 전체가 무너진다.

---

137) 안세영, 글로벌협상전략, 전면개정 제8판, pp.137 – 177.

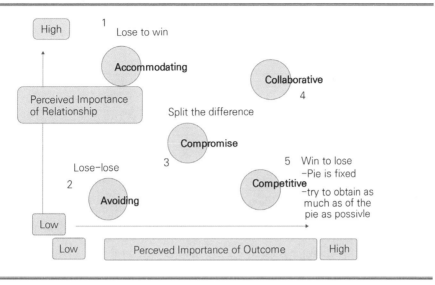

출처: 안세영, 글로벌협상전략

2 시에라 3C 요소: 파트너 선정 기준

협력사업의 성공을 위해서는 파트너의 선정이 중요하다. 시에라(De la Sierra)는 성공적인 파트너 선정 기준으로 세 가지를 제시하였는데 ① 양립성(Compatibility), ② 보완 능력(Complementary Capability), ③ 몰입(Commitment-헌신, 성실)이며, 3C는 영어 첫 글자이다.[138] 뛰어난 협력사업도 파트너가 서로 양립할 수 없거나, 보완할 능력이 부족하거나, 자원투입 등의 노력을 소홀히 하면 성공하기 어렵다.

이와 마찬가지로 기업의 안전확보를 위한 노사협력 강화를 위해 시에라의 세 가지 기준을 노사관계에 적용해 볼 필요가 있다. 노사가 협력하여 위험성을 평가하고, 안전 업무수행 능력을 향상시키고, 대안을 마련해 나간다면 안전의 확보는 물론 생산

---

138) 양립성은 파트너의 경영에 대한 이해와 관점이 서로 맞아야 하고(유형, 무형자산까지 고려), 보완적 능력은 전문화된 기술, 규모의 경제, 고객서비스 차별화, 홍보 등 단독으로 할 수 없는 전략적 강점이며(강점 강화, 약점 보완), 몰입은 시간, 에너지, 자원 등의 투입과 노력을 말한다(성실성, 약속 준수 등). 이를 위해 상대방에 대한 엄정한 평가 및 우리의 기본자세 점검이 필요하다(글로벌협상전략, 개정 제8판, 안세영 저, 박영사 pp.383-390).

성 향상과 지속 가능한 성장 기반을 조성할 수 있음은 자명하다.

3 상자 밖 협상[139]

올바른 협상 파트너를 선정하고 상생 관계를 이루어가는데 테이블 밖의 이야기(협상 주제 이외의 이야기)를 꺼내면 의외로 쉽게 돌파구를 찾을 수도 있다. 이를 통해 상대방 입장, 숨은 요구 등을 파악할 수 있다. 다른 이야기를 하면서 복잡한 감정과 중요하게 협의할 부분이 무엇인지에 대해 정리할 수 있다. 상호 지속적 관계가 요구되는 협상일수록 우리에게 정말 중요한 부분이 무엇인지, 협상 이후 관계에 대해 생각해야 한다. 일반적으로 현안만 생각하기 쉬우나 비즈니스는 길게 보아야 하므로 상대로부터 진정으로 무엇을 얻어야 할지 생각하는 넓은 시야가 필요하다.

안전 담당자나 업무상 안전과 직결된 일을 수행할 때 대내외 많은 사람들을 상대하여 설득하고 협조를 구할 때가 많다. 이때 업무 외적인 관계를 원활하게 가져가면 업무를 원활하게 추진하는 데 큰 도움이 된다.

4 퍼트남의 두 단계 협상

하버드대 퍼트남(Robert Putnam) 교수가 제시한 이론으로서 국제협상을 진행할 때 국내 상황을 아울러 고려해야 한다는 것이다. 외국과의 협상을 Level−I 협상이라고 한다면 국회 비준, 국민의 정서적 합의 등 국내에서 설득해야 하는 과정, 즉 대내 협상을 Level−II 협상이라고 하며 후자가 더 어렵다는 것이다. Level−II 협상이 원만히 합의될 경우 외국과의 협상에서 합의 가능 영역(ZOPA−Zone of Possible Agreement) 이 넓어져 협상이 타결될 가능성을 높일 수 있게 된다.

국내 협상에서도 협상담당자가 협상 상대방과의 협상에만 전념하다 보면 자칫 기업 내부 정지작업에 소홀하게 되어 대내승인, 예산확보 등에 애를 먹게 된다는 것이다.

---

139) 이명우, 적의 칼로 싸워라, 어떻게 원하는 것을 얻는가, 상자 밖 협상, pp.86−97.

이를 안전확보 관점에서 보면 안전관리자가 관공서 등 다양한 외부기관과 접촉해야 하고 이들의 요청 서류 작성 등 외부적인 일 (Level-I)로 인해 자칫하면 대내적인 본연의 안전 업무(Level-II)를 놓칠 수 있다. 경영층은 안전관리자가 본연의 업무를 철저히 챙길 수 있게 관찰하고 부족한 점이 있을 경우에는 보완해 주어야 한다(인력 및 예산 보강, 순환 배치, 교육 훈련 등).

5 CEO는 낙타와도 협상한다

아라비아 상인은 사막을 가로질러 가면서 낙타와 협상을 한다. 낙타는 상인의 목숨이 자기에게 달려 있음을 알고 오만해져 못된 성질을 부린다. 이때 상인이 화를 내면 안 된다. 낙타가 상인을 내동댕이치고 달아나면 낭패다. 태양이 지평선 아래 사라질 무렵, 오아시스로 들어서면 관계는 역전된다. 우위에 서게 된 상인은 낙타가 한낮에 성질부린 것을 바로 잡는다. 그렇지 않으면 계속해서 못되게 굴 것이기 때문이다.

상인이 낙타를 대추야자 나무에 묶어 놓고 신나게 채찍으로 두들겨 패면서 분풀이하는데 여기에서 그치면 안 된다. 낙타가 앙심을 품고 나중에 앙갚음하면 큰일이다. 상인은 낙타에게 자신이 머리에 썼던 더반을 던져 준다. 낙타는 주인의 냄새가 밴 더반을 밤새 씩씩거리며 물어뜯고 난리를 친다. 주인에게 얻어맞은 앙갚음을 더반에 대고 하는 것이다. 다음 날 아침 상인과 낙타는 아무 일도 없었다는 듯이 사이좋게 길을 떠난다.[140]

안전과 관련하여 위의 스토리를 소개하는 이유는 안전 업무가 그만큼 어렵고 스트레스가 많을 수 있기 때문이다. 담당자가 세심하게 업무를 잘 챙겨 철두철미하게 이행하더라도 남들이 칭찬하기보다는 당연하다고 여기는 경향이 크다. 남모르는 노력, 희생정신, 세심한 관찰과 선제적 조치로 이루어지는 데도 말이다.

경영자는 안전과 관련된 담당자들의 정서를 관찰해서 상황에 맞추어 칭찬과 격려, 엄격한 규율 준수를 독려하여 안전을 확보하도록 해야 한다. 이들이 열심히 업무를 수행하는 것이 본전이 아니라 사람의 생명과 재산을 지키는 소중한 일임을 인식시

---

140) 안세영, CEO는 낙타와도 협상한다. 삼성경제연구소(2005)

키고 자존감과 자부심을 키워주어야 한다. 현장 근로자들도 현장의 어려운 사항이 생기면 적극 개진하여 개선책을 요구해야 한다. 샤워기 물의 온도를 이리저리 조절해서 적정 온도를 맞추는 것처럼 조정 기간이 필요함을 인식해야 한다.[141]

---

141) 예컨대 근로자의 적극적인 개선요청에 따라 정부는 건설공사 현장에서 화장실 대변기 부족으로 건설근로자가 겪는 어려움을 해소하기 위해 해당 건설공사 현장의 상시 사용하는 근로자 수를 30 (여성의 경우 20)으로 나눈 값을 건설공사 현장 화장실의 대변기 최소 설치 및 이용의무 대수를 정한 바 있다(건설근로자의 고용개선 등에 관한 법률 시행규칙 별표 4항 신설, 2023. 10. 31 공포, 2024. 2. 1 시행).

09 문화예술과 안전

1 문화예술의 정의 및 특성

1) 문화예술의 정의

문화는 예술, 생활양식, 공동체적 삶의 방식, 가치 체계, 전통 및 신념 등을 포함하는 사회나 사회 구성원의 고유한 정신적, 물질적, 지적, 감성적 특성의 총체로 정의된다(문화기본법 제3조). 예술은 문학, 미술, 음악, 영화, 무용 분야에서 미적 작품을 탄생시키는 인간의 창작 활동을 말한다. 건축은 예술의 실행 장소이며 예술을 빛나게 하는 동반자로서 예술의 한 분야로 간주된다(전시 예술, 공연 예술).

2) 문화예술의 특성과 안전

문화예술의 다음과 같은 특성을 보면 안전의 확보와 맥락이 같다. ① 독창성과 상상력 발휘, 자율성과 발상의 전환으로 끊임없이 혁신을 추구한다(새로운 세계 창조). ② 완벽성과 높은 가치를 추구한다. 오케스트라는 뛰어난 기량의 연주자와 탁월한 지휘자가 연합하여 감동적인 음악을 창출한다. 사람들은 예술작품이 아니더라도 우수한 작품이나 업적에 대해 '예술'이라 칭할 때가 많다.[142] ③ 미술은 정적 예술, 음악은 동적

---

142) 경영학의 구루 피터 드러커는 미래의 기업은 오케스트라와 같은 조직이라야 한다고 설파하고 경영의 핵심은 전문지식 간의 간격을 메우는 것이라 하였다. 이처럼 경영은 문화예술과 맥락을 같

예술이다. 정적 예술은 한 장의 그림이나 물체로 미적 사상을 표현하며(시점 예술), 동적 예술은 시간의 흐름을 통해 이를 표현한다(시간 예술). ④ 예술세계는 영속적이다. 과거에도, 지금도 존재하고 미래에도 계속된다. ⑤ 문화예술은 역사를 끌어가는 주도적 역할을 한다. 기관차로 비유하면 문화예술은 인문학, 철학, 역사 등과 함께 기관차 맨 앞에 위치하며, 그 뒤를 사회과학, 응용과학, 자연과학, 형식과학이 이어간다. ⑥ 예술작품은 청중 등 사회 구성원과 공감을 이룰 때 높은 가치를 발휘하며, 사회 구성원들의 높은 안목이 문화예술 발전의 원동력이다. ⑦ 예술의 반대말은 무감각이다. 평범한 보통 사람도 감각을 지니면 예술인이다. 문화예술을 통해 주도적인 삶을 살 수 있고 삶의 주인이 된다.143)

3) 문화예술과 혁신

문화예술은 끊임없는 혁신과정을 거쳐 발전해 오고 있다. 작곡가가 창작한 음악을 오선지로 표현하고 연주자들이 이를 통해 연주할 수 있게 되는 것은 상상을 초월한 혁신이다. 미술도 마찬가지다. 전임 KT 황창규 회장은 임원들에게 피카소와 마르셀 뒤샹의 그림을 통해 혁신에 대해 다음과 같이 이야기한 적이 있다.

"피카소의 '꿈'이란 작품은 평면에서 3차원 입체를 동시에 보여줍니다. 양면에서 보이지 않는 옆면까지 보여줍니다. 기존 공간을 깨는 혁신입니다. 다음은 마르셀 뒤샹의 '계단을 내려오는 누드 넘버2'입니다. 계단을 내려오는 사람이 보입니까? 과거와 현재, 미래의 시간을 동시에 보여 주는 시간 감각의 혁신입니다. 우리도 우리 안의 가능성과 잠재력을 다시 보아야 합니다. 그러기 위해 기존 패러다임에서 벗어나야 합니다. 스스로가 정한 한계를 부수고 나가야만 보지 못했던 것을 볼 수 있습니다."144)

레오나르도 다빈치는 엄밀하게 일을 처리하고, 디테일한 사항과 논리, 수학, 실제적인 분석에 주의를 기울였으며, 그의 모토는 '끝까지 정확하게'였다. 한편, 제자들에게 상상력을 일깨우라고 채근했으며 이는 당시에 전례 없는 방식이었다.

이하고 있으며 안전관리도 동일한 선상에 있음을 이해할 수 있다. 야마기시 준코, 피터 드러커와 오케스트라 조직론, pp.168－207.
143) 오종우, 예술수업, 세상을 해석하는 능력, pp.25－51.
144) 황창규, 빅 컨버세이션, 대담한 대담, 혁신은 모름지기 에지에서 센터로, pp.336－337.

인간의 잠재성 계발에 헌신한 마이클 J. 겔브는 자신의 저서 '다빈치의 천재가 되는 7가지 원칙'에서 혁신적인 마인드를 갖추는 일곱 가지 비결을 다음과 같이 제시하고 있다.

① 호기심(창의적 문제 해결, 지속 학습) ② 실험 정신 ③ 감각 ④ 불확실성에 대한 포용력 ⑤ 예술, 과학 ⑥ 육체적 성질과 자신 ⑦ 연결 관계[145]

이처럼 황회장과 겔브의 관점을 이해하고 맡은 업무에 변화와 혁신을 추구한다면 안전수준과 생산성이 전반적으로 높아지게 된다.

4) 문화예술과 안전

안전은 그냥 주어지는 것이 아니다. 경영에서 안전에 관해 다양하고 복잡한 요소를 놓치지 않고 관리해야 설비와 시스템의 안전한 상태가 유지되므로 예술 활동과 다를 바가 없다. 예술과 안전과의 연계성을 살펴보면 다음과 같다. ① 안전수준의 향상을 위해서는 매뉴얼(악보, 캔버스 등)의 준수는 물론 매뉴얼에 규정되지 않은 예외적인 상황을 찾아내고 반영해야 한다. ② 담당자가 맡은 업무를 책임의식(연주, 데생 기량 향상)을 가지고 수행하며 동료들과 협력한다(앙상블 연습 등). 듀폰 브래들리 커브의 4단계에 해당한다. ③ 안전을 유지하려면 당장 문제가 없더라도 시간이 지나면 변한다는 것을 인식해야 한다. 담당자 교체, 설비 고장, 노후화 등으로 교체될 수 있고, 디지털, 인공지능 등 새로운 환경을 맞이하게 된다. 일정 시점에 안전하더라도(정적 예술), 시간이 흐르면서 조건이 변한다(동적 예술). 시점 사이에 안전관리 활동을 지속해야 안전이 유지된다.[146] ④ 안전은 예술처럼 과거에도 현재도 앞으로도 중요한 가치로 자리잡아야 한다. 안전은 기업경영에서 최우선의 가치로 부상하고 지속가능 경영에 필수적으로 손꼽히고 있다. ⑤ 안전은 오케스트라 연주처럼 구성원들의 공감대 형성과 협력을 통해 확보되며, 안전 기업이라는 이미지 형성에 결정적 요소로 작용한다. ⑥ 특히 오페라는 종합예술의 백미라 할 수 있다. 오페라는 원작, 대본가, 작곡가, 지휘자, 감독, 오케스

---

145) 마이클 J. 겔브, 다빈치의 천재가 되는 7가지 원칙, pp.185−191.

146) 기업경영에서 특정 시점의 재무 상황을 재무상태표(정적 예술)라 한다면 일정기간 동안의 영업활동(동적 예술)은 손익계산서와 같다. 영업활동을 통해 이익을 창출하듯이 안전활동을 통해 안전수준을 높인다. 특정 시점의 안전수준이 낮다면 일정기간 동안 안전활동을 통해 높여나가야 한다. 그렇지 않으면 재해와 연계될 위험 요인들이 축적되고 사고 원인을 제공하게 된다.

트라, 성악가, 중창 및 합창단, 무대 연출, 조명, 스태프, 공연장 등 다양한 요소가 결합되어 무대에 오른다. 대규모 플랜트나 건설 프로젝트는 오페라와 같은 맥락이다. 한 치의 빈틈이라도 보여서는 안 된다. 음악도 건설도 PDCA(Plan-Do-Check-Action)과정을 엄격하게 거쳐야 한다. ⑦ 음악치료, 미술치료는 개인적인 스트레스와 갈등을 완화시켜 현장 근로자들의 정서안정과 안전확보에 큰 도움이 된다. 이는 개인 단위에 머무르지 않고 반사회적인 행동을 억제하기 위한 수단으로도 사용되고 있다. 실제로 미국, 캐나다, 런던 등의 나라의 지하철역에서 벌어지는 범법행위나 반사회적인 행동을 억제하기 위해 클래식 음악을 틀었고 이후 지하철역 직원에 대한 언어폭력, 강도, 기물 파손 관련 지출 등이 감소한 것으로 나타났다. 범죄행위를 억제하기 위해 사용하는 음악은 클래식 음악이 아니라도 듣기에 편안하고 부드러운 음악, 자연의 소리도 도움이 된다.147)

5) 재난 문학과 안전148)

인간은 눈앞의 편안함을 위해 재난 요인을 끝없이 만들어내고 있다. 현대 사회 질서들이 재난문제를 해결하지 못하는 상황에서 재난문학은 현대 사회의 불합리하고 조직화된 무책임을 폭로하고 있으며 다음과 같은 특성을 지니고 있다. ① 인간이 감당할 수 없을 정도의 충격적 사건을 겪고 나서 언어로 표현할 수 없는 한계를 느끼게 한다. ② 기억을 비판적으로 검증함으로써 남아 있는 과거를 승화시키려는 문학이다. ③ 재난이 일어났을 때 대처방안을 제시하고 어떻게 살아가야 할지 숙고하게 하며, 재난이 일어나지 않아도 어떻게 살아갈 것인가를 고민하게 한다. ④ 현대인의 집단적 무관심에 경고한다. 재난만큼 심각한 현상이 고통으로부터 타인과의 거리 두기이다. ⑤ 치유의 문학이다. 기억을 떠올리기가 부담스럽지만 비슷한 소재를 다룬 작품을 읽음으로써 아픔을 공유하고 상처를 극복하고 승화시킨다. 마음이 슬플 때 울적한 음악을 듣는 것과 같은 이치이다.

재난 문학에서 다루는 재난은 공동체의 집단적 경험이므로 누구나 재난의 공포와

---

147) 한숙현, 음악에세이, 음악을 아는 사람은 모르는 사람보다 행복하다, 음악으로 감정 컨트롤 가능, 음악으로 반사회적 행동을 억제하는 역할 가능, 리음북스(2024), pp.232-235.
148) 신종락, 재난문학, 집단적 무관심에 경고장 던지다, 성균관대 독어독문학과 초빙교수(교수신문, 2020. 9. 25)

상처에 대해 공감한다. 재난 문학은 재난이 일어나지 않도록 다음 세대에 경고 메시지와 교훈을 주고 사건의 본질을 올바르게 평가해 대처할 수 있도록 한다. 재난 문학은 사회의 불합리하고 구조적인 모순, 조직화된 무책임을 폭로한다. 동시에 글로벌 위협과 초 국가적 재난을 통해 재난의 파국적 역사를 넘어 타자와 공존할 인문학적 미래 사회 모습을 제시한다.

6) 예술작품과 안전

서구의 재난 영화들은 재난에 대한 휴머니즘적 대응과 영웅적 생존을 반복적으로 서사화하며 성경의 묵시론적 비전을 제시하는 특징이 있다. 우리나라 재난 영화는 재난을 사회 비판 장치로 활용하고 공동체를 결속시키는 경향이 강하다. 회화 분야에서는 예술가는 생의 한 장면을 특정 공간에 포착하고 회화 작품 형태로 승화시켜 포착된 장면을 영원한 현재로 거듭나게 한다. 실바도르 달리의 '비키니섬의 스핑크스'는 재난의 비참한 기억을 현재에 각인시켜 핵의 시대에 현대인의 공포의 깊이를 가늠하도록 한다.

코로나 19 팬데믹은 더 이상 우리 사회에 차별과 혐오가 만연하지 않고 개인, 집단, 국가를 이타적인 모습으로 변화되는 계기로 삼아야 한다. 팬데믹 특징 중 하나는 피해자가 되는 동시에 곧 가해자가 된다는 사실이다. 남에게 피해를 주는 존재가 되어서는 안 된다. 안전도 이와 마찬가지로 내가 소홀히 한 것이 원인이 되어 남에게 피해를 주면 안 된다.

예술가가 작품을 탄생시키기 위해서는 부단한 반복훈련을 통해 경지를 이루어야 가능하다. 뛰어난 도자기공은 정성을 들여 만든 작품이라도 자신의 기준에서 벗어나면 망설이지 않고 부순다. 완벽한 작품을 탄생시키기 위해서다. 안전을 이루기 위해서도 이러한 과정을 거쳐야 한다. 안전수준을 높이기 위해서는 예술작품을 탄생시키듯이 안전 관련 업무를 예술작품처럼 소중히 여기고 다듬어야 한다. 고귀한 생명을 지키는 일인 안전의 가치를 높이 평가한다면, 독일 사회심리학자 에릭 프롬이 '사랑의 기술(The Art of Loving)'에서 "사랑은 건축이나 의학이나 악기를 배우듯이 갈고 닦아야 한다."라고 설파하였음을 상기할 필요가 있다.

7) 디자인과 안전

한국도시설계학회는 디자인으로 우리 사회의 안전제고 방안을 연구하고 있다. 세계보건기구가 정의하는 안전도시란 '모든 사람이 건강하고 안전한 삶을 누릴 동등한 권리를 갖는 도시'이다. 행정안전부가 추진하는 한국형 안전도시는 '안전, 안심, 안정된 지역을 만들기 위해 지역사회 구성원들이 협심, 노력하는 안전공동체를 형성하여 각종 안전사고와 재난 예방을 위해 환경을 개선해 나가는 지역 및 도시'이다. 지역민의 협력과 활동으로 물리적, 사회적으로 안전성이 증대되는 지역을 의미한다.

특정 형태나 성격으로 고착된 도시에 대해서는 디자인적 방법론이 안전을 증대시키는 방안의 하나로 적용될 수 있으며, 대표적으로 셉테드(CPTED–Crime Prevention Through Environmental Design)와 유니버설 디자인이 있다. 셉테드는 범죄학, 건축학, 도시공학 등에서 응용되고 있으며 시설 및 범죄 예방 환경을 조성하는 기법이나 제도를 통칭한다. 이는 접근 통제, 감시 강화, 영역 확보와 같은 물리적 장치와 신뢰도 강화, 친밀도 향상, 사회적 유대감 확보와 같은 사회적 장치 영역으로 구분된다. 실제로 미국, 영국 등 해외에서 이를 적용하여 범죄율을 감소시키는데 효과가 큰 것으로 알려졌다. 우리나라도 2005년 경찰청에서 CCTV 같은 방법이 시도되고 서울시의 여행(女幸) 프로젝트, 서울 마포구 염리동의 소금길 시범사업 등을 실시하여 지역의 안정화와 애착심을 고취시킨 것으로 평가되고 있다.

유니버설 디자인은 장애, 연령에 관계없이 사람들이 제품, 건축, 환경, 서비스 등을 편하고 안전하게 이용하도록 보편적으로 설계하는 것을 말한다. 이를 주장한 미국의 로날드 메이스(Ronald Mace)는 디자인 원리에 안전성을 포함시켰으며 안전성을 "위험요소를 제거하여 안전사고를 미연에 방지하고 건강과 복지를 증진시키며 개선적, 예방적인 특성"으로 설명하였다.

국내에서 안전디자인에 대한 논의는 2009년 국회 안전디자인 포럼 이후 관련 단체와 연구자별로 산발적으로 진행되고 있으며, 앞으로 체계화된 이론으로서 구조화되어야 할 과제로 대두되어 있다. 체계화된 토대 위에 심도 있고 구체적인 전략이 연구될 수 있으며 현장에 적용력을 높일 수 있다.[149)]

---

149) 세부적인 연구 내용은 한국도시설계학회 홍보 안전디자인연구회가 발간한 '안전디자인으로 대한민국 바꾸기(미세움)'를 참조하기 바란다.

MEMO

CHAPTER

08

안전 인식 전환 방안

법 제도 및 법 철학

　　안전확보는 인식의 전환에서 출발한다. 본 장에서는 인식을 전환하는 다양한 방안을 소개하고자 한다. 이에 앞서 일본의 안전전문가가 '안전관리의 기본은 의식 변혁'이라고 주장한 흥미로운 내용이 있어 이를 다음과 같이 소개한다.

　　"안전관리를 담당하면 재미있어진다. 안전관리가 궤도를 타면 직원들의 눈빛이 빛나기 시작해 인간관계가 양호해진다. 일에 대한 열의가 생겨나 활기차게 움직이기 시작한다. 창출되는 변화를 보는 것이 즐겁다.

　　산업재해는 많은 요인이 연관되어 있다. 구호만으로 없어지지 않는다. 위험요인의 발견과 개선, 위험을 피해 작업하는 것이 작업자의 의식과 행동이며, 위험요인을 줄여 설계하는 것은 설계자의 임무이다. 관리자, 작업자, 설계자, 생산기술자까지 모두의 안전의식과 위험 감수성을 통해 안전이 확보된다. 안전관리의 기본은 사람의 의식과 행동의 변화에서 출발한다."[1]

1 법 제정과 시행

　　법 제정권자와 집행권자 그리고 법 적용을 받는 객체가 각각 다르다. 사회현상을

---

[1] 나가마치 미즈오, 안전관리자를 위한 인간공학, 안전관리의 기본은 의식변혁이다. pp.32−33.

규정하고 사회 질서를 바로잡는 등의 모든 법률행위는 법이라는 형식(型式-Form)이 갖추어져야 한다.[2] 법이 갖추어져 있지 않으면 아무리 좋은 뜻이 있더라도 실행에 옮길 수가 없다.[3] 이때 법 적용을 받는 국민들이 법에 대해 상당한 이해의 폭을 넓히는 것이 중요하다. 그래야 법 제정권자와 집행권자가 올바른 자세를 가지고 법을 제정하고 집행하게 된다. 따라서 안전을 제대로 확보하기 위해서는 법 전공이 아니더라도 안전과 관련된 법률에 대해 관심을 크게 가져야 한다.

2 소멸시효와 안전

1) 소멸시효의 의의

소멸시효(消滅時效-Extinctive Prescription)는 권리자가 재산권을 행사할 수 있었는데도 권리를 행사하지 않을 경우 그 권리를 박탈하는 제도를 말한다. 소멸시효 제도는 민법에 있으며 이 제도를 두는 이유는 다음과 같다.

① '권리 위에 잠자는 자는 보호받지 못한다'라는 관점(루돌프 폰 예링), ② 장기간 지속상태 유지(사회 질서 안정), ③ 증거보존, 지급 확인 등 사실관계 확인의 어려움, ④ 권리 태만에 대해 보호 가치가 없으며, 권리는 정해진 기간 내 행사하도록 하여 사회적 비용의 발생 방지

2) 소멸시효와 안전 관계

소멸시효와 안전관리는 유사한 성격을 지닌다. 안전은 동전의 양면처럼 권리이자 의무인 속성을 지닌다. 그러므로 안전 업무를 소홀히 한 자는 보호받지 못한다. 안전 의무를 소홀히 한 자는 사고의 위험으로부터 자유로울 수 없다. 이는 "재산권을 행사할 수 없다"라는 소멸시효의 개념과 일맥상통한다. 안전에 관한 의무를 소홀히 여겨서

---

2) 음악 생활의 3요소인 작곡, 연주, 감상에서 작곡가, 연주자, 청중의 역할과 같은 원리이다. 음악이 발전하려면 수준 높은 청중이 있어야 수준 높은 작곡가와 연주자들이 몰려드는 것과 같으며, 기업 경영에서 고객의 안목이 높으면 기업이 물건을 제대로 만들 수밖에 없는 이치와 같다.
3) 예컨대 어떠한 불법행위가 있을 때 이를 단속할 법규가 없거나 국회에 계류 중이라 단속하지 못하는 경우를 종종 보게 된다.

는 안 된다. 안전에 관한 한, 단호하게 "이것은 아니다", "이것은 위험하다." 등을 확신에 찬 어조로 표출해야 한다. 그래야 사회의 자정(自淨)기능이 작동되고 긍정적인 방향으로 전환할 수 있다.

3 법은 도덕의 최소한

1) 예외적인 상황 관리

'법은 인간이 지켜야 할 도덕의 최소한'이다. 이를 안전에 대입하면 '매뉴얼은 반드시 지켜야 할 요소의 최소한'이 된다. 즉 안전을 확보하기 위해서는 '어떠한 일이 있어도 매뉴얼에 규정된 사안만은 반드시 지켜야 한다'는 의미이다. 그러나 현실적으로는 매뉴얼에 규정된 내용도 잘 지켜지지 않고 있다. 흔히들 매뉴얼을 정비하고 지키면 안전에 만전을 기하는 것으로 생각하기 쉬우나 안전을 위험요소 관리란 측면에서 곰곰이 생각해 보아야 한다.

아무리 꼼꼼하게 매뉴얼을 정비해도 작업장의 모든 위험요인을 커버하는 것은 불가능하다. 상황과 여건은 변하고, 설비는 노후화나 고장으로 교체되며, 신기술이 도입되고, 담당자는 계속해서 바뀐다(이동, 퇴사, 신규 채용 등). 그러므로 잠재된 위험요소가 사고로 이어지지 않기 위해서는 매뉴얼에 규정된 사항 이외에 발생할 요소가 무엇인지 세심하게 관찰해야 한다.

이를 위해 평소에 독창성과 상상력을 발휘하여 상황별로 사고가 발생할 경우를 상정하고 대응책을 모색해야 하며, 예외적 상황을 관리해야 한다. 예외적인 상황 관리에 투철한 미국의 재난관리 방식을 떠올려야 한다. 2023년 7월 집중 호우에 이러한 인식을 가지고 대비했더라면…, 비상훈련을 실시했더라면… 피해를 상당 부분 줄일 수 있었을 것이다.

〈절차를 지키려다 문제가 커진 것〉과 〈매뉴얼에 없는 독창적 방식으로 문제를 해결했다면〉, 우리는 어느 쪽을 따라야 할까? 항공철도사고위원회는 '항공조사보고서가 수사에 사용되어서는 안 된다'라는 선언을 보고서 첫 페이지에 명시하고 있고, 미국연방 항공규정에는 '기장이 비상조치를 위하여 비행 규칙상의 어떤 사항을 위반할 수 있는 권한'을 부여하고 있다. 우리는 이에 대해 어떠한 판단 기준을 지녀야 할까?[4]

2) 안전참여 행동

보호장비 착용, 절차 준수 등은 매우 중요하나 예외적인 상황을 관리하기 위해서는 여기에 국한되지 않고 더 적극적 행동이 요구된다. 이를 '안전참여 행동'이라고 하며 매뉴얼에 없는 항목이라도 자발적으로 다음과 같이 안전을 챙기는 것이다. ① 신입직원, 신규보직 담당자에게 안전 절차를 친절하게 안내한다. ② 보호장구를 착용하지 않은 동료에게 좋은 분위기를 만들어 지적한다. ③ 동료가 위험작업을 수행하면 지켜주고 위급할 때 즉시 도움을 제공한다. ④ 위급 상황 발생 시 도움받을 채널을 구축해 놓는다. ⑤ 작업장 위험요소를 적극적으로 찾아 개선을 요구하고 확인한다. ⑥ 회사의 각종 안전활동에 적극 참여한다(의견 개진, 솔선수범 등).[5] ⑦ 불안전한 작업을 지시받으면 상명하복이 아니라 반대 의견을 개진하고 거부할 수 있어야 한다. "소 잃고도 외양간은 고쳐야 한다"라는 말과 같이 예외적인 상황의 관리를 염두에 두어야 한다.

3) 우아한 거부의 힘

위의 항목 중에서 ⑦ 불안전한 작업 지시에 반대 의견을 개진한다는 것이 쉽지 않다. 여기에 대해 다음과 같은 논리로 대응하면 된다.

① 적절한 때에 이루어지는 적절한 거부는 강력한 힘을 지니고 있으며 역사의 흐름마저 바꿀 수 있다(예: 현대 시민권 운동의 불을 지핀 미국의 흑인 여성 민권운동가 '로자 파크스'의 조용하면서 단호한 거부) ② '아니오'라고 말하지 못해 훨씬 더 중요한 것을 상실할 수도 있음을 인식하라. ③ 본질적인 것을 분명하게 인식하고 이를 위해 원칙에 입각하여 대응한다(예: 스티븐 코비의 원칙 중심의 리더십)[6] ④ 정중하면서도 단호하게 거절의사를 밝히는(용기를 지닌) 사람이 존중받는다(예: 피터 드러커의 칙센트미하이의 요청에 대해 정중하게 거절 사례) ⑤ 판단과 인간관계를 분리한다. ⑥ 직설적으로 '싫다'라고 할 필

---

4) 권보현 시스템안전학회장, 한국시스템안전학회 학술대회 인사말(2023. 8. 17)

5) 고용노동부는 '작업 전 안전점검회의 가이드'를 통하여 TBM 실행 시간은 산업안전보건법상의 안전보건교육 시간으로 인정된다는 점을 명시하고(2023.2), 안전보건교육 등의 시행에 필요한 사항을 규정하는 '안전보건교육규정'상의 현장교육에 작업 전 안전점검회의(TBM)를 추가시켰다.

6) 스티븐 코비의 성공하는 사람들의 7가지 습관, 원칙중심의 리더십 참고.

요는 없고 정중한 거부 의사 표현방식을 동원하면 된다. ⑦ 요청을 수락할 경우 포기해야 하는 것들(기회비용)을 생각하라. ⑧ 주위 사람들은 우리에게 무언가를 팔고(아이디어 등) 우리의 시간을 가져가려 한다. 이것을 확실하게 알면 판단하는 데 도움이 된다. ⑨ 인기를 잃는 대신에 존중을 얻는 상황에 익숙해져라. ⑩ 명확한 '아니오'가 무책임한 '예'보다 더 큰 존중이 될 수 있다. ⑪ 거부의 여러 가지 유형을 살펴보면 다음과 같다. 침묵 활용, 부드러운 거부, 일정 확인 후 대답, 메일의 자동 응답기능 활용, 직장 상사의 요청일 경우 업무 우선순위 협의, 내가 할 수 있는 부분만 수락, 도움이 될 만한 타인 소개해 주기 등이다.[7]

4 행정법, 행정행위와 안전 관계

안전과 관련된 행위를 규율하는 법규는 행정법에 속하고 공직자가 법을 집행하는 행위는 행정행위이다. 일반인은 안전과 관련한 법적 내용을 잘 알아야 법을 몰라 받게 되는 불이익을 막고 법적 혜택을 받을 수 있다. 중대재해처벌법과 관련하여 미리 예방조치를 취할 경우 사고가 나더라도 이를 감안하여 처벌 수위를 정한다는 점을 인식해야 한다.

기업은 안전 관련 법규를 숙지하고 필요 사안이 있으면 법에 반영하도록 하여 제도적인 지원책과 보호받을 방안을 강구해야 한다. 선제적, 주도적으로 정부 기관에 방안을 제시하는 등의 노력을 기울여야 한다. 행정을 적극행정과 소극행정으로 나누어 살펴본다.

1) 적극행정

적극행정은 공무원이 불합리한 규제의 개선 등 공공의 이익을 위하여 창의성과 전문성을 바탕으로 적극적으로 업무를 처리하는 행위를 말한다. 적극행정의 법적 근거는 헌법 제7조와 국가공무원법 제 56조, 적극행정 운영규정 제2조 1항이며,[8] 특성은

---

7) 그랙 멕커운, 에센셜리즘, 용기를 내라, 우아한 거부의 힘, pp.167-185.

8) 헌법 제7조 1항은 "공무원은 국민 전체에 대한 봉사자이며, 국민에 대하여 책임을 진다"이며, 국가 공무원법 제56조(성실 의무)는 "공무원은 국민 전체에 대한 봉사자이며, 국민에 대하여 책임을 진

다음과 같다. ① 통상적으로 요구되는 노력이나 주의 의무 이상을 기울여 최선을 다해 임무 수행 ② 관행을 답습하지 않고 최선의 방법을 찾아 일 처리 ③ 새 행정수요, 행정환경 변화에 선제 대응 및 새로운 정책 발굴, 추진 ④ 이해충돌 발생 시 조정 ⑤ 불합리한 규정과 절차 및 관행의 개선 ⑥ 신기술 발전 등 환경 변화에 맞게 규정 해석 및 적용 ⑦ 규정과 절차가 마련되어 있지 않으면 가능한 해결 방안 모색 및 추진

2) 소극행정

소극행정은 공무원이 해야 할 일을 하지 않거나(부작위), 직무 태만 등으로 국민의 권익을 침해하거나, 국가재정 손실을 발생시키게 하는 행위를 말한다. 법적 근거는 적극행정 운영규정 제2조(정의) 제2항이며 특성은 다음과 같다. ① 문제 해결을 위해 노력하지 않고 적당히 형식만 갖추어 업무 처리 ② 합리적 사유 없이 게을리하여 맡은 업무의 미이행 ③ 법령, 지침 등의 변화에도 불구하고 과거 규정에 따라 업무를 처리하거나 관행 답습 ④ 직무권한을 이용, 부당하게 업무를 처리하거나 국민 편익이 아닌 자신과 자신이 속한 집단 이익만 중시하여 자의적 처리.

3) 적극행정, 소극행정과 안전

공직자들은 적극행정의 관점에서 안전 관련 업무를 추진해 나가야 한다. 기업의 애로사항 청취, 위험요인 파악, 점검과 아울러 기업의 필요 사안을 지원해야 한다. 기업, 연구기관, 시민단체 등은 적극행정을 펼치는 공직자들과 함께 민관연(民官硏) 협력의 장을 넓혀 나가야 한다.

소극행정을 펼치는 공직자들에게는 기업과 시민단체들이 적극적으로 개선사항을 건의하여 행정적 불편과 부당함을 해소해 나가도록 노력해야 한다. 현장 업무개선이 필요한 사항은 다음과 같다. ① 불필요한 절차 ② 행정부처 간 중복 규제 ③ 행정서류 작성 업무 과다(과다한 보고 요청)

건설현장 담당자는 애로사항을 다음과 같이 호소하고 있다. "규모와 상관없이 서류 업무의 총량이 비슷하여 안전관리자가 1명인 현장에서는 현장 업무를 챙길 시간이

다." 그리고 적극행정 운영규정 제2조(정의)는 "적극행정이란 공무원이 불합리한 규제를 개선하는 등 공공의 이익을 위해 창의성과 전문성을 바탕으로 적극적으로 업무를 처리하는 행위를 말한다."

부족하다. 법률 주관 부처에 대해 동일한 내용을 보고하는 경우가 많다. 예컨대 안전계획서, 안전관리비, 안전교육, 안전점검, 사고보고 내용은 산업안전보건법에 의거 고용노동부에 제출해야 하고, 건설기술진흥법에 의거 국토부에도 제출해야 한다."9)

5 행정명령과 행정절차

산업안전보건법은 근로자의 건강과 생명을 다루고 있어 시정명령 등 행정명령이 발달되어 있다. 문제는 이러한 명령 중 상당수가 실체적, 절차적 요건에 적합하지 않게 발령된다는 점이다. 현행 행정절차법에 의한 적법절차에 따르지 않는 행정명령은 위법하게 된다. 행정기관은 처분의 이유, 내용, 법적 근거에 대해 의견 제출할 수 있다는 것과 미제출 시 처리방법 등을 통지해야 하며(행정절차법 제21조 제1항), 의무 부과나 권익 제한 처분일 경우 의견제출 기회를 주어야 한다(미란다 원칙에 해당). 만약 사전 통지를 하지 않을 경우 사유를 알려야 하고 신속한 처분이면 사후에 알려야 한다.

행정청은 행정절차법상의 행정절차에 대해 상세한 설명과 언급을 통해 행정의 민주화, 적정화, 국민 권익의 보호 정신을 확립하고 정책의 실효성과 투명성을 확보해야 한다.10)

---

9) 한국건설안전학회 2021년도 정기학술대회 자료에서 인용(2021. 9. 14)
10) 정진우, 안전과 법, pp.190−192.

마음을 움직여 행동으로 옮기는 용어

1 안전불감증과 위험불감증

　　말이나 글은 마음을 움직이게 하고, 사람들은 이에 따라 행동으로 옮긴다. 안전불감증이란 용어는 감이 잡히지 않거나 오해를 줄 수 있는 용어이다. 어느 누구도 안전불감증이란 말을 듣고 행동으로 옮길 마음이 생기지 않는다. 안전은 '완벽한 상태'를 말하며 불감증은 '불안전한 마음가짐'을 뜻하므로 안전불감증이란 단어만로는 마음에 와닿지 않는다. 그런데 위험 불감증이라고 하면, 불안전한 상태에 대한 불안전한 태도를 말하므로, 위험 불감증이란 말을 듣는 순간, '위험에 대한 인식과 태도를 바꾸어야 하겠다'라는 마음을 먹게 된다.

　　"아는 만큼 느끼며 느낀 만큼 보인다."라는 말이 있듯이 위험 불감증이란 용어를 쓰면 위험 위험에 대한 감수성(感受性)이 예민해지고 위험요인을 경감시키기 위해 주도적으로 나서게 된다. 위험 감수성이란 '무엇이 위험한지, 어떻게 행동하면 위험한 상태가 되는지를 직관적으로 파악하고 리스크의 크고 작음을 민감하게 알아차리는 능력을 말한다. 위험 감수성은 경험, 지식, 기능과 더불어 의욕적인 태도가 필요하다.11)

---

11) '위험 불감증'의 반대말이 '위험 감수성'이므로 안전을 확보하기 위해서는 위험 감수성을 높여야 한다. 안전불감증은 의미상 맞지 않는 표현이며 위험불감증이란 말이 타당하다. 정진우 전게서, pp.397−403.

현장 관리자는 담당자들의 위험 감수성을 키우기 위해 일에 대한 의미를 부여하는 것이 필요하다. 법 제도, 매뉴얼, 안전 관련 기법 등의 취지와 원리에 대해 이해의 폭을 넓히도록 해야 한다. 어렵고 복잡하고 실행하기 어려운 것일수록 왜 그렇게 해야 하는지의 관점(Know-why)에서 지도, 감독, 교육, 코칭을 실시해야 한다.12)

2 안전관리 용어 재해석-안전경영 추구

안전관리란 용어에 대해서도 다시 짚어보아야 한다. '안전관리'란 용어가 마치 재무관리, 생산관리, 기획관리처럼 담당자의 일로 한정되는 것으로 생각할 수 있다. 이에 따라 안전은 '누군가가 챙겨 주겠지'란 생각을 나 자신도 모르게 하게 된다. 안전관리는 안전관리자만의 일이 아니라 구성원 모두의 일이다. 안전문화 정착을 위해서는 안전관리 담당자의 선에서 그칠 것이 아니라 모든 구성원이 자각하고 실천해야 하며, 전사 차원의 안전(Holistic safety)이라는 관점을 가져야 한다.13) 그리고 안전과제의 수행이 아니라 안전 가치를 지속적으로 추구해 나가는 '안전경영 추구'라는 관점을 지녀야 한다.

---

12) 세종사이버대학교 안전학과 정진우 교수의 견해를 인용하였다.
13) Holistic Marketing은 회사의 전 구성원이 마케팅 요원화(부서를 초월하는 Cross-departmental team 체제로 운영)하여야 강한 회사가 된다는 개념이다. 안전관리도 이와 같은 개념이 구성원들에게 공유되어야 안전수준을 크게 높일 수 있다.

03 알기 쉬운 용어와 표현으로 전환
(쉽고, 명확하고, 간단하게)

현장에서 원활한 의사소통은 안전확보와 직결되어 있다. 그러나 현재 사용되고 있는 안전 관련 용어 중에는 이해하기 어려운 용어들이 많고(일본식 용어, 약어 등), 사고 사례 내용의 표현도 복잡하기 일쑤이다. 그리고 젊은 세대들이 한자에 취약하고 한국어에 서툰 외국인 근로자의 수가 증가하고 있어 안전 확보를 위한 의사소통 대책이 마련되어야 한다.[14]

일반인들과 젊은이들이 이해하기 쉬운 용어와 표현으로 바꾸고, 한글의 외국어 표기와 외국어의 한글 오역을 바로잡아야 한다.[15] 인구 감소 문제가 심각하고 기능인력 확보가 어려운 현실에서 외국인 근로자의 한국어 구사는 중요한 과제이다. 한국에 오기 전에 한국어를 마스터한 외국 직원을 우대하는 정책이 고려되어야 한다.[16]

작업 절차서를 근로자들이 이해하기 쉽게 만들어야 한다. 안전교육을 실시하고 작업 절차서를 구비했다고 해서 근로자들의 안전행동이 보장되는 것이 아니라 적극적

---

14) 산업별로 우리나라 산업발달과정에서 일본 산업을 벤치마킹한 산업일수록 일본식 용어가 많이 남아 있으며, 이후 서구로부터 유입된 전문 용어들이 혼재되어 있다. 조직 내 경영용어의 통일이 커뮤니케이션에 중요한 요소이므로 구성원들 간의 원활한 의사소통이란 측면에서 반드시 개선이 필요하다.

15) 안전 확보는 디테일과 적시성(타이밍)에서 나온다는 말을 되새겨 보아야 한다. 이러한 노력은 정부 차원에서 방침을 정하고 연구기관, 교육기관 등을 통해 추진되어야 할 과제이다.

16) 한동훈 전 법무부장관은 2023년 7월 대한상의 주관 제주포럼에서 이민정책에 대해 발표한 바 있으며 우수한 자질의 이민자들이 한국에 정착할 수 있는 여건이 마련되어야 함을 제시하였다. 여기에서 외국인 근로자의 한국어 구사 능력의 중요성을 언급하였다.

인 노력과 점검이 필요하다.17) 외국인 근로자들을 위한 작업절차서와 곳곳에 붙어있는 안내문에 자국 언어를 병기하면 안전성 효과를 더 높일 수 있다.

위험정보의 정확한 전달과 공유는 안전확보에 중요하므로 재해사례 표현방식을 다음과 같이 개선해 나가야 한다. ① 짧고 명확하게 ② 대책은 핵심 정보 중심으로 1~2개 이내 ③ 간단명료하게 ④ 직접적, 구체적으로(예: '추락 방지'보다는 '작업발판 설치') ⑤ 전문 용어에 일반용어의 병기.18)

이러한 개선 노력은 조직 내 의사소통을 원활히 하고, 외국인 근로자들의 정서적 안정과 사회적 안전확보를 위해 필요하며, 국가 과제로서 정부기관, 지자체, 연구기관, 관련 학회 등에서 연계하여 체계적으로 추진해야 한다.

---

17) 우리가 이해하기로 일본은 작업절차서를 깨알같이 작성하고 근로자들이 규정을 철저히 준수하는 것으로 알고 있다. 이렇게 된 배경은 전후 복구사업과 한국전쟁 지원물자 생산을 위해 갑자기 생산인력이 많이 필요하게 되어 학식과 경험이 낮은 근로자를 현장에 투입할 수밖에 없게 되었다. 상황이 이렇다 보니 작업절차서를 자세하게 작성하고 철저하게 지키도록 훈련을 시켰다는 것이다. 이는 1970년대 한일합작회사에서 SK 유경회 김태문 고문과 함께 근무하던 일본인이 이야기해 준 것이다.

18) 최돈홍, 오늘도 일터에서 4명이 죽는다, 안전용어는 쉽고, 명확 간단하게, pp.62−66.

위험불감증과 도박, 흡연, 음주운전, 보이스피싱, 어선전복 관계

1 위험불감증의 속성

우리는 일상에서 위험불감증을 경험하고 있다. 예를 들면, 못이나 송곳을 방치하면 위험으로 연결된다. 공구 등의 각종 물품이 정돈되어 있지 않아 급히 수리가 필요할 때 찾지 못한다. 아무렇게나 버린 담배꽁초가 곳곳에 널려있다. 덜 꺼진 담배꽁초는 화재로 연결되며, 마른 나뭇가지에 불이 붙어 대형 산불로 확대된다. 이천의 물류창고에서 용접작업으로 화재가 반복해서 일어나는 것은 주위에 인화 물질을 치워야한다는 기본적인 생각조차 하지 않는 것이다.

이러한 위험 불감증은 도박, 흡연, 음주운전, 보이스피싱, 어선 전복사고와 일맥상통한다. 위험 불감증은 "안전사고는 나에게는 일어나지 않는다"라는 막연한 생각[19]이다. 위험 불감증은 도박하는 사람들이 '자신은 돈을 잃지 않는다' 혹은 '조만간 많은 돈을 딸 것'이라는 막연한 기대감과 유사하다. 음주운전과 보이스피싱도 마찬가지다. 음주운전자는 자신이 멀쩡하다고 생각하여 음주운전을 하더라도 사고가 나지 않을 것이라 여기기 때문이며, 보이스피싱은 설마 나에게는 닥치지 않겠지, 혹은 접근해 오더라

---

19) 2011년 10월 17일 경기도 성남 판교 테크노밸리 야외 공연장 지하주차장 환풍구 덮개 위에 올라간 관람객 27명이 덮개가 무게를 이기지 못하고 무너지는 바람에 추락하여 16명이 사망하고 11명이 부상당한 사고는 이의 대표적인 사례이다. 사고 다음 날 판교 테크노밸리 축제 안전대책을 계획한 경기과학기술진흥원 담당자가 유명을 달리한 채 발견되었다.

도 당하지 않을 것이라고 막연히 생각하기 때문이다.

위험 불감증은 철저히 경계해야 하며, 한마디로 안전관리 능력 부족을 여실히 드러내는 것이다. 아래 각주에서 보는 바와 같이 최근 보이스피싱 수법이 날로 진화하고 있어 정신을 바짝 차려야 한다.[20]

2 더닝 크루거 효과(Dunning-Kruger Effect)

여기에 참고해야 할 이론이 더닝 크루거 효과이다. 이는 인지편향의 하나로서 '능력 없는 사람이 잘못된 판단을 내려 잘못된 결론에 도달하지만 능력이 없으므로 자신의 실수나 잘못을 알아차리지 못하는 현상'을 말한다. 코넬대학교 사회심리학과 교수 더닝과 대학원생 크루거가 1999년에 제안한 이론으로서 학부 학생들을 대상으로 한 실험 결과에 의하면 능력 없는 사람은 다음과 같은 경향을 보인다. ① 자신의 능력을 과대평가한다. ② 다른 사람의 진정한 능력을 알아보지 못한다. ③ 자신의 능력 부족으로 생긴 곤경을 알아보지 못한다. ④ 훈련을 통해 능력이 나아진 후에 이전의 능력 부족을 깨닫고 인정한다.

이를 안전관리에 적용해 보면 안전관리 수준을 높이는 노력을 하여 수준이 크게 높아졌을 경우라야 이전에 수행한 안전관리 활동이 얼마나 낮은 수준이었는지를 깨닫게 된다.

---

20) KBS '무엇이든 물어보세요'프로에서 방송한 보이스피싱 주제 핵심은 다음과 같다(2024.3.7). 보이스피싱 유형은 ① 자녀납치 및 사고 빙자 편취, ② 메신저를 통해 지인 사칭 및 송금 요구, ③ 인터넷 뱅킹을 이용해 카드론 대금, 예금 등 편취, ④ 텔레뱅킹 이용 정보를 통한 금전 편취, ⑤ 상황극 연출로 속여 금액 편치(검찰, 금융당국 등을 사칭하는 다수가 조직적으로 출연하여 상황 연출) 등이며, 그들이 요구하는 앱을 깔면 안 된다. 보이스피싱 예방법은 ① 발신자 확인 전에 모바일 청첩장, 부고장, 돌찬치 안내 등의 링크를 클릭하지 않기, ② 정부기관을 사칭하여 앱 설치를 유도하면 100% 보이스피싱, ③ 휴대폰이 고장났다거나 전화번호가 바뀌었다고 하면서 가족, 지인 전화로 금전을 요구할 때 반드시 본인 확인, ④ 주식 손실 보장 빌미로 개인정보를 요구하면 100% 보이스피싱, ⑤ 채팅앱에서 음란 영상통화를 제안해 오면 응하지 말기 등이다.

3 어선 전복사고와 위험 불감증[21]

어선의 전복사고가 잇달아 발생하는데 어처구니없게도 위험 불감증에 기인한다. 최근 전복사고는 전남 신안 인근의 '청보호'(2023. 2. 4), 제주도 인근의 '제2해신호'(2024. 3. 9), 통영 인근의 '102해진호'(2024. 3. 14) 등이다.

배의 전복은 복원성이 나쁘기 때문에 일어난다. 옆으로 기울어도 제자리로 돌아오는 힘이 복원성이며, 무게 중심이 아래에 있을수록 복원성이 좋다. 높은 위치에 선적되는 자동차, 원목 운반선은 복원성이 나빠 전복되기 쉽고, 요트는 쉽게 전복되지 않는다. 조선소에서 어선을 선주에게 인도할 때 적재 무게의 한계치를 알린다. 선주와 선장은 이를 숙지해야 한다.

102해진호는 40톤가량 잡은 고기를 선창(船倉)에 넣지 않고 갑판에 둔 채 운항하다가 복원성을 잃어 전복되었다. 고기를 잡아서 갑판 위에 두어 복원성이 나빠지면 횡파를 맞지 않도록 항해해야 한다.

선박은 중력이 부력보다 클 때 침몰한다. 잡은 고기를 흘수선을 넘어 자꾸 배에 실으면 부력보다 중력이 커져 침몰한다. 최대 허용 흘수(만재흘수-바닥에서 물에 잠긴 높이)가 2m라고 가정할 때, 고기 무게로 흘수가 2m 20cm가 되면 20cm만큼 초과해 침몰로 이어진다. 설사 허용치에 맞게 실어도 복원성이 나빠 기울어지면 기울어진 쪽으로 바닷물이 들어와 침몰로 이어진다. 허용된 흘수가 2m, 100톤일 때 110톤을 실으면 침몰되며, 허용치인 100톤 선적이라도 높은 위치에 실으면 복원력을 잃고 강한 바람이나 횡파를 맞으면 전복된다.

항구에 도착해 위판장에 상장할 때 선창에서 꺼내기가 귀찮으니까 잡은 고기를 갑판 위에 두자는 마음을 먹게 된다. 이것이 위험 불감증이다. "안전은 불편함의 감내(堪耐)로 확보된다."

선장은 출항에 앞서 다음 사항을 숙지해야 한다. ① 어선의 복원성, 선창에 넣을 때와 갑판 위에 실을 때의 복원성 차이, 조업 중 갑판 위에 고기를 두어도 되는 한계치, 갑판 위에 무거운 닻(Anchor)을 두어 복원성이 어느 정도 감해지는지, 횡파를 맞으면 위험한데 그냥 항해할지를 점검해야 한다. ② 허용 흘수(어선이 물밑으로 얼마나 잠겼

---

21) 김인현 고려대 법학전문대학원 교수, 선장, 현대해양 기고문(2024.3.17).

느지), 출항 시 흘수, 몇 톤의 고기를 더 잡아 실을 수 있는지, 몇 상자를 잡으면 작업을 중지해야 하는지 점검해야 한다. ③ 선박 인도받은 지 오래되어 잘못 알고 있을 수도 있어 확인해야 한다. 청보호의 경우 1,500개 통발이 기본인데, 선장은 2,500~2,700개로 알고 있었고, 사고 당시 3,200개를 갑판에 실었다. ④ 같은 짐이라도 깊이로 깊게 실으면 복원성이 좋아진다. ⑤ 동남아 등 외국인 선원과 소통에 불편함을 해소하고 선장의 의사결정 시 조언을 해주는 참모진 확보 및 담당자와의 소통 채널을 확인해야 한다.

선장의 치밀한 준비 원칙은 산업현장의 안전관리자에게도 고스란히 적용된다. 치밀한 준비는 안전을 확보하고 귀중한 생명을 지키는 확실한 지름길이다. 어선의 전복을 막기 위해 지역별 단위 수협에 선주와 선장, 선원을 대상으로 이러한 내용이 포함된 필수 직무교육을 실시하면 큰 도움이 될 것이다.[22]

4 어선 사고와 중대재해처벌법 대응

어선은 항구로 돌아와 잡은 고기를 어판장에 내려주는 과정에서 사람이 바다에 빠지거나 선박의 각종 기관, 장비에 부딪히기도 한다. 외적 요인 외에 내적 원인으로 전복, 침몰, 충돌사고가 발생하며 대부분 사망사고다. 1인 이상 사망하면 중대재해처벌법으로 선주들은 형사처벌 가능성이 높다. 동법이 선주에게 요구하는 것은 위험이 발생하지 않도록 하라는 것이다. 위험요소 파악, 제거, 이를 위한 인력과 예산을 마련하라고 요구한다. 선장과 선원들이 이런 위험을 파악하고 제거하기에는 쉽지 않다. 선박마다 복원성 정보가 있다. 선주와 선장이 함께 위험성에 대해 논의하고 평가해서 제거해야 하며, 전문가가 동행해야 한다. 1인 선주, 선장, 선원들이 처리하기가 쉽지 않다.

선박 충돌사고를 막으려면 항해 규칙을 알아야 하며, 해상교통법을 공부해야 한다. 선장이 운항 중 다른 선박을 만났을 경우 피하는 방법을 알아야 하며 이것이 위험요소 관리이다. 선장으로 하여금 해상교통법 공부를 시키는 것이 위험 제거이며, 선주는 중

---

22) 292명이 사망한 서해 훼리호(1993. 10. 10), 304명이 사망한 세월호(2014. 4. 16) 침몰사고도 복원성과 흘수의 중요성을 간과한 위험 불감증에 기인한다. 선박과 선원의 안전에 대한 세부 내용은 김인현 교수, 해운산업 깊이읽기 II, 법문사(2021), pp.77-140에 소개되어 있다(세월호 사고의 원인과 대책, 선원, 해양안전심판, 무인 선박, 숨어있는 분야에 대한 안전 확보 방안, 나용선 등록제도).

대재해처벌법상 주의 의무를 다한 것이라 사고가 나도 처벌받지 않거나 형량의 경감 요소가 된다. 위험성 평가 기록은 반드시 문서로 남겨야 하며 전문가의 도움이 필요하다. 적어도 어선에서 많이 발생하는 위 세 가지(전복, 침몰, 충돌)의 경우 선장, 교수, 안전 관련 공단의 해기 전문가들이 재능기부로 나서서 도와주고, 수협중앙회가 마련한 매뉴얼을 현장에서 선주와 선장들이 실행해 나가면 직무교육 질도 크게 향상된다.[23]

---

23) 김인현 고려대 교수, 현대해양 2024.4.12., http://www.hdhy.co.kr

05 수학 4칙을 통한 인식 전환

수학의 4칙에서 안전관리에 대한 인식 전환의 의미를 살펴볼 수 있다.

① 덧셈은 1 더하기 1이 2가 아니라 그 이상이 될 수 있고 새로운 세계를 창출한다($1+1 \geq 2$). 또한 힘을 합치면 시너지효과가 나타난다.[24] 내가 A, 상대방을 B라 하고, 업무개선 노력을 제곱이라고 한다면 각자 따로 열심히 업무를 수행하는 경우는 수식으로 다음과 같이 표현된다.

$$A^2 + B^2 = A^2 + B^2$$

그런데 A와 B가 힘을 합쳐(괄호로 묶어) 개선 노력을 하면

$$(A+B)^2 = A^2 + B^2 + 2AB$$

즉 2AB가 추가로 생겨 개선 효과가 커진다.[25]

② 뺄셈은 100에서 1을 빼면 제로가 된다. $100-1=0$. 즉, 백 명 중 99명이 기본대

---

24) 전체는 부분의 합 이상의 것이 된다. 전체는 부분이 가지지 못한 독특한 성질을 갖는데 이를 시스템 사고에서 가장 중요한 개념인 피드백 사고에서 돌발적으로 나타나는 특성(Emergent Property)이라 부른다. 마치 오케스트라의 음악창조와 같은 원리이다. 오케스트라는 다양한 악기들이 제각기 따로 연주하지만 전혀 새로운 음악을 창출한다. 더욱이 지휘자는 악기를 연주하지 않고 단지 악보란 형식을 통해 전체를 융합시킬 뿐이다.

25) 여기에서 '따로 또 같이'의 관점을 정립할 필요가 있다. '따로'는 개인이 각자 역량을 최대한 키워야 한다는 것이며, '또 같이'는 개인의 역량이 키워진 상태에서 힘을 합치는 것이다. 개인의 역량이 현저히 부족할 경우에는 힘을 합치기가 어렵고 구성원 간 불협화음으로 갈등요인이 될 수 있다. 이는 오케스트라가 좋은 음악을 만들기 위해 개별 연주자들의 뛰어난 기량이 전제되어야 하는 것과 같다.

로 작업하더라도 한 명이 잘못하면 재해사고가 발생하므로 전체가 제로가 된다. 그리고 작업에서 백 가지 의무사항 중 99가지를 제대로 수행하더라도 단 한 번 규칙을 어기거나 실수하게 되면 가동이 중지되거나, 재해를 일으켜 전체가 제로가 된다. 한 사람, 한 번의 실수나 규칙 위반이 조직, 회사를 뒤흔드는 대형 재난사고로 확대될 가능성이 있다. 뺄셈을 통해 개인 한 사람의 역할 수행이 얼마나 중요한지를 깨닫게 된다.

SK이노베이션 안전담당임원을 역임한 이양수 고문은 현장 경험담을 엮어 "안전 경영 1%의 실수는 100%의 실패다."라는 제목의 책을 발간하였으며, 이는 뺄셈 법칙을 표현한 것이다.[26] 그리고 중국인 왕중추의 저서 '디테일의 힘'에서 공병호 박사도 이를 언급하고 있다.[27]

③ 곱셈은 A 곱하기 B에서 하나가 제로면 전체가 제로가 되고, 하나가 커지면 전체가 커진다. 이와 관련하여 '직무행동 모형'이 있다. 이는 목표 달성을 위한 구성원들의 행동 세 가지를 말하며, 지식(Knowledge), 기술(Skill), 동기(Motive)이다.[28]

지식×기술×동기=직무행동

안전을 확보하기 위해 구성원들이 안전 관련 지식, 기술, 동기를 구비해야 하는데 하나라도 제로이면 전체가 제로가 되어 안전을 확보할 수 없다.

안전지식×안전기술×안전동기=안전행동

안전행동은 매뉴얼 준수, 자발적 참여 등이다. 그리고 안전확보에서 신뢰가 무너지면 전체가 제로가 된다. 신뢰 관계가 무너지면 안전을 확보할 수 없다.

안전행동×신뢰관계=안전확보(위험요소, 사고 저감)

근로자가 위험요인을 파악한 경우에 팀장에게 보고해야 할지, 말지는 조직 내 신뢰 관계에 따라 달라진다. 근로자가 팀장에게 보고할 경우 잘했다고 칭찬받고 회사가 나서서 개선해 줄 것이라는 믿음이 형성되어 있으면 구성원의 안전 행동 동기가 높아진다. 스티븐 MR 코비의 저서, '신뢰의 속도(The Speed of Trust)'를 보면 "신뢰의 속도만큼 빠른 것은 없다."라는 말이 나오는데 이는 신뢰는 "높은 효익(效益)을 주고 코스

---

26) 이승배, 4차산업혁명시대 안전여행, 안전에서 100−1의 답은?, pp.256−260.
27) 왕중추, 디테일의 힘, 나와 세상을 바꾸는 작은 힘, pp.6−10.
28) Campell 등이 1993년에 정립한 이론이다.

트를 낮춘다."라는 의미다. 좋은 전략을 세우더라도 신뢰가 없으면 목표를 달성하지 못한다. 신뢰는 성과에 곱한 것처럼 더 큰 시너지를 가져온다.

펜실베니아대학교 심리학과 앤절라 더크워스 교수는 오랜 연구 결과, 재능보다 노력이 두 배 더 중요하다고 하며 다음 공식을 발표했다.[29]

재능×노력=기술(의미: 노력을 통해 기술이 생김)

기술×노력=성취(의미: 노력은 기술을 생산적으로 변환시켜 줌)

이 두 공식을 합치면 [재능×노력^2=성취]가 된다. 이는 노력이 재능보다 더 중요함을 제시한 귀중한 의미를 지닌다.

④ 나눗셈은 어려움이나 고통을 나누면 경감되며, 역할은 분담할수록 효율이 높아짐을 의미한다. 100명을 설득해야 할 일이 있을 때 나 혼자서는 100명을 감당해야 하지만, 두 사람이 나누면 50명만, 네 사람이면 25명씩만 상대하면 된다.

이처럼 수학 4칙의 관점으로 현재 자신이 속해 있는 조직의 안전 행동을 해석해 보면 안전에 대한 인식 전환에 큰 도움이 된다.

예수회 사제이자 시카고 로욜라대학교 교수인 존 포웰은 마음의 곱하기, 나누기 법칙을 주장하고 다음과 같은 의견을 제시한 바 있다. "기쁜 일은 서로의 나눔을 통해 두 배로 늘어나고 힘든 일은 함께 주고받음으로써 반으로 줄어든다."

---

29) 앤절라 더크워스, IQ, 재능, 환경을 뛰어넘는 열정적 끈기의 힘, 재능보다 두 배 더 중요한 노력, pp.62-82.

06 뺄셈, 덧셈 법칙 응용30)

스포츠 중 승마 장애물 경기와 미식축구 경기 득점방식이 다르다. 전자는 만점을 주고 빼 나가는 방식(뺄셈 법칙), 후자는 공격진이 상대방 진영에 터치다운 하면 득점하고 킥으로 추가 득점 기회가 주어지는 방식이다(덧셈 법칙). 법률에서도 전자는 포지티브 방식(~~라야만 함), 후자는 네거티브 방식(~~만 아니면 됨)으로서 적용 범위가 달라진다.

전자는 규정을 철저히 지켜야 하며, 후자는 창의성을 최대한으로 발휘해야 하는 업무이다. 전자는 현장(공장 운영, 건설현장, 연수원, 놀이시설 등), 순찰, 운행(차량, 선박, 항공기, 드론 등), 실험 및 조사, 보건의료, 재무, 회계 등으로서 규정과 절차, 매뉴얼을 구비해야 한다. 후자는 연구개발(디자인, 경영기법, 기술개발 등) 업무로서 창의력을 발휘해야 하며, 사회단체, 비공식 집단도 해당된다.31)

성격이 서로 다른 업무에 서로 다른 법칙을 적용하면 혼란을 가져오고 목표달성에 차질을 가져올 수 있다. 규정을 철저히 지켜야 할 순찰 업무는 엄격해야 하며, 반면에 디자인 개발 업무에 감독 등 엄격한 잣대를 들이대면 창의성 발휘가 어렵다.

---

30) 저자는 안전담당임원 재직 당시, 세부 내용을 한국가스신문에 기고한 바 있다(2008.9.29).
31) 이러한 관점을 일상생활에 적용하면 많은 도움이 된다. 예컨대 결혼대상자 선정에 있어 뺄셈법칙을 적용하면 대상자 선택의 폭이 좁아지나 덧셈법칙을 적용하면 넓어진다. 자녀 교육에도 전자를 적용하면 자녀와의 관계를 어렵게 만들게 되나 후자를 적용하면 원만한 관계를 만들 수 있게 된다.

수평선 이론과 안전[32]

아래 그림은 회사 구성원들의 맡은 업무가 각기 다른 특성을 지니고 있어 이를 수평선 이론이란 관점에서 좌우로 나누어 본 것이다.

인체의 노화는 자연스러운 현상이다. 대부분 정상보다 약간 나빠져 있는 상태이며, 질병은 아니지만 불편한 상태를 겪는다. 이를 잘 관리해야 건강을 유지할 수 있다. 세월이 지나면 자연히 노후화되는 기계설비도 이와 같은 원리로 관리해야 한다.

아래 그림 가운데의 정상(正常)수준을 기준으로 해서 왼쪽 영역은 원상회복이 과제이며 의학 분야가 대표적이다. 안전 업무도 이에 속하며 업무를 수행하여 문제점을 제거해야 정상수준을 유지할 수 있다(수비업무).

오른쪽 영역은 심신단련을 통해 건강상태를 증진하는 영역으로 체육, 명상, 요가,

❖ 수평선 이론

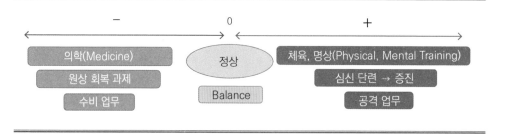

---

32) 김형준, 광운대 위험관리론 교재

심신 수련 등이 대표적이다. 마케팅 활동은 이 영역에 속하므로 고객 만족 등 영업 활동을 통해 매출을 증대시킨다(공격업무). 이 영역은 수익 창출과 직결되므로 경영층이 관심을 집중하게 된다.

　우리나라 경제 규모가 커질수록 비례하여 사고 재해가 끊이지 않으며 왼쪽 영역에 대한 관심이 높아지고 있다. 일선 근로자들의 안전 업무는 생명을 지키는 일로서 의학 분야에 못지않은 귀중한 가치를 지니고 있다. 근로자들은 이러한 확신을 가지고 '자신의 존재(Being)에 대한 자존감'과 '맡은 일(Doing)에 대한 자부심'을 지녀야 한다.

　경영자는 왼쪽 영역에 관심과 비중을 높여야 한다.33) 양쪽 영역에 대한 균형 감각을 갖추는 것이 안전문화 정착에 가장 시급한 명제라해도 과언이 아니다. 존재(Being)와 행위(Doing)의 균형 감각이 우리 사회를 안전한 사회로 탈바꿈하기 위한 인식 변화의 첫걸음이다.34) 미국 제44대 대통령 버락 오바마의 영부인 미셸 오바마의 다음 경구는 이러한 점을 시사한다.

그들이 저급하게 가더라도 우리는 품위 있게 간다!
When they go low, we go high!

---

33) 안전문화가 성숙되면 안전관리시스템 자체를 상품화하여 매출로 연결시킬 수 있다. 즉 왼쪽 영역을 충실히 하면 오른쪽 영역으로 사업의 확장이 가능하다. 듀폰은 안전관리 시스템 관련 컨설팅사업 등의 매출이 회사 매출의 상당 부분을 차지하는 것으로 알려져 있다. 즉 수비업무를 공격업무로 확장한 것이다.

34) 여기에서 넷스케이프 CEO 짐 박스데일의 다음 경구를 떠올려 볼 필요가 있다. "우리는 사람들을 가장 먼저 돌본다. 사람, 제품, 이익의 순서다. 이 셋 중 사람을 돌보는 것이 가장 어려우며 그것을 제대로 하지 못하면 나머지 두 가지는 의미가 없다."

지식의 평준화와 지혜의 차별화

지식은 배워서 익히는 것이지만 지혜는 다른 영역에서 온다. 과거 입시에서의 당락은 암기력에 의해 결정되었으나 지금은 디지털로 지식은 언제 어디서든 습득할 수 있고, 지식수준은 급속히 평준화되고 있다. 지금까지 Know-what에서 Know-How, Know-where로 진화되어 왔지만 앞으로는 No-where 시대이다. 과거에 전혀 없던 새로운 세계가 열리고 있다.

1 새로운 관점의 정립

패러다임이 다른 세계에서는 새로운 관점을 정립해야 한다. 기존 지식이라도 조직 내에 공유하고, 물리적 변형과 화학적 융합으로 새로운 세계를 열 수 있고, 독창적 사고를 통해 새로운 세상을 만들 수 있다. 새로 등장하는 다양하게 발생하는 문제들에 대해서는 지혜로 풀어야 한다.[35] 지혜를 추구하면 고정관념에서 탈피하여 새로운 경험, 새로운 장소, 새로운 길을 열게 된다.

안전은 수평선이론에서와 같이 기존 질서를 존중하되 예외적인 사안에 효과적으로 대처하기 위해 독창성을 발휘해야 한다(좌우 영역의 균형).

---

35) 일본의 노나까 교수는 지식경영(Knowledge Management)에서 "개인이 가진 지식(암묵지)을 구성원들 간에 공유하고 표준화(형식지)를 하면 지식의 가치가 높아지고 조직의 능력이 커진다"라고 하였고, 피터 드러커는 "미래는 예측이 아니라 창조하는 것이다."라 하였음을 상기할 필요가 있다.

어떻게 하면 독창성을 발휘할 수 있을까? 이는 인간만이 잘하는 능력을 발휘해야 한다. 생각하는 힘, 상상력, 왜? 라고 질문하는 능력이 스마트한 사람으로 만든다. 여기에서 독창성을 발휘하고 지혜에 대한 안목을 키우기 위해 다음과 같이 서강대 최진석 교수의 글을 요약해서 소개한다.

2 지적(知的)인 태도 견지

"지적(知的)인 태도를 견지한 사람은 세상을 넓고 깊게 접촉한다. 경험하지 않은 지식을 자신 있게 말하기란 조심스럽다. 감각으로 보면 지구는 평평하고 자세히 따져 봐야 둥글다. 지적 태도는 곰곰이 생각하고 따져 보는 것이며, 감각과 본능을 정련(精鍊)시키고 극복한다. 지적이지 못하면 생각하지 않고 즉각 반응하므로 정련되지 않은 감각이 튀어나온다. 높은 학식의 보유자도 곰곰이 따지는 능력이 없으면 지적이 아니다.

곰곰이 생각하지 않는 이유는 생각은 '정신적 수고'로 힘들기 때문이다. 특정 이념에 갇히면 그 이념만 기준으로 하므로 깊이 생각하지 않는다. 이념에만 몰입하면 진실하고 헌신적으로 보일 수 있지만, 생각하는 능력이 떨어져 과거에 몰입되어 스스로 갇힌다. 이들이 권력을 갖게 되면 자기가 만든 세계에 도취되어 역사에 헌신한다는 느낌을 낳는다.

감각에 치우친 태도와 지적 태도 간에 차이가 크다. 동학군이 3만여 명 사살될 때 일본군은 한 명만 죽는 격차는 무기의 차이다. 일본군은 스나이더총을 개선한 무라다총, 동학군은 화승총. 무라다총은 엎드린 자세에서 장전, 1분간 15발 사격, 사거리 800m. 화승총은 2~3분 선 채 1발 장전하여 사격, 사거리 120m. 화승총에 죽창을 곁들인 무력으로 감당할 수 없다.

무라다총과 화승총 차이는 산업화 차이이며, 세계에 반응하는 태도에서 기인한다. 무엇을 개선한다는 것은 불편함을 느껴 그다음을 알려고 하는 의지가 발현된 것이다. 있는 것을 소지하는 태도는 곰곰이 생각할 필요를 느끼지 못해 감각과 본능에 치우치게 된다. 다음을 곰곰이 생각하는 태도를 가지면, 불편함이나 문제점 발견 후 붙들고 늘어지는 수고를 감당한다. 스나이더총을 무라다총으로 개선한 것은 감각과 본능을 극복하여 문제를 직시한 것이고, 화승총을 썼다는 것은 그러지 못했기 때문이다. 알려는 태도는 다음을 향한 욕구, 인간답게 살고자 하는 근본이다. 곰곰이 생각해야 주체성을 지킬 수 있다.

동학혁명 20여 년 전인 1872~1876년경에 일본의 후쿠자와 유키치의 저서 '학문의 권장'이 300만 부 팔렸다.36) 당시 일본의 인구 3,500만 명, 열 명 가운데 한 명이 읽었다. 무라다총과 300만 독자는 같은 맥락이다.

1) 안전을 확보하기 위해 곰곰이 생각하는 수고를 감당해야 한다

곰곰이 생각해야 새로운 지식, 지혜, 산업을 열 수 있다. 곰곰이 생각하는 수고의 미덕을 감당해야 한다. 곰곰이 생각하고, 감각에 치우치지 않고 숙고(熟考)와 사실(事實)에 기대야 한다.37) 안전도 이와 같다.

안전을 확보하기 위해 곰곰이 생각하는 태도가 필요하다. 불편함과 문제를 느껴 그다음을 알려고 하고 이를 설명하려는 의지가 발현되어야 한다. 붙들고 늘어지는 수고를 기꺼이 감당해야 하며, 이는 안전 사회 구축이라는 시대적 소명(召命)이기도 하다.

2) 곰곰이 생각한 경영자와 그렇지 않은 경영자 비교38)

널리 듣고 홀로 골똘히 생각한 대표적인 경영자로 삼성그룹 창업자 호암 이병철과 월마트 샘 월튼 회장이다. 호암은 여러 사람의 의견을 듣지만 깊이 생각한 후에 궁극적으로 혼자 결정을 내렸다. 반도체사업을 경험한 사업가들이 호암에게 반도체사업에서 손을 뗄 것을 권장했으나 그의 결심은 흔들리지 않았다. 깊이 생각하고 내린 결정이기 때문에 확신을 가지고 과감하게 밀고 나갔다.

샘 월튼은 부하들에게 문제점을 지적해 달라고 당부하며, 좋지 않은 소식을 숨기거나 제때 알려주지 않으면 크게 야단쳤다. 반면 경쟁사 K마트의 조셉 안토니니 회장은 남의 말을 귀담아듣지 않고 비판과 변화를 싫어했다. 심지어 외부 컨설턴트가 마음에 들지 않는 이야기를 하면 가차 없이 꾸짖었다고 한다.

---

36) '네이버 열린논단' 미야지마 교수 강연.
37) 최진석, 최진석의 대한민국 읽기, 북루덴스, 2021, pp.129-135.
   김태유, 4차산업혁명시대 부국의 길, 패권의 비밀 특강자료 참조. 안전문화와 관련하여 저자가 정리한 내용이다(https://youtu.be/RUcHiooFeBw).
38) 유필화, CEO, 고전에서 답을 찾다, 의사결정의 본질을 이해한 이병철, pp.259-297.

세대 간 차이 이해와 극복

세대 간 차이점 극복도 안전관리와 밀접하므로 기성세대의 MZ세대에 대한 이해 및 상호 간 존중심 확보가 필요하다. 기성세대의 경험을 활용하고 젊은 세대의 창의력을 결합한다면 안전수준을 높여 기업가치를 높이고 사회에 활력을 불러일으킬 수 있다.39)

1 출신 배경 차이와 문화적 충돌

기성세대는 기차나 버스 여행 때 차창 밖의 울창한 숲을 보고 감명을 받는다. 어린 시절, 전국의 산은 온통 황토색이었기 때문이다. 그런데 MZ세대는 푸른 숲을 보고 자랐으므로 기성세대의 지나간 시절을 이해하기 힘들다. 기성세대의 춘궁기(春窮期) 이야기는 느낌이 오지 않는다. MZ세대는 인식 출발선이 기성세대와 다르다. 말하자면 선진국 출신이다. 그렇지만 MZ세대는 기성세대와 다른 어려움에 직면하고 있다. 마슬로우 욕구 5단계40)에서 기성세대는 생리적, 안전욕구 단계에서 출발했다. 그러나 MZ

---

39) 연세대 아동가족학과 김현경 교수는 대학원 혁신지원사업인 어깨동무사업을 통해 지역사회의 청년과 노인 사이의 세대갈등 극복과 디지털 리터러시 문제 해결을 위해 노인-청년 멘토링 프로그램에 대해 연구하고(2021. 6-2025. 2), 두 세대 공존 방안과 청년과 노인이 공생할 포용 사회 기반 조성에 핵심가치를 두고 있다(교수신문, 2023. 2. 28).

40) 마슬로우의 욕구 5단계 이론은 생리적 욕구-안전 욕구-사회적 욕구-존중의 욕구-자아실현 욕구의 다섯 단계를 말한다.

세대는 '사회적 욕구'단계에서 출발하여 '자아실현 욕구 단계로 올라가고자 하지만 현실적인 어려움으로 좌절감을 느끼기 쉽다. 기성세대는 MZ세대의 어려움을 이해하고 대화해야 한다. 이를 통해 공감대 형성으로 서로 존중감이 생기고 갈등을 극복하게 되어 현장의 안전확보에 큰 도움이 된다.[41]

　　MZ세대는 기성세대의 주장이 불공정하거나 불합리하다고 판단되면 합리적 논리와 증거로 당당하게 자신들의 의견을 주장한다. 이러한 추세는 더 늘어날 것이며, 우리 사회를 긍정적으로 변화시키는 시그널이다.[42]

2 공정성 확보 방안[43]

　　공정성을 확보하려면 '분배의 공정성'과 '절차의 공정성', 그리고 '상호작용 공정성'이 필요하다. '분배의 공정성'은 나눠 가지는 성과물에 대한 정의의 실현, '절차의 공정성'은 프로세스에서 정의의 실현이며, '상호작용 공정성'은 보상 결정과 배분 과정에서 제대로 대우했는가(정보공개, 피드백, 이의제기, 공감 등)와 관련이 된다. 런던 경영대학원 니르말야 쿠마르 교수는 '제조-유통업체 관계 논문, 신뢰의 힘'에서 분배의 공정성은 새로운 관계를 만드는 데 효력을 발휘하며, 절차의 공정성은 관계의 유지에 큰 힘을 발휘한다고 한다. 구축하기가 쉽지 않은 절차의 공정성을 확립하면 경쟁우위를 가질 수 있으며 이를 확보하려면 ① 갑과 을의 구도를 깨어 신뢰를 조성하고(동등한 파트너), ② 진정한 양방향 소통을 이루어야 한다(경청 등).

---

41) MZ세대는 선진국에서 태어나 기성세대보다 다방면으로 앞선 분야가 더 많을 수 있다. "기성세대가 젊은 세대로부터 배울 점이 많다"라는 관점을 지닌다면 세대 간에 의사소통을 원활하게 하는 데 도움이 될 수 있다. MZ직원들의 특성 연구 결과를 종합하면 ① 수평적 소통 ② 자기 주장 ③ 빠른 보상 ④ IT원주민 ⑤ 사생활 중시 ⑥ 모바일 연결로 압축된다. 김영기, MZ세대와 꼰대 리더 pp.44-100

42) MZ세대의 긍정적인 변화의 바람을 불러일으키는 하나의 사례가 서울교통공사의 '올바른 노조'의 출범이다. MZ세대가 주축인 '올(ALL)바른 노조'의 주장은 미래 노동시장에서 정당하고 합리적으로 근로자의 요구를 관철하자는 것이다. 예컨대 쟁의에 앞서 먼저 시민을 설득해야 하고, 정치파업보다는 불합리한 문제에 대해 올바른 목소리를 내야 하며, 교섭창구 단일화 제도 개선, 불공정한 채용 관행 개선, 타 단체 시위행위와의 갈등 해결, 적자 해소 방안 강구 등이다(조선일보 2023. 2. 6).

43) 이명우, 전게서 상생경영, 절차의 공정성이 없으면 상생경영도 없다. pp.76-85.

3 MZ세대 이해하기

MZ세대는 협업적, 수평적 네트워크형 조직, 일과 인생의 조화, 업무의 결과, 다양한 채널을 선호한다. 이들에게 내재적 동기를 부여하려면 업무 성과 인정, 인센티브, 업무 수행에 지원, 대인관계 지원, 명확한 목표 제시가 필요하다고 하며(테레사 애머빌 교수), 심리적 안전을 제공해야 한다(티밍의 저자, 애미 에드먼선).[44]

'MZ세대, 초 역전의 시대'란 글을 읽고 공감한 바가 있는데 요지는 다음과 같다.[45] MZ세대가 태어난 1980년 이후 2000년도까지는 정보화, 신자유주의, 민주화 의식이 고조되던 시기이다. 경쟁체제와 차등 보상에 따라 개인주의 성향이 강하다. 기성세대는 데스크탑을 사용하지만 MZ세대는 노트북을 휴대한다. 성장하면서 교사, 교수와 문화적 충돌이 일어났고, 사회에 진출하자 불공정성 등의 기존 문화에 젖어 있는 기성세대들은 놀랄 수밖에 없다. 태도는 이상하게 여겨질 수 있으나 업무 처리는 신속하고 정확하다. 자율성을 주면 날고뛰지만 간섭하고 통제하면 위험을 감수하고 의견을 개진한다. MZ세대가 기성세대보다 뛰어나므로 역(逆)의 멘토링(Reverse Mentoring)이 필요해졌다. 기성세대가 이를 인정하지 못하면 현대판 원시인이 된다.[46]

2007년 스마트폰 시대가 열려 MZ세대는 막강한 무기를 장착하게 된다.[47] 스마트폰을 몸의 일부처럼 활용하는 '포노사피언스(Phono Sapiens)'에게 기성세대가 이의 사용을 자제시키면 극렬하게 저항한다. 군에서도 많은 논란 끝에 허용하고 있다. 그동안 초기 MZ세대는 직장의 중견간부가 되고 사회 발전에 중추적 역할을 감당해 왔다.

이제는 MZ세대를 이을 알파세대가 나타났다. 이들에게는 5G, 인공지능, 빅데이

---

44) HRD Korea, 한국 HRD협회 콘퍼런스(2022)

45) 육사 세미나, 도산아카데미 강의 등의 내용을 정리한 것이다.

46) MZ세대는 3불의식(三不意識)을 지니고 있다. 이는 "불의, 불공정, 불이익을 결코 용납할 수 없다"라는 가치관을 말한다. 기성세대가 진정으로 MZ세대와 소통하려면 이를 먼저 이해해야 한다. MZ세대는 청소년기에 IMF 사태를, 청년기에 글로벌 금융위기를 겪었다. 부모세대의 무력함과 사회의 불공정함을 뼈저리게 느끼고 각자도생의 의식을 강하게 가지게 되었다. 치열한 입시와 취업 전쟁을 치르고 사회에 진출해도 기회의 사다리는 멀어져 가고 양극화 심화 등에 극도의 저항감을 가지게 되었다. 국가와 기업은 이들의 가치관을 이해하고 존중하여 엄청난 동력을 지닌 MZ세대의 폭발적인 에너지를 발전적으로 포용해야 한다. 문성후, 부를 부르는 ESG, ESG 진격의 거인, MZ세대, pp.156-167.

47) 포노 사피엔스에 대해 자세한 내용은 최재붕, 스마트폰이 낳은 신인류, 포노사피엔스, 쌤앤파커스 참조.

터, 로봇, 드론, 메타버스 등 신기술이 생활 도구이자 무기이다. MZ세대는 알파세대와 협력하여 시너지를 창출해 나가는 것이 시대적 과제다. 자발성이 요구되는 안전을 위해 MZ세대와 알파세대의 협력이 절대적이다. 이들이 현장에서 디테일한 점검과 개선에 앞장설 때 안전문화 정착을 앞당길 수 있다.

4 노마드 정신으로 세대간 융합 추구[48]

유목민은 수평적이고 개방적인 문화를 가졌다. 전리품을 공평하게 나누고 기술자를 우대했다. 정보화 마인드가 강한 칭기즈칸은 정보 수집과파악에 능통했다. 정복한 다민족, 다종교 나라들을 융화시켜 통치의 어려움을 극복하였다. 그에 비해 정착지 사람들은 수직적 사고로 서열주의, 관료주의와 기득권 확보 투쟁에 몰입하는 경우가 많다. '정주(定住) 사회가 인류의 문명을 싹트게 했다'라는 정착문화 우월주의에서 깨어나야 한다. 1980년대 한 학술지 논문의 '미래기술은 노마딕(Nomadic) 해야 한다'라는 글은 많은 시사점을 준다. 미래 산업은 한 가지 기술에 안주해서는 안 되고 고객과 사회가 원하는 니즈(ESG 등)를 탐구해 신속하게 만들고 이동해야 한다.[49]

Create the future with the Nomad Spirit. 우리에게 필요한 것은 '이동성'과 '도전 정신'이다. "달리는 말은 말굽을 멈추지 않는다."

전임 KT 황창규 회장은 젊은이들과 함께 일한 소감을 다음과 같이 밝힌다.

"젊은 친구들과 일할 때 깜짝깜짝 놀라곤 한다. 비전을 공유하고 함께 나가기를 청했을 때 대부분 예상을 뛰어넘는 성과를 만들어냈다. 결과는 꼭 개인 역량에 비례하지 않았다. 오픈 마인드로 도전하기에 달렸다. 유목민의 생존법으로 무엇이든 해낼 수 있었다. 유연성, 지켜야 할 것, 열린 사고, 빠른 정보 습득력, 타인에게 귀 기울기 등은 젊음의 특징이다. 여기에 나는 비전 제시, 속도전, 수익 공유, 소통, 정보 마인드, 바둑식 전략, 신기술에 대한 열망을 조화해 노마드 경영을 완성해 갔다."

---

48) 황창규, 빅 컨버세이션, 대담한 대담, 심장에 새겨진 유목민의 생존법을 깨워라, pp.191－193.

49) 유목민과 경영과 관련된 세부 내용은 '김종래 저, CEO 칭기즈칸, 유목민에게 배우는 21세기 경영 전략, 삼성경제연구소' 참고.

5 시니어 레볼루션(Senior Revolution)

2023년 6월 '시니어 레볼루션' 기치를 걸고 등장한 '사단법인 시니어 아미(공동대표: 최영진 중앙대 정치국제학과 교수)'가 주목을 받고 있다. '시니어 아미'의 가치는 '건강한 시니어들이 젊은이와 협력하여 역할을 분담하고 국가를 위해 기여'하는 것이다. 예컨대 예비 전력(戰力)으로 국방력 보강, 육아시스템 보강으로 저출산 해소, 귀향을 통한 지방소멸 완화, 지식과 경험을 활용한 멘토링, 코칭 등이다. 국가에 기대지 않고 자비 부담으로 운영하고, 국가를 위해 무엇을 할 것인지 고민하며, 개인 자격 가입으로 정치적 입장 배격 원칙을 표방하고 있다.[50] 싱가포르도 고령화가 진행되고 출산율이 낮아지자 정년을 연장하고 재교육을 통해 은퇴자들의 숙련된 기술과 지식, 경험과 지혜를 활용하는 엘더노믹스(Eldernomics) 정책을 추진하고 있다.[51]

---

50) 최영진 중앙대 정치국제학과 교수, 시니어 레볼루션, 젊은 세대 부담 덜고 역할 분담 새롭게 하자, 교수신문(2024. 3. 4)
51) 김동현, 청조역사관 추진위원장, 작지만 강한 나라 싱가포르, 지식의 샘, 청조지(2024. 1)

10 외국인 근로자 차별 해소

외국인 근로자 문제는 '외국인 근로자와 한국 사회의 관계에서 생기는 문제'이며 '이들이 한국에 들어와 일으키는 문제'로 곡해하면 인종주의에 빠질 수 있다. 본서에서는 외국인 근로자의 현실적인 애로사항과 이의 해소를 통한 안전 확보에 대해 살펴본다.[52]

① 외국인 근로자들에 대한 우리의 인식 전환이 필요하다. 과거 선배 세대들은 하와이 등지로 나가 열악한 조건에서 일하면서 독립운동 자금을 마련하였다. 독일에 파견 나간 광부와 간호사, 중동의 건설 역군들은 그들 나라에서 볼 때 우리가 외국인 근로자들이었다. 역지사지로 이역만리 한국에 온 외국인 근로자들을 존중하고 신체 자유, 생명 보호 등 기본적 인권을 보장해 주어야 한다. ② 사회계약론 관점에서 '외국인 근로자 문제'는 '외국인 근로자와 내국인 근로자 간 문제'가 아니라 '내국인 고용주와 외국인 근로자와의 갈등'이 핵심이다. 양자 간에 상생 관계를 수립해야 하며, 이를 고

---

52) 외국인 근로자의 국내 유입 계기는 노태우 정부 시절인 1991년 해외투자기업 연수생 제도 및 1993년 산업 연수생제도부터이다. 이들의 유입에 따른 공과가 함께 존재하므로 우리 경제에 긍정적으로 작용하도록 정책을 펴야 한다. 외국인 근로자 문제는 유럽, 기타 선진국은 물론 중진국, 개발도상국도 동일한 상황이다. 독일, 오스트리아는 튀르키예인의 문제로 갈등이 심각하다. 반면에 청년 실업 문제가 심각한 튀르키예는 시리아 내전 이후 시리아인 유입, 정치적 불안으로 인한 이란인 유입, 동유럽 및 중앙아시아인 유입 등으로 사회적 갈등이 높다. 카타르와 말레이시아도 외국인 근로자 문제가 심각하며, 이탈리아, 스페인, 포르투갈, 그리스 등 다수 유럽국가에서 높은 청년실업률로 인해 외국인 근로자에 대한 불만이 팽배한 실정이다(나무위키).

려한 정책이 마련되어야 한다. ③ 외국인 근로자의 유입에 공과(功過)가 함께 존재하므로 그들이 산업현장과 농어촌에 이바지하도록 분위기를 진작시켜야 한다. ④ 고용주와 외국인 근로자 간 원활한 소통 방안을 강구해야 한다. 한국어 구사 능력 부족, 문화 차이 갈등, 직업 소명의식 부족, 임금조정 등 어려움이 많아 이를 해소하기 위한 프로그램이 절실하다.53) ⑤ 부당대우와 인격침해는 드러내지 않을 뿐 인격 무시, 조롱, 신체적 폭력 등은 외국인 근로자들이 겪는 현실이다.54) 외국인 근로자는 우리의 인구절벽 문제 해소와도 맞물려 있어 유능한 외국인 근로자(한국어 구사, 직업의식 등)가 잘 적응하도록 도와주어야 한다. ⑥ 이들은 업종에 따라 상당한 역할을 맡고 있으므로 일자리 수급을 위해 외국인 고용 확대가 현실적인 과제로 대두되고 있다. 농어업, 축산업 등 1차 산업 활성화와 건설현장의 안정적 인력 확보를 위해 양질의 외국인 근로자의 유입이 필수적이다.

그렇지만 유입된 외국인 근로자는 제대로 된 안전교육훈련을 받지 않고 건설현장의 위험도가 높은 형틀, 목공, 철근콘크리트 공정에 투입되고 있다. 소통이 잘되어야 하지만 현실은 그렇지 않아 사고자 대부분 외국인 근로자들이다. 현재 외국인 근로자 교육자료로 틀어주는 동영상은 다양하지 않고 같은 동영상을 보여줄 때도 많아 효과가 낮다. 다양한 교육을 위해 VR, 체험식 안전교육 등을 마련해야 한다.

한국 생활에 애착을 갖도록 자국 국기달기, 종교생활관, 안전교육, 조회시간 통역관 배치 등을 지원하여 한국 사회 적응력을 높여야 한다.55) 아울러 한국어, 한국문화, 직업의식, 윤리의식, 심리상담, 안전교육 등을 위한 공간확보, 노동 및 주거환경 개선, 외국인 커뮤니티 조성 등 다양한 제도를 마련해야 한다. ⑦ 외국인 근로자지원 콘트롤타워(지휘본부)가 필요하다. 공공기관, 민간기관에 흩어져 있는 업무를 총괄하여 실체적

---

53) 외국인 근로자의 미숙한 한국어 능력 수준으로 업무상 오류, 제품 손실, 산업재해 발생 요인, 소통 부재 등이 발생하며 아울러 직업적 소명의식의 부족이 문제로 지적되고 있다. 이들이 한국 사회에서 적응력을 높이기 위해서는 한국어 학습 여건을 조성하고, 근로자 권리를 찾도록 교육하고, 단순 노무를 맡더라도 작업 속도와 생산성이 향상될 수 있도록 지속적인 지원이 필요하다(제주연구원, 제주지역 외국인 근로자의 경제, 사회분야 실태조사 및 대응전략 2019년, 독립언론, 제주의 소리, 기획연재 1~3회 2020년 1월).

54) 한국 생활 3년 남짓 되는 스리랑카 국적 30대 선원 A 씨가 다음과 같이 털어놓은 말을 통해 그들의 현실을 짐작할 수 있다. "바다에서 사장님 때리고, 사장님 아버지 안 좋아, 한국말 잘 몰라요, 바다 가면 일 많아요, 손 아파요, 나중에 사장님 이야기해요. 야, 일로와, 일로와, 이 ××야, 나중에 막 욕하고 때려요, 바다 일 안 좋아요"(제주의 소리, 2020.1)

55) 강부길 외, 안전은 사람이다, 외국인 근로자 보호에 앞장서자, pp.163－165.

인 지원 기능을 강화해야 한다(현실을 반영한 비자 제도, 우수 인력의 안정적 확보, 불법 체류 방지 등).56)

결론적으로 산업현장의 안전수준을 높이기 위해 작업현장에서의 통제력 강화, 소통상 애로 해소(안전표지판, 위험 표시, 작업절차서에 외국어 병기, 통역관 확보 등)와 함께 위에서 거론한 전반적 개선책이 따라야 한다.

---

56) 제도개선의 필요성을 크게 느낄 수 있는 하나의 예를 들면 다음과 같다. 즉 외국인 건설인력의 체류 기간이 한정되어 있어 인력 부족에 대처하기 위해 부득이 근속기간이 짧은 비숙련 근로자로 채우다보니 시공과정에서의 문제가 노정되어 하자가 발생하고 건물 자체의 품질도 낮아지는 점이 문제로 지적되고 있다. 이는 건설업뿐만 아니라 고용허가제를 통해 들어오는 다른 외국인 근로자들도 마찬가지다. 일이 몸에 익숙할 만하면 본국으로 돌아가야 하고, 재허가를 받아야 한국에 다시 들어올 수 있기 때문에 고용주와 외국인 근로자 모두에게 불만 요인이 되고 있다(나무위키).

안전은 국력 강화 요소

러시아의 우크라이나 침공과 유럽국가들의 협력적 대응, 이스라엘과 하마스 분쟁, 미중 대립에 따른 국제 질서 재편, 인도, 베트남 및 호주의 국제사회 전면 등장, 이란과 이스라엘의 영토 상호 공격, 사우디와 이스라엘의 협력 등으로 국제 정세가 급변하면서 우리나라의 국제사회 위상이 높아지고 있다. 워싱턴 타임지(2023.10.27)에 의하면 우리나라의 국가 브랜드 파워(Nation Brand Power)가 미국, 독일, 영국에 이어 4위라는 연구 결과가 보도되었다. 2022년까지 중위권이던 러시아는 최하위로 추락하였다.57)

우리나라가 세계 경제 규모 10위권이라는 위상에 걸맞은 국가 브랜드 정립 필수 요소 중의 하나가 국가 신뢰도의 제고인데 여기에 안전이 포함된다. 레이 클라인 국제 정치학 박사의 국력 이론에 비추어 안전이 국력과 직결되기 때문이다.

레이 클라인 박사에 의하면 국력은 유형 국력과 무형 국력으로 구성된다. 유형 국력은 임계질량(Critical Mass – 인구, 영토 등 변화를 일으키는 최소한의 규모), 경제적 능력(Economic Capability), 군사적 능력(Military Capability)으로 구성된다.

무형 국력은 국가 전략(Strategy)과 의지(Will – 국민 의지, 정책수행능력 등)로 구성된다. 유형 국력과 무형 국력의 관계는 곱하기인데 둘 중 하나가 제로이면 국력이 제로

---

57) 이 연구는 산업정책연구원(IPS)과 유엔 산하기관인 유엔훈련연구원(UNITAR – 제네바에 본부)이 세계 1,200여 명이 참가하여 공동 연구한 결과로서, 2023. 10. 26 발표한 것이며, 원제는 다음과 같다. What's in a name? U.S dominates. Russia plunges in national brand rankings(Washington Times, 2023. 10. 27).

가 되기 때문이다. 이를 공식으로 나타내면 다음과 같다(앞 괄호는 유형 국력, 뒤 괄호는 무형 국력이고, 무형 국력이 제로이면 국력이 제로가 된다).

국력 P=(C + E + M) × (S + W)

유형국력

C: Critical Mass(인구, 영토)
E: Economic Capability(경제력)
M: Military Capability(군사력)

무형국력

S: Strategy(국가전략)
W: Will(국민들의 의지, 정책 수행능력)

안전은 유형 국력의 군사력(Military Capability)과 직접 연계된다. 무기의 생산 및 활용, 군사 설비 및 장비 등의 하드웨어뿐만 아니라 전략 및 전술 구사 능력, 전투 현장에서 군인들의 사기(士氣)와 신속 정확한 전투력 발휘 등 소프트웨어에서도 안전이 필수적인 요소이기 때문이다.[58]

안전은 무형 국력에서도 큰 위치를 차지한다. 국가 전략의 수행, 국민의 의지와 정책수행 능력을 발휘하는 데 안전이 보장되어야 하는 것은 국가 정책적 신뢰와 연결되기 때문이다. 사회적 신뢰(Social Trust)의 회복이 안전사회로 나아가는 첫걸음이다.[59]

---

[58] 예컨대 불연소재의 개발로 불연섬유를 만들어 군복이나 군용텐트를 제작, 보급하면 군인들의 안전을 훨씬 더 크게 확보할 수 있다. 또한 항상 위험에 노출되어 있는 소방공무원들의 화재진압 현장에서의 안전도를 획기적으로 높이게 된다.

[59] 하버드대 타룬 칸나 교수는 신뢰받는 사회적 제도는 사람들의 일상생활을 예측가능하게 하고, 새로운 유형의 사회적 협력이 일어나도록 한다고 하며, 신뢰의 소멸은 혁신과 창의성 발현의 토양을 앗아간다고 주장하였다. 크리스틴 로드 교수가 스탠퍼드 사회혁신 리뷰지에 기고한 글에 사회적 신뢰 회복 여섯 가지 방안을 다음과 같이 소개하였다.
① 사회적 제도가 추구하는 진정한 효익이 사람들에게 효과적으로 전달되어야 한다 ② 이익집단이 아니라 공공을 위해 선한 일을 하는 리더를 양성한다 ③ 책임성 및 투명성을 강화해야 한다 ④ 지역사회 및 사회적 도전과제 해결에 시민을 참여시킨다 ⑤ 사회적인 포용성을 강화한다(장애우, 여성, 이민자 등 다양한 문화적 배경을 가진 사람들의 사회 참여 및 실질적 제도 집행 등) ⑥ 신뢰 구축을 위해 사회 구성원과 지도자들이 의지와 헌신을 천명(闡明)한다(NPO 지원센터 2020. 8. 13).

12 지렛대경영과 안전[60]

1 지렛대경영의 의의

기업이 변화를 추구하면서 톱다운 방식은 공감을 얻기 어렵고 버텀 업 방식은 추진력이 약하다. 조직의 변화에는 누군가가 중간에서 지렛대 역할을 해 주는 것이 필요하다. 한군데를 움직여 다른 곳까지도 움직이게 하는 포인트를 찾아내는 것이 지렛대경영의 요체이다. 어려운 일도 누군가가 실제로 성공하면 따라 하는 사람들이 등장한다.

신규사업 발굴을 장려하고 싶으면 신사업 아이디어를 낸 직원을 과감하게 지원해 주고, 성공했을 때 성과를 인정해 줌으로써 성공사례로 자리 잡게 하는 것이 모범적 지렛대경영이다. 지렛대는 몇 배의 힘으로 무거운 것을 들어 올린다. 변화를 도모하는 조직이라면 어느 길목에서 어떤 지렛대를 찾아 어떻게 활용할 것인지를 고민해야 한다. 안전수준을 높이기 위해 변화를 추구하고자 하는 조직도 이와 같은 맥락이다.

2 지렛대전략 활용법

안전풍토 조성을 위한 변화를 추구하려면 다음을 고려해야 한다. ① 영향력이 큰

---

60) 이명우, 적의 칼로 싸워라, 변화는 지렛대를 찾는 일에서 시작된다, pp.246-253.

사람을 확보한다. 마케팅에서 스타를 활용하듯이 조직 내 핵심인재를 기용하여 변화관리를 주도하도록 한다(Change Agent). ② 파급효과가 큰 계층을 먼저 설득한다. 급여체계를 고정급에서 성과급으로 바꾸려면 성과가 중간 정도인 직원들을 먼저 설득하고 이를 지렛대로 활용해 성과 부진자, 우수자 동의를 끌어내는 것이다. 안전에 대해서도 효율을 우선시하는 부서와 안전을 중시하는 부서의 중간지대를 파악해 이들을 먼저 설득하고 지렛대로 활용하여 안전풍토를 확장해 나가는 것이다. ③ 구성원들과 소통하고 두려움을 줄여야 한다. 쉽고 사소한 일에서부터 시작해 긍정적 경험을 갖게 한 다음, 커다란 변화로 나아가는 것이 지혜다. 반복해서 습관화시켜 나간다. ④ 내부 혁신 운동을 전개하여 안전문화 정착의 기반을 다진다.61)

소니코리아 전임 이명우 회장은 부임 후 아이베스트 운동을 펼쳤으며(iBEST), 의미는 다음과 같다. 'I'는 나부터 솔선해서 바꾼다, 'B'는 기본으로 돌아간다(Basic), 'E'는 쉬운 것부터(Easy), 'S'는 작은 것부터(Small), 'T'는 오늘부터(Today) 시작한다는 것이다. 이를 통해 자발적인 참여자가 늘면서 변화하고 발전하려는 노력이 탄력을 받기 시작하고 6개월 정도 지나 효과가 나타났다. 한 부서에서 시작한 칭찬 릴레이, 업무 정보공유 등이 조직 전체로 퍼져 나가고 동기 부여가 되었다. 안전문화 정착을 위해 아이베스트운동을 참고할 필요가 있다.

---

61) 안전의식 제고를 위해 다양한 프로그램을 개발해야 한다. 예를 들면 다음과 같다. ① 매달 안전의 날을 정해 안전기 계양, 안전방침 낭독, 부서별 활동 발표, 경영진 순찰 등을 실시한다 ② 안전표창이다. 안전보건대회, 창립기념일 등의 기회를 활용한다. ③ 포스터, 표어 등을 활용한다. 일정 시간이 지나면 새것으로 교체한다. 회사 입구, 식당 게시판에 게시할 때 그리, 그래프 등을 사용하면 효과가 크고 안전 관련 유튜브, 표어, 사진, 아이디어 등을 현상 모집하는 것도 효과적이다. ④ 가정에 호소하여 이해와 협력을 구한다. CEO 편지 발송, 가족의 직장 견학 등은 좋은 방안이다. ⑤ 안전의 날에 안전보건대회를 실시하여 안전보건 의욕과 의식을 높인다. 이때 경진대회(활동사항, 유튜브, 표어 등), 표창, 전문가 강연, 연구 발표, 세미나(타사 모범 사례, 새로운 지식 소개 등)를 실시하여 안전보건 추진 정보 공유 및 학습의 장으로 활용한다. 정진우, 산업안전관리론 개정3판, 안전의식의 고양, pp.409-412.

13

등로주의경영과 안전[62]

1 등로주의경영의 의의

등로주의(登路主義)는 남들이 가지 않은 길, 어려운 길을 개척해가며 역경을 극복해 나가는 것에 가치를 두는 등반 정신을 말하며,[63] 어떻게든 정상에 오르기만 하면 된다는 등정주의(登頂主義)와 비교된다. 경영에 있어서 등로주의란 이루고자 하는 목표도 중요하지만 어떻게 이룰 것인지를 간과해서는 안 된다는 정신이다. 목표 수치에만 집착하여 뛰다 보면 존중받는 기업이 되기 어렵다. 등정주의에 함몰된 기업이 고객, 종업원, 협력업체 등을 대하는 과정에서 적절치 못한 일들이 문제가 되어 발목을 잡히는 경우를 보게 된다. 대부분 이러한 기업들은 안전을 소홀히 할 가능성이 높다.

벤틀리대학교 라젠드라 시소디아 교수는 자신의 저서 '위대한 기업을 넘어 사랑받는 기업으로'에서 주주이익 극대화를 위 재무적 성과에 집착하는 기업들을 비판하며 "고객과 종업원, 협력업체, 지역사회 등 이해관계자 모두의 이익을 보살피고 이들로부터 사랑받는 기업이 실적도 좋고 장기적으로 성장할 수 있다."고 주장한다. 오늘날 안

---

62) 이명우, 전게서, 박영석은 왜 남들이 오르지 않은 길을 올랐을까, pp.272-281.
63) 등로주의는 고 박영석 대장의 숭고한 정신을 기리는 이념이다. 그는 최단기간 내에 히말라야 8천 미터 이상의 고산 14좌를 등정한 기록을 가지고 있고 세계 일곱 대륙 최고봉과 남극점, 북극점을 모두 정복해 산악 그랜드슬램을 달성한 영웅이다. 그가 2005년 세계 최초로 이를 달성한 후에도 명예에 안주하지 않고 도전을 계속하여 자신만의 길, 코리안 루트를 개척했다. 2006년에 에베레스트 황단 등반에 성공하고 2009년에 에베레스트 남서벽에 코리안 루트를 만들었다.

전을 중시하는 ESG 경영 추구가치와 조금도 다르지 않다.

2 등로주의경영 원칙

　　과정을 중시하는 등로주의경영원칙은 다음과 같다. ① 성장도 절제한다. 고객에게 계속해서 우수한 품질의 제품을 제공하려면 단기적 이윤에 집착하지 말고 장기적으로 일관성을 유지한다. ② 고객과의 약속을 지킨다. 월마트는 독점적 상황에서도 "좋은 품질을 최저가에 팔겠다"라는 약속을 지켰다. 인도 타타그룹 철학은 "국민의 신뢰를 기본으로 국가의 발전과 성장에 책임을 다한다"이며, 사훈은 올바른 생각, 말, 행동이다. ③ 브랜드를 돈으로 사지 않는다. 사랑받는 기업들은 고객만족도와 고객 유지율이 높다. 세계적 광고사 사치앤사치(Saatchi&Saatchi)의 케빈 로버츠 대표는 저서 '러브마크'에서 장수 브랜드, 소비자가 감성적으로 애착을 느끼는 브랜드 공통점은 '사랑'이라고 하며 다음과 같이 공식으로 정리하였다.

구 분	구 성
일용 물품	낮은 존경 + 낮은 사랑
유행품	낮은 존경 + 높은 사랑
브랜드 구매	높은 존경 + 낮은 사랑
러브 마크	높은 존경 + 높은 사랑

　　④ 협력업체와 상생을 추구한다. 페덱스는 리더십 프로그램을 협력업체에 무상 제공하여 업무 효율까지 지원한다. 이러한 체제는 안전확보에 크게 도움이 된다. ⑤ 직원들에게 회사 자긍심을 심어준다. 타타그룹의 직원들과의 공유 비전은 '가난한 사람도 잘살 수 있는 세상을 만드는 것', '모두의 삶을 좋게 만드는 것'이다. 포춘지가 2000년부터 13년 연속 미국에서 '일하기 좋은 직장 100'으로 선정한 컨테이너 스토어(Container Store)의 직원 연평균 교육시간이 271시간인데, 미국 소매업 평균은 7시간이다. 직원들이 회사에 자부심을 가지면 자율경영, 안전확보에 가장 중요한 요소가 된다.

14 다름경영과 안전

'다름경영'은 성과를 내기 위해 무엇을, 어떻게, 언제, 누구와 다르게 할지를 고민하고 실행하는 경영이다. '적의 칼로 싸우라'는 책의 이명우 저자(현 동원산업 부회장)는 비즈니스에서 "적의 칼로 싸우라"는 말은 "세상에 있던 것들을 자신만의 방식으로 활용해 새로움을 탄생시키고 남과 다른 가치를 창출하라"는 의미라고 설명한다.[64] 다름경영의 핵심은 업의 개념을 정립하는 것이다. 안전도 업무의 본질을 이해하는 것이 매우 중요하므로 업의 개념을 여기에서 소개한다.

1 업의 개념[65]

이명우 저자는 삼성전자 프랑크푸르트지사에서 컴퓨터사업을 맡을 당시, 기존 가전제품 영업은 건어물 장사, 컴퓨터 영업은 생선장사로 비유한 적이 있다. 당시 태동

---

64) 여기에서 '적'은 대립 관계가 아니라 내가 아닌 다른 모든 사람을 뜻하는 것으로서 고객, 거래처, 동료가 모두 포함된다. 한자로 '的'에 가까우며 다른 사람들에게 배우고 이를 적극적으로 활용하라는 뜻이다. 이명우 전게서, pp.12−16.

65) 삼성 이건희 전임 회장이 강조한 업의 개념은 해당 사업의 특성과 핵심 성공요인, 핵심역량 등과 같은 어려운 경영전략 용어를 '업'이란 개념으로 짧고 쉬운 말로 전 임직원들과 소통을 쉽게 했다는 점에서 의의가 크다. SK그룹의 최종현 선대 회장도 통일된 경영용어를 사용하는 것이 조직 내 의사 소통에 매우 중요함을 강조하였다. 예를 들면 원유량 단위를 미국에서는 바렐, 일본에서는 키로리터, 유럽에서는 톤을 사용한다.

한 컴퓨터시장의 속성이 '저녁의 신선도가 아침과 달라지는 생선장사와 본질이 같다'는 통찰에서 나온 것이다. 이처럼 업의 개념을 어떻게 파악하느냐에 따라 업무 방식과 전략이 달라진다.

업의 개념은 '자신이 다루는 제품이나 서비스가 무엇인지에 대한 명확한 정의'이고, '자신이 하는 일이 무엇인지에 대한 성찰'이다. 오늘날 비즈니스는 업의 개념에 대한 분명한 인식을 바탕으로 생선을 제때 전 세계로 공급하는 시스템을 갖춘 업체들만이 생존하는 환경이며,[66] 더욱이 기후위기 등 새로 등장하는 다양한 환경조건에 적응력을 높여야 한다. 이제 안전은 선택과목이 아닌 필수과목이다.

2 업의 정의 방안

① 시장을 넓게 재정의하면 다른 기업이 보지 못하는 시장이 열리고 경쟁할 수 있는 토대를 만든다. 코카콜라는 경쟁상대를 '탄산음료'가 아니라 '모든 음료수'로 정의하여 최고의 종합음료기업이 된다. 미국의 앰트랙은 자신의 업을 철도사업으로 좁게 정의한 결과 항공산업에 밀려 고전한다. 만약 운송사업으로 넓게 정의했더라면 종합운송 및 물류회사로 성장할 수 있었을 것이다.

② 인문학적 상상력, 입체적 사고, 발상의 전환 등으로 업의 개념을 재설정하면 새로운 고객가치를 창출하게 된다. 1970년대 중반 일본의 쿼츠시계 등장으로 고전하던 스위스 시계산업은 스와치그룹의 니컬러스 하이에크 회장이 패션제품으로 재정의하여 원색 사용, 새로운 디자인제품 출시로 스와치가 세계 1위의 시계 기업으로 성장한다.[67]

③ 비 고객이 이용하지 않는 이유를 생각해 보아야 한다. 왜 크루저를 타지 않는

---

66) 할리데이비슨은 경쟁자 출현으로 사업이 위기에 처하자 사업을 '운송수단 판매'가 아니라 '라이프 스타일 제공'으로 재정의하여 차별화에 성공했다.

67) 스와치그룹 회장은 "강력한 과학기술을 6살짜리 아이의 꿈과 결합시킬 수 있다면 기적을 창조할 수 있을 것이다"라는 생각으로 이를 실현시켰다. 하이테크 제품에 하이터치적 색상과 화려한 디자인을 입혔다. 감탄한 만한 과학기술에 생명력을 불어넣고 예술적 감성을 결합한 것이다. 스와치는 키스 해링, 폴 베리, 샘 프랜시스 같은 저명한 예술가에 의해 디자인되고 있다. 존 나이스비트 마인드 세트, pp.196－203.

지, 성인들은 왜 놀이동산에 가지 않는지 살펴보아야 한다. 문 닫기 직전까지 몰렸던 일본 아사히야마 동물원은 성인들의 관심 프로그램을 개발하여 일본 제1의 동물원으로 자리잡게 되었다(펭귄 수족관–하늘을 나는 펭귄 등).[68] 디즈니랜드는 '사람들에게 행복 제공'이라는 업의 정의에 맞추어 직원들이 고민하고 행동하게 한다.

3 업의 본질을 추구한 초일류회사들의 성공 요소[69]

초우량 기업의 조건(In Search of Excellence)의 저자 톰 피터스와 워터먼은 75개 성공기업을 조사하여 7S 모델을 탄생시켰으며 이는 1970년대 후반 가히 혁명적이었다. 7S는 전략, 구조, 시스템, 스태프, 스타일, 공유가치, 기술을 의미하며 앞의 세 개는 하드웨어, 뒤의 네 개는 소프트웨어로서 서로 균형을 이루어야 한다고 주장한다(Strategy, Structure, Systems, Style, Staff, Shared Values, Skills).

두 사람은 7S 렌즈를 통해 기업들을 살펴본 결과 다음과 같이 초우량기업의 여덟 가지 특징을 발견하였다. ① 철저한 실행(이를 통한 학습) ② 고객과 밀착(경영자 참여 등) ③ 자율성과 기업가 정신 ④ 사람을 통한 생산성 향상(신뢰, 존중으로 동기 부여) ⑤ 가치에 근거해 실천 ⑥ 핵심사업 집중 ⑦ 조직 단순화 ⑧ 엄격함, 온건함 동시에 지님(집권화, 분권화 조화).

톰 피터스는 탁월함의 유지 방안 세 가지를 제시한다. ① 끊임없이 고객 및 시장과 상호작용 및 변화 수용. ② 고객 지향 관점에서 수평적 조직화 ③ 직원들에게 자율성, 신뢰 부여 및 기업가 정신 장려.

4 업의 본질을 위한 변화관리 실행[70]

변화관리 분야 최고 권위자 중 한 사람인 존 코터는 '변화관리 핵심은 사람의 행

---

68) 한창욱 김영한 저, 펭귄을 날게 하라, 위즈덤하우스에 자세한 내용이 소개되어 있다.
69) 벤 티글러, 조엘 아츠, 김경섭, 윤경로(2015), 하루 만에 끝내는 MBA, pp.96–103.
70) 벤 티글러 외, 전게서, pp.201–207.

동을 바꾸는 일'이라 하였으며 변화 주도 8단계를 다음과 같이 제시하였다. ① 위기감 조성 ② 변화 선도팀 구성 ③ 올바르고 명확한 비전과 전략 개발(생동감, 매력적, 실행 가능) ④ 변화 비전 공유(쉽게 이해, 수용) ⑤ 실행 권한 부여 ⑥ 단기적 성과 창출(칭찬, 보상) ⑦ 후속 변화 지속 창출 ⑧ 조직문화 정착

코터는 위기감을 직접 보고, 느껴서 변화를 추구하는 것이 효과적이라고 한다(예: 고객 불만 사항을 동영상으로 함께 보고 해결 방안 모색 등)

지속적으로 실행력을 높이려면 사람들의 행동을 바꾸게 하고, 중요한 일에 집중하며, 장기 목표를 일상업무에 연결해야 한다.

안근용 외 2인은 자신의 저서 '조직문화가 전략을 살린다'에서 "업의 개념을 알고 그에 따라 제도와 시스템을 설계하면 좋은 조직문화를 만들고 높은 성과 창출 가능성이 커진다. 반대로 업의 개념을 모르면 국적 불명의 제도와 시스템을 만들면서 구성원들이 혼란을 겪는다"라고 주장한다.[71]

모발아이언 전 CEO 밥 팅커는 저서 '생존을 넘어 번창으로'에서 회사가 성장하면서 필연적으로 맞이하는 변화에 대해 다음과 같이 기술하고 있다.

> "성공이란 회사의 변화를 의미합니다. 회사의 변화란 역할 변화를 의미합니다. 역할 변화란 사람들이 그 과정에서 변화해야 함을 의미합니다. 회사 전반의 모든 사람이 적응해야 하며, 이는 많은 경우 회사를 초기에 성공하게 만든 것을 떨쳐내야 함을 의미합니다. 변화란 성장과 성공의 자연스러운 부산물입니다. 변화는 어렵지만 예상해야 합니다. 마음먹고 준비해야 합니다. 변화는 정상입니다. 그리고 무엇보다 변화는 회사를 건강하게 만듭니다."[72]

5 업(業)으로서의 안전의 본질

안전의 본질을 업이란 관점에서 보면 안전은 시간의 경과에 따라 변하는 동태적인 성질을 지니고 있다. 기계설비는 기간 경과에 따라 노후화가 진행되고, 담당자는

---

71) 안근용 외 2인, 조직문화가 전략을 살린다, 업의 개념 이해와 명확한 방향성이 가진 힘 활용하기 pp.26－31.
72) 밥 팅커 외 1인, 생존을 넘어 번창으로, 지속가능성을 향한 전진, 문화와 사람의 변화, pp.214－219.

계속 바뀌고, 새로운 기술이 도입되고, 법적 규제가 강화되고, 경영진의 교체로 정책이 바뀌고, 환경 변화 등 예기치 않은 가혹한 조건이 부과되는 등 잠시도 제자리에 머무르지 않는다. 안전의 확보도 마치 생물을 다루듯 세심하게 관찰하고 미리 대응해야 하는 속성을 지니고 있다.

앞에서 높은 수준의 안전문화에서 살펴본 대로 안전은 개인이 책임감을 가지고 일을 챙기되 구성원들과 협력을 강화해야 한다('따로 또 같이' 개념). 초일류회사들의 성공 요소와 변화관리 방안을 보면 안전의 확보가 자연스레 이루어지는 요소들을 갖추고 있다. 회사는 자사의 현 상황을 진단하고 안전을 확고하게 확보할 방안을 모색해야 하며, 일회성이 아니라 꾸준히 실천해 나가야 한다. 이런 경우 안전은 물론 생산성 향상까지 가능하게 된다.

CHAPTER

09

사회구조 혁신과 안전

01 금융 및 자본시장과 안전

1 관계 법령의 개정과 안전성 강화

금융 및 자본시장의 안전한 운용을 위해 기관 담당자 및 책임자의 윤리의식과 도덕 수준이 가장 중요한 기반이다. 아울러 법적 제도를 잘 갖추어 금융사고와 불공정 거래행위를 미연에 방지해야 한다.[1] 2023년 12월 금융회사 지배구조법 개정에 따라 금융지주와 은행들은 임원들의 업무를 명시, 내부관리에 책임지도록 '책무구조도'를 작성하여 금융당국에 제출해야 한다.[2] 이는 대규모 횡령 등 금융사고의 책임소재를 명확히 하기 위함이며 최고경영자, 위기관리 임원(CRO), 고객 책임 임원(CCO) 등 핵심 임원을 대상으로 경영 전반, 위험관리, 영업 등 제반 업무 영역에 관해 작성한다. 해당 임원들은 소관 업무에 대해 내부통제가 제대로 이루어지도록 상시 점검해야 한다.

금융위는 금융권 내부 통제제도개선방안 발표 시에 "회사 내에서 조직적이고 장기간, 반복적 문제가 생기면 최고경영자가 운용 시스템 실패에 책임을 진다."라는 입

---

1) 금융사 임직원들의 횡령 및 배임 사고가 끊이지 않으며 금융사별로 내부통제 강화책을 내놓고 있으나 이의 실효성을 높여야 한다는 목소리가 높다. 금융감독원 자료에 의하면 2023년 상반기 금융권 횡령사고는 총 32건, 액수는 31억 원으로 집계되었다. 이 중에서 상호금융권(신협, 농협, 수협)이 21건으로 절반을 상회하며 금융감독원은 이들의 내부통제시스템 운영이 미흡함을 지적하고 있다(월요신문 2023. 7. 11).

2) 지주사 및 은행은 2024년 12월, 금융투자사·보험사는 2025년 6월부터 시행. 단, 소규모 금융사는 2024년 6월 이후 5년 내 적용.

장을 밝혔다.[3] '책무구조도'가 CEO들의 책임의식을 강화하고, 빠져나갈 여지를 막겠다는 의도로 출발한 것이다(안전의식 강화 일환).

한편 금융위원회는 자본시장법(자본시장과 금융투자업에 관한 법률)을 개정하여 자본시장에서의 불공정거래에 대해 무관용 원칙을 천명하고 처벌을 강화시켰으며(2024.1), 주요 내용은 다음과 같다. ① 불공정거래로 얻은 부당이득에 대해 최대 2배까지 과징금을 부과한다(부당이득이 없거나 산정이 곤란하면 40억 원까지 부과). 기존에는 형사처벌만 했지만, 법원 판결까지 장시간 소요되고 엄격한 입증을 요구해 기소율이 낮아 신속하고 효과적인 제재를 가하는 것이다. ② 검찰로부터 불공정거래 수사와 처분 결과를 통보받은 뒤 과징금 부과가 원칙이지만 사전 협의나 금융위의 통보 후 1년이 경과되면 과징금을 부과할 수 있도록 했다. ③ 부당이득 산정기준을 명확히 했다.[4] 불공정거래와 무관한 제3자 개입 상황에서는 부당이득액 산정 시 위반행위와 외부 요인 영향력을 고려해 시세 변동분 반영 비율을 차등 적용한다. ④ 자진 신고나 타인의 죄에 대해 증언할 경우 형벌이나 과징금을 감면하여 내부 제보 활성화 및 적발 가능성을 높였다. 증거 제공, 성실 협조에 따라 과징금을 50~100% 감면하며, 해당 불공정거래 행위가 아닌 다른 사건의 신고도 감면 대상이 된다.

2 금융시장의 리스크관리 특성

리스크관리 실패는 거액의 손실을 야기하여 기업가치 하락과 심지어 도산에까지 이르게 한다. 리스크관리 실패 사례를 보면 다음과 같은 특징이 있다. ① 금융기관뿐만 아니라 비금융기업, 정부기관 등에서 폭넓게 발생한다. ② 사건이 정교하고 대형화된다. 비행기 사고의 경우 기장, 정비사의 실수, 부속품 하자로 발생할 수 있으며 빈도는 낮으나 대형 사고로 이어진다. 금융시장도 이와 같은 맥락이다. 파생상품의 경우

---

3) 2019년 사모펀드 사태 시 금융사 내부통제 문제가 대두된 바 있으며 지주마다 회장이 책임지는 일을 피하려 안간힘을 써왔다. 금융당국으로부터 징계를 받으면 행정소송을 제기하기도 한다. 2022년 12월 W금융지주 전 회장이 징계 취소소송에서 승소한 적이 있으며, H금융그룹 회장, K증권 대표, N투자증권 대표도 취소소송을 제기한 바 있다(아시아경제).

4) 부당이득이란 위반행위로 얻은 이득(또는 그로 인해 회피한 손실)을 말한다. 즉 위반행위로 얻은 총수입에서 총비용을 공제한 차액이며 과징금, 형사처벌 등의 기준이 된다.

높은 기술력, 정교한 시스템으로 운영되므로 리스크 요인이 가중된다. ③ 전체 경제시스템에 대한 위기의 빈도가 잦아진다. 글로벌시장으로 상호 의존성이 높아 전염성을 지니기 때문이다(아시아 금융위기, 미국 금융위기 등). ④ 리스크에 대한 무지의 사례가 자주 발견된다. 전문가의 과오를 발견하지 못하거나 올바른 행위를 오해하기도 한다. 이는 기술 수준이 높아짐에 따라 분석이 어려워지기 때문이다. ⑤ 운영리스크, 모델리스크 등의 비중이 커지고 부동산, 회계부정, 법적 리스크에 대해서도 관심을 집중해야 한다.5) ⑥ 여러 종류의 리스크가 복합적으로 작용한다.

3 금융기관의 리스크관리 실패 사례

1862년 영국에서 설립된 베어링스사는 1995년 도산되기까지 233년 존속한 유서 깊은 은행이다(자본금 10억 달러). 도산 당시 손실액은 13억 달러이며 ING그룹에 1.5달러로 구제 합병되었다. 베어링스의 싱가포르 자회사 BFS(Barings Futures Singapore) 선물거래부에서 지수 선물 차익거래 담당자 니콜라스 리슨은 정식 계좌 외에 계좌 88888이라는 가공 계좌를 개설하여, 이익이 나면 정식 계좌에 등록하고, 손실이 발생하면 여기에 감추었다.

그는 겉으로 뛰어난 트레이더로 인정받았지만 실제로는 누적손실이 커져만 갔다. 도산 일 년 전인 1994년 2,850만 파운드의 이익을 보고하지만, 감추어진 손실은 2,800만 파운드. 두터운 신임을 받던 리슨은 손실 회복을 위해 갈수록 큰 모험을 걸었으나 결과는 처참하였다. 시장은 예상과 반대 방향으로 움직였고, 회사도 마진콜을 감당하지 못할 정도가 되었으며6) 도산 당시 그의 손실은 9억 파운드(13억 달러)에 달했다.

리슨의 투자 전략과 실패 내용은 다음과 같다. ① 주가지수 상승 예측. ② 주식시

---

5) 썩은 사과 이론(The Bad Apple theory of White Collar Crime)은 상자 안의 썩은 사과 하나가 나머지 사과들을 곪게 하듯이 조직에서 개인의 사리사욕을 위해 거짓말 범죄를 저지르고 남을 속이는 사람으로 인해 조직이 무너진다는 것이다. 썩은 상자 이론(The bad Barrel Theory of Corporate Deception)은 조직에 팽배한 나쁜 분위기가 부패를 부른다는 이론을 말하며, 스트레스가 심한 근무환경이 비리를 부르는 경향이 있다고 한다. 김형희, 한국 바디랭귀지연구소장(2017.2)

6) 마진콜(Margin Call)은 손실에 대비한 증거금이며 보유 포지션으로부터 일정 수준 이상 손실이 발생하면 그에 상당하는 마진콜을 납부해야 한다.

장이 점차 안정화 될 것이라 예측. 마진콜 부담 때문에 더 큰 위험 감수. ③ 금리상승, 채권가격 하락 예측.

이 사건은 한 개인의 잘못된 판단과 윤리의식 부재로 거대한 회사가 파산한 대표적 사례다. 아울러 회사의 시스템 문제도 크다. 회사의 시스템상 문제점으로 운영리스크, 시장리스크, 유동성 리스크이며, 안전문화(잠재적 리스크관리) 측면으로는 경영진 측면, 트레이더 측면, 내부통제측면을 살펴보아야 한다. 이 은행은 '거래와 결산 업무를 분리한다'는 너무나 상식적인 원칙을 소홀히 하였다.

안전문화(잠재적 리스크관리) 측면의 문제점은 다음과 같다. ① 경영진의 리스크관리 지식의 부족과 도덕적 해이다(부풀려진 성과 향유, 리슨에 대한 맹목적 신뢰와 지나친 권한 부여, 문제점을 지적한 내부감사 의견 무시 등) ② 트레이더의 오만하고 완고한 태도와 리스크 관련 지식의 무지(투기적 거래의 위험성 간과 등). 심한 경우 경영진의 옹호를 받는 트레이더는 리스크관리자(내부감사인)를 훼방꾼으로 여길 수도 있다. ③ 전문가의 부족과 함께 시스템 측면의 취약성이다.

기업은 이러한 점을 고려하여 리스크 통합관리시스템을 정비하고 잠재적 리스크의 발굴 및 관리기법을 지속적으로 개발해야 한다.[7]

---

7) 이명준, JL 리스크전략연구소, 리스크 통합관리, 리스크관리 실패의 교훈, pp.147－169.

02 미호강 사례로 본 관계기관 협력 및 전문성 강화

2023년 7월 15일 청주시 오송읍 궁평2 지하차도가 미호강 범람으로 침수되어 차량 17대가 고립되고 14명의 사망사고가 발생했다. 2023년 여름 충청도와 경북 북부에 많은 비가 오고 청주지역에 7월 13~15일에 5백mm가 넘는 물폭탄이 쏟아졌다. 궁평2 지하차도에서 550여 미터 떨어진 가교 끝의 제방 둑이 터지고 미호강이 범람하면서 6만여 톤의 물이 2~3분 만에 들어찼고 오전 8시 40분경 완전 침수되었다.[8]

1 긴박한 상황

침수 당시 747번 버스와 14톤 화물차 사이에서 지하차도로 진입한 구민철 씨는 버스 앞에 물이 차는 것을 보고 즉시 옆으로 방향을 틀고 경적을 울리며 역주행하면서 차를 빼라고 외치며 차들을 대피시켰다. 구씨 판단으로 45인승 관광버스, 25인승 버스, 여러 대 승용차가 목숨을 건지게 되었다. 14톤 화물차 유병조 기사는 시동이 꺼진 후 화물차 위로 올라가 주변 여성 1명, 남성 2명을 난간 위로 끌어 올리고 유 기사가 구조한 증평군 공무원 정영석 씨는 버스에서 탈출한 세 명을 구조했다.

---

8) 캐리비안 베이에 물을 채우는 데 약 1만 3천여 톤의 물이 들어간다. 이의 약 다섯 배에 달하는 물이 지하차도에 들어찬 것이다.

2 골든 타임 미확보

금강홍수통제소는 사고 전날인 7월 14일 오후 5시 20분경에 홍수주의보를 발령했고, 사고 현장은 이미 저수지 수준으로 물이 넘치고 인근 도로까지 물에 잠기는 중이었다(MBC 보도). 사고 당일 7월 15일 새벽 4시 20분에 홍수경보를 발령했고 총리실, 행안부, 충북도, 청주시 등 70여 기관에 사태의 위험성을 알렸으며(통보문 및 문자), 사고 발생 2시간 전 오전 6시 30분경 수위가 9.2m로 홍수 수위에 임박하자 흥덕구청에 전화하여 재차 경고하였다(JTBC 보도). 같은 시간대 행정중심복합도시건설청(약칭: 행복청)은 충북도, 청주시, 오송읍에 8차례 전화하여 범람을 경고했고 현장을 살피던 감리단장은 6차례 위급한 상황을 전한 것으로 알려졌다(굿모닝 충청 보도).

사고 당일 오전 7시경 한 주민이 미호강 제방 유실을 119에 신고했고, 또 다른 주민은 차량 통행을 막아달라고 112에 신고하였다. 오전 8시경 소방당국이 제방 둑이 무너져 미호강이 범람함을 청주시에 알린 직후 오전 8시 30분부터 침수가 시작되고 8시 40분에 사고가 발생한다. 경찰은 9시경에 현장에 도착한 것으로 알려졌다. 이러한 정황으로 보아 지하차도 침수 40분 전까지 위급상황을 통보받은 기관들이 선제적 대응을 소홀히 했음을 알 수 있다(연합뉴스 보도).9)

특히 사고 전 2~4시간 동안 교통통제를 하지 않아 공무원의 부작위로 인한 인재(人災)라는 비난이 쏟아졌다. 더구나 금강홍수통제소가 충북도에 주민 통제를 요구했다는 점에서 도로통제권을 가진 충북도가 책임을 피할 수 없다는 지적이 많았다.10)

---

9) 심지어 침수사고가 난 지 9분 후인 오전 9시 49분경에도 청주시는 침수사고가 난 것을 인지하지 못하고 버스기사들에게 단체 메신저방을 통해 우회해서 이 차도로 운행하라고 지시한 것으로 알려졌다.

10) 국무조정실은 사고 발생 3일 후인 7월 28일에 충북도, 청주시, 충북소방본부에 대해 교통통제 미흡, 112신고 접수 후에도 현장 미 출동 및 사건의 종결처리, 관계기관의 위험 상황 통보에도 불구하고 조치를 취하지 않은 점, 현장에 인력 및 장비투입 소홀 등을 지적하였다. 그리고 행정중심복합도시건설청에 대해 시공사, 감리사가 미호강 제방을 무단철거하고 부실하게 쌓은 임시 제방을 제대로 감독하지 못한 점, 그리고 제방 붕괴 상황 파악 후 이를 신속하게 전파하지 못했음을 지적하였다.

3 침수사고 발생 원인

    미호강 범람의 원인은 다음과 같다. ① 36번 국도 가로수로의 미호천교 확장공사이다. 확장 거리는 12Km인데 지역별 합의를 이루지 못해 10년 넘게 통합 계획이 수립되지 않아 공구별로 관할 기관과 진행 시기가 다르다. 궁평2 지하차도 위에 조성된 고가차도는 2020년 11월부터 폐쇄된 지 3년이 흘렀다. 여기서 미호천교의 확장을 위해 임시로 설치한 제방과 가교는 증가한 유량을 감당하지 못하고 물흐름을 방해한 것으로 여겨진다. 공사업체는 사고 당일 아침, 임시 제방을 높이는 작업을 실시했으나 범람을 막지 못했다(SBS 보도). 특히 신설 교량 공사과정에서 덤프트럭이 원활하게 다니도록 제방 일부를 없앴고 며칠 사이에 만든 임시 둑이 터져 강물이 순식간에 쏟아지게 되었다. 행복청은 7월 7일 마대자루로 임시 둑을 만들고 7월 15일 새벽, 방수포를 덮는 공사를 진행하였다. ② 청주지역 기상 자료에 의하면 6월 20일부터 빈번하게 비가 내리고 26일 하루에 351mm의 많은 비가 내렸다. 우기 대응을 본격적으로 하려면 6월 중순에 임시 제방을 축조했어야 하는데 실제 6월 29일~7월 7일 사이에 이루어졌다. ③ 신축 교량 높이가 기존 제방보다 낮게 설계되어 법정 기준에 미치지 못하였다. 교량 아래 임시 제방이 우기에 기능할 리 만무하다(중앙일보 보도). ④ 금강홍수통제소 수문 자료에 의하면 사고 발생 2시간 전인 오전 6시 반에 미호강(미호천교 지점) 수위는 28.98m에 도달하였다. 설계빈도 100년 계획 홍수 수위인 28.78m를 넘었고 사고 발생 직전인 오전 8시 40분에는 29.81m에 도달하여 1m를 상회하였다. 이를 통해 계획 홍수 수위만 지키면 된다는 태도와 예외 상황 관리(보수적 관점)를 소홀히 하였으며 제방 유실을 막을 보강 작업은 부족할 수밖에 없다.[11] ⑤ 관할 기관이 달라 소통상의 어려움이 존재하였다. 미호강은 환경부, 지하 차도는 충북도 도로관리사업소 관할이다.

4 미호강 범람은 복합재난(장기 과제)

    지하차도 침수사고의 원인은 미호강의 제방붕괴로 인한 범람인데 환경전문가에

---

[11] 채널A 보도에 따르면 계획 홍수 수위(28.78m) 수치가 환경부의 최신 건설 기준을 지키지 않은 자의적인 수치라고 한다.

의하면 범람에 앞서 강(江)의 치수(治水)에 문제가 있다고 하며[12] 다음과 같이 지적하고 있다. ① 물흐름을 방해하는 요소가 많았다. 하천에 원래 자라는 버드나무들은 홍수 때 물흐름을 방해하지 않으려 몸을 구부려 굽은 모습이나, 하천에 어울리지 않는 육상식물을 도입하여 홍수소통에 지장을 초래하였다. 양버즘나무는 대부분 곧추서 있고, 벚나무는 통째로 넘어져 물흐름을 방해한 모습이다. 그리고 골프장 안내 간판, 자전거도로 안내 간판, 각종 체육시설, 야영객들이 버린 텐트 등도 물흐름을 방해한 모습이다. ② 하천 본래 공간을 논으로 전환하여 하천 폭을 좁혀 왔다. 하천의 본래 공간적 범위는 충적토(모래와 자갈이 섞인 흙−골재)가 위치하는 공간으로서 넓고 산과 산 사이에 해당한다. 그러나 이러한 공간의 대부분 논으로 전환하여 하천 폭을 좁혀 왔다.[13] ③ 미호강에는 세계 유일의 물고기 '미호종개'가 살고 있어 중요한 생태자원이다. 유입되는 토사의 양(量)과 미호강의 통수단면적을 조사하여 '미호종개'를 보호하면서 홍수 피해를 막을 수 있는 대책을 마련했어야 했다. ④ 우리나라 하천에는 상수원 보호를 위해 혈세를 투입하여 확보한 수변 매수구역이 있다. 토지 이용을 줄여 수질오염원 발생을 줄이고자 함인데 이를 하천 본래 공간에 포함시켰더라면 폭우 시의 물을 저장하여 피해를 줄일 수도 있었다. 그러나 대부분 하천에 어울리지 않는 육상식물을 심는 등 생태계 기능을 제대로 발휘할 수 없는 상태로 방치해 왔다고 해도 과언이 아니다.

5 대책 방향

당장 모든 하천의 폭을 넓히기는 어려우므로 우선 수변 매수구역을 활용하는 것이다. 이 구역이 적정한 역할을 할 수 있도록 하천에 포함시켜 통수단면적[14] 폭을 넓

---

12) 이창석 서울여대 교수, 환경미디어(2023. 12. 19), 한국 ESG 학회 토요세미나(2024. 3. 30)

13) 기후변화 영향을 인지한 선진국들은 홍수에 대비, 하천 본래 공간을 회복해주는 복원사업을 실시해 오고 있다. 강을 위한 공간확보 프로젝트(Room for the river)라 불리며 복원사업을 시작한 지 20년을 넘고 있으나 우리는 정부와 국회, 국민들에게 알리지 못해 하천 복원사업은 선진국 근처에 이르지 못하고 있어 피해를 키운 것에서 자유로울 수 없다.

14) 통수단면적(通水斷面積−Cross sectional area of river)은 흐르는 물(유수)의 직각 방향으로 자른 횡단 면적을 말하며 유적(流積)과 같은 말이다.

히고 육상식물 식재를 비롯해 그릇되게 관리되어 온 그곳을 생태적 원리에 바탕을 두고 정비해나가면 상수원 보호와 홍수의 피해를 줄일 기회가 될 수 있다.[15)]

---

15) 이만의 한국온실가스감축재활용협회장(전 환경부장관)은 토마토 ESG포럼 기조 강연에서 강(江)의 중요성에 대해 다음과 같이 강조한 바 있다. "아직 우리나라에 강 학회가 없다. 강은 문명적, 문화적, 입체적 속성을 함께 지니고 있으며 물과 엔지니어링이 결합되어 있다. 자연환경과 인간의 생존을 위해 강에 대해 깊은 연구가 필요하다."(뉴스토마토, 한국ESG학회, 국회ESG포럼 공동 주최 세미나, 여의도 글래드호텔, 2023. 12. 21).

03 정자교 사례로 본 건설산업 및 시설안전 개선 방안

1 정자교 붕괴 사고 개요

다리 위 보행로를 걷다가 보행로가 붕괴되어 추락한다면... 상상할 수 없는 일이 2023년 4월 5일 오전 9시 48분경, 경기도 분당 정자교에서 일어났다. 행인 두 사람이 교량의 보행로 붕괴로 5m 아래로 추락해 여성 1명 사망, 남성 1명은 중상을 입었다. 교량 아래 탄천을 따라 산책로와 농구코트가 있으나 평일 아침 비가 와 추가 인명 피해는 없었다. 인근에 초, 중, 고교가 있어 등교 시간이면 대형 사고가 될 수 있었다.[16]

국토관리원 의견

국토부 산하 국토관리원이 밝힌 원인은 다음과 같다.[17] 콘크리트 동결융해[18]와 제설제로 손상되어, 캔틸레버부[19] 철근과 콘크리트 부착력이 약화되었다. 이전에 포장

---

16) 조선비즈(2023. 4. 7), 나무위키

17) 장자교 붕괴사고 원인조사 및 대책, 국토교통부 보도자료(2023. 7. 11)

18) 콘크리트에 침투한 수분이 얼었다가 녹는 현상이 반복되면서 콘크리트가 손상을 입는다.

19) 캔틸레버는 한쪽 끝이 고정되고 다른 끝은 받쳐지지 않은 돌출물 구조 형식의 하나로서 발코니, 처마, 현관의 햇빛 가리개 등의 돌출부에 구조적으로 채택된다(모자의 차양을 연상하면 되며 외팔보라고도 함). 응력에 많이 견딜 수 있는 철골구조, 철근콘크리트 구조 등 현대 구조법에 많이 쓰이며 캔틸레버식 교량, 공장 및 상점 건축, 주택 차양에 많이 쓰인다. 공중에 떠 있는 듯한 경쾌한 외관을 보여주지만 보통의 보에 비해 4배의 휨의 모멘트를 받기 때문에 변형되기 쉬워 강도 설계(強度 設計)에 주의해야 한다. 보의 상단은 잡아 당겨지고 하단은 압축을 받으므로 상단에 철근을

균열, 캔틸레버 끝단 처짐, 파손, 슬라브 밑 백태, 빗물 유입이 보고되었으나 보강조치가 미흡하였다. 즉 도로부 포장 노후, 콘크리트 열화(劣化), 철근 부착력(附着力) 감소 및 과다 인발력(引拔力)으로 철근이 빠져나가 보도부(사람 왕래 부분)가 붕괴된 것이다. 국토교통부가 제시한 개선안은 크게 세 가지다.

1) 관리 주체 역할 강화

① 상시 관리를 의무화하고 인력, 재원 확보, ② 중대 결함 또는 낮은 등급의 시설물 보수기한의 단축 및 처벌 강화 ③ 저가 발주 개선을 위한 자문회의를 구성하여 점검.

2) 점검수행자 역할 강화

① 2, 3종 시설물(30년 경과)에 대해 정밀 안전진단 및 정기 안전점검 방법 구체화. ② D, E 등급 해당 항목을 추가하고, 자재 품질 추가시험 대상 확대. ③ 콘크리트 강도에 따른 제설제 제한, 정기 점검 방법 및 절차 구체화(지적사항 및 취약 부분 관리 강화). ④ 정기안전점검 책임기술자 요건에 '경력' 추가(학사 학위, 기사 자격, 1년 반 이상 경력), 점검 및 진단에 드론, 로봇, 영상분석 등 기준 마련.

3) 시설물 관리체계의 고도화

① 교량에 점용물(상, 하수도관, 가스관, 통신케이블 등) 설치허가 시 구조 안전 확인(구조계산서 제출 등), ② 시설물에 QR 코드 부착 및 지자체별 시설물 안전평가를 매년 공표(안전등급, 과태료, 중대 결함 보수 등 고려) ③ 점검 미이행 시 과태료 상향 조정. ④ 시설별 제원을 시설물 통합정보 관리시스템(FMS‒Facility Management System)에 병기하고 등급 변경 시 통보대상을 C등급까지 확대.[20] ⑤ 노후 시설물 안전관리 강화, 시설물 안전관리제도 보완 등 재발방지책 마련.

배치한다(네이버 지식백과).

20) 특정 관리대상시설은 '시설물의 안전 및 유지관리에 관한 특별법'에 의거, 국토교통부로 일원화되어 한국 시설안전공단에서 운영하는 '시설물통합정보관리시스템'(www.fms.or.kr)을 통해 관리되고 있다.

2 건설안전 전문가 의견

정자교 붕괴사고를 계기로 개최된 전문가 토론회에서 제시된 의견은 다음과 같다.[21]

1) 사전 유지관리체계, 노후 시설물 유지, 관리가 핵심

건물 붕괴 시 첫 시공 구조기술자들이 투입되어 원인을 파악하지만 중간 과정을 알기 어렵다. 시공 후 붕괴 전까지 첫 설계 이유만으로 모든 원인과 책임을 묻는다. 책임 추궁 및 보수에 중점을 두면 근원적 해결이 어렵다. 중간 단계를 누가 책임질 것인지 명확히 해야 한다.

2) 시특법 이외 구조물 관리 근거 마련

건축, 토목 등 건축물의 시특법(시설물의 안전 및 유지관리에 관한 특별법) 관리 대상은 전체의 10%이며 여기에 분류된 시설물에 대해서만 관리가 이루어지고, 안전진단을 위탁받은 경우, 법적 매뉴얼 구조 내에서 이루어진다. 국토부가 5년마다 발표하는 시설물 유지관리계획에 소외되어있는 분야 등 안전사각지대가 해소되어야 한다. 민간개발 신기술 적용, 기술경력자 우대 등 국토부 산하 공기업 혁신을 추구해야 한다.

시특법 해당 구조물과 이외의 구조물에 대한 관리 주체가 달라 통합 컨트롤타워가 필요하며, 행안부, 지자체 등과 협력을 강화해야 한다. 시특법에 따른 시설물 재분류, 사전 진단방법 재검토 등이 필요하다.

3) 건설공사 품질관리에 대한 엄정한 평가와 관리 감독

품질관리는 시설 성능과 내구성의 핵심으로서 건설 재해는 부실한 품질관리에 기인한다. 건설기술진흥법에 따른 품질관리 방식은 시공단계에 치우쳐 시공자에게 관리 책임을 미루고, 품질관리 수요자인 발주자와 국가의 역할이 축소되어 있다. 품질관리

---

21) 정자교 붕괴사고를 계기로 건설안전환경실천연합회(건실연: 수석회장 오상근 교수)는 '노후 시설물의 안전관리 확보'라는 제목으로 전문가 토론회를 개최하였다(2023. 5. 11). 여기에서 시설물의 안전 및 유지관리에 관한 특별법(시특법) 개정과 범정부적 컨트롤타워가 필요하다는 의견이 제시되었다.

강화에 비용 증가가 수반되므로 시공자에게 위임해 버리는 규정과 관행이 보완되어야 한다.

현행 법령은 품질관리방식을 '소규모 공사 등 품질시험계획 수립대상'과 '공사비 500억 원 이상 등 품질관리계획 수립대상'으로 구분하고 공사종류별 시험기준을 규정하고 있으나, 품질검사기준은 제시하지 않고 있다. 이러한 방식은 효과적 통제수단이 될 수 없어 보완이 요구되며 공사종류별 적합한 품질검사 기준 제시가 시급하다.

4) 모니터링 체계와 실질 점검체계 구축

안전 관련 법규는 크게 고용노동부 '산업안전보건법'과 국토교통부 '건설기술진흥법 및 시특법'으로 나눈다. 시특법에 따라 1, 2종 시설물은 정기 및 정밀 안전점검, 3종 시설물은 정기 안전점검이 실시된다. 정기안전점검은 A, B, C 등급은 반기 1회, D, E 등급은 연 3회 실시하고 긴급 점검할 수 있다. 성능보다 기간을 중시하며 '일정 기간 경과 시 문제가 발생한다'는 획일적 사고에 기인한다.

이를 개선하기 위해 상시 모니터링 체계를 구축하여 잠재요소를 발견하고 실시 시기를 단축하며, 서류 갖추기 등 형식적이 아니라 실질 점검체계로 변경해야 한다. 육안점검에서 첨단 장치에 의한 모니터링 체계로 전환하고 체크리스트 점검에서 성능 확인 중심으로 바뀌어야 한다. 품질관리에 고용노동부 산업안전지도사 제도가 도움이 될 수 있다. 또한 품질지도 전문기관이 발주청과 계약해 월 2회 품질점검을 실시하며, 불이행 시 발주청에 서면 통보 등 상주감리의 단점을 보완하고, 현장관리 노하우를 전수한다.

5) 시설물 목표 성능에 맞춘 예산책정

30년 전, 싸고, 빨리 건설하느라 품질을 소홀히 하였다면 이제는 목표 성능에 맞게 예산을 책정해야 한다. 미국은 완성 설계에 맞추어 공사비를 책정하지만 우리는 공사비 책정 후 나중에 설계 변경 문제가 대두된다. 100년 시설을 저가 발주로 30년만 쓴다면 국가적 손실이다. 기후위기와 노후시설이 증가하는 데 제대로 관리하지 않고 형식적 관리, 전문가가 참여하지 않는 경우도 많다. 시설물 건설 및 관리에 다수의 정부기관이 관여하므로 안전책임도 함께 져야 하는 만큼 국가 차원의 시설물 관리시스템이 확립되어야 한다.

6) 건축물 안전점검 비용 현실화 및 안전사각지대 지원

건축물관리법에 따른 비용이 현저히 낮아 점검 기피 또는 봉사 차원의 점검은 개선되어야 한다. 노후 건축물 지원제도를 활용해 1, 2, 3종 이외의 안전사각지대 시설물에 대해서도 점검을 해야 한다.

옥상 등 공동관리 부분의 점검 및 보수(補修)는 별도 예산을 확보, 건물주 부담을 완화해 시설물을 관리해야 한다(누수 등). 정부에서 안전사각지대에 있는 건축물의 안전점검과 보수를 위해 전문가 지원과 컨설팅을 제공해 보수작업을 지원할 필요가 있다.

7) 건축물 매매 시 안전정보 공개

시설물 안전정보 공개로 구매 시 안전등급을 고려할 수 있으며 시장에서 안전에 대한 인식을 높일 수 있다. 시설물 안전관리시스템을 단순화하고, 시설물 안전정보를 통합, 데이터베이스를 구축하여 점검, 유지보수, 사고 이력, 위험요소 등 정보를 업데이트해야 한다.

안전 요소들을 명확하게 정의하고 간단한 평가, 점수화 체계를 도입해 쉽고 객관적으로 평가한다. 안전등급이 낮은 건물을 적극적으로 관리한다. 단독주택, 한옥 등 밀집 지역 안전점검을 위해 예산 및 인력을 할당한다. 시설물 소유주, 운영자, 관리자에게 안전교육과 정보제공, 안전점검 방법, 유지보수, 잠재 위험요소에 대해 적절한 대책을 취하도록 지원한다.

8) 품질 및 성능 중심의 안전진단체계 구축

시설물 안전에 대한 전문지식 습득, 위험 인식과 예방능력 강화, 절차 및 규정 준수, 사고 대응능력 강화, 안전문화, 법적 책임, 생산성 향상과 비용 절감, 사회적 책임과 이미지 향상, 지속적 개선과 혁신 등은 인명과 재산 보전을 위한 중요한 분야이다. 대학에 시설물 안전 관련 학과를 확대하고 실무기술자들에게 정기 안전교육을 강화한다. 시설물 유지관리를 위해 유지관리 면허제도를 활용할 필요가 있다.

9) 책임소재를 명확히 하는 시스템 도입

반복적으로 발생하는 건설안전 사고는 관재(官災) 성격이 강하며 관리 주체 책임이 크다. 발주처, 감독자, 설계자, 시공자, 자재공급자, 감리자 등 공사관계자 책임을 명확하게 하는 시스템이 필요하다. 소규모 노후 시설물에 대해 체계적 점검 및 진단시스템을 도입해야 한다. 노후시설에 대한 정밀 안전진단 범위를 확대하고 구조물 상태에 대한 재료 품질, 성능 수준 등에 대해 정확한 정보를 수집하도록 전문가 참여를 의무화해야 한다. 1기 신도시 노후 시설물에 대해 점검과 3기 신도시 건설의 안전확보 방안이 제시되어야 한다. 반복 발생 사고에 대한 책임 개념을 정부가 명확하게 가져야 한다. 예방 차원에서 NGO도 큰 역할을 할 수 있으므로 관심을 가져야 한다.

3 건설산업의 문제점

1) 현상

건설사업 목표는 최적 비용과 건축성능 달성이다. 이를 위해 비용 및 품질 최적화, 납기 준수, 안전확보, 효율적 운영, ESG 등 사회적 규율을 준수하며 디자인, 설계, 엔지니어링, 관련 기법 등이 총체적으로 발휘되어야 한다.[22] 그러나 건설과 준공 후 사용 과정에서 사고가 끊이지 않는데 이유는 네 가지로 볼 수 있다.[23] ① 근로자들의 부주의한 작업 관행과 감독 소홀, ② 설계에서 완공에 이르기까지 흠결 존재(기술 및 관리 전문성 부족, 책임 소재 불분명 등), ③ 인허가에서 준공검사까지 소통 부족(인허가권자, 발주자, 시공업자, 원청 및 하청업자 등), ④ 사용단계에서 점검 및 보수 소홀 또는 미이행 등이다. 이는 시설 노후화, 법 사각지대, 예산 제약, 납기 압박, 윤리의식 부족 등으로 형식적 점검에 그치기 때문이다.

---

22) 건설 프로젝트는 그야말로 종합예술이라 해도 과언이 아니다.
23) 손영진 한국ESG학회 부회장 겸 건설위원장, 한국건축산업진흥원 국가계약 법개혁 추진단장, 한국 ESG학회 토요세미나(2024. 2. 24)

2) 법리상의 문제점

먼저 건설계약 법체계 관련이다. '국가를 당사자로 하는 계약에 관한 법률(국가계약법)'과 '지방자치단체를 당사자로 하는 계약에 관한 법률(지방계약법)'에 의거, 국가와 지자체는 발주 이후 원도급자의 계약 이행(설계 및 시공)에 대해 행정청의 관리 책임이 명확하지 않은 상태에서 민간에 위임하고 있다. 대법원 판례에 공공건설 부문 행정계약의 공(公)행정 주체를 사(私)경제 주체로 해석하고 있다(대법원 2012마1097, 2012.9.20).

둘째, 법 적용 부처 다원화로 규제 사각지대가 존재한다. 고용노동부 관할 법령에는 행정계약 책임이 행정청에 있으나, 건설계약과 관련해서는 계약 당사자가 아니므로 사업 진행을 감시할 수 없고 감독권만 있다.

셋째, '하도급거래 공정화에 관한 법률'에는 공사 발주 후 계약 이행을 위해 발주자의 원도급자에 대한 감시나 책임 규정이 없어 불공정 행위 적발이 어려우며, 기술에 대한 식견을 보유하기가 쉽지 않다.

4 선진국 건설안전 발전 과정[24]

1) 선진국 발전 과정

시 기	내 용
1950-1970	다양한 기법 개발(CPM, NAS, VE 등), 계약 공정성(Vertrag Gerechtigkeit)과 클레임 등 윤리성 확립, 행정청 기술대리인 제도(컨설턴트) 등장
1980-1990	건축성능(Constructability) 개념, 설계 프로세스 변화, 건설산업개편, CRP(Constructability Review Process), 설계자동화(2D-base Auto card)
90년대 후반	린 건설 (Lean Construction),[25] TACT 공정관리,[26] 건설/프로젝트 관리 효율과 행정계약에서의 공법 책임 강화를 위해 건설사업관리(PgM-Program Management) 형성.
2000년대	IPD(Integrated Project Delivery) 발주, 다자간 계약 협업시스템, BIM설계(Building Information Modeling-3D+공정+코스트),[27] 종합건설사업관리, 자문역(PgMC-Program Management Consultants) 등 활용

---

24) 서구 건설산업 역사는 깊다. 르네상스시대에 건축설계 교육(건식공법, 디자인 중심), 산업혁명 시대에 엔지니어링 교육, 1870년대 콘크리트 개발, 1930년대 플로리다대학에서 시공교육을 실시하였다.

25) '린 건설'은 린(Lean)과 건설(Construction)의 합성어로서 낭비를 최소화하는 효율적 건설생산시스

2) 미국의 건설산업 안전 개선

미국은 발주자 책임하에 건설사업관리 자문역 그룹(Consulting Group)의 조력에 힘입어 PMC(Program Management Consultancy) 제도를 시행해 발주자의 공법적 책임을 명시하고 있다. ① 연방조달 규정 FAR(Federal Acquisition Regulation)에 약 2천 페이지에 달하는 세부 지침 규정(Subchapter 1-52), ② 통합 시설물 안내 시방서(UFGS-Unified Facilities Guide Specification), ③ 국방성 육해공, 우주 건설기술 규정(SP-Submittal Procedure), ④ 국가 감시제(QS-Quality Surveillance) ⑤ 기술기준(ASTM-American Standard Test Method), ⑥ 민간표준계약서(AIA, 134종) 등이다.

이처럼 FAR 1.102(Statement of Guiding Principles for the Federal Acquisition System)에서 발주자의 공법적 책임을 규정하고 있으며, 건축성능(Constructability) 개념, IPD(Integrated Project Delivery) 등 프로세스를 개선해 왔다.

3) 영국의 건설산업 안전 개선

영국은 PCR(Public Contract Regulation 2015), CDM(Construction Design and Management Regulation), Buildability 개념 등으로 프로세스를 개혁하고 있다. 1994년 제정 'CDM 1994'는 '시공단계'에서의 고용주 및 근로자 안전보건 의무에서 '시공 이전 단계'까지 범위를 확대'하고, 참여자(발주자, 안전계획감독자, 설계자)의 안전보건 의무를

템을 말한다. 기본 원리는 미국의 린 생산시스템(LPS-Lean Production System)에서 기원하며, 목표는 린 원리를 통해 최소 비용, 최단 기간으로 결함, 낭비, 재고가 없는 생산을 통해 궁극적으로 고객을 만족시키는 것이다(송영웅 건설전략연구소 선임연구원, 린 건설의 이해, 이슈 리포트 2009-13호, 2009. 8. 25).

26) TACT 공정관리는 모든 공정이 동일한 시간 내에(예: 3일 내, 5일 내) 처리될 수 있도록 작업량, 인원, 공정을 분할하여 비용을 절감하고, 공사 기간, 재고, 대기시간 등의 감축을 도모하는 기법이다. 작업 부위를 일정하게 구획하고 작업시간을 통일시켜 선, 후행 작업의 흐름을 연속적으로 만들기 때문에 다공구 동기화(多工區 同期化) 방식이라 부른다. 제조업의 라인 생산 방식에서 유래되어 건설공사에 적용하기 쉽지 않으나 일부 반복 장기공사에 적용하면 효율을 높일 수 있다(네이버 블로그 무소뿔).

27) BIM은 기존 CAD 등을 이용한 평면 설계에서 진화해 3D를 이용하여 시설물 생애주기 동안 설계, 시공, 운영에 필요한 정보, 모델을 작성하는 기술로서 용도는 건축물 견적 산정, 공사종류별 중복 확인, 환경 및 조건 분석, 유지보수, 건축 시뮬레이션, 면적 및 체적 계산, 도면 및 일람표 자동 수정 등 다양하다. 토목분야는 비정형적인 지반정보를 다루며, 도로, 철도, 하천 등의 선형은 평면곡선, 종단곡선, 편경사가 있어 기하학적으로 복잡하고 범위가 수십 km에 달하기 때문에 데이터 운용이 쉽지 않다(나무위키).

추가로 명시하였다. 즉 '발주자'에게는 경쟁력 있는 계약자 선정의무, '설계자'에게는 위험요소 최소화 설계의무를 부과하였다.[28]

'시공 이전단계'는 안전계획감독자가 안전보건관리를, '시공단계'에는 원도급자가 안전보건관리를 총괄하도록 하였으며, 안전보건계획(Health and Safety Plan)과 안전보건 대장(Health and Safety File) 작성 및 확인에 대해 참여자들의 역할을 명시하였다.

영국 보건안전청은 2007년에 CDM 1994를 보완한 'CDM 2007'을 마련하였다. 여기에서 발주자는 기존의 경쟁력 있는 계약자 선정 의무에 추가하여 '계약자가 안전보건 역량을 발휘할 수 있도록 환경제공 의무 및 안전보건 조정자(CDM Coordinator)로 하여금 시공 이전단계에서 다양한 계약자와 협업 의무'를 부여하였다. 원청, 하청업자에게는 발주자와 마찬가지로 수급인 및 근로자들이 보유한 역량을 발휘할 수 있는 환경 제공 의무'를 추가시켰다.

2015년에 'CDM 2015'를 마련, 안전보건 조정자 역할을 주 설계자(Principal Designer)로 대체하고, 시공 이전단계 책임자인 주 설계자와 시공단계 책임자인 원도급자가 발주자와의 협업체계를 마련하였다.[29]

5 건설산업 안전관리 개선 제안 및 효과

1) 개선 방안

우리나라 건설산업 현상은 영미의 1970년대의 고질적 위기산업 상황(Endemic Crisis Industry)과 유사하다. 영미 두 나라는 그동안 국가의 공적 책임 강화, 주요 참여 자들의 전문성 제고 및 협력 강화 방향으로 개혁을 추진해 왔다. 이를 참고로 하여 건설산업 개선 방안을 제안하고자 한다. ① 발주자 책임경영과 전문성을 높이기 위해 발

---

28) 최수영 한국건설산업연구원 기술경영연구실 연구위원, CDM 제도로 본 영국 건설사업의 협력적 안 전관리체계, 건설정책저널 통권 제41호(2021.4)

29) CDM 2007, CDM 2015에서 주요 참여자들의 협력관계를 중시함을 알 수 있으며, 발주자가 설계단 계에서 계약한 설계자 중에서 주 설계자를 선정하게 된 것은 CDM 제도가 10년 이상 시행되면서 설계자의 안전관리 역량이 일정 수준 이상 갖추어졌기 때문이다. 건설공사 역량은 건축 분야를 포 함, 다양한 복합 기술이 적용되므로 건설역량 보유 여부는 엄정하고 세심하게 판단해야 함을 알 수 있다.

주자 대리인제도를 도입하여 원도급자는 착공 전에 계획서를 컨설턴트에게 제출하고, 검토 및 승인을 득한 후 착공하는 것이다. 컨설턴트는 건축, 토목, 서비스 엔지니어, 품질검사, 계약 및 클레임관리 등의 전문가집단으로 구성하며, 프로젝트 매니저는 높은 윤리성을 지닌 자로서 기술사업관리 전문지식과 시공 경험이 많은 기술인 중에서 선정한다. ② 컨설턴트는 원도급자 등의 건설 현장에서 계약 이행을 실시간 감시하고 진행 상황을 행정청에 보고한다.30) ③ 기술과 경영의 조화를 추구한다. 선진 기술기법과 경영이론과의 접목으로 건설사업의 효율성을 높인다. ④ 건설계약 관련 법 개정을 논의하기 위해 민관연(民官研) 합동 공론화가 필요하다.

2) 개선 효과

선판매－후생산 구조의 건설사업은 수주사업으로서, 발주자가 필요로 하는 시설물을 원하는 기간과 예산 내에서 시공자가 근로자를 고용하여 생산하므로 발주자의 결정이 생산에 크게 영향을 미친다. 발주자는 사업의 성패를 좌우하나 사고 감소를 위한 역할은 제한적이다. 우리나라는 시공자 중심 체계를 유지하고 있다. 영국은 CDM 제도를 통해 발주자를 건설사업 안전보건관리의 핵심 주체로 포함하고, 계획서 확인, 경쟁력 있는 계약자 선정 및 계약자들이 역량을 발휘할 수 있는 환경을 제공할 의무를 부여하는 등 발주자에게 능동적 관리 역할을 부여하고 있다.

건설 생산 프로세스는 〈계획－설계－시공－유지관리〉의 구조로서 계획 및 설계 단계에서 발주자와 설계자의 잘못된 결정은 시공 및 유지관리 단계에 막대한 영향을 미친다. 영국은 시공자 중심의 안전보건관리 체계의 한계를 인식하고, 사업 계획단계부터 발주자와 설계자를 관리 주체로 참여시키고 협업을 중시하고 있다. 위의 개선 방안은 건설산업 안전 패러다임 전환으로서 발주자 역할을 강화하며, 계획 및 설계단계부터 책임자를 선정하고 그들이 적절한 의무와 책임을 분담하게 된다. 시공 이전단계부터 안전보건관리 조직을 체계화하고, 참여 주체들의 역할 분담을 통한 협력 체계를

---

30) 컨설턴트의 주요 업무 기능은 ① 발주자 요구 파악 및 이해, ② 비용, 일정, 시방서, 품질, 안전 등을 설계하고 시공 현황을 단계별, 실시간 현장 감시(Quality Survey), 관리 및 시정조치, ③ 사전 검토와 승인 및 이행과정의 현장 검사 및 감독 등 실시간 감시와 발주자 행정공무원에게 보고 의무, ④ 이의 제기에 대한 시정조치 책임, ⑤ 철저한 계약 행정 절차 준수, ⑥ 컨설턴트의 도덕, 윤리적 역량과 양심적인 기술적 조력을 기반으로 하므로 사업 책임은 없음. ⑦ 다만 컨설턴트의 윤리성 일탈로 발생하는 사안의 책임은 징벌적 처벌로 규정하는 것 등이다.

구축하면 건설 재해를 획기적으로 감소할 수 있을 것이다.

6 정부의 건설산업 발전 종합 대책

정부(국토교통부 기술정책과)는 건설기술진흥법 제3조 제2항에 의거 제7차 건설기술
진흥기본계획(2023 – 2027)을 수립하였다(2023. 12). 이 중에서 안전목표는 2027년 건설사
고 사망자 200명 이하 감축(2022년 402명)이며, 안전 관련 추진과제는 다음과 같다.[31]

첫째, 국민이 안심할 수 있는 건설공사 및 시설물 안전확보이다. 이를 위해 건설
공사 참여 주체별 책무를 강화하고 이행력을 다음과 같이 제고한다. ① 발주자 및 지
자체(인허가기관)에게는 적정한 공사 기간과 공사비 산정, 감리실태 조사 및 부실시공
등 불법행위 엄정대응이며, ② 설계사에게는 안전설계 검토 대상 확대, 구조기술사 권
한 및 책임을 명확히 하고 ③ 시공사에게는 안전관리계획 적정성 검토 강화, 안전점검
업체 계약 상대자 변경 등이며, ④ 감리사에게는 국가인증 감리제도 도입, 다중이용
건축물 감리의 독립성 확보, 구조부 결함에 대한 공사중지권 실효성 확보, 감리자 전
문교육 강화이다. ⑤ 근로자에게는 안전교육 강화 및 안전 명장 선정이다.

둘째, 안전에 투자할 수 있는 환경 조성 및 정부 지원 확대이다. 이를 위한 조치
는 ① 불필요한 규제 정비 및 중복 규제의 합리화, ② 안전관리비 활용촉진을 위한 기
준 정비, ③ 안전관리 우수업체 인센티브 부여, ④ 안전관리가 취약한 소규모 현장 지
원 확대이다.

셋째, 안전 및 품질 관리체계 강화 및 친환경 건설 유도이다. 이를 위한 조치는
① 거버넌스 정비(건설안전 협의체 운영 등), ② 현장 점검체계 개선(불시점검 등), ③ 건설
사고 정보시스템 고도화(분류체계 개편 등), ④ 품질관리 강화(시험결과 전산시스템 입력,
골재 이력관리 등), ⑤ 친환경 건설(ESG 평가 가이드라인)이다.

넷째, 시설물 안전, 성능 확보 및 유지보수 산업 육성이다. 이를 위한 조치는 ①

---

31) 정부는 많은 건설안전대책에도 광주 학동 사고, 광주 화정동 사고, 안성물류창고 사고, 인천 검단
아파트 지하주차장 붕괴 등이 반복되고 있어 이의 주요 원인 중의 하나가 생산구조에 고착화된 카
르텔로 인지하고 이를 혁파하기 위한 방안과 LH 혁신방안을 마련하고(2023. 12), 위의 대책에 반
영되어 있다.

노후화, 기후변화 대비 선제적 관리체계 구축, ② 안전점검의 내실 있는 이행 유도, ③ 시설물 관리체계 고도화, ④ 지반침하 예방 등 지하안전망 구축(연약 지반 관리기준, 지하정보 연계시스템)이다.

04 이태원 군중 밀집 상황 대응방안

2022년 10월 29일 22시 15분경 발생한 이태원 압사 사고(196명 부상, 159명 사망)에 대해 전문가의 의견을 토대로 시사점을 살펴본다.[32]

1 국내외 군중밀집 사고 유형 및 규모

국내는 1959년 부산시 대신동 공설운동장 시민 위안잔치에서의 압사 사고가 있었고(67명 사망), 2005년 10월 3일 경북 상주시 시민운동장 콘서트에서 5천여 명이 일시에 몰리며 11명이 사망한 압사 사고가 있었으며, 이태원 참사는 이를 능가하여 1위가 되었다.

해외는 1989년 4월 15일 영국 힐스버러 참사(97명 사망),[33] 2001년 7월 21일 일본 아카시 시(市) 불꽃축제 압사 사고(11명 사망),[34] 2003년 2월 20일 미국 로드아일랜드

---

32) 김종훈 오산대 소방안전관리과 교수, 한국교육신문(2022. 12. 5) 참조.

33) 영국 셰필드 힐스버러 스타디움에서 97명이 압사하고 766명이 부상당한 참사는 영국 정부와 경찰의 부실 대응이 원인이 되었음이 밝혀졌듯이 이태원 참사와 유사한 성격이다.

34) 일본 효고현 아카시 시 불꽃 축제 사건 이후 일본은 군중 밀집을 통제할 수 있는 권한과 의무가 경찰에 부여되고 혼잡한 장소 곳곳에서 경찰들이 차량 위에서 확성기로 인파를 통제하는 DJ폴리스가 등장한다. 만약 우리나라에서 상주 시민운동장 압사 사고를 계기로 밀집 군중 통제 시스템을 확립하였더라면 이태원 참사를 막을 수도 있었을 것이란 점에서 아쉬움이 크다.

스테이션 나이트클럽 화재로 압사 사고(100명 사망), 2010년 7월 24일 독일 뒤스부르크 음악축제 '러브 퍼레이드(Love parade)' 압사 사고(21명 사망), 2015년 9월 24일 사우디 메카 성지순례(Haji) 기간 중 미나에서 압사 사고(2,411명 사망－AP통신), 2021년 4월 29일 이스라엘 북부 갈릴리 메론산 라그 보메르 종교축제 압사 사고(45명 사망), 2021년 11월 5일 미국 휴스턴 NRG 파크에서 아스트로 월드 뮤직 페스티벌 압사 사고(10명 사망), 2022년 10월 1일 인도네시아 자바의 도시 말랑의 칸주루한 스타디움 축구경기 후 관중의 난동 및 진압과정에서 참사(132명 사망) 등이 있다. 이로부터 한 달도 채 되지 않아 발생한 이태원 참사는 21세기 세계 압사 사고 중 피해 규모가 9번째다.

이태원 사고 직후 2022년 10월 30일 인도 구자라트 다리 붕괴로 140여 명 사망과 200여 명의 부상자가 발생했다. 오래된 좁은 다리 위에 많은 사람이 밀집해 발생한 것이며, 교통통제를 했더라면 사고를 막거나 피해를 최소화할 수 있었다. 2023년 4월 19일 예멘의 수도 시나의 물품 보급소에서 인파가 몰려 압사 사고(79명 사망)가 발생했다.

이렇게 볼 때 군중 밀집 사고는 언제 어디서나 누구에게나 일어날 수 있으며(3A, Anytime, Any where, Anyone), 평소 철저한 대비가 중요함을 인식하게 된다.

2 군중행동연구 전문가 의견

독일 공립과학연구기관 '막스플랑크 인간발달연구소'의 군중행동연구가 메흐디 무사이드는 "이태원 사고 당시 1m²당 8~10명이 몰린 것 같다."고 했다. 목격자들은 바닥이 미끄러운 보도블록이고 경사진 곳이라 누군가 미는 순간 도미노현상이 일어나는 상황이라고 하였다.

영국 서퍽대 초빙교수이자 군중안전 전문가 키스 스틸은 연합뉴스와 서면 인터뷰에서 "이태원 참사는 군중 탓이 아닌 관리와 대처의 문제이다. 생명을 위협할 정도로 밀집도가 높아지도록 방치해 벌어진 것이며 압력이 큰 상황에서는 빠져나가려는 작은 움직임만으로도 사고가 난다. 군중 내에 밀치는 힘이 한 개인이 만든 것이 아니라 여러 힘이 작용한 것으로서 군중을 탓할 수 없다. 공간은 더 안전하게 관리될 수 있었다. 원인은 안전한 환경을 제공하지 못한 데 있다."라고 말했다.

영국 노섬브리아대 컴퓨터공학과 교수이자 군중안전 전문가 마틴 아모스는 "군중 압착이 진행된 상황에서는 사망자 규모를 줄이기 위해 취할 수 있는 조치는 그리 많지 않다. 정부는 이런 일이 처음부터 발생하지 않게 예방에 최선을 다했어야 한다."라고 분석했다.

3 막을 수 있었던 정황들

사고 전날 10월 28일 저녁 이태원 뒷골목에 사람들이 움직이기 힘들 정도로 많았다. 사고 구간에서 정체가 길어지자 일부 사람들이 앞 사람을 밀치고 이동해 언성이 높아지고, 몇몇은 인파에 떠밀려 넘어지며, 싸움이 벌어지는 등 위험한 모습들이 다수 있었다. 이처럼 사고 발생 전날 이상 징후들이 많이 감지되었으나 결국 군중 밀집 사고가 발생하였다.

위험 상황을 간파하여 모임 장소를 변경해 사태를 피한 경우도 있다. 유튜버 '긴 벌레'는 사고 당일인 29일 이태원에서 팬 미팅을 가지려 했는데 하루 전 답사차 방문하여 상황을 살펴보고 팬 미팅 장소를 남산으로 옮겼다. '설마'가 아닌 '만에 하나'라는 생각으로 대비하고 행동하는 것이 안전의 실천이며, 귀중한 생명을 지키는 일이다.

4 원인과 대책

군중이 몰리는 상황을 인간 몰림(Human stampedes) 또는 군중 몰림(Crowd surge)이라 부르며, 압사 사고는 군중 압착(Crowd crush)으로 발생한다. 좁은 공간에 사람들이 급격히 몰리면 수평으로 밀거나 수직으로 쌓이는 현상이 발생한다. 수직으로 쌓인 사람들을 빼내려 해도 가해지는 힘이 더 세기 때문에 포기하게 된다.

깔려 있거나 서 있는 상태라도 가슴과 복부 등이 압착되면 폐기능이 떨어지고 혈액순환이 되지 않는데 이를 압착성 질식(Compression asphyxia)이라고 하며 장기파열도 발생한다. 압사 사고 위험이 감지되면 즉각 추가 인원 진입을 차단하고 기존 인원을 다른 곳으로 이동시켜 밀집도를 낮추어야 한다. 또한 비상 대응 요원들이 접근할 공간을 확보해야 하며, 상황통제는 숙련된 담당자나 군중 관리 전문가(Crowd manager)의 판단하에 실시간으로 수행되어야 한다.

아울러 군중 이동에 대한 군중 역학(Crowd dynamics)과 군중 모델링 또는 군중 시뮬레이션(Crowd modeling or Crowd simulation)을 통해 상황을 분석하고 대책을 수립하여 시행해야 한다.

5 군중밀집 사고 예방 대책

군중밀집 사고를 막기 위한 다양한 방안을 다음과 같이 소개한다.

1) 군중 밀집 사고 예방 지침(5가지)

첫째, 군중이 모이는 장소에 가게 되면 다음 사항을 준비한다. ① 주관 단체 또는 행정기관의 안전 관련 사항을 확인한다. ② 지형적 특성(실내, 야외, 경기장 등)을 점검하여 대피경로, 막다른 골목(Dead-end), 병목 구간(Bottled neck), 경사, 장애물 구간 등을 파악한다. 군중이 몰리기 전 도착하여 살펴보는 것이 좋다. ③ 응급의료 서비스를 받을 수 있는 곳을 확인해 둔다. ④ 동반자와 헤어질 경우를 대비해 만날 장소를 정해 둔다. ⑤ 소지품은 떨어뜨리거나 분실하지 않도록 몸에 밀착되는 가방에 보관한다(핸드폰, 지갑, 카드, 신분증, 열쇠 등). ⑥ 잘 벗겨지지 않고 부상 방지에 도움이 되는 신발을 착용한다.

둘째, 다음과 같은 상황을 맞게 되면 신속하게 벗어난다. ① 군중 흐름 속에서 이동하다가 이동 속도가 느려지면 위험신호로 인식한다. ② 사람들의 불편함을 호소하는 소리가 들리면 통제 불능 상황에 도달하고 있음을 말해 준다. ③ 밀집도가 $1m^2$당 5명을 초과하면 위험하다.

셋째, 군중 속에 있게 된다면 다음 사항을 주의한다. ① 군중이 모이면 군중의 뒤쪽이나 주변이 상대적으로 안전하다. ② 군중의 흐름이 생기면 함께 움직이며 따라가야 한다. ③ 아동은 데려가지 말아야 하며, 동반하고 있다면 어깨에 메거나, 안고 다리로 허리를 감싸게 하며, 손을 잡거나 팔로 끌지 않는다. ④ 물건이 떨어지면 줍지 않는다. 몸을 굽히면 일어나기 어렵다. ⑤ 다른 사람이 넘어지면 최대한 일으켜 세워 주는 것이 서로의 생존 가능성을 높인다.

넷째, 군중 압착이 시작될 조짐이 보이면 다음과 같이 행동한다. ① 소리를 지르지 않는다. 에너지와 산소를 아껴야 한다. 최대한 머리를 높여 공기흡입을 많이 한다. ② 선 자세에서 팔이 옆구리에 고정되지 않도록 하여 가슴을 보호하고 호흡할 공간을 확보해야 하며, 권투선수 자세가 도움이 된다. 한쪽 손으로 반대쪽 팔뚝을 붙잡으면 보호 공간이 생긴다. ③ 넘어지거나 깔리게 되면 왼쪽으로 머리를 보호하는 태아 자세(Fetal position)가 생존확률을 높인다.35)

다섯째, 심폐소생술(CPR-Cardiopulmonary resuscitation)과 자동 심장 충격기(자동 체외 제세동기-Automated external defibrillator) 사용법 교육을 받고 익혀두어야 한다.

유사 사고 재발을 막기 위해 사회 전체적으로 노력해야 한다. 군중관리 전문가를 양성하고, 교육현장에서 군중 압착 사고에 대한 대처방안을 교육시키고 숙지해야 한다.

2) 호주와 미국의 대응책

다중 밀집지역 사고예방 교육 교재는 호주의 재난복구 핸드북 모음(Australian Disaster Resilience Handbook Collection) 중에서 '안전하고 건강한 밀집 장소(Safe and Healthy Crowded Places)'와 미국연방재난관리청(FEMA)의 '특별 이벤트 비상계획(Special Events Contingency Planning)'이다.

호주의 재난복구핸드북 모음(2018년)은 대규모 행사와 모임에서의 안전과 위생 지침이다. 행사주관 및 장소관리 주체, 지방정부, 기업, 군중밀집 상황 통제전문가, 현장관리자, 경찰, 소방관을 위해 작성되었으며, 관리계획, 커뮤니케이션, 안전조치사항, 군중 관리, 군중 질서 유지수단, 응급의료 등을 제시하고 있다.

미국 FEMA의 매뉴얼(2005년)은 대규모 행사 계획 및 운영 시 고려사항, 사고 시 지휘와 통제, 행사 이후 조치 등을 다루고 있다.

그 외 미국 워싱턴포스트의 '군중 압착이 치명적인 이유 및 생존방법(How to survive a crowd crush and why they can become deadly)' 기사,36) 미국 질병통제예방센터

---

35) 2003년 2월 미국 로드아일랜드 스테이션 나이트클럽 화재로 백여 명이 압사 사고가 발생한 현장에서 생존자 마이크 바르가스가 미국 NBC 방송과 인터뷰에서 밝힌 내용으로서 군중 압착 상태에서 태아처럼 웅크린 자세로 있다가 화재와 압력 속에서 살아남았다고 증언한 자세이다(김종훈, 오산대 소방안전관리과 교수).

36) 영국 서포크대 키스 스틸 교수, 영국 노섬브리아대 마틴 에이머스 교수, LA 군중안전 컨설팅서비스 군중안전전문가 폴 워트하이머 등 최고 전문가들 의견을 토대로 타라 파커 포프 기자가 작성한

(CDC−Centers for Disease Control and Prevention)의 여행자안전 부분 '대규모 집회로의 여행(Travel to Mass Gathering)'이 도움이 된다.

3) 정신적 충격 극복 방안

생존자뿐만 아니라 사고 소식과 현장 모습을 간접적으로 접한 사람들도 충격을 받는다. 정신적 충격으로 고통을 겪고 있다면 정신건강 상담소로 연락해 도움을 청하고(1577−0199), 일상생활에 지장이 없도록 전문가의 치료를 받아야 한다. 국가 트라우마센터, 재난심리회복지원센터 에서 심리치료를 하고 있다. 개인이 스스로 극복하는 안정화 기법에는 심호흡, 복식호흡, 착지법 등이 있다. 착지법은 땅에 발을 딛고 있음을 느끼게 하는 방법이다. 발바닥을 바닥에 붙이고 발이 땅에 닿아있는 느낌에 집중한다. 그리고 발뒤꿈치를 들었다가 '쿵' 내려놓는다. 그런 다음 발뒤꿈치에 지긋이 힘을 주면서 단단한 바닥을 느껴보는 방법이다(코메디닷컴 2022. 10. 30).

6 군중행동 연구 전문가의 기고문[37]

1) 실제 상황 소개

2010년 7월 24일, 세계적 음악축제(Love Parade)에 100만 명 규모의 참가자들이 독일 동부 뒤스부르크에 모였다. 선글라스, 형광색 가발을 쓰고 200m 길이 터널을 통해 축제 장소 옛 화물역으로 향했다. 터널 끝이 좁아 정체되기 시작하고 시간이 흐를수록 밀집도는 위험할 정도로 증가했다. 참석자들은 서로 밀어붙인 채 손조차 움직일 수 없게 되고, 군중 한가운데에 숨 쉴 공간이 충분하지 않은 사람들도 있었다.

오후 5시쯤, 세계 최고 DJ들의 테크노 비트에 첫 번째 희생자들이 질식하기 시작했고 결국 21명이 사망하고 651명이 부상 당했다. 한 생존자는 '빌트'지에 "터널에서 빠져나가는 것은 불가능했다. 내 앞에는 사람들의 벽이 있었다."라고 기고했다.

것이다.

37) 군중 행동 연구 전문가, 메흐디 무사이드(Mehdi Moussaid)의 제안 내용으로서 Humensciences 출판 "Fouloscopie"의 저자이다(군중 조사/막스 플랑크 인간개발 연구소, 2022. 10. 31).

한 달 전, 나는 프랑스 툴루즈 소재 폴 사바티에대학에서 '군중의 움직임'에 대한 박사학위 논문심사를 받고 있었다. 3여 년에 걸쳐 쇼핑거리, 시장, 실험실 등 다양한 장소에서 대중들의 움직임을 조사했다. 러브 퍼레이드 사고 소식을 들었을 때, 지인들이 똑같은 질문을 했다. "만약 우리가 그런 상황에 놓인다면 어떻게 해야 하나? 러브 퍼레이드에서의 희생자처럼 군중 속에 갇혀 있다면 어떻게 살아날 수 있을까?"

2) 밀집 군중 충돌로 죽게 되는 이유

1990년대 이후 밀집 군중 충돌이 계속 증가해 왔다. 매년 평균 380명의 목숨을 앗아간다. 최근 대형 사건은 2022년 10월 29일 한국 서울 할로윈 축제에서 154명이 사망한 사건이다. 2021년 4월 29일 이스라엘 북부 갈릴리 메론산 라그 보메르 종교 축제에서 45명이 숨지고 150여 명이 부상당했다(이스라엘 역사상 가장 큰 평화 시의 비극). 2015년 9월 사우디 메카에서 2,400여 명이 사망했다.

대규모 군중을 끌어들이는 요소는 종교행사, 스포츠 경기, 각종 축제이며 이는 인간 관심사의 요약판이다. 사우디 메카 성지순례에 매년 200~300만 명이 모여든다. 축구 경기장 수용 인원은 수만 명이지만, 승리 축하 행사에는 수십만 명이 도심으로 몰린다. 2018년 7월 15일 프랑스 월드컵 우승 후 샹젤리제 거리를 생각해 보면 된다. 음악축제에 엄청난 인파가 모인다. 1997년 9월 모스크바 음향 및 조명 쇼(Jean-Michel Jarr)에 350만 명이 모였다(기록상 최다). 이러한 상황에서는 사소한 조직적 실수가 재난으로 이어질 수 있다. 군중들이 몰려들면 무슨 일이 일어날까? 놀랍게도 이러한 현상의 역학은 새로운 비극이 일어난 후에야 이해하게 되는 비극적 현상이다.

3) 군중 지진(Crowd-quake) 개념의 등장

2006년에 군중 충돌로 사우디 메카 성지순례자 362명이 사망했다. 사고 장면은 CCTV 카메라로 촬영돼 5천㎞ 떨어진 독일 물리학자 디르크 헬빙 연구실로 전송됐다. 군중행동 전문연구가인 그는 미스터리의 열쇠, 즉 인간 밀도가 평방 미터당 6명이라는 임계치에 도달할 때 자발적 발생 현상인 '군중 지진'을 밝혀낸다. 군중 지진 상황에서는 신체 접촉이 강렬해져 조금만 움직여도 군중 속에 난기류가 급증한다. 지진파와 유사한 충격파로 사람들이 넘어지고 극심한 압력이 가해진다. 이러한 사실의 발견 후, 2010년 러브 퍼레이드(Love Parade)와 같은 충돌 중에 군중 지진이 관찰되었다. 연구를 통해 알게 되었지만 현재로서는 이 충격파 현상을 멈추게 할 방법이 없다.

4) 군중 밀집 상황에서 생존 가이드(Ten Tips)

군중 속에 갇혀 있고 벽이 가까워지는 느낌이 들면 어떻게 해야 할까? 다음은 군중 연구(Fouloscopie) 실험에서 얻은 열 가지 생존 팁이다.

① 눈을 크게 뜨고 있어라(Keep your eyes open)

최우선 목표는 빠르고 침착하게 사람 바다(人海)에서 벗어나는 것이다. 주위를 둘러보고 뒤돌아 가는 것이 나을지, 앞으로 가는 것이 나을지 판단하라. 충돌 진원지(가장 밀집된 곳)가 어디인지 살펴본 다음, 군중이 엷어지는 쪽으로 이동하라. 둘러보고 찾는 것을 잊지 말라. 울타리 또는 선반 위로 올라가면 빠른 탈출 방법을 찾을 수 있다.[38]

② 떠날 수 있을 때 신속하게 떠나라

주위에 군중이 몰려들면 사용 가능한 공간이 줄어들고 이동의 자유가 어려워지며, 기다릴수록 탈출이 더 어려워진다. 불편함을 느끼면 즉시 혼잡한 지역에서 벗어나라. 아직 움직일 공간이 있을 때 주저하지 말고 떠나라. 군중에서 벗어나면 다른 사람들의 위험도 줄어들 수 있다. 그곳에 머무는 사람들이 덜 붐비기 때문이다.

③ 똑바로 서 있어라

빠져나가기에 늦었다면 균형을 유지하고 똑바로 서 있어야 한다. 군중 압살에서는 사람들이 꽉 뭉쳐서 누군가 넘어지면 도미노 효과로 주변 사람들을 무너뜨린다. 넘어지면 다른 사람의 무게로 꼼짝하지 못하고 바닥에 넘어진 채 움직일 수 없다. 넘어지지 않도록 발바닥에 힘을 주어 계속 서 있어야 한다. 평소 하체 운동이 중요하다.

---

38) 이태원 참사 현장에서 인파를 피해 근처의 난간을 밟고 외벽에 올라간 외국인이 재조명을 받은 바 있다. 당시 현장에서 일종의 퍼포먼스인 줄 알고 사람들이 환호했다고 하는 글이 올라온 반면, 해당 참사를 뉴스로 접한 사람들은 외국인이 밀집 인파 속에서 살려고 발버둥 치는 행동으로 보고 충격을 받았다는 것이다.

④ 숨을 아껴라

압사 사고는 대부분 질식으로 인해 발생한다. 꼭 필요한 경우가 아니면 비명을 지르지 말고 호흡을 조절하고 숨을 아껴야 한다.

⑤ 가슴 높이로 팔을 올려서 팔을 접어라

압력이 강해지면 권투선수처럼 가슴 높이로 팔을 올려 팔을 접어라. 흉곽을 보호하고 갈비뼈와 허파 주위에 공간을 확보하여 숨을 쉴 수 있게 된다.

⑥ 흐름을 따라가라

밀렸을 때의 반사 작용은 압력에 저항하고 뒤로 밀려나는 것이나 군중이 압도하는 상황에서 저항하는 것은 에너지 낭비다. 균형을 유지하면서 흐름을 따라가야 한다.

⑦ 장벽에서 벗어나라

올라갈 수 없는 벽이나 울타리 또는 단단한 물체(기둥 등) 가까이 있을 때 힘에 밀려 벽에 붙게 되어 꼼짝달싹하지 못하게 되는 경우가 생긴다. 가능하다면 벽, 기둥, 울타리 등에서 멀리 떨어져야 한다.[39]

⑧ 밀집 징후를 파악하라

올바른 결정을 내리려면 상황의 심각성을 판단해야 한다. 군중의 밀집도를 추정하기 위한 몇 가지 경험 법칙은 다음과 같다.
- 주변 사람들과 신체 접촉이 없다면 밀집도는 평방미터당 3명 미만이므로 아직은 괜찮다.
- 한두 사람과 부딪친다면 밀집도는 평방미터당 약 4~5명이다. 당장 위험은 덜하더라도 혼잡한 중심에서 신속히 벗어나야 한다.
- 얼굴을 만지기 어려울 정도로 팔과 손을 움직일 수 없다면 심각한 상황이다.

---

39) 2017년 6월 3일 이탈리아 토리노(Turin)의 산 카를로 광장(1,500여 명 중경상), 1985년 5월 29일 벨기에 브뤼셀 헤이젤(Heysel) 축구 경기장에서 훌리건 난동으로 구조물이 무너져 39명 사망, 6백여 명이 부상당한 사고, 1989년 4월 15일 영국 힐스보로(Hillsborough) 축구장 사고(96명 사망, 766명 부상)는 사람들이 벽에 붙어 꼼짝달싹하지 못하게 되어 사망자가 많이 발생한 경우이다.

⑨ 공황상태 (Panic)에 대응하라

공황 상태는 군중이 실제 또는 의심되는 위험을 피하기 위해 같은 방향으로 돌진하는 특정 상황을 말한다.[40] 이러한 상황에서 군중의 움직임은 어떤 위협보다 더 위험할 수 있다. 잠시 시간 내어 상황을 평가하고 침착하게 안전한 곳으로 이동하여 군중으로부터 가능한 한 멀리 떨어진 곳에 머물러야 한다.

⑩ 서로 도와주어라

우리에게 위험한 상황은 주변 사람들에게도 위험하다. 영국 서섹스대학교 심리학자 존 드루리(John Drury)의 연구에 의하면 이타주의(Altruism)와 서로 도와주는 것(Mutual assistance)이 비극을 피하는 결정적 열쇠이다. 단합된 군중은 단순한 집합 군중보다 생존가능성이 훨씬 더 높다. 휴머니즘을 유지하고, 타인에게 친절하고, 도움을 제공하고, 주변 사람들을 걸려 넘어지지 않도록 배려하고, 약자들을 돌보아야 한다. 이것이 결국에 자신을 포함하여 모두에게 유익(Benefit)이 된다.

> **참고 다산 정약용의 가르침**

다산은 목민심서 애민6조(愛民六條) 중 구재(救災)단락에서 "무릇 재해와 액운으로 불에 타고 물에 빠진 사태에서 인명과 재산을 구해내는 일을 내 것이 불타고 내 것이 빠진 듯이 하여 조금도 늦추어서는 안 된다. 재난이 생길 것을 생각해서 예방하는 것이 재난을 당한 후에 은혜를 베푸는 것보다 낫다. 관공서는 재난에 신속하게 대처해야 한다(불가완야 - 不可緩也)."라고 가르치고 있다. 다산의 이러한 재난대응 원칙은 오늘날 우리 사회에 큰 시사점을 준다.[41]

---

40) 공황상태가 발생한 경우로는 인도 마디아 프라데시에서의 군중 운집 사태(2013), 프랑스 파리 레퓌블리크 광장(2015), 호주 빅토리아 폭포 페스티벌(2016), 이탈리아 토리노 산 카를로 광장(2017), 미국 뉴욕 글로벌 시민 페스티벌(2018) 등을 예로 들 수 있다.
41) 김경화, 동의과학대, 경찰경호행정과 교수, 왜 이런 참사가 반복적으로 발생하고 있는가, 교수신문(2022. 11. 21)

교량 붕괴 사고 대응 비교(미국과 한국)

1 미국 '프랜시스 스콧 키' 교량 붕괴 사고

1) 붕괴 상황 전개 및 대응

　교량 붕괴사고는 국내외에서 잊을만하면 일어나는 대형 참사이다.[42] 2024년 3월 26일(현지 시각) 미국 동부 메릴랜드주 볼티모어 항구[43] 입구에 있는 프란시스 스콧 키 브리지 교각을 초대형 컨테이너 선박(선명: 달리 호)이 들이받아 전면 붕괴된 사고가 발생하였다. 달리 호는 충돌 직전에 조난신호(Mayday call)[44]를 메릴랜드 교통당국에 보냈고, 신호를 받은 당국은 1분 30초 만에 즉각 다리 양방향으로 차량 진입을 통제하도록 조치하여 대형 참사를 막았다. 당시 다리 위에서 작업 중이던 인부 8명 중 2명은 구조, 6명은 실종된 상태다(충돌 후 선박에 화재가 발생했으나 대부분 인도인인 선원 22명은

---

[42] 국내외 대표적 교량 붕괴사고는 다음과 같다. 실버 브리지(1967년, 미국), 창선교(1992년, 경남 남해), 도루강 교량(2001년, 포르투갈), 미시시피강 교량(2007년, 미국), 껀터대교(2007년, 베트남), 제노바 모란디교량(2018년, 이탈리아), 난팡아오 교량(2019년, 대만), 멕시코시 도시철도 12호선 교량(2021년)

[43] 미국 10대 항구 중 하나인 볼티모어 항구는 미국 최대 자동차 수출입 항구로서 연간 85만 대가 이곳을 통과하며 5만 개 일자리가 달려 있다.

[44] 메이데이는 선박, 항공기, 우주 비행체에 대한 국제 무선전화의 조난, 긴급 신호를 말하며 "Venez m'aider(브네 메데)", 즉 "나를 도우러 와달라."라는 프랑스말에서 유래되었다. 구조 요청 신호를 보낼 때 메이데이를 세 번 반복하고, 비행기 또는 선박명, 위치, 상황을 알리고, 대응방침을 전한다 (배를 버린다든지 항공기 불시착 시도 등).

무사).

사고 당일 오전 1시 반경 달리 호는 추진력을 잃고 교각 하나에 맥없이 부딪혔고 2.6Km, 4차선 교량이 무너져 내렸다. 충돌 4분 전부터 선박의 불이 꺼졌다, 켜졌다를 반복하다 교각으로 향해 충돌했다.

메릴랜드 주지사는 달리 호가 충돌 직전에 조난신호를 보냄에 따라 교량 양쪽 끝에서 차량 통제 시간을 확보하고 즉각 교통을 통제한 당국자들(경찰, 교량 담당자 등)에게 감사하고 "이들이 영웅이며, 이들이 수많은 생명을 구했다."고 했다. 볼티모어 소방당국은 언론을 통해 "차량이 통제되지 않았더라면 인명 피해가 크게 확산될 뻔했다."고 밝혔다.

2) 교통당국과 경찰의 무전 교신 내용
(충돌 직전 보낸 조난신호 접수 후 90초 만에 통제 시작)

발신	"교량 양쪽으로 가서 차량 통행을 차단하십시오. 남쪽에 한 명, 북쪽에 한 명, 키 브리지의 모든 교통을 통제하세요. 조타력을 잃은 선박이 교량으로 접근하고 있어요."
답신	"저는 남쪽으로 가고 있습니다. 다리 입구에서 멈춰서 모든 통행을 제한하겠습니다. 차량 진입을 양방향으로 모두 통제하였습니다. 많은 차량이 진입하려 하고 있습니다."

3) 선박의 안전 운항 관련 내용

달리 호는 2014년 현대중공업이 건조하여 싱가포르 선주(그레이스 오션)에게 인도하고, 덴마크 다국적 해운사 머스크가 운영하고 있어 천문학적 배상을 누가 어떻게 감당할지 관심이 집중되고 있다. 달리 호의 조난신호에서 '선박의 동력계통에 문제가 생겼다'고 언급한 만큼 제조사의 귀책 사유가 제기될 수 있지만[45] 현대중공업에게 유리하게 전개될 수도 있으며, 그 사유는 다음과 같다. ① 보증기간이 만료되었고 선주가

---

45) 중국 언론에서 대서특필하며 한국 조선 기술력에 문제가 있을 수 있다는 식의 주장을 하는데 이는 한국과의 수주 경쟁에서 유리한 국면을 조성하기 위한 여론전으로 보인다. 이것이 오히려 중국의 발목을 잡게되는 결과를 초래할 수 있다(스카이경제, 2024. 3. 30).

현대중공업에 수리를 맡기지 않았다. 일반적으로 동력계통 보증기간은 1년이고 추가비용 지불 시 연장 가능하지만 선택하지 않았다. 보증기간이 지나면 관리책임이 선주 또는 해운사에게 넘어가므로 보증기간이 8년 지나 책임을 현대중공업에게 묻기 어렵다. ② 초대형 선박은 정기적 안전점검과 유지보수가 법적 의무인데 비용을 아끼려 중국 이우리안 조선소에서 점검, 수리를 받아왔다.[46] ③ 미 연방 항만조사 당국은 선박의 동력이 끊겼고, 조타장치, 전기계통이 먹통되고, 기관실에서 엔진이 타버린 듯한 냄새가 났다며 오염된 연료 사용 가능성을 제기하고 있다. ④ 8년 만에 문제가 생긴 것은 만약 중국에서 만들었다면 훨씬 짧은 기간 내에 문제가 생겼을 수 있다는 지적이다. ⑤ 튼튼한 교량 중심 기둥에 충돌했음에도 선박 프레임, 철판이 멀쩡하여 고강도 안전 테스트를 실제로 한 것과 같다는 것이다. 충돌 후 11만 6천 톤의 초대형 컨테이너선이 평형을 유지하고 있다는 점에서 해운 관계자들을 놀라게 하고 있다.

따라서 전 세계 해운사들은 한국산 선박을 사용하여, 유지보수를 제대로 하고, 정품 연료를 사용하면 튼튼하게 오래 사용할 수 있다는 인식을 하게 되었고, HD 현대중공업뿐만 아니라 대우조선, 삼성중공업 등 국내 조선사에게도 커다란 홍보 효과를 가져오게 되었다. 최근 친환경 정책으로 고부가가치 기술이 필요한 액화천연가스 추진 선박으로 전환되고 있어 한국 조선산업에 유리한 국면이 전개되고 있다.

4) 달리 호 운영과 선박 안전과의 관계

스콧 키 교량의 붕괴로 인한 천문학적 피해를 어떻게 감당할 것인지가 커다란 과제다.[47]

직접 원인을 제공한 달리 호가 평소에 안전관리에 만전을 기했더라면 초대형 사

---

46) 일반적으로 알려진 유지보수 비용(MRO)은 선박의 연식에 따라 다르지만 적게는 수억 원에서 많게는 수십 억 원이며 중국에서 하는 경우 수 억원 가량을 절감할 수 있다고 알려져 있다.

47) 자세한 내용은 김인현 교수, 고려대 해상법 연구센터 소장, 미국 볼티모어 교량 붕괴사고에서 손해 배상의 문제(한국해운신문, 2024.4.3), 달리호 볼티모어 다리 파손 사고의 원인, 손해배상책임과 책임 제한(법률신문, 2024.4.3.)을 참조하기 바란다. 이에 따르면 미국은 책임제한법, 해상물건운송법, 경제적 손해의 배상 등에서 독자적인 입장을 취하고 있어서 해운제국과 다른 법제도가 많으며, 국제적 통일성의 필요성이 대두되고 있다. 달리호의 선주인 싱가폴의 그레이스 오션은 공동해손(General Average)을 선포했다. 달리호에 실렸던 컨테이너 화주들은 자신의 화물 가액에 따라 공동해손 분담금을 선주에게 지급해야 한다(상법 제865조). 어느 나라나 가지고 있는 법제도이며, 서로 손해를 분담하자는 취지이다. 적하보험에 가입되었다면 적하보험자가 공동해손 분담금을 보험금으로 지급한다(해상법 주간 브리핑 제99호 2024. 4. 14).

고까지는 가지 않았을 것이다. '설마가 사람 잡는다'는 말은 이를 두고 하는 말이다. 정기 점검을 제조사에서 받는다든지, 규격에 맞는 벙커유 및 윤활유를 사용하고, 작동부위 기계들을 주기적으로 그리징(Greasing)하는 등 계획적 유지보수 시스템(Planned Maintenance System)을 구축해야 한다. 그리고 선원들의 업무 절차 숙지, 원활한 의사소통 등 선박 운항에서도 안전수칙을 지키는 것이 얼마나 중요한지를 새삼 깨닫게 된다.48)

2 성수대교 붕괴 사고

1) 붕괴 상황 전개 및 대응

성수대교 붕괴사고는 삼풍백화점, 와우아파트 붕괴사고와 함께 대한민국 3대 붕괴사고로 불린다. 1994년 10월 21일 자정 20분 무렵과 02시 30분경 성수대교 상판 이음새에 깔린 철판(1.3×2.0m)을 운전자들이 목격하고(서울시의 땜질식 응급조치), 새벽 6시경, 성수대교 통과 차량의 운전자는 이음새를 지날 때 충격이 커서 서울시에 신고도 했다. 그럼에도 불구하고 교량진입 통제 등 긴급조치를 취하지 않아 결국 대형 참사가 일어나고야 말았다.

1994년 10월 21일 오전 7시 38분 성수대교 10~11번 교각 사이 상부 트러스 48m가 붕괴되고 사고 부분을 달리던 버스 1대, 승합차 1대, 승용차 4대가 파손 및 침수되었고 32명 사망, 17명 부상자가 발생하였다.

이 사고는 수도 한복판의 한강 다리가 갑자기 무너져 믿을 수 없는 충격을 가져왔고 영화에서나 볼 수 있는 일이 일어났으므로 충격이 컸다.

2) 사고의 원인 및 부실 대응

첫째, 최초 시공사 D건설이 1970년대에 파격적이던 트러스 공법을 사용하였는데

---

48) 이석행 시마스타 대표, 바다 저자와의 대화 기고문(2024.4.3)에서 인용하였다. 그리고 안광헌 HD현대중공업사장은 미 당국의 조사결과, 주된 원인이 운항부주의인 것으로 의견이 모아진다고 한다(한국 ESG학회 토요세미나, 2024. 6. 15). 더 상세한 내용은 한국해운신문 김인현 칼럼(104), '달리호 사고가 우리에게 주는 시사점과 영향'을 참고하기 바란다(2024. 6. 7).

설계와 시공이 미흡했고 유지보수도 부실했다. 유효단면적의 감소와 응력 집중을 유발하게 한 용법 시공의 결함과 제작 오차에 대한 검사가 미흡하였다.

둘째, 급증하는 차량 통행을 예측하지 못해(설계는 일일 통행량 8만 대, 실제는 16만 대 이상), 피로 균열 현상의 진전을 예방하지 못했다. 특히 일반 대형트럭이 다닐 정도인 18톤 하중으로 설계되었지만, 성수대교 북단에 레미콘공장이 있어 대당 중량이 최대 25톤에 이르는 레미콘 믹서 트럭들이 규제 없이 통행했고, 유지관리가 미흡하였다.

셋째, 교량이 붕괴될 전조 현상이 일어나면 인명 피해를 막기 위한 선제 조치(교통통제 등)를 취해야 하는데 이를 위한 안목이 없었다. 사고 초기 대응이 늦었다는 비판을 많이 받았는데 당시 사회 분위기로서는 한강 다리 가운데가 끊어진다는 말을 곧이곧대로 믿을 사람은 아무도 없을 만큼 예외적인 사고였기 때문이다.

MBC 뉴스데스크에서는 사고 나기 1년 전부터 한강 교량의 보수 및 관리가 부실하여 붕괴위험이 도사리고 있다는 보도를 시리즈로 내보낸 적이 있다. 전반적으로 교량 보수가 시급하다는 진단 및 붕괴의 위험성을 강조했다. 이러한 문제점에 대해 서울시에 공식적으로 문제 제기를 했지만 서울시는 안일한 대처와 반응을 보였고, 이후 위험성을 방치한 결과 일어난 붕괴사고에 대한 책임에서 벗어날 수 없게 되었다.

3 미국과 한국의 대응 비교

똑같은 교량 붕괴사고이지만 미국은 즉각적 대응조치로 골든타임을 놓치지 않아 대규모 인명 피해를 막았지만, 한국은 전조 현상이 수차례 있었고 매스컴의 지적, 시민의 신고 등에도 불구하고 위급성을 판단할 안목이 없었다. 미국이 골든타임을 놓치지 않고 긴급조치를 시행할 수 있는 배경에는 평소 철저한 준비와 대응 연습의 결과이며 맡은 책임을 완수한다는 정신이 투철하기 때문이다.

만약 성수대교 붕괴 조짐 현상이 미국에서 일어났다면 최소한 인명 피해는 막았을 것이라 여겨진다. 그리고 만약 성수대교 붕괴 조짐 현상이 지금 다시 재현된다면 1994년 당시보다 개선되었을 것이라 자신 있게 말하기가 매우 조심스럽다. 궁극적으로 우리의 안전에 대한 인식이 확실하게 전환되어야 미국처럼 최선을 다해 시스템으로 대응하여 인명을 보호할 수 있을 것이라 믿는다.

CHAPTER

10

안전모델 정착 모습

안전모델 여섯 단계(HJK STOMAI 모델)

저자는 우리 사회의 전반적인 안전문화 수준을 높이고 정착시키기 위한 모델을 다음과 같이 제시하고자 한다. 아래와 같이 〈자가진단 – 목표 수립 – 대안 선택 – 동기 부여 – 실행 – 보상 및 피드백〉 여섯 단계를 거치면서 선순환 구조를 이루는 것이다.[1]

❖ STOMAI 모델

---

1) STOMAI 모델은 저자가 개발한 이론으로서, 여섯 단계의 영어 앞 글자를 따서 STOMAI로 명칭을 붙였다.

1 1단계, 자가진단

자가진단(Self-assessment)은 안전문화 정착을 위한 첫 단계이다. 자체 진단하여 평가하거나, 컨설팅, 코칭 등을 통해 자사의 현황을 파악하는 것이다.[2] 일회성 이벤트가 아니라 주기적으로 실시하여 선순환 구조를 이루어야 한다. 작업 현장의 위험성 평가는 효과가 가장 크다. 자가진단은 평소 일상생활에서도 구현되어야 한다.

안전은 현장의 관리자와 담당자만의 일이 아니라 우리 모두의 일임을 인식해야 한다. 일상 생활에서 사소한 부주의로 몸을 다쳐 업무에 지장을 주면 당연히 안전 업무에 지장을 주게 된다.[3]

2 2단계, 목표수립

자가진단 후 안전목표 수립 시에 구성원들의 자발적 참여(Voluntarily Involving)가 요체이다. 문제점 파악과 해결하려는 의지를 가지고 적극적이고 능동적으로 참여해야 효과가 크다.

3 3단계, 대안선택

목표 수립 후 실천해 나갈 도구로 대안(Option)을 선택하고 선택한 대안은 설계와 매뉴얼에 반영시킨다. 이에 따라 개인별, 조직별로 일정계획을 수립하고 실천해 나간다.

---

2) 자가진단 방식은 설문조사, 인터뷰 조사, 표본집단 조사 등 다양한 방식이 있으며 안전공단 등 안전 전문기관에서 제공하는 자료들을 참고하면 많은 도움이 된다.
3) 안전 업무에 충실하게 되면 안전의 생활화로 개인과 가정의 안전수준이 덩달아 높아지고, 에너지 절감 등 1석 3조의 효과를 가져온다. 가스 밸브 잠그기, 전등 소등, 시건장치 확인, 물놀이 사고, 산불 예방, 폭우 및 태풍, 가뭄 등 자연재해 대비, 운전 및 보행 안전 등이다. 듀폰의 10가지 안전 원칙에 의하면 근무시간 외의 시간(Off-the-job)의 안전관리도 중요하게 취급하고 있다.

4 **4단계, 의미 및 동기부여**

실행 과정에서 구성원들의 자존감(Being)과 일에 대한 자부심(Doing)을 불러일으키도록 동기와 의미(Motivation, Meaning)를 부여해야 한다. 현장 관리자는 구성원들이 안전의 가치를 높이 인정하고 자신이 진정으로 좋아하는 일을 수행한다는 마음을 갖도록 분위기를 조성해야 한다.4) 예를 들면 칭찬 게시판 제도를 통해 동료를 도와준 사례의 글을 올리게 하고 이를 심사하여 포상을 실시하는 것 등이다.

5 **5단계, 실행**

실행 단계(Action)에서는 PDCA(Plan-Do-Check-Action)과정의 선순환이 제대로 작동되는지 점검하면서 안전시스템 전체 틀을 유지해야 한다. 실행단계에서 구성원들이 창의력을 발휘하게 하고, 소통과 협력을 통해 안전의 효율성(Efficiency)과 효과성(Effectiveness)을 높인다.

담당자들은 실행단계에서 다음 사항을 실천해야 한다. ① 세 종류의 위험, 즉 상태의 위험, 행동의 위험, 상황의 위험을 인식하는 것이다. ② 그 위험으로부터 안전하려면 어떻게 해야 할지를 알기 위해 학습해야 한다. 실제로 위험 자체를 모르거나 안전을 위해 무엇을 해야 할지 모르는 경우가 많다. 신입이나 전입 직원, 하청 직원, 외국인 근로자 등 초심자 사고가 산업재해 통계에서 높은 비중을 차지한다. ③ 학습을 통해 안전 확보를 위해 어떻게 해야 할지를 알게 된 내용(메타인지)을 실천해야 한다.5) 반복 학습과 훈련을 통해 몸에 배어야 하며, 매뉴얼 숙지, 불조심, 위험요인과 거리 두기, 개인 보호장비 착용(복장, 신발, 장갑, 헬멧, 고글 등) 등이다. 실제로 자신감이 넘쳐 교

---

4) 아주대 인지심리학자 김경일 교수에 의하면 사람들은 회피동기 또는 접근동기에 따라 행동한다고 한다. 회피동기는 벗어나고 싶은 상황에서 벗어나고자 하는 욕구이며(want), 접근 동기는 진정으로 하고 싶은 일을 찾아서 이를 하고자 하는 욕구를 말한다(like). 접근동기를 가진 사람은 어렵고 힘든 과제라 할지라도 책임감을 가지고 주도적으로 업무를 수행하는 강한 추진력을 발휘한다.

5) 메타인지란 내가 무엇을 모른다는 것을 알게 되는 것을 말하며, 메타인지가 형성되면 학습효과가 급속도로 커진다. 학습된 내용은 자기 것으로 만들어야 하며, 내용을 모르는 아이들도 이해할 수 있을 정도로 쉽게 설명할 수 있어야 한다.

만하거나, 응당 알고 있으려니 생각하고 위험한 행동을 가볍게 생각한다거나, 안전장치가 제거된 줄 알면서도 조치하지 않는 경우가 종종 있다(실수, 망각, 착각, 고의 등).

　　감독자가 염두에 두어야 할 요소는 다음과 같다. ① 구성원들이 위험을 알게 하도록 만드는 것이다. 구성원들이 처한 상황, 작업환경, 취급 물질, 기계설비, 업무 프로세스, 일하는 자세 등 여러 가지 복합적인 위험요소에 대해 알도록 만들어야 한다. ② 안전한 상태를 유지하려면 어떻게 해야 하는지를 구성원들이 알도록 만들고, 수시로 확인해야 한다. ③ 구성원들이 알게 된 것을 실천하게 만들어야 한다. 해당 분야별로 필수적인 내용을 학습, 숙지, 반복훈련시켜야 한다. 이때(건설, 토목, 화공, 전기, 통신 등) 업무와 직접 관련된 내용뿐만 아니라(교통, 대외 활동, 가정 등) 일상생활에서 안전을 실천하도록 유도하고 점검해야 한다.6)

6 6단계, 보상 및 피드백

　　안전목표 달성에 대해 평가(Evaluation)하고 보상(Incentive) 및 피드백을 실시한다. 보상은 공정성(公正性)을 기하도록 제도를 정비해야 한다.7) 평가, 보상 및 피드백이 제대로 이루어져야 실질적인 안전관리가 이루어지고, 구성원들의 관심이 집중되며, 재해율 감소로 이어진다. 중요한 것은 안전 선순환이 지속적으로 이루어지도록 경영층이 Lead-Help-Check 하는 것이며, 이를 통해 일류수준의 안전문화가 정착된 회사로 변모될 수 있다.

---

6) 이런 측면에서 투철한 안전의식은 개인과 가정의 행복과 직결되어 있음을 알 수 있다.

7) 보상의 분배에 있어 공정성을 확보하기 위해서는 절차적 공정성, 분배적 공정성, 상호작용적 공정성이 확보되어야 한다. '절차적 공정성'은 보상과정과 절차에 대해 납득하도록 원칙을 설명하고, '분배적 공정성'은 기여도에 따라 보상의 양을 정하는 것이고, '상호작용적 공정성'은 개인의 품위, 관심, 대우 등 존중받고 있다는 인식을 심어주는 것이다(조직행동론 제14판,로빈스 외, 이덕로 외 옮김, 한티미디어, pp.244-248).

02 위기관리 전략

1 위기관리 전략 수립

안전모델 6단계 가동 중에 위기가 탐지되거나 위기 발생 경우를 상정하여 다음과 같은 전략을 수립해 놓아야 한다. ① 모니터링을 통해 위기 징후를 포착하고 위기 요소를 차단한다. ② 예상 위기에 우선순위를 매긴다. 이에 따라 위기관리 매뉴얼을 만들고 주기적으로 비상훈련을 실시한다. 이때 위기의 3P(Proactive, Prepared, Practice), 즉 사전 준비와 연습이 중요하다. ③ 다른 위기를 벤치마킹하고 위기 발생 시의 타깃을 설정해 그들에게 던질 메시지를 개발한다. ④ 위기의 성격과 정도에 맞추어 책임 있는 대외관계 적임자를 선정한다. ⑤ 사상자가 있으면 유가족 배려가 우선이며 가족에게 먼저 알려야 한다. 가족 동의 없이 신원을 외부에 밝히지 않는다. ⑥ 위기 상황이 발생했을 경우 즉각 위기관리 팀장을 임명하고 전문가를 합류시키며 즉시 현장을 방문한다. ⑦ 사회적 파급효과가 클 경우 언론 마감 시간을 놓치지 않고 밝혀진 내용을 알려준다. 완벽한 보도자료를 만드느라 마감 시간을 놓쳐 언론마다 내용이 다르게 나오면 다른 위기로 확대될 수 있다. ⑧ 정확한 정보를 제공하여 국민과 신뢰할 수 있는 커뮤니케이션 채널이 되도록 한다. '노 코멘트'보다는 '현재로서는 정확한 정보가 없지만 결과가 나오는 대로 알리겠다' 등의 긍정적 표현이 낫다. 그리고 추측한 것을 사실인

양 말하면 안 된다.[8] ⑧ 평소에 전략적 위기관리 수단으로 IR(Investor Relation - 기업설명활동)을 준비하고 활용할 필요가 있다.[9]

1) 경영시스템에 반영

위기관리방안을 회사의 경영시스템에 반영하여 위기상황 발생 시 체계적으로 대응해야 한다. 최근에 소개된 '시스템 정석경영' 핵심 요소는 다음과 같다.[10] ① 비전경영의 실현 ② 경영 진단에 의한 중장기 및 연도별 경영계획 수립 및 실행 ③ 경영계획 및 예산의 월별, 분기별 피드백 및 성과 분석 ④ 모든 업무의 체계화 ⑤ 고효율 자율경영 실현 ⑥ 전사적, 부서별, 개인별 평가시스템 구축 ⑦ 업무 매뉴얼화를 통한 메인 엽무 및 지원업무의 질적 수준과 스피드 향상(업무수행지침, 표준 시트, 표준 사례)

2) 절차서 마련 시 고려사항[11]

진정한 프로는 절차가 지니는 힘을 잘 알고 활용한다. 도요타의 카이젠(改善)을 통한 원가관리, 일류호텔의 치밀한 업무 수행, 복잡한 열차 운행, 스티븐 킹의 '리타 헤이워즈와 쇼생크 탈출', 인공위성 발사 등의 성공사례는 세밀하게 수립한 절차의 실행 결과이다.

절차 수립 시 고려 요소는 다음과 같다. ① 완성품으로부터 역추적하고 시트에 항목별 내용을 기재한다(대상, 주제, 목적, 소재, 키워드, 절차, 준비 작업 등) ② 절차라는 칼로 잘라본다. ③ 소 절차로부터 시작하여 중 절차, 대 절차로 확장해 간다. ④ 소재와 미래상 연결 회로를 만든다 ⑤ 전체 흐름을 놓치지 않는다(자료 수집, 문제 제기, 방법론, 결론, 키워드 등). ⑥ 큰 틀 파악 후 우선순위를 정한다. ⑦ 몰입 상황을 만든다(집중시간 확보. 파트너 선정 등) ⑧ 이면 절차(사전 준비 등)를 인식한다. ⑨ 메이킹 비디오(예: 영화 제작과정)는 최고의 훈련방법이다 ⑩ 관점을 바꾼다(분류를 통한 항목 단순화, 즐겁게 추진 등) ⑪ 중복을 피한다(수첩, 메모 등 활용)

---

8) 김용수, 위기관리 포인트, 리스크메니지먼트, pp.61-71, 씨앤아이북스(2012). 위기의 봉쇄와 이미지 회복전략에 대해서는 김영욱, 위기관리의 이해, pp.243-273, 책과 길(2002)
9) 예종석, 희망경영, 전략적 위기관리 수단으로의 IR, pp.218-225.
10) 박주관, 이의현 외 시스템정석경영, 시스템정석경영 핵심 요소, pp.32-36.
11) 사이토 다카시, 절차의 힘, 절차의 힘을 익히는 방법, pp.185-224.

전임 KT 황창규 회장이 부임한 지 40일이 지나 고객 정보유출 사고를 보고받았다(2014.3.7). 1,200만 건 고객 정보라 물러설 곳이 없었다. 임원들과 대책 회의 중에 의견은 반으로 갈렸다. 회장이 바로 나서서 수습해야 한다는 의견과 담당 부문장이나 실무 임원이 사과하자는 의견이다. 각각 다 이유가 있다. 회장이 나서서 일찍 사과하면 모든 잘못을 시인하는 것이 되어 둑이 무너지듯 걷잡을 수 없는 상황이 벌어진다는 것과 상황을 지켜보다가는 호미로 막을 것을 가래로 막게 된다는 것이다.

1) 정공(正攻)이 성공(成功)을 이룬다.[12]

결국 황회장은 기본으로 돌아가 결정을 내린다.

"무너질 둑이라면 무너지는 것이 맞습니다. 최대한 빨리 기자회견을 열도록 하겠습니다."

회의 후 2시간 만에 기자들 앞에 섰다.

"2012년 정보 유출 사고 이후 보안시스템 강화 약속을 드렸는데에도 다시 유사한 사고가 발생한 것에 대해 이유 여하를 불문하고 변명의 여지가 없습니다. 고객 정보가 두 차례 유통되었다는 것은 IT를 내세우는 회사로서 수치스러운 일이 아닐 수 없습니다."

머리 숙여 사죄하고 보안시스템에 외부 전문가를 포함한 모든 자원을 투입해 혁신을 이루겠다고 약속했다. 단상에서 내려오면서 "그래, 둑을 무너뜨려 한번 끄집어내보자. 그리고 다시 시작해보자"라는 각오를 다졌다.

황회장은 취임 43일 만에 직원들에게 '하나만 더 잘못되어도 우리에게는 미래는 없습니다'라는 제목의 메일을 보냈다. 죽기 살기로 모든 것을 바꿔야 한다는 각오의 표현이다.

---

12) 정공법으로 대응한 또 다른 모범 사례는 2019년 2월 20일 현대제철 당진제철소 중대재해에 대해 진정성을 담은 CEO의 대응이다. 김경식 ESG 네트워트 대표, 위기대응 홍보 참고, 2024.5.6.

"비장한 각오와 혁신의 자세를 가져야 할 때입니다. 말만 하고 책임을 지지 않거나, 기획만 하고 실행은 나 몰라라 하거나, 관행이므로 어영부영 넘어가는 행동은 용납되지 않을 것임을 명확히 말씀드립니다."

위기 불감증은 조직이 침몰할 때 나타나는 증상이다. 많은 기업이 무너진 이유는 큰 사고가 아니다. 작은 사고를 당하고서 "어떻게든 되겠지, 내가 아니어도 괜찮겠지, 곧 잊히겠지"와 같은 안일한 태도로 대응하다 소문도 없이 사라졌다.

2) 혁신 조치 단행

황회장은 보안 강화를 포함한 혁신적 조치를 다음과 같이 하나씩 단행했다. ① 정보보안 전문 조직 신설이다. 통신업계 최초로 정보보호 최고책임자(CISO)를 정보관리 책임자(CIO)로 분리하고 기존 정보보호 담당 조직을 정보보호단으로 승격시켰다. 인재를 영입하고 정보보호 IT 비용을 증대시켰다. ② 싱글 KT를 강조하여 본사와 계열사 간 교류와 소통을 강화하고 혁신 기반을 조성하였다. ③ 적자와 자본잠식상태의 계열사를 매각, 청산 또는 합병하고 주력인 통신사업을 지원하였다. 역량을 높이기 위해 계열사 신설 또는 그룹으로 편입시켰다. ④ 도전하는 직원들에게 엄격한 평가와 공정한 보상을 통해 기회의 문을 열겠다고 이메일을 보내고 약속했다. "적당히 대충 살아남자는 타성으로는 살아남을 수 없다, 독한 마음으로 제대로 해 보자, 선배와 동료들이 일궈놓은 업적을 기반으로 고객 감동 가치를 창조하자" 등의 내용을 담았다. ⑤ 1등 워크숍을 통해 조직문화의 변화를 추구하였다. 결과만 중시하는 분위기에서 탈피하기 위해서는 밑으로부터, 현장으로부터의 변화가 절실하며 현장과 본사 간 소통을 통해 실질적 성과를 창출해야 한다. 문제를 드러내고 직시하여 그 자리에서 해결책까지 제시하도록 하였다. ⑥ 행복한 직장은 스스로 일하는 즐거운 직장이다. 직원들의 자율성을 높이기 위한 세 가지 액션, 즉 소통, 협업, 위임을 실천하도록 하였다. 임원의 현장방문, 맛집 탐방 등은 소통강화 방안의 일환이다.

관료주의, 조직 이기주의 등 대기업 병은 완치가 어렵고 합병증을 일으키는 무서운 병이다. 누가 시켜서 하는 일은 단순 노무다. 재미없고 불만만 쌓인다. 위임을 통해 자율과 책임을 갖고 하는 일은 나의 일이 되며 즐겁게 일한다. 자신이 낸 아이디어로 고객의 불편이 해소되고, 새로운 시장을 일구어내고, 회사를 글로벌 1등으로 만드는

데 기여하게 된다면 즐거움과 보람이 커진다(신입사원 대상 특강).

황회장은 고객정보 유출사고 두 달여 만에 KT스퀘어 무대에 올라 '글로벌 넘버원' 비전을 선포하고 실현 전략으로 '기가토피아'를 발표하였다(2014.5).

3) 혁신 성과

이처럼 다양한 소통과 설득으로 직원들의 마음이 움직이자 변화와 혁신의 결과는 생각보다 빨리 나타났다. 2014년 10월, 기가인테넷의 전국 상용화, 인터넷 속도의 퀀텀 점프 주도 등으로 출시 후 2년도 되지 않아 가입자 200만 명 돌파, 매출은 6,052억 원 증가했다. 영업이익 1조 클럽에 복귀하고, 미래 먹거리 개발과 기술 고도화를 통해 글로벌 경쟁력을 높이고, 2014년 평창 동계올림픽 공식 후원사가 되고, 2015년 3월 세계 최초로 5G시대를 선언했다. 2018년 2월 평창 동계올림픽에서 세계 최초로 5G 시범 서비스에 성공한다.

훗날 황회장은 직원들에게서 "국민 앞에 머리 숙인 회장님을 보며 생각을 고쳤습니다. 한 번 더 믿어보자는 마음으로 놓았던 업무를 다시 붙잡았습니다. 정말 되는지 안 되는지 해 보고 나서 불평불만을 하려고 했는데 해 보니 정말 되었습니다." 등의 이야기를 들었다. 황회장은 "직원들이 나서서 변화해준 덕분에 KT의 미래를 다시 쓸 수 있었다."고 감회를 밝힌다.[13]

4) 정공법의 시사점[14]

작가 조시 빌링스는 "인생에서 겪는 문제의 절반은 너무 빠르게 '예'라고 말하고, 충분히 빠르게 '아니오'라고 말하지 않는 데서 원인을 찾을 수 있다."고 했다. 재무적으로 커다란 실패작인 콩코드 노선을 유지하기 위해 해마다 막대한 자금을 퍼부은 잘못은 영국과 프랑스 정부의 매몰비용 편향효과 때문이었다(손해라는 것을 알더라도 계속 투자하는 성향).

여기에서 빠져나오는 방법은 다음과 같다. ① 소유 효과의 경계, 즉 내 것이 아니

---

13) 황창규, 빅 컨버세이션, 대담한 대담, 진심은 길을 열어준다. pp.341-353, 벽을 허물면 혁신의 길이 보인다, pp.323-340.
14) 그랙 맥커운, 에센셜리즘, 그만둘 일은 그만두라, 지금 손해를 봄으로써 더 크게 이긴다. pp.186-200.

라고 생각해 본다. ② 포기함에 따른 두려움을 이겨내야 한다. ③ 성공의 길로 들어가려면 실패를 인정해야 한다. ④ 맞지 않는 일에 억지로 맞추려는 것을 그만둔다. ⑤ 타인에게 객관적 의견을 구한다. ⑥ 현상유지 편향을 경계하고, 제로베이스 예산을 편성한다. ⑦ 사소한 관여를 멈추고 본업에 집중한다. ⑧ 잠시 생각한 후에 답한다. ⑨ 하지 않는 것을 두려워하지 말고, 무언가를 배제할 때 리버스 파일럿을 활용해본다(시험 삼아 없애보는 방식). 비본질적 아이디어나 업무를 줄이는 효과가 크다.

5) 기선제압 효과

황회장은 대외관계에서 일종의 협상전략을 구사한 셈이다. 대부분 기선을 제압하는 자가 승리한다. 이는 인간관계 형성, 심지어 동물과의 보이지 않는 협상에도 통한다.

에스키모 마을에 개 사육과 관련된 흥미로운 일화가 있다. 설원에 개 썰매를 끌고 사냥을 나가다 보면 조난 당할 때가 있다. 구조대를 기다리며 며칠 버티다가 식량이 떨어지면 극한 상황에 처하게 된다. 이때 개들의 야성이 드러나며 주인조차 먹잇감으로 보기 시작한다. 그러므로 평소에 반항기를 보이는 개는 잔인하게 처단함으로써 다른 개들에게 경고의 메시지를 보낸다.

잘못된 결과 발생 시, 과감한 결단에 의한 단기적 손해가 장기적으로 이득이 되는 경우가 많은데 이를 판별하는 안목을 평소 키워야 한다.[15]

---

15) 안세영, 이기고 시작하라, 에스키모들이 썰매 개를 다루는 기선제압전략, pp.181 – 189.

위험성 평가의 생활화[16]

위기 징후를 포착하는 주요 수단인 위험성 평가는 산업재해에서 안전 수준을 높이고 사고율을 낮출 수 있는 가장 효과적인 방안이며 안전 선진국에서 입증된 시스템이다.

2013년 우리나라 사고사망 만인율은 0.71에 달했으나 2014년에 0.58로 떨어졌다. 이는 정부가 산업안전보건법을 개정하여 도입한 위험성 평가제도가 작용한 것이다. 이를 통해 사업장이 유해 위험요인을 파악하고 부상, 질병의 발생가능성(빈도−Frequency)과 중대성(강도−Intensity)을 추정한 뒤 대책을 수립하게 되었으며, 업종, 근로 형태에 맞게 자율적으로 안전 조치를 강구할 길이 열리게 되었다. 다음 그래프는 자율체계 도입 뒤 중대재해가 줄어들게 되었음을 표시하고 있다.[17]

이후 사고사망 만인율은 정체되기 시작하는데 이는 처벌 위주의 법규 위주로는 자기규율방식이 더이상 효력을 발휘하기 어렵기 때문이며, 2019년 고용노동부가 조사한 바로는 위험성 평가 실시기업이 33.8%에 불과하였다. 이와 관련된 정부 책임자의 의견은 다음과 같다.

---

16) 한국코치협회 안전문화코칭사업 지원단의 김필제 코치의 발표 내용을 토대로 정리하였으며(2023. 8. 9), 위험성 평가(Risk Assessment)에 대해 전문적인 내용은 정진우, 위험성평가 해설, 중앙경제 (2017. 개정3판)에 자세하게 설명되어 있다.

17) 김기찬 기자 중앙일보 기고문에서 인용(2022.11.24).

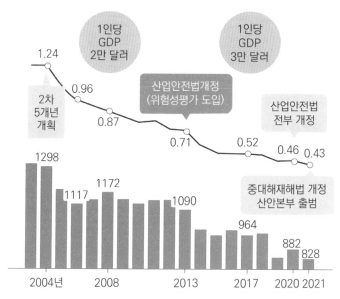

"기업 스스로 사고 예방 역량을 갖추고 체계를 구축하고 이행하는 것이 중요하다"(류경희 고용노동부 산업안전본부장), "자율체계를 도입해 직접 안전예방에 나서야 경험을 통한 안전 인식이 내재화되고, 이를 통해 현장의 예방 역량을 끌어 올릴 수 있다"(이정식 고용노동부장관). 이에 따라 정부는 위험성 평가제도를 알기 쉽게 실행하도록 개선하였다.

1 법적 및 이론적 근거

안전 확보의 첫걸음은 "위험을 알아야 대책을 마련하고 안전을 확보할 수 있다"는 것이다. 내재된 위험요인(Hazard)을 파악하여 개선조치를 취하면 위험성(Risk)을 줄일 수 있다는 것으로 위험성 평가의 이론적 배경이다.[18] 위험성 평가는 자기규율 예방

---

18) 위험요인(Hazard)은 고유하게 내재된 속성으로서 상황이 정해져 있으며(Something that can

체계 핵심수단으로서 산업안전보건법 제36조 '사업주 스스로 위험성 평가 실시의무'와, 중대재해처벌법 제2장 '사업주와 경영책임자 등의 안전보건 확보의무'에 근거를 두고 있다. 고용노동부는 업체들이 위험성 평가를 쉽게 하도록 '사업장 위험성 평가에 관한 지침'을 개정(2023.5)하였으며 핵심 내용은 다음과 같다.19) ① 위험요인 파악 및 개선에 집중한다. 체크리스트, 위험성 수준 3단계 판단법, OPS(One Point Sheet) 등 간편한 방법을 도입하고 사업장에 따라 조합하여 실시한다. ② 최초 평가 시기를 명확히 하고 정기평가 부담을 낮춘다(매년 적정성 재검토). ③ 유해 위험요인이 수시로 변동하는 사업장은 상시 평가하도록 새 제도를 신설한다(일, 주, 월 단위). ④ 위험성 평가 과정에 근로자를 참여시킨다.

2 주체 및 참여자

사업주(안전보건관리 책임자)가 총괄 관리한다. 관리감독자(부서장)는 실시 책임자, 현장 관리감독자는 실행담당자(직장, 조장, 반장, 팀장 등), 일반 근로자는 실시 주체, 안전보건 관리자는 지원그룹으로서 참여하며, 협력업체 관계자도 참여한다.

3 시기 및 종류

평가는 최초, 정기, 수시평가가 있다. ① 최초평가는 사업장 성립, 사업장 가동, 공사 진행 등 1개월 이내 착수함을 기준으로 하되, 평가 실효성이 확보되는 시기에 시행한다. ② 정기평가는 위험성 평가 결과의 적정성을 재검토하는 것이며, ③ 수시평가

---

potentially cause harm), 위험성(Risk)은 위험요인에 노출된 것이다(Hazard + Exposure). 비유를 들자면 해변가 바닷물에 상어가 돌아다니고 있는 상황은 Hazard이며, 이때 물속에 들어가면 Risk가 발생하고, 들어가지 않으면 Risk가 발생하지 않는다. 그러므로 잠재 위험요인이 노출되지 않도록 하여 Risk를 줄여야 한다. 여기에서는 물속에 들어가지 않아야 하고 부득이 들어가야 할 사유가 발생하면 상어를 제거하든지 아니면 안전장치를 완벽하게 하여 작업을 수행하는 것이다. 이와 같이 위험성 평가는 Risk를 최대한 줄이고자 하는 일련의 협력적인 활동을 말한다.

19) 고용노동부는 위험성 평가의 실행률을 높이기 위해 2023년 5월 22일자 고용노동부 고시 제2023 - 19호로 개정한 것이다.

는 신규 설비, 신규 물질 도입, 산업재해 발생 시 평가하는 것을 말한다.

그리고 일－주－월 단위의 일상화된 안전활동을 통한 평가방식이 있다. 위험성 평가 부담을 줄이고 평가를 독려하기 위해 새로 도입한 것으로 정기, 수시평가를 하지 않는 대신 일－주－월 단위의 안전활동을 통해 상시평가하는 방식이다.[20]

① 일(日) 단위는 작업 전 안전점검회의(툴박스 미팅)를 통해 작업 내용을 공유하는 것이며, ② 주(週) 단위는 원하청 합동 안전점검을 통해 의무사항의 이행 확인 및 점검하는 것이며, ③ 월(月) 단위는 노사합동 순회, 아차 사고(Near Miss) 분석, 제안제도 등을 통해 점검하고 평가하는 것이다.

4 위험성 평가 갈음 조치

다음 조치를 취할 경우 위험성 평가를 실시한 것으로 본다. ① 위험성평가 방법을 적용한 안전보건 진단 ② 공정 위험성 평가서가 최대 4년 이내에서 정기적으로 작성된 공정안전 보고서 ③ 근골격계부담 작업 유해요인 조사 ④ 산업안전보건법과 동법 명령에서 정하는 위험성 평가 관련 제도

5 절차 및 관련 내용

1) 여섯 단계 절차

위험성 평가는 새로운 유해 위험요인과 기존 유해 위험요인의 위험성 변동에 따라 지속적으로 관리하는 과정으로서 여섯 단계로 나눈다. 〈사전 준비 － 유해 위험요인 파악 － 위험성 결정 － 위험성 감소대책 수립 및 실행 － 위험성 평가 공유 － 기록 및 보존〉

유해, 위험요인이 허용가능한 수준을 넘어서는 경우 아래 그림과 같이 감소대책을 수립, 실행하여 허용 가능한 수준이 될 때까지 반복해야 한다.

---

20) 두 가지 방안 중 하나를 선택하면 된다.

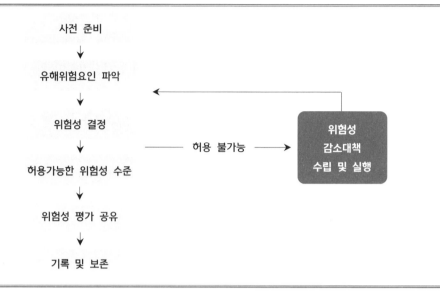

'허용가능한 위험성'이란 위험성, 관리수준, 비용 등을 고려하여 대다수가 받아들이는 위험 상태이며, '수용가능한 위험성'이란 강도(强度−Intensity)는 크지만 빈도(頻度−Frequency)가 낮은 위험성으로서 예컨대 운석이 떨어져 사람이 다치는 위험성을 말한다.

도급사업주 및 수급 사업자는 위험을 '수용가능한 위험성' 수준으로 낮추도록 노력해야 한다. 수급사업자가 실시한 위험성 평가 결과에 따라 도급사업주가 개선할 사안이 있으면 도급사업주는 이를 개선해야 한다.

2) 사전 준비

최초 위험성 평가 시 다음 내용이 포함된 위험성 평가 실시 규정을 이해하기 쉽고 간소하게 작성하고 관련 자료를 준비한다.

　−위험성 평가 목적 및 목표

　−평가 조직 구성(평가담당자 및 책임자)

　−평가 시기, 방법 및 절차

　−근로자 참여, 공유 방법

　−평가할 때 유의사항 및 결과의 기록 보존

- 위험성 수준과 판단 기준
- 허용가능한 위험성 수준(법정 기준 이상이라야 함)
- 작업 표준, 절차 등 관련 정보
- 기계, 기구, 설비 등의 사양서, 물질안전보건자료(MSDS-Material Safety Data Sheet) 등에서의 유해위험요인 관련 정보[21]
- 기계, 기구, 설비 등의 공정 흐름과 작업장 주변 환경 정보
- 동일 장소에서 도급 작업일 경우 혼재 작업의 위험성과 작업 상황 정보
- 재해사례, 재해통계 정보
- 작업환경 측정결과와 근로자 건강진단결과에 관한 정보 등

3) 위험성 평가 교육

사업주는 안전보건관리책임자, 안전관리자, 보건관리자, 관리감독자 및 참여 근로자에게 교육을 실시한다(참여 근로자: 사업장 및 해당 작업의 유해, 위험요인을 가장 잘 아는 근로자).

교육 내용은 지원교육과 일반교육으로 구분한다. ① 지원교육은 사업주(또는 단위 사업장 책임자), 평가담당자, 전문가 교육 과정이 있으며, ② 일반교육은 평가제도 이해, 평가 전문과정이 있다. 교육은 자체 실시하거나, 안전보건공단, 산업안전보건교육원, 민간 교육기관을 통해 실시할 수 있다.

4) 근로자 참여

참여 근로자는 다음의 경우 위험성 평가에 반드시 참여해야 한다. ① 위험성 판단 기준을 마련하고 위험 요인별로 허용가능한 수준을 정하거나 변경할 때 ② 해당 사업장의 위험요인을 파악할 때 ③ 위험성이 허용가능한 수준인지를 결정할 때 ④ 위험성 감소대책 수립, 실행 및 실행 확인

---

21) 물질안전보건자료(MSDS)란 화학물질 및 화학물질을 함유한 제제(대상 화학물질)의 명칭, 구성성분의 명칭 및 함유량, 안전보건상의 취급 주의 사항, 건강 유해성 및 물리적 위험성 등을 설명한 자료를 말한다. 화학물질의 제조, 수입, 유통업자는 의무적으로 MSDS를 작성하고 제공해야 한다. MSDS의 키워드 5개는 ① 작성 및 제공, ② 게시 및 비치, ③ 경고 표시, ④ 근로자 교육, ⑤ 관리요령 게시이다(안전보건공단, 직업건강실 화학물질관리팀, 2014.4).

5) 발굴한 위험요인에 대한 대처방안

발굴한 위험요인에 대해서는 제거(Elimination), 대체(Replacement), 통제(Control) 순으로 방법을 정하고 요인별로 복수(複數)의 방안을 선택할 수 있다. 이때 현장 작업자, 관리감독자, 안전보건 담당자가 함께 논의하며, 필요할 경우 전문가 자문을 받는다.

위험요소 대처방안은 ① 위험요소를 제거(Elimination)하는 것이 가장 효과가 크며 구조 변경, 위치 이동 등 물리적으로 제거하는 것이다. ② 대체(Replacement)는 위험성이 낮은 요소로 대체하는 것이며, ③ 통제(Control)는 공학적 통제(Engineering control)와 절차적 통제(Procedural control)가 있다. 공학적 통제는 위험요인과 작업자를 격리시키는 것이고, 절차적 통제는 작업방법을 변경하는 것이다. ④ 개인보호 장비의 활용이다. 개인보호 장비(PPE-Personal Protective Equipment)는 마스크, 방호복, 헬멧, 고글, 작업용 장갑 및 신발, 비상 전등, 수신호기. 각종 전자기기로 구성되며 부상 및 감염을 차단하거나 예방한다. 생명 보호의 최후 보루 수단이므로 수칙에 따라 반드시 착용해야 한다.

사례 연구 (23) 위험성 평가 및 위험요인 대응(가상연습 예제)

가상 연습 예제 1[위험 요인 대응]

우리가 종합병원의 안전보건통제실 책임자라 가정하고 코로나 19 대처방안을 수립할 때 위의 절차를 적용하면 다음과 같이 정리할 수 있다.

> • 밀폐 공간 내의 기계를 외부로 배치(위험요소 제거).
> • 메탄올을 에탄올로 대체(위험요소 대체)
> • 방호장치와 환기장치 설치(공학적 통제).
> • 작업절차서 정비 및 작업허가제 실시(절차적 통제).
> • 송기 마스크 등 개인 필수장비 착용(개인 보호장비 활용).

가상연습 예제 2(사다리 작업의 위험성)

우리가 쇼핑몰 경영자라 가정하고, 천장에 매달린 전등을 교체해야 할 일이 생겼을 때 위험관리 측면에서 살펴보면 간단하지 않다. 대부분 사다리를 이용하게 되지만 사다리 이용 시 위험요인이 매우 크다.[22] 어떠한 위험이 있는지 파악해 보고 대응방안을 모색해 봄으로써 안전의식을 높이는 방안을 실연(實演)해 보고자 한다.

가상 연습 제시문

"귀하는 서울 명동에 종업원 20명을 둔 쇼핑몰 사업주입니다. 약 2.8미터 높이의 천장에 여러 종류의 전등이 달려 있습니다. 귀하는 직원들에게 고장 난 전등의 교체를 지시합니다. 월 2~3회 주기로 교체합니다. 교체 작업 시에 고객의 불편을 최소화해야 합니다. 이때 사다리를 이용하여 교체 작업할 경우의 위험요인을 파악하고 대처방안을 모색하시기 바랍니다."

안전문화코칭사업지원단(단장 배용관)에서는 이 주제를 가지고 조별로 나누어 실제 토론을 벌였다. 토론에 참여한 단원들의 토론 결과 생각하지 못했던 요인들을 찾아내게 되었으며, 집단지성이 위력을 발휘하였다.[23]

조별 토론 결과

토론 내용을 네 단계로 나누고 단계별로 준비물, 위험요소, 통제 및 예방, 마무리 작업 순으로 정리하였다.

---

22) 사다리는 고정식과 이동식이 있으며, 이동식에는 의자형, 발판, 플랫폼, 길이 압축, 신축형 사다리가 있다. 고정식이라도 결함 여부를 점검하고 검사기록을 유지해야 한다. 건설업의 경우 이동식 사다리로 인한 재해가 전체 사망사고의 62.1%를 차지하여 사다리 사용에 따른 사고 위험이 높다. 고용노동부의 이동식 사다리 안전작업지침은 사다리 사용이 불가피한 가벼운 작업에 한하여, 평탄하고 견고한 바닥에서, 3.5m 이하의 A형 사다리를 사용하고, 보호구를 반드시 착용하며, 2인 1조로 작업하도록 규정하고 있다(양정모 전게서, pp.399−409).

23) 본 예제는 안전문화코칭사업지원단 김필제 안전문화 전문코치가 주관하여 단원들을 조별로 나누어 토의한 내용을 재구성한 것이다.

[첫째, 작업 전 준비단계]

준비물

－새 전등과 장식물, 폐기할 전등과 장식물 보관함(주머니)
－사다리, 안전모, 안전화, 안전장갑, 보안경, 작업안내 태그, 안전 매트리스, 작업
　지시서

위험 요소

－사다리를 가져올 때 부상(넘어짐, 허리 및 팔다리 부상 등)
－교체 전등이 여러 개일 경우 혼동(바꿔 낌)
－사다리 상태 결함(나사 조임상태 불량 등)
－미숙련자 투입
－작업 순서 등 작업 내용 미공유

위험 요소 통제

－2인 1조 작업
－적합한 작업자(경험 많고 능숙한 사람 작업, 나머지 1인 보조)
－준비 운동 후 작업(양호한 몸 상태)
－교체 대상 전등 확인(수량, 양호한 상태 등)
－작업공간 확보, 매트리스 및 작업안내 태그 설치(부착)
－주위에 사람이 근접하지 않도록 통제
－사다리 상태 확인 및 보완(나사 조임 등). 불량이면 정상 사다리로 교체
－작업 순서 및 작업 내용 공유(작업 대상 확인, 작업 순서지 보며 이야기)

[둘째, 사다리를 설치하고 올라가는 단계]

위험 요소

－사다리 전도(넘어짐)
－작업자 추락(떨어짐) 또는 미끄러짐

위험 요소 통제

−사다리에 안전장치가 있을 경우 상태 확인

−보조 다리(지지대) 설치

−안전 사다리 사용(A형 사다리에 비해 고가)[24]

−보조작업자가 사다리를 단단하게 붙잡아 줌.

−개인 보호장구 확인(안전모, 안전화, 안전장갑, 보안경 등)

−안전대를 걸 수 있는 로프 파이프 설치

[셋째, 전등 교체단계]

위험 요소

−전등이 깨지거나 떨어뜨림

−감전(예: 전등 A와 연결된 스위치를 차단했는데 차단되지 않은 스위치에 연결된 전등 B를 교체할 경우)

위험 요소 통제

−전원 차단 확인

−교체 대상 전등 확인 후 작업

−안전태그 부착 확인

−LED 전등 교체로 수명 연장(검토)

−전등 높이를 낮추는 방법 모색

−사다리로 올라가지 않는 방안 검토(예: 버튼사용 전동식 샹들리에, 벽걸이 부착형 등)

[넷째, 교체 후 마무리 단계]

위험 요소

−사다리에서 내려올 때 추락 또는 미끄러짐

---

24) 안전 사다리는 바닥이 평평하지 않아도 고정해 사용 가능하며, 사다리 윗부분에 안전 울타리가 있고, 높이 조정 가능하다.

−감전 또는 화재

−추락 또는 공구 원위치 과정에 근골격계 부상

위험 요소 통제

−보조 작업자가 사다리 잡아 주기

−주위에 타인이 없도록 통제

−전등 스위치를 켜서 이상 유무 확인

−교체한 전등 분리 배출

−안전하게 작업도구 원위치

7) 이동식 사다리 주요 작업안전수칙

고용노동부와 안전보건공단은 이동식 사다리 이용 작업안전수칙을 다음과 같이 안내하고 있다. ① 경작업, 고소작업대 및 비계 등의 설치가 어려운 협소한 장소에서만 사용 ② 3.5m 이하에서만 작업하고, 3.5m 초과 시 작업 발판으로 사용 금지 ③ 작업 높이가 사다리보다 높을 때 벽돌, 박스 등으로 높이기 금지 ④ 평탄, 견고하고 미끄럽지 않은 바닥에 설치, ⑤ 2인 1조 작업 ⑥ A형 사다리에서만 작업. 일자형 사다리, 연장형 사다리, A형 사다리를 일자형으로 펼쳐서 사용하는 경우 사다리에서 작업 금지 (승하강 이동통로로만 사용) ⑦ 작업 높이가 바닥 면으로부터 2m 이상~3.5m 이하인 경우 최상부 발판 및 그 하단 디딤대에서 작업 금지 ⑧ 사다리 미끄럼, 넘어짐 방지 조치 ⑨ 안전모 착용

8) 시사점: 위험성 평가의 생활화

사다리를 이용한 전등 교체 작업이 사소한 것 같지만 세심한 주의가 필요함을 알게 되었다. 이보다 훨씬 복잡한 산업재해는 조직 구조상, 기술상, 개인 차원의 문제 등이 복합적으로 작용하여 발생한다.

무재해를 목표로 하는 기업이 많으나 현실적으로 무재해는 불가능하다. 사람이 하루 평균 13~15번 실수하면서도 인식하지 못하는 것은 실수하더라도 결과로 나타나지 않기 때문이다. 신호등을 무시한 채 길을 건너다가 아무 일 없으면 잊어버린다. 그

러다가 다음번에 사고 날 뻔한 일을 당하면 비로소 떠올리게 된다. 그리고 혹한, 혹서, 가뭄, 폭우 등 계절에 따라 사고가 증가하는데 예측할 수 없는 환경 요인이 크게 작용한다. 아울러 기업 문화로 인해 안전을 경시하는 의사결정을 숱하게 내린다. 이러한 정황으로 볼 때 무재해는 거의 불가능에 가깝다.

무재해를 주장하는 것은 위험요인을 찾아 미리 고친다는 시각이다. 만약 위험이 눈에 보인다면 가능할 것이나 현실은 그렇지 못하므로 평상시 사고 발생 확률을 낮추고, 그래도 사고가 나면 피해 최소화 방법을 모색해야 한다.

사고 규모는 그 사회의 대응 행태에서 좌우된다. 세월호나 헝가리 유람선 사고가 영국이나 프랑스에서 발생했다면 양상이 달라질 수도 있다. 그 사회의 대응역량이 사고 규모를 좌우하며 이는 곧 사회안전역량이다.

안전을 확보하기 위해 위험에 대한 인식을 유지하고 리마인드 해야 한다. 위험요소 구성비가 ① 기술적 요인 10%, ② 인적·관리적 요인 45%, ③ 시스템적 요인 45%라고 할 때 기술적 요인을 제외하면 90%가 사람과 관련이 있다. 이는 위험 감수성을 지니고, 행동의 불편함을 감내해야 함을 의미하며, 위험성 평가의 당위성이기도 하다.[25]

---

25) 배계완 산업안전보건공단 기술이사 유튜브 강의.

04 안전문화 정착 모습

1 '4고'의 체질화

안전문화가 정착된 회사는 〈지키고, 의식하고, 전하고, 바꾸고〉의 '4 고'가 체질화 되어 있다.[26] ① 룰(Rule)을 지키는 문화가 정착되어 있다(지키고). 최고경영자 방침에 의거, 구성원들이 왜 룰을 지켜야 하는지 이해하고 있다. 최고경영자가 선두에 서고 전원이 노력하고 룰을 지키는 마음이 공유되어 있다. 지킬 수 없는 룰은 수정해 나간 다. ② 구성원들이 작업장 정돈과 현장에서 이상 상태나 위험함을 인식하고자 하는 의 욕이 가득하다(의식하고).[27] 위험성을 말하는 용기, 애매하면 작업을 멈춰서라도 확인 하는 풍조, 왜 이렇게 되어있는가 곰곰이 생각하는 습관이 배어 있다. 교육훈련, 학습 을 장려하고 참여의식이 높으며, 학습동아리를 만들어 지식 공유와 전문성을 높인다. 독서 문화가 정착되고, 업무에 필요한 자격증을 취득하기 위해 노력한다. 아는 만큼

---

26) 정진우 고용노동부 국제협력담당관의 안전저널 대담(2015. 4. 22), 정진우, 산업안전관리론 이론과 실제 개정3판, 안전문화 조성을 위하여, pp.218-220.

27) 작업 현장에서 이상함을 발견하나 위험을 인식하려면 평소에 정리, 정돈되어야 한다. 이는 기본적 안전활동이며 인체의 숨쉬기 운동과 같은 작업개선의 기초단계이다. 3S는 일본기업이 적극적으로 장려하는 활동이며 일본어로 첫 글자가 S로 시작한다. 즉 정리(整理-Seiri), 정돈(整頓-Seiton), 청소(淸掃-Seiso)이며 여기에 청결(淸潔-Seiketsu)과 습관화(習慣化-Shitsuke)를 추가하여 5S 라 한다. 작업 현장의 정리정돈 상태를 보면 그 회사의 안전관리 수준이 어느 정도인지 짐작할 수 있다.

느끼고, 느낀 만큼 보인다.[28] ③ 전하는 것을 습관화한다(전하고). 의식한 것을 전하는 것, 지적사항, 제안사항을 진지하게 받아들인다. 제안제도, 아차사고 발굴이 활성화되고 업무에 반영한다. ④ 변해야 한다는 능동적이고 유연한 분위기가 조성되어 있다(변하고). 변화를 의식한 내용이 공유되고, 납득하며 변화시켜 나간다. 새로운 것에 도전하는 분위기, 원활한 소통, 칭찬 분위기, 감사 나눔이 전파된다.[29]

2 안전 관련 프로그램 실행

안전문화가 정착된 회사는 법적 의무사항의 이행은 물론 안전 프로그램을 실천하며 다음 열 가지로 요약된다. ① 설비의 설계단계부터 안전 항목을 반영하고 운영에 만전을 기한다. ② 안전 슬로건을 회의 및 근무교대 전후 TBM에서 근로자의 마인드에 각인시킨다. ③ 직원들 스스로 BBS 안전활동(안전행동 칭찬, 위험행동 지적 등)을 추구하도록 독려한다. ④ 안전의 날, 경연대회, 무재해기원 등의 행사를 개최한다. ⑤ 경영진이 참여하여 안전을 검검한다. ⑥ 고과 시스템에 안전 항목 비중을 높인다. ⑦ 우수 안전인 선정, 제안제도, 아차사고 발굴 등을 통해 포상 및 피드백을 실시한다. ⑧ 환경폐기물업체의 환경안전항목 평가 후 계약을 체결한다. ⑨ 아차사고 보고체제를 확립한다. ⑩ 안전을 화두로 회의 시작 등 안전우선 분위기를 고취시킨다.

3 지적 활동(指摘 活動) 정착

구성원들 간에 지적해 주는 것이 쉽지 않다. 그러나 최고경영자의 리더십과 안전

---

28) 구성원들이 끊임없는 학습과 지식 습득으로 자신이 일하는 방식을 혁신하는 지식근로자로 거듭날 때 개인의 자긍심은 물론 기업의 생산성과 안전수준이 월등하게 높아진다. 설비가 복잡한 현장에서는 주요 설비마다 정비부서와 운전부서 직원 6~8명 단위로 묶어 실명제로 관리를 맡김으로써 설비에 대한 주인의식을 심어주고 체계적으로 성능을 유지하고 복원시키는 일을 맡기는 방식이다. 이럴 경우 구성원들이 설비에 대해 애착을 갖고 노후설비라도 애정을 가지고 살펴보게 된다. 오래된 설비는 감가상각을 거쳐 수익 창출에 기여해 온 공로가 크다는 인식으로 보살펴야 한다.
29) 이시바시 아키라, 사고는 왜 반복되는가, 안전문화 이루기, pp.149－159.

관리 책임자의 집념과 세심한 관리로 지적 활동을 조직 내에 정착시킨 사례가 있어 이를 소개한다.

사례 연구 (24) 구성원 간 지적 활동 정착 사례[30]

한 철강업체의 안전관리자는 기록의 힘을 믿고 안전을 구성원들에게 기록을 습관화시키기 위해 '에버그린 카드'라는 지적 활동을 문자화하였다. 의식을 행동으로 전환시키는 툴이다. 불안전 행동에 대해 지적해 주는 문화가 자리 잡으면 안전한 작업환경을 만들 수 있다. 안전에 위협하는 요소가 보이면 누구라도 지적해 주고 이를 받아들여 사고를 미연에 방지하는 것이다. 이러한 제도가 없다면 아무리 친한 동료라도 행동을 고치라고 말하기 어렵다. 기분이 나쁠 수도 있겠지만 그렇게 하지 않았을 때 사고라도 나면 더 큰일이다. 잠시 얼굴이 붉어져도 모두를 위한 행동이다.

초기에는 어색하고 부자연스러웠지만 동료 사랑 캠페인이라 홍보하고 매월 다섯 건 이상 카드를 쓰도록 권유했다. 우수자 포상 등 분위기를 조성하고 활동 분석을 통해 개선조치로 연결시켰다.

"선배님, 이 작업하실 때 개인보호 장비 착용하셔야지요?"
"아, 지금 급해서... 좀 봐 주면 안 되나요?"
"급해도 준비가 안 되어 있는데...인정하시죠?"
"조심한다고 하긴 하는데... 몸에 밴 습관이 무섭네."
"선배님, 그럼 에버그린카드 작성할게요."

현장에서 이런 대화를 하기까지 시간이 걸렸지만 포기하지 않고 밀고 나갔다. 안전습관이 제도화되고 조직의 강점으로 발휘될 때가 오리라 확신하였다. 기록의 힘은 막강했다. 적어둔 내용에 대해 이야기를 나누다 보니 지적 행동이 쉬워지고, 불안전 행동을 인정하게 되고, 개선조치도 빨라졌다. "행동을 기록하면 안전으로 바뀐다."라는

---

30) 안전한 일터가 행복한 세상을 만든다. 허남석, 전게서, pp.63-67.

명제를 실감하게 되었다.[31)

　　이와 관련, 일본인 히구치 이사오 보건안전전문가는 일본철도(JR-Japan Railways) 산하기관에서의 '하지만 고맙습니다(But then thank you) 운동'을 소개하고 있다. 현장에서 작업하는 도중에 불안전한 행동을 발견했을 때 동료들이 서로 주의를 주는 운동으로, 주의를 받는 사람은 반드시 "고맙습니다"라고 말하는 운동이다. 이는 '자신을 위하여, 당신을 위하여'라는 마음으로 '서로 주의를 주고 감사하자'라는 정신을 담고 있다. 주의를 받고 이를 솔직하게 받아들일 수 있는 조직 풍토가 있으면 마음이 통하는 멋진 직장이라는 것이다. 그는 "밝고 큰 목소리로 인사할 수 있는 풍토가 조성되어야 하고, 밝고 엄격하고 씩씩한 조직풍토에서는 사고 재해는 발생하지 않는다 해도 과언이 아니다."라고 단언한다.[32)

사례 연구 (25) 해외 기업에 대해 지적 활동 컨설팅 사례

　　안전문화 정착의 장애 요인 중 하나가 체면 문제이다. 체면 때문에 지적해 주기가 어렵다. 안전에서 지적이 중요하다. 문제가 생길 것 같으면 서로 지적해 주어야 한다. 여기에서 우리나라 기업이 해외 기업을 상대로 지적활동을 컨설팅 해 준 사례가 있다.

　　S사 안전담당임원은 2012년 중국 시노펙과 합작법인을 만들 때 시노펙 담당자로부터 중국 직원들을 위해 안전강의를 요청받은 적이 있다. 현장의 안전관리 문제에 대해 어떻게 대처하느냐이었다. 이에 대해 S사 임원은 엄중한 처벌 등 안전황금률(Safety Golden Rule)을 적용한다고 하였다. 당시 안전 선진국에서는 적용되고 있지만 국내에는 드문 편이었다(공장 내 흡연, 교통규칙 위반 등). 시노펙도 좋은 제도가 있음에도 꽌시 문화로 서로 지적하지 않는다고 하였다. 이에 대해 S사는 직원 간에 잘못을 발견하면 지

---

31) 에버그린카드 기법보다 더 진화된 6단계 안전대화기법이 있다. 안전 미비 사항의 지적에 앞서 안전 행동을 먼저 칭찬하고 대화를 나눈 뒤 감사를 표명하면서 안전 미비사항의 지적과 함께 개선의 동의를 끌어내는 방식이다. 6단계는 다음과 같다. ① 관찰, 결심, 판단 ② 안전행동 칭찬 ③ 불안전 행동 상호 대화 ④ 동의 구하기 ⑤ 애로사항 청취 ⑥ 상호 감사 인사 순이다. 듀폰의 SAO(Safety Acts Observation)제도를 벤치마킹한 것으로 BBS(Behavior Based Safety)와 같은 개념이다.

32) 작업현장의 안전관리, 밝은 작업 현장 만들기, pp.29-30.

적하는 문화가 되어 있다고 답했다.

이후 시노펙은 합작법인의 안전에 대해 S사가 관장해 주기를 요청하였으며 시노펙의 안전문화가 긍정적으로 변화되기 시작하였다. S사 임원도 이를 계기로 내부 성찰의 기회를 가지게 되었다. 사무직원, 임원들도 사무실 밖에 나오면 안전모를 쓰고, 현장에 갈 때는 현장 직원과 같은 복장을 착용하게 하였다. 그래야 안전모, 복장 등이 잘못되었을 경우 지적할 수가 있다. 혹시 상사가 어기더라도 지적할 수 있도록 만든 것이다.

안전은 '마법(Magic)'이 아니라 '기본(Basic)'이다. 사람들이 기본을 무시하기 때문에 사고 원인이 된다. 회사 대표가 양복을 입고 현장을 방문하면 현장 관리자가 대표에게 "이렇게 방문하시면 안 됩니다."라고 말할 수 있어야 한다.[33]

사례 연구 (26) 부하가 지적 활동을 망설이다 비행기 추락 사례

호의적 관계에 있는 사람들로 팀을 구성하면 효율성을 높이는 데 긍정적이지만 그렇다고 만능이 아니다. 지나치게 잡담을 주고받거나 상대가 해줄 것이라 여기고 미룰 수도 있다. 안전을 확보하기 위해 협력이 중요하지만 지나치게 동료에게 의존하는 것은 금물이다. 친한 사이라도 역할 분담을 확실하게 하고 각자의 역할을 충실하게 수행해야 한다.

인간관계가 매끄럽지 않거나 상호 불신상태에 있으면 주의를 주고받는 행위가 생략되고 바로 실수로 이어진다. 하네다 앞바다 일본 항공기 추락사고(1982. 2. 9)는 전형적인 예이다.

비행기 조종실에서 왼쪽 기장과 오른쪽 부기장의 물리적 거리는 불과 80cm이지만 양자 간의 심리적 거리는 그 몇 배이었다. 기장의 권한은 절대적이므로 그가 평소와 다른 행동을 하더라도 하급자인 부기장이나 기관사는 주의 주기가 어렵다. 하물며 이상 행동을 상급관리자에게 보고할 수도 없다. "잘못 보이면 불리하게 평가를 받을

---

33) "안전경영 1%의 실수는 100%의 실패다"의 저자 이양수 SK 고문과 서진영 경영철학 박사와의 안전관리 대담 자료에서 인용한 것이다(2022. 5. 12).

수 있어 어쩔 수 없이 그에게 주의 주는 일은 삼가야지"라는 마음을 먹게 되며, 이는 하급자들의 적극적 행동을 망설이게 하고 상사의 일을 지켜보게 만든다.

기장의 행위를 간과할 수밖에 없던 사람은 부기장만이 아니었다. 장착을 의무적으로 해야 하는 구명 벨트를 풀고 기장의 행동을 지켜보고 있던 기관사는 전방 계기판에 머리를 찧어 중상을 입었다. 상하 간에 서로 주의를 주는 것이 자연스럽게 이루어져야 안전을 유지할 수 있다. 추락 항공기의 조종실 안은 의혹과 불신이 소용돌이칠 뿐, 신뢰하고 기탄없이 의견을 나누는 분위기는 전혀 찾아볼 수 없었다.[34]

사례 연구 (27) 상사가 부하 의견을 무시하다 비행기 충돌 사례

하급자가 건의해도 상사가 수용하지 않아 일어나는 사고도 적지 않다. 이의 대표적인 사례가 583명 사망자를 낸 스페인령 카나리아제도의 테네리페 공항에서의 항공기 사고(1977.3)이다. 네덜란드 KLM 항공의 점보기와 팬아메리칸 항공의 점보기가 활주로에서 충돌했다. 사고 원인 조사 결과 기장이 부기장 등의 말을 무시하고 무모한 조종을 한 것으로 밝혀졌다.

이를 교훈으로 삼아 유나이티드 항공(UA)은 새 훈련 기법으로 승무원자원관리(CRM-Crew Resource Management)를 개발하였다. 이는 리더십강좌를 통해 자신을 인식하고, 로프트(LOFT-Line Oriented Flight Training)라는 시뮬레이터를 사용하는 모의 비행 훈련을 한다. 훈련 모습은 비디오로 담아 검토자료로 활용한다. 이 기법은 기장과 부기장 두 사람만 조종하는 첨단기술의 항공기 보급이 늘어나고 있어 안전 운항에 도움이 된다.

안전담당자는 안전대책 방침을 현장 직원들에게 가르치고 전해준다는 자세를 취하기 쉽다. 이는 안전과 직결되는 중요한 문제라 할지라도 현장 직원들의 공감을 불러일으키기가 쉽지 않다. 일방적 강요나 전달보다는 현장의 소리를 수용하고 그에 기초한 시책을 만들어야 한다.

안전담당자와 현장의 작업자 사이를 중개해 안전 시책을 정착시키는 사람은 리더

---

34) 마사다 와타루, 위험과 안전의 심리학, 이인삼각으로 달린다. pp.207-214.

이며 관리자, 감독자이다. 이인삼각 경기는 두 사람의 호흡이 맞고 협력이 제대로 이루어져야 하듯이 안전대책도 삼자(현장 직원, 관리감독자, 안전담당자)가 호흡을 맞추어 시행해야 한다.

4 조직 구성원들의 안전에 대한 몰입

경영책임자는 구성원들의 안전에 대한 몰입도를 높이도록 부단히 연구해야 한다. 몰입이란 '혼신을 다하는 데에서 조금 더 하는 것'이며 의도적으로 자신의 능력을 풀가동(의도적인 몰입)시키는 것이 필요하다.[35] 태니지먼트의 몰입도(Engagement) 연구에 의하면 높은 몰입도를 보이는 구성원들은 자기효능감, 심리적 안정감, 자신의 강점과 관련이 있으며 세부적으로 다음과 같다.[36] 첫째, 자기효능감(Self-efficacy)과 관련, 구성원들은 세 가지 욕구에 만족을 느낀다. ① 자신이 하는 일의 조직에 대한 기여도에 대해 구체적으로 인정받고 있다(인정). ② 작은 일이라도 성취를 통해 자신의 능력을 인지하고 자기효능감을 느낀다(성취감). ③ 조직 생활에서 경험을 쌓고 성장하면서 자신의 가치가 올라가고 있다고 느낀다(성장).

둘째, 심리적 안정감(Psychological stability)과 관련, 세 가지 욕구에 만족을 느낀다. ① 자신의 의견이 팀과 조직에 잘 반영되고 있다고 느낀다(소속감). ② 자신이 스스로 선택한 행동이라 믿고 능력을 발휘하고 있다고 느낀다(자율성). ③ 자신이 하는 일이 가치가 높다고 여기고, 자랑할 수 있고, 조직에 기여하는 업무를 수행하고 있다고 여긴다(의미).

셋째, 개인의 강점(Individual strength) 발휘이다. ① 자신의 강점이 충분히 발휘되어 조직 및 구성원들과 신뢰 관계가 구축되고(신뢰), ② 자발적이고 의욕적인 행동을 보이며(자율), ③ 업무 만족도가 커지면서 심리적 안정감을 느낀다(안정).

---

35) 의도적인 몰입 방법으로는 충분한 수면, 운동, 이완된 집중(Slow thinking-머리는 집중, 육체는 편안함), 이해 및 생각 위주(작업 기억 향상), 주관식화, 과정 중시, 선택과 집중, 무한 반복 기능의 활용, 자신이 하는 일 좋아하기 등이다(황농문 교수, KBS 아침마당, 몰입의 힘, 2014. 11. 6).

36) 김봉준 태니지먼트 대표의 기고문, 구성원들은 정말로 우리 조직이 강해지길 원하고 있을까? HR Insight에서 인용(2022. 2. 15).

직업이란 단어 Occupation은 동사 Occupy의 명사형이다. 'Occupy one's mind'는 '마음을 차지하다,'이고, 'Occupy oneself by doing something'은 '어떤 일을 하는 데에 몰입하다.'라는 뜻이다. 즉 직업이란 '자신이 하는 일에 몰입하는 것'이며, 안전 업무도 이와 같다. 경영자는 근로자들이 안전에 몰입하도록 동기를 부여하는 것이 중요 책무이고, 현장 근로자들도 안전을 최우선으로 여겨야 한다. 뜻하지 않은 사고로 잃은 실적은 만회할 수 있으나 잃어버린 긍정적 분위기를 되살리기는 매우 어렵다. 안전이 구성원 삶의 질과 생산성 향상의 기본이다.[37]

5 안전이 조직 신념으로 정착된 효과

안전이 조직 신념으로 정착되면 다음과 같은 경영혁신 효과를 가져온다. ① 인도주의가 근간인 '안전제일(Safety First)' 신념을 바탕으로 하여 인간존중 정신이 최우선 가치로 자리 잡는다. ② 재해로 인한 인적, 재산적 손실을 예방하여 경제적 손실을 막는다. ③ 구성원의 안전태도 개선 및 동기부여로 생산성 및 품질향상을 가져온다. ④ 노사협력 강화로 대외 신뢰도와 이미지를 높인다. ⑤ 경영의 효율성과 효과성을 높여 복지제도 기반을 조성한다.[38]

❖ 안전문화 미성숙조직과 성숙조직의 현상 비교

안전문화 미성숙 조직	안전문화 성숙 조직
• 암묵적 양해, 결정 많음 • 공기 촉박으로 절차 미준수 발생 • 상사 결정에 무조건 복종 경향 • 결과가 나오지 않으면 노력에 대해 평가받지 못함 • 현장 담당자는 공정관리 우선 • 커뮤니케이션 원활하지 않고 대등하지 않음 • 단속형, 강압적 안전 패트롤 • 책임추구형 사고 재해 조사 • 즉흥적, 형식적, 공론(空論)으로 그치는 활동계획	• CEO의 안전에 대한 강한 관심 • 조직의 안전 가치관 공유 • 자원 확보 및 안전프로그램 지원 • 구성원의 자발적 참여 • 열린 커뮤니케이션 • 적절한 문서 관리(절차서, 실천 기록 보관 등) • 절차서에 의거 작업 수행 • 안전행동 습관화(보호장구 착용 등) • 작업장 정리정돈(5S) • 강한 팀워크 • 구성원들의 조직 및 일에 대한 자긍심

---

37) 안전한 일터가 행복한 세상을 만든다, 허남석 전게서, pp.36.
38) 경영의 핵심은 효율성(Efficiency) 과 효과성(Effectiveness) 확보다. 즉 경영 목표를 유효하게 달성

6 안전문화 조성방안[39]

1) 안전문화의 속성

'안전'은 고도의 추상명사로서 듣는 자에 따라 이해하는 방법이 다르다. 글자 그대로 '안전(安全)'은 완벽한 의미이나 현실은 그렇지 못하다. "안전이란 위험의 존재를 애매하게 하는 특효약이다." 혹은 "안전은 우선적으로 합의를 형성하기 위한 마법의 단어이다."라는 말은 이를 두고 하는 말이다. 안전문화도 이와 같다. 무언가 트러블이 생기면 안전문화적 요소의 문제점이 발견된다. 확장성이 있고 공유되는 속성이라면 안전문화상의 속성이 크므로 문제점을 구체화시키고 대응책을 디테일하게 마련해야 한다 (추상성의 구상화).

2) 안전문화 조성방안

바람직한 안전문화 조성을 위한 방안은 다음과 같다. ① 행동으로 나타나야 한다. 구체적 사례 제시나 체크 항목 등 활동으로 옮길 수 있도록 준비해야 한다. ② 몰입하는 사람이 있어야 한다. 안전문화 조성은 단기간에 성과가 보이지 않는다. 평상시 의식하지 못한 상태에서 문제점을 발견하려면 신뢰할 수 있는 전문인력이 필요하다. ③ 끈기 있게 추진해야 한다. 교육 훈련에 더하여 소집단 활동, 코칭, 컨설팅을 병행하면 효과적이다. ④ 의사소통의 원활이다. 신뢰 형성과 공정성은 수평, 수직적 의사소통을 원활하게 하고 활발한 토론과 정보 공유가 이루어진다. ⑤ 개방적, 시스템적으로 개혁해야 한다. 누가 제안하였는지가 중시되는 권위주의적인 조직에서는 초기에는 효율적일 수 있으나 시스템적으로 이루어져야 한다. ⑥ 감독과 자율의 균형이 필요하다. ⑦ 실패는 개선의 기회다. 실패를 비난하지 않는 풍토를 조성해야 한다. 실패를 보고하는 직원에게 상사는 "좋은 보고를 해 주었다."라는 분위기가 조성되어야 한다. ⑧ 묻는 자세가 필요하다. 스스로 자문, 자신의 의견을 타인에게, 타인의 의견을 자신에게 묻고 곰곰이 생각해야 한다. ⑨ 전례를 참고하되 얽매이지 않는다. 전례만 답습하면 개선 여지가 적어지고 전임자를 비판할 수도 있다. '바로 잡을 것은 바로 잡는다'라고 생각

하되 효율적으로 달성하는 것이다.

39) 정진우, 전게서, pp.201-216.

하면 된다. ⑩ 팔로워십이 중요하다. 리더에게 확실하게 말할 수 있고, 적극적으로 제안해야 한다. ⑪ 프로의식과 사명감을 지녀야 한다. ⑫ 안전은 국가, 사회, 산업, 생활안전으로 연계되어야 한다. 하나의 주체만으로 안전문화를 조성할 수 없다. 다른 조직이 만든 물품의 구매, 위탁생산, 서비스를 받는다. 발주자, 수주자, 하도급에 이르기까지 동일한 인식과 자세를 갖추어야 한다.

3) 팔로워십의 중요성

팔로워십 전문가 미국 경영학자 켈리(Robert E. Kelly)는 그의 저서 '팔로워십의 힘 (The power of followership)'에서 "조직의 성공은 리더의 기여도 20%, 나머지 80%가 팔로워들에 의한 것이다."라고 한다.[40]

일본의 자동차기업 혼다의 창업자 혼다 소이치로와 사업 파트너 후지사와 다케오가 1948년 동업자로 만나 기업을 일구었다. 기업을 영화 같은 예술이라 한다면 혼다와 후지사와는 자동차라는 예술영화에 주연과 조연 그랑프리를 수상한 명배우라 할 수 있다.[41]

조연은 '주연을 보조하여 연기함'이라는 사전적 의미를 지닌다. 그러나 이제는 누군가를 보조해주는 역할을 넘어 조연 스스로가 주목받는 시대다. '주연'과 '조연'이라는 단어가 주는 프레임에 얽매일 필요가 없다. 조연이라 주목받지 못한다는 공식은 깨졌다.[42]

이와 마찬가지로 안전 확보 업무를 종합예술이라고 한다면 담당자들은 주연과 조연의 역할을 맡는 것과 조금도 다르지 않다.

---

40) 삼국지 유비는 제갈공명을 얻기 위해 삼고초려를 마다하지 않았다. 조연인 제갈공명의 지혜가 없었다면 유비는 주연이 될 수 없었다. 유비가 제갈공명을 군사(軍師)로 세우고 자신은 뒤로 빠지는 (조연에게 주연 역할까지 맡기는) 미덕으로 두 사람의 파워 플레이가 가능하였다. 유비는 50세, 제갈공명은 26세. 황족 신분의 유비는 천하의 2/3를 차지한 조조의 맞수이다. 20세 넘게 어린 산골의 제갈공명을 세 번이나 찾아가 극진히 모신 것은 보통 사람으로는 할 수 없는 일이다.

41) 엄광용, 세계를 움직인 CEO들의 발상과 역발상, 주연배우와 조연배우의 역할, pp.11－19.

42) 이제는 조연들도 주목 받는다. 작지만 빛나는 조연들의 활약, 한국연예인스포츠신문(2022.5.2).

4) 핵심가치로서의 안전의 실천 제고 방안[43]

① 핵심가치 실천 사례 개발 및 전파이다. 정기적으로 경영 회의 등에서 발표하고, 구성원들에게 전파하며, 보이지 않는 선의의 경쟁심리도 작용하게 된다. ② 핵심가치를 제대로 실천한 사람을 선정하여 인정해 주는 방안이다. 뛰어난 사람은 '핵심가치 영웅'으로 명예의 전당에 보전하는 방법도 있다. ③ 핵심가치를 인사제도와 연계시키는 방안이다. ④ 안전관리 총괄부서는 안전문화 정착에 대해 지속적으로 모니터링하고 피드백을 실시한다. 단위 조직별로 강한 조직은 우수사례로 선정하여 전파하고, 부족한 조직에게는 컨설팅, 코칭 등으로 실행력을 높인다. ⑤ 변화 선도자(Change Agent)를 선정해 내부 강사 역할을 맡겨 전사적 실천력 강화를 리드하며 CEO를 위시하여 전 조직이 이를 지원해야 한다.

5) 성공한 기업들의 공통점[44]

조직행동론 전문가 찰스 오레일리와 제프리 페퍼 교수는 저서 '숨겨진 가치(Hidden Value)'에서 성공한 기업들의 성공 요인을 분석한 결과, 다음과 같은 공통점을 제시하였다. ① 직원들이 능동적으로 의사결정 과정에 참여하고, 직원들을 공정하게 대우해 주어야 그들의 헌신적인 태도와 높은 의욕을 기대할 수 있다. 금전적 보상만이 최선은 아니다. ② 생산성과 효율성을 높이기 위해 노력하는 직원들의 아이디어, 창의력, 지혜를 최대한 활용한다. 의사결정 단계를 단순화하여 실질적 비용절감 효과를 가져오게 한다. ③ 직원들에게 교육을 제공하고 의욕적으로 일할 수 있는 환경을 마련해 준다. ④ 실질적인 이벤트를 강조한다. 월별 챌린지 미팅, 각종 축하 행사 등을 통해 목표, 운영방식, 가치를 상기시켜주는 역할을 한다. 말이 아니라 행동으로 옮기도록 만드는 것이다.

---

43) 홍석환, 강한 회사를 만드는 인사전략, 핵심가치 실천, pp.349-356.
44) 찰스 오레일리, 제프리 페퍼, 숨겨진 힘, 이들 기업이 성공한 이유는 무엇일까, pp.425-432.

05 획기적 인식 전환 사건

여기에서는 의사결정권자의 정책적 판단 오류로 인해 대형사고가 발생한 국내외 두 가지 사례를 살펴본다.

1 미국 우주선 챌린저호 폭발사고

미국 우주선 챌린저호가 1986년 1월 28일 발사 73초 만에 폭발하여 수많은 사람들이 현장과 TV로 지켜보는 가운데 탑승자 7명 전원 사망한 사고는 큰 충격을 주었고 직접 재산 피해액만 4,865억 원에 달한다. 발사 예정일은 1월 22일이었으나 악천후로 수차례 연기되어 28일로 정해진다. 전문가들은 날씨가 추워 일정을 더 연기해야 한다고 했으나 NASA가 묵살하였다.[45)

레이건 대통령과 하원은 조사를 지시하였다. 조사 결과, 폭발의 직접 원인은 O링 (고무 패킹)이 추운 날 딱딱해지면서 탄력성을 잃어버렸기 때문으로 밝혀졌다.[46) 놀라

---

45) 전문가는 O링이 추운 날씨에 위험함을 깨닫고 발사 전날은 물론, 발사 12분 전까지도 연기를 요청하였다.

46) 고무 재질인 O링은 섭씨 18.5도 이하에서는 탄력성을 잃어 본래의 형태로 돌아올 만큼의 유연성을 보이지 못하는 문제를 안고 있었다. 발사 당일 기온은 평년보다 16도나 낮은 섭씨 영하 1.1도였으며 설상가상 오전에 발생한 화재감시 시스템 문제로 챌린저호는 발사대에 2시간 넘게 서 있었다. 이로 인해 O링은 더욱 탄성을 잃고 뜨거운 부스터 내의 가스 압력을 계속 받았다. 결과적으로 이

운 사실은 O링 제작 엔지니어들이 이러한 문제점을 보고하였는데 최종 의사결정권자들에게 전달되지 않았다는 것이다. 그리고 협력업체와의 계약에 안전과 품질보다 비용과 일정 준수에 가산점을 주게 되어 있었다.

당시 NASA는 우주 경쟁 시절의 막강한 기관이 아니었다. 적자인 우주왕복선 프로그램의 손실을 국방부나 민간기업이 메우고 있었다. 따라서 절호의 홍보기회인 우주교사 프로그램으로 미국민들의 지지를 높이고자(우주에서 교사가 수업 진행) 발사를 강행해야 한다는 강박관념이 있었다. 더욱이 레이건 대통령의 발사기념 연설이 예정되어 있었다. 결국 NASA가 노리던 최대의 전시효과는 최악의 전시효과를 낳고 말았다. 결과적으로 안전의 중요성을 경시한 NASA의 조직문화가 근본 원인으로 지적되었고, 이후 안전분야에서 조직적인 맥락의 중요성을 재인식하는 계기가 되었다.

2 삼풍백화점의 붕괴사고

우리나라 30년 재난사고 역사를 보면 1995년 6월 삼풍백화점 건물 붕괴는 단일사고로서 피해 규모가 가장 크다. 사망 501명, 실종 6명, 부상 937명, 재산피해 2,700억으로 집계되었으며 실제 직간접적 피해는 훨씬 더 크다. 버스, 지하철, 기차, 유람선 등의 사고는 탑승 인원에 따라 규모가 결정된다는 점에서 단순 건물 붕괴인 삼풍백화점의 피해 규모가 얼마나 막대한지를 알 수 있다.

삼풍백화점 사고의 의미가 중요한 이유는 당시에 안전에 대한 관념이 약한 점도 있었지만 궁극적으로 위험 불감증과 인명을 경시한 경영책임자의 잘못된 판단으로 엄청난 재앙을 가져왔기 때문이다.

삼풍백화점 붕괴의 직접 원인은 불법 증축, 설계변경, 부실공사 및 관리, 안전의식 부재, 에어컨 냉각기(3기)와 물 무게를 합치면 옥상 감당 무게의 4배에 달한 점 등이며, 전조현상은 수개월 전부터 나타났고 당일은 전조현상이 심각하였다. 직원들은 "이러다가 무너지는 것 아니냐"라고 공공연히 이야기하였다. 영업부서 직원들은 사전 세일한다고 고객들에게 일일이 전화하여 사람들이 몰려왔다.

음새 틈으로 가스 분출이 이어졌다.

회장 주재 대책회의 결과 영업을 계속하기로 방침을 정해 대피할 골든타임을 놓쳤다. 대책회의에서 임원들이 영업 중단 및 즉각 대피를 주장하였으나 기술사가 보수공사만 하면 된다고 주장하고 회장이 노발대발하며 대피를 반대하므로 임원들은 따를 수밖에 없었다.

만약 영업을 중단하고 신속히 대피시키고 주변을 통제했더라면 인명 피해 없이 건물과 기자재 피해로 막을 수 있었을 것이다(위키백과 등).

유형별 모범 안전 사례

1 협력체제 강화

1) 훈련을 통한 주민들의 협력으로 마을화재 진화(부산 기장)

"불이야" 소리에 달려 나온 이웃, 소방 호스를 30m 끌고 와 진화

이웃집에 불길이 치솟자 주민들이 힘을 합쳐 마을 입구에 비치된 소방 호스를 30여 m가량 끌고 와 불을 끈 사례다. 평소 화재진압 훈련의 결실을 보는 순간이다. 2023년 12월 15일 오전 7시 11분경 부산 기장군 철마면 한 단독주택에서 불이 났다. 불은 거주자가 잠시 집을 비운 사이 충전 중이던 손전등에서 시작된 것으로 알려졌다. 화재경보감지기 경보음이 울리고, 개가 짖기 시작했다. 이 소리에 한 주민은 이웃집 창문에서 불길이 나오는 것을 목격하고 119에 신고했다. 누군가 외치는 "불이야" 소리를 듣거나, 연기를 본 주민들이 불난 주택 주변으로 모여들었다.

마을은 100여 가구 단독주택이 모여 있는 곳이다. 이장을 포함한 주민 6명은 입구에 설치된 비상 소화장치에서 돌돌 말린 소방 호스를 풀어 30여 m가량 끌고 가 불이 난 주택에 뿌리기 시작, 신속한 조치로 불길은 초기에 잡혔고, 출동한 소방차에 의해 오전 7시 39분경 완전히 꺼졌다.

마을 주민들은 평소 부산소방본부와 함께 화재진압 훈련을 하면서 비상 소화장치 활용법을 익혔다. 사전 훈련이 없었더라면 생각조차 하지 못했을 것이다. 부산소방본

부는 "주민들이 초기에 화재를 진압해 화재의 확산을 막을 수 있었으며, 표창할 것"이라고 밝혔다.[47]

2) 협력사와 상생 정신 발휘(넥센타이어)

협력업체와 함께 안전보건 문화를 확산하고 있는 넥센타이어가 고용노동부와 한국산업안전보건공단이 주관하는 '2023년 안전보건 상생협력사업' 우수사업장으로 선정됐다. 이 사업은 대－중소기업 간 자율적 상생 협력을 통해 안전보건 수준 격차 해소와 산업재해 예방을 위해 추진하는 것으로, 전국 약 330여 공공기관 및 기업이 참여했다.

넥센타이어는 안전보건 세미나, 안전보건정보 제공, 유해 위험요인 개선활동 지원 등 상호 긴밀한 협력을 통해 안전보건관리 수준 향상, 중대재해 예방 및 안전문화를 확산해 오고 있다.

또한 '협력업체 위험성 평가 인증'과 '숨은 위험을 찾아라' 등의 안전활동을 전개하였으며 이를 통해 협력업체는 작업장에서 자체적으로 위험요인을 발굴하고 개선 활동을 벌이는 안전보건관리체계를 구축하게 되어 높은 평가를 받았다.

넥센타이어는 이번 선정에 따라 2025년까지 안전보건 감독을 받지 않고 자기규율 예방계획을 수립해 자율 실행하며, 정부 동반성장지수 평가 시 가점을 부여받고 정부 포상 선정 시에도 우대받게 된다.

3) 의사소통 원활(명성물류포장)[48]

2023년 6월 16일 오후. 경기도 용인시 처인구 수출용 포장전문업체 '명성물류포장'에서는 점심 식사를 마친 직원 5~6명이 작업장으로 들어서고 있었다. 수출용 목재 상자를 만들어 반도체, 자동차 등을 포장하는 업체이며 직원 수는 34명이다. 무더운 날씨에도 모두 안전모, 안전화, 보호안경까지 착용하고, 나무를 자르고, 못을 박는 등 복잡하고 거친 작업에도 깔끔하게 정리된 작업장과 직원들의 모습을 보니 안전에 많은 신경을 쓰고 있음을 한눈에 알 수 있다.

명성물류포장은 한국산업안전보건공단으로부터 위험성 평가 우수사업장 인증을

---

47) 헤럴드경제 2023. 12. 15.
48) 이데일리 2023. 6. 20.

받은 업체다. 정기적으로 근로자가 참여해 사업장 위험요인을 파악하고, 작업 전엔 위험요인과 작업 주의 사항을 설명하기 위한 회의 등 산재 예방을 위한 자율체계를 마련한 것에 높은 평가를 받았다.

명성물류포장이 주목받는 것은 50인 미만 소규모 사업장임에도 안전을 기업경영의 핵심가치로 삼았다는 점이다. 2021년에 산재 사망 근로자는 828명, 이 중 80%가 50인 미만 사업장이다. 소규모 사업장들은 어려운 환경 속에서 충분한 안전비용의 확보가 어렵다곤 하지만 명성은 "사업주 의지만 있으면 소규모 사업장도 안전을 충분히 지킬 수 있다."고 설명한다.

황정수 대표는 창업 전 다니던 직장에서 근로자 사망사고로 사업장이 문을 닫는 경험을 통해 "기업경영과 근로자의 안전은 떼어놓을 수 없다는 철학을 세웠다."고 하며, "처음에는 현장에 안전의식을 심는 것이 쉽지 않았지만, 자리가 잡히면서 대기업과 계약할 때 경쟁력의 하나가 되었다."고 강조한다.

"소규모 사업장일수록 위험성 평가가 사고를 줄이는 데 효과적일 수 있다."고 직원들은 입을 모은다. 안전관리 담당자 천지민 과장은 "대기업은 시스템이 잘 갖춰져 있지만, 중소기업은 전 직원들과의 의사소통 기회가 더 열려있다. 수시로 직원들과 소통하면 근로자에겐 안전의식을 심고 현장의 위험요인도 수월하게 발견하게 된다"고 말한다. 작업 중인 근로자 방글라데시인 타래가 씨도 "위험요인이 눈에 띄면 즉시 의견을 전달할 수 있는 분위기가 조성돼 있다. 의견을 말하면 회사에서 고쳐준다는 믿음이 있어 안전하게 일할 수 있다."고 덧붙였다.

2 오너십 발휘

1) 그룹 오너의 현장 복귀(수산그룹)

수산그룹은 건설장비 제조, 발전설비 유지, 개보수 공사를 하는 글로벌 기술그룹이다. "누군가 할 일이면 내가 하고, 언젠가 할 일이면 지금 하고, 어차피 할 일이면 더 잘하자."라는 문구는 정석현 회장의 경영철학이다. 그는 중대재해처벌법이 제정되자 오너로서 안전관리 책임을 감당하고자 대표이사로 복귀하였다. 그룹 회장에서 계열사 대표이사로 4년 만에 복귀한 것이다.

"오너는 누군가 책임을 져야 할 때 남에게 전가하지 않고 직접 감당해야 신뢰를 얻게 된다. 중대재해가 발생할 경우 전문경영인에게 책임이 가지 않게 하고 회장이 안전경영을 책임지는 대표를 맡기로 했다."고 했다. 10여 개 계열사 중 산업재해 위험성이 높은 5개 계열사 대표를 사위와 나누어 맡았다. 그는 '중대재해가 일어난다면 오너가 모든 책임을 지겠다는 자세가 있어야 임직원들의 인식이 변할 수 있다'고 생각한다.

정회장은 대표이사 복귀 후 안전을 중심으로 작업장과 생산라인을 개편하고 안전관리 적임자를 물색했다. 면접을 보면서 "누군지 밝히지 말고 우리 작업장을 방문해 어떤 위험요소가 있는지 확인해서 보고서를 써 오라"고 했다. 전문 영역인 안전관리직에 아무나 배치해서는 성공적으로 일을 해낼 수 없다고 여겨 안전전문가 영입을 서두른 것이다.

안전관리 개선을 위한 투자비 한도를 없앴다. 노조에 대해서는 안전과 관련되어 요구하는 모든 것을 들어 줄 테니 한 가지만 약속해 달라고 했다. 다른 규정의 위반은 정상참작을 하겠으나 안전수칙을 위반하면 법이 허용하는 한도에서 최고 수준의 징계를 내리겠다는 것이다. 노사합동으로 지적한 개선 사항을 당장 시행하자고 노조와 합의부터 했다. 10개 계열사 중 3개사에 노조가 있는데 모두 흔쾌히 받아들였다.

그는 근로자들의 안전의식을 높이는 것이 힘들다고 한다. 근로자는 익숙한 작업습관을 바꾸는 것을 싫어하고 개인 보호장비를 착용하고 매뉴얼대로 작업해야 하는데 이를 개선시키기가 쉽지 않다는 것이다.

근로자 주의 의무와 경영자 책무

정회장은 근로자 주의의무와 경영자 책무에 대해 다음과 같이 피력한다. "중대재해 발생 위험도는 기업 규모, 작업조건, 조직 형태에 따라 다르다. 국내외 여러 군데에 사업장이 있고 종업원이 많은 대기업에서 대표가 모든 사업장의 실태를 파악할 수 없고 일일이 지도 감독할 수 없으므로 작업자가 안전수칙을 먼저 지켜야 한다. 수칙을 어긴 직원은 회사가 경고부터 해고까지 징계할 수 있는 조항을 법으로 보장해야 한다. 재해 시 치료와 보상도 자기 과실을 반영해야 한다.

안전한 근로환경을 만드는 것은 회사와 사용자 책임이다. 안전관리 전문가를 영입하지 않거나 예산 배정을 소홀히 하는 오너나 CEO에게는 책임을 물어야 하며, 배정된 예산을 효율적으로 사용하지 않아 발생한 사고는 담당자에게 책임을 물어야 한다. 그래야 소임을 다하는 것이다."

■ 국가 정책 과제

국가 정책적으로 다음과 같은 의견을 제시한다. "재해 발생 시 치료를 끝까지 보장하고 사망사고 시 보상한도를 대폭 늘려야 한다. 한 해 약 900여 명의 사망사고가 일어난다. 현재 사망사고 보상금은 약 2억 원 정도인데 최소 6억 원 이상으로 올려야 한다. 그러면 한해 약 3,600억 원의 추가 재원이 필요하다. 사망사고 감축 5개년 계획을 시행하여 사고를 1/3로 줄이면 5년 후 현재의 보상 총액 수준으로 낮아진다. 5년간 1조 원 정도 추가 재원은 한시적으로 산재보험료를 더 징수해서라도 추진할 필요가 있다. 사회적 갈등비용을 줄이는 효과는 몇 배나 더 클 것이다."[49]

2) 구성원의 자율 안전관리(충청에너지서비스)

충북 청주시 소재 충청에너지서비스는 충북지역에 도시가스를 공급하는 회사로서 청주산업단지, 오창산업단지 등에 SK하이닉스, LG화학, 정식품, 오비맥주, 대한제지 등 생산시설들이 즐비해 긴장감을 늦출 수가 없다. 충청에너지서비스 직원들은 자발적이고 높은 의욕 수준으로 안전에 만전을 기하고 있다. 상황실에 긴급 상황이 접수되면 비상대기팀이 즉각 출동, 소방당국보다 먼저 현장에 도착하여 가스 밸브부터 잠근다. 수년 전 오창산단 L 공장에서 화재가 발생하여 충청에너지서비스 비상대기팀이 즉각 출동하여 가스 밸브를 먼저 잠그는 등의 선제 조치로 대형사고가 날 뻔했던 사고를 초동에 막은 적이 있다. 그리고 평소 긴급 상황 시 실시간으로 소통을 할 수 있도록 충북도, 청주시, 소방서 등 관계기관과 연락처를 공유하고 주기적으로 업데이트시키고 있다.

충청에너지서비스 안전관리팀은 매일 도시가스 배관로 순찰을 실시하여 이상 상황 발생 유무를 점검한다. 일부 지역을 제외하고는 충북지역을 거의 커버한다. 2008년 중국 베이징 하계 올림픽이 개최되기 일 년 전에 전국적으로 철강제품 품귀현상이 벌어지고 있었다. 안전관리팀은 거의 사람이 다니지 않는 외진 곳도 배관 연계 지역은 반드시 들러 점검을 한다.

---

49) 법률신문 인터뷰 기사(2023. 6. 26)

어느 날 순찰 과정에서 인적이 드문 외진 곳('도심 골짜기'라는 말이 더 어울릴 듯함)에 밸브박스 맨홀 철제 덮개가 없어진 것을 발견하였고 즉각 내부 보고 후 보강조치를 취했다. 들리지 않아도 아무도 모르는 상황이지만 안전관리팀 직원들은 빈틈없이 임무를 수행한 것이다.

그리고 전사적으로 정기 및 수시 훈련을 실시한다. 협력업체도 참석하고 굴착기도 동원하여 비상대응 훈련을 한다. 불시에 소집하더라도 전원 참석하고 비상대응에 차질이 없는지 점검한다.

예외적인 상황이 발생하면 관리 요원을 제외하고 전원 출동하는 경우도 있다. 한번은 고객으로부터 가스가 누출된다는 신고를 받고 긴급 출동한 적이 있다. 가스누출이 의심되는 역한 냄새는 나지만 가스 누설 탐지기로 신고 지역 주위 곳곳을 탐지해도 진원지를 찾을 수가 없어 난감하였다. 그렇지만 직원들이 한꺼번에 나서서 샅샅이 수색한 결과 원인을 찾게 되었다. 인근 공장에서 폐수가 흘러나와 유사한 냄새가 나는 것을 확인하였다.

충청에너지서비스 안전관리팀장은 인터뷰에서 "안전은 생물을 관리하는 것과 같다. 안전에 영향을 주는 요소는 다양해서 늘 살펴보고 관리해야 한다는 것을 새삼 느끼게 되었다."라고 소감을 밝혔다.

3) 소명 의식(크리스마스 기적)

▬ 여객선 승객 199명 구조한 숨은 영웅

2018년 크리스마스이브, 제주 서귀포 마라도에서 승객 195명, 선원 4명을 태우고 항해하던 여객선 블루레이 1호(199톤)가 가파도 근해에서 좌초됐다. 방향조정 타기실에 물이 들어오는 등 큰 사고로 이어질 수 있었지만 빠른 구조로 사상자 없이 종료시켰다. 이는 무전을 받고 빠르게 사고 현장으로 달려간 양정환 선장(당시 55세)의 덕이 컸다.

양 선장은 당일 오후 2시 40분경 가파도 근처에서 여객선이 좌초됐다는 무전을 받았다. 당시 마라도에서 탑승한 승객을 하선시키기 위해 산이수동항에 자신이 운항한 송악산 101호(139톤)를 정박한 상태였고, 10분 뒤 다음 승객을 태우기 위해 마라도를 향해 출발해야 하지만, 주저 없이 사고 현장 가파도로 배를 돌렸다.

양 선장 소속사인 '마라도 가는 여객선' 제주운항 관리센터는 사고 소식을 접하자

곧바로 마라도에서 배를 기다리는 승객들에게 양해를 구한 후 20분 만에 사고 현장에 도착하여 탑승객 195명을 태우고 무사히 제주 모슬포항 인근 운진항으로 들어왔다. 또 마라도에서 사고 선박 블루레이 1호를 기다리던 승객 96명을 운진항까지 대신 수송해 주었다.

'마라도 가는 여객선' 이군선 안전부장은 "사고 선박이 소속 회사는 다르지만 신경 쓰지 않고 인명 구조에 집중했다, 평소 서귀포시 대정읍·안덕면 지역의 여객선과 유람선사, 해양경찰 등과 민관합동 자율협조체제를 구축하고 있어 신속한 대응이 가능하였다."고 말했다.

양 선장은 '바다 일 종사자로서 당연한 일이며, 특별히 잘한 것은 없다. 승선원과 해경, 어선까지 함께 신속하고 침착하게 대응한 결과이며 함께 해낸 일'이라며 인터뷰를 거절했다. 제주해양경찰청의 유공자 명패도 극구 사양하다가 민간구조 참여 활동을 독려한다는 취지를 존중해 뒤늦게 받은 것으로 알려졌다(연합뉴스 2019. 1. 2).

4) 안전훈련도 실전처럼 실시(세브란스병원)

세월호 사고 304명 사망(2014.4), 밀양 세종병원 화재사고 41명 사망(2018.1), 제천 찜질방 화재사고 29명 사망(2017.12), 이 세 군데의 공통점은 사고가 났을 때 어떻게 행동해야 하는지 몰랐다는 것이다. 반면아시아나항공 비행기가 미국 샌프란시스코 공항에 불시착하면서 기내 화재 발생 사고(2013.7)와 신촌세브란스병원 화재사고(2018.2)에서 직원들의 행동대응은 완전히 달랐다.

무엇이 이들을 다르게 행동하도록 했을까? 이는 평소 비상훈련을 통해 배양된 안전의식 차이다. 아시아나항공과 신촌세브란스병원의 관계자들은 평소 실전과 같은 비상대응훈련을 반복하면서 안전의식이 습관처럼 몸에 배게 되어 실제 상황이 벌어졌을 때 훈련 시 했던 행동대로 했을 뿐이다.

신촌세브란스병원 간호사들은 화재가 발생했을 때 환자는 중앙, 일반인은 병동 끝으로 훈련 때처럼 계단도 구분하여 대피시켰다고 하면서 본인들은 훈련인 줄 알았다고 한다. 용인세브란스병원의 간호사들은 환자와 대화 시 먼저 이름과 생년월일을 물어보는 것이 습관화되어 있다. 이는 평소 교육훈련을 통해 몸에 밴 것임을 알 수 있다.

이처럼 실전과 같은 반복적인 훈련을 통해 습관화되어 있어야 비상상황에 신속 정확하게 대처할 수 있다. 위험 불감증 인식과 위험 감수성은 그냥 주어지는 것이 아

니라 집중 노력으로 함양되는 것이다.[50]

3 조직 혁신으로 안전 강화

1) 위기를 기회로(도쿄 의대)

━ 의료사고 후 도쿄의대병원이 한 일

일본 도쿄 신주쿠 소재 병상 천 개 규모의 도쿄의대병원 본관 3층에 다른 대학병원에 없는 특이한 중심정맥(CV−Central Vein) 센터가 있다. 이곳에서 일반적인 수액 주사 줄보다 굵은 라인을 꽂아 심장혈관 깊숙이 넣는 시술을 한다. 큰 수술이나, 상태가 나빠 수시로 약물을 주입할 때 이 시술을 한다. 대개 오른쪽 쇄골 밑에서 찔러 넣는다. 대학병원급에서 월 100~200여 건, 중환자실이나 병실 침상에서 시술한다.

그런데 이 병원이 별도 공간과 의료진을 배치하게 된 사연은 2003년으로 거슬러 올라간다. 51세 여성이 직장암 수술을 받기 위해 입원하여 수술은 잘 끝났고, CV 튜브 시술을 받았는데 다음 날 의식불명 상태로 세상을 떠났다. 조사 결과, 심장 혈관에 있어야 할 CV 튜브가 혈관 밖으로 빠져나와 있었다. 여기에 수액이 들어가 흉강에 물이 차고, 폐와 심장을 압박하여, 하루 만에 뇌사상태에 빠진 것이다. 시술 당시 CV 튜브가 잘못 들어간 것을 아무도 몰랐고, 나중에도 확인하지 않았다. 으레 하는 것이라 별 문제 없다고 보았다. 며칠 후 신문에 대서특필되고 비난이 빗발쳤다. 100년 유서 깊은 병원의 신뢰가 하루아침에 무너졌다.

병원장은 다시는 이런 일이 일어나지 않도록 환자안전대책위를 꾸렸다. 만에 하나 실수가 일어날 수 있는 모든 과정을 수개월에 걸쳐 점검했고 CV 시술 지침을 만들었다. 이 지침에 의거 시술 의사 자격을 만들었고 3년간 옆에서 배우고, 시험을 거쳐야 한다. 합격한 의사는 가슴에 'CV' 표찰을 부착하며, 간호사는 이를 부착하지 않은 의사의 시술을 제지할 수 있다.

응급이 아니라면 모든 시술은 CV센터에서 두 명의 자격 의사가 함께 하며 크로스

---

50) 강부길 외, 안전은 사람이다, 안전훈련도 실전처럼 하자, pp.168−169.

체크한다. 튜브를 넣을 때 초음파와 엑스레이 동영상을 보면서 혈관에 정확히 삽입되었는지 확인하고 6시간 후 엑스레이를 찍어 튜브 위치를 체크한다.

의사는 '시술준칙을 어기면 징계를 받는다'는 서약서에 서명한다. 이 시스템을 만든 미키 다모쓰 교수는 그 '수치스러운' 신문기사를 CV센터 입구에 부착하고 'Never Forget!'이란 문구를 써 놓았다(決して忘れない).

일본 의료사고 조사센터에 따르면, 연간 치명적 의료사고 220여 건 중 12명이 CV 시술로 사망한다. 도쿄의대병원에서는 매달 150여 건 시술을 하는데, 시스템 도입 후 사망사고가 나오지 않았고, 합병증 발생률도 9.1%에서 3.5%로 감소했다. 고작 CV 시술로 요란을 떤다던 다른 병원들이 이제는 견학을 온다. 여기 출신 의사들은 '고작'이 사고를 낸다며 타 병원에 모범 사례를 전파하고 있다.

인간의 행동에는 의도하지 않은 실수와 오류가 따르므로 사고 확률을 줄이고 방지책을 철저히 마련해야 한다. 불의의 의료사고를 막기 위해 환자 안전시스템 개선으로 이어져야 한다. 도쿄의대병원은 의료사고 희생자 추모의 날을 만들어, 영혼과 유족을 위로하고 의료 안전이 거듭나는 계기로 삼는다.[51]

2) 벤치마킹 활용(일본 신칸센)

▬ 대구 지하철 사고 교훈으로 신칸센 방화 참사를 막다

2015년 6월 30일 오전 11시 반, 일본 도카이도 신칸센 1호 차에서 한 남성(71세)이 10리터짜리 기름통을 배낭에서 꺼내 기름을 자신의 몸과 주변에 뿌리고 라이터로 불을 붙였다. 1호 차 승객들은 "불이야"라고 외치면서 2호차 통로로 뛰어가다 화장실에 있던 비상벨을 눌렀다. 기관사가 즉시 수동으로 열차를 세웠고 직원들이 1호차로 달려와 소화기로 불을 껐다. 이 화재로 범인과 52세 여성이 사망, 26명이 중경상을 입었지만 나머지 800여 명은 무사했다. 1호 차 벽에 그을음 냈지만 번지지 않았다. 일본 언론들은 2003년 한국의 대구지하철 방화사건을 계기로 대비 체제를 구축한 결과라고 보도했다.

국토교통성은 1960년대 당시 화재 대비 기준은 담뱃불로 불이 나는 정도였으나 대구 지하철 참사를 계기로 기준을 대폭 바꿨다. 에어컨 통풍구, 천장, 손잡이, 문고리

---

51) 김철중 의학전문기자(조선 2018. 6. 6).

등을 난연 소재로 만들고, 차량 사이 문을 잠글 수 있도록 했다. 이번 사건이 발생한 객차의 시트, 바닥재, 차량 사이 출입문도 난연소재를 사용했다. 차량마다 소화기 2대를 비치하고 감시카메라를 설치해 모든 객실 상황이 실시간 확인되도록 했다. 출입구에 비상벨이 있고, 제복 차림 직원들이 정기적으로 객실을 점검하도록 했다.

국토교통성 관계자는 "지금까지 세워온 대책 덕분에 불이 열차 전체로 번지는 것을 막을 수 있었다"고 했다. 그러나 범인이 제지받지 않고 기름통을 반입했기 때문에 수하물 점검시스템을 보완해야 한다는 의견이 제시되었다(조선 2015. 7. 2).

3) 행동기반 안전(BBS) 정착(듀폰 울산공장)

작업장에서 한 직원의 작업 태도나 모습이 평상시와 다르거나 개인보호장구를 착용하지 않고 있다면 이를 목격한 사람은 어떠한 반응을 보일까? 조직 안전문화 수준에 따라 다음과 같이 다르게 나타날 것이다. ① 주위 일에 무관심하므로 지나친다. ② 이야기해 주고 싶지만 간섭하거나 나서기가 부담스러워 망설이다가 못 본 척하고 지나친다. ③ 그 직원이 당황하지 않도록 조심스레 작업을 중단시키고 사유를 물어본다. 이때 그 직원은 어떤 이유가 있거나 아니면 자신도 모르게 그렇게 하는 경우로 나눌 수 있다. 안전문화 수준이 높은 조직은 지적받은 당사자는 자신의 불안전한 행동을 시정시켜준 주위의 관심에 고마워할 것이다.

안전문화 향상 방안의 하나가 행동기반 안전(BBS‒Behavior Based Safety)이며 이의 대표적 프로그램이 듀폰의 'STOP'(Safety Training Observation Program)이다. 이는 주변 작업자 행동을 관찰하고 칭찬과 격려를 통해 안전한 행동이 이어지도록 하고 불안전한 행동은 대화를 통해 작업자 스스로 시정하도록 유도하는 프로그램이다.

▄ ABC모델(Antecedent-Behavior-Consequence)

현장 작업자 행동은 선행자극(Antecedent)과 행동(Behavior)에 따른 결과(Consequence)의 피드백에 영향을 받는다. 피드백이 선행자극보다 더 큰 영향을 준다. 선행자극 영향이 15%일 때 피드백은 85%이다. 피드백에 따른 반복된 행동은 습관으로 자리 잡는다. BBS 핵심 요소는 다음과 같다. ① 관찰 체크리스트를 활용, 빈도와 강도를 고려하여 작업자의 불안전 행동을 도출한다. ② 관찰을 통해 불안전 행동과 불안전 조건, 안전 행동과 안전 조건을 수집한다. 이때 관찰 참여자 수, 참여 횟수를 기록하고 관찰 내용을 분석한다. ③ 안전한 행동과 조건에 대해 긍정적 피드백을 제공하고, 안전행동 증가와 목표 달성을 축하하며. 인센티브를 제공한다. 불안전한 행동과 조건에 대해서는 개선 프로그램을 통해 안전행동으로 전환하도록 유도한다(교육훈련, 목표설정 등).

1990년대 53개 연구조사 결과, 행동과학적 접근방법이 자발적 참여의식 고취 등 안전향상에 가장 효과적이었다고 한다.[52]

▬ BBS 정착 성공 사례

BBS는 코칭 철학이 접목되어 구성원들의 자발성을 높이는 데 유용하다. 듀폰 울산공장은 1990년대 초 관리체계 정립 시 'STOP' 프로그램에 심혈을 기울였다. 공장장에서부터 교대 직원까지 교육하고 최다 관찰자, 최우수 관찰자, 최다 관찰팀 등으로 격려하였다. 관찰카드를 활용하여 불안전 행동, 불안전 상태를 유형별로 분석하고 이를 토대로 교육 방안을 수립하였으며, 직원들의 태도가 개방적, 우호적으로 바뀌게 되었다.

불안전한 행동에서 안전한 행동으로의 전환은 관찰자의 관심과 질문에서 시작되는데 질문받는 상대방이 지적받는 느낌을 가지지 않도록 예의를 갖추어야 하며 이를 위한 교육이 필요하다. 'STOP' 프로그램을 의욕적으로 도입했다가 흐지부지된 회사는 대부분 조직문화가 장애 요인으로 작용했다. 상의하달식 복종문화의 회사는 풍토를 바꾸어야 한다.

듀폰 울산공장 'STOP' 프로그램 도입 당시 울산공장 전 직원이 약속했던 서약을 통해 안전을 위한 강한 의지를 읽을 수 있다.

울산 서약

나는 어떠한 불안전한 행동도 하지 않겠다.
불안전한 행동을 보면 도와주고자 하는 마음으로 정중하게 시정시키겠다.
무의식적으로 내가 불안전한 행동을 했을 때는 고마운 마음으로 기꺼이 시정요구를 받아들이겠다.[53]

---

52) 한세대학교 박재희 교수 강의록, 전게서.
53) 듀폰코리아 최준환 이사(아시아, 태평양지역 안전부문)의 안전신문 기고(2020. 1. 21)

MEMO

CHAPTER

11

정책 제안

1 정부의 지원 정책 확대와 기업의 자구노력 강화

1 정부 지원 정책 확대

　　정부는 기업의 안전정책 강화 촉진의 일환으로 조세특례제한법 제24조 및 시행규칙 별표 4에 의거 다음과 같이 기업의 안전설비 투자 완료 시점의 과세연도에 투자세액 공제를 적용하고 있다. 첫째, 다음과 같은 산업재해 예방시설이다. ① 보건조치설비(산업안전보건법 제38, 39조), ② 가스공급시설(도시가스사업법 시행규칙 제17조), ③ LPG 공급 및 저장시설(액화석유가스안전관리 및 사업법 시행규칙 제12조), ④ 유해화학물질 취급시설(화학물질관리법 시행규칙 제21조 제2항), ⑤ 위험물 제조소, 저장소 및 취급소(위험물안전관리법 제5조 제4항) ⑥ 집단에너지 공급시설(집단에너지사업법 제21조) ⑦ 송유관 안전설비(송유관안전관리법 시행규칙 제5조 제1호)

　　둘째, ① 화재예방 소방시설(화재예방, 소방시설 설치, 유지 및 안전관리에 관한 법 제2조 제1항 제1호) ② 소방자동차(소방장비관리법 시행령 별표1)

　　셋째, 광산 안전조치 필요 시설(광산안전법 시행령 제4조 제1항 및 동법 시행규칙 제2조 각호 해당 장비)

　　넷째, 내진 보강 시설(지진, 화산재해대책법 시행규칙 제3조의 4)

　　다섯째, 비상대비 시설(비상대비자원관리법 제11조)

　　대형 복합재난 가능성이 높은 우리 사회의 전반적인 안전의 실효성을 확보하기 위해서는 위와 같이 세액공제를 받는 안전설비 외에 추가로 세제상의 혜택을 받을 수 있는 다각도의 방안이 필요하다(예: 디지털 안전장비, 로봇, 인공지능, 드론, 사용자 안전시설 등 대상 범위 확대). 이를 위해 업계에서도 필요한 사안에 대해 정부의 정책적 지원을 받을 수 있도록 적극적으로 의견을 개진할 필요가 있다.

2 기업의 자구노력 강화

기업은 안전목표를 달성하면 중대재해 사고를 일으키지 않아 그만큼 재원의 사내 유보 효과가 있다. 경영층은 안전목표 달성에 따른 인센티브 재원을 확보하고 이를 적절한 시점에 직원들에게 돌려 줄 경우 직원들은 안전에 대한 가치를 더 높이 평가하게 되고 안전 몰입도(Safety Engagement)를 높일 수 있다. 이의 재원 확보를 위한 제도적 장치를 마련한다면 긍정적인 유인책이 될 수 있다. 경영진과 직원들이 합심하여 노력한 결과로 대표이사에 대한 형사처벌과 회사 벌과금 부과를 막게 된다. 회사는 평소에 이를 위한 재원을 적립해 놓았다가 사고가 나지 않으면 활용하는 것이다. 직원들은 인센티브를 받기 위해서라도 안전에 대해 더욱 집중하게 되고, 아울러 정부에서도 이러한 기업들의 자구노력에 대해 제도상의 지원방안을 다각도로 검토할 필요가 있다.

사용자 단계에서의 안전 강화

우리 사회의 안전관리방식이 지금까지 공급자 주도로 안전을 관리해 왔다면 앞으로 사용자 단계에서의 안전조치를 함께 강화하는 것이 사회의 전반적 안전수준을 높이는 효과적인 방안이 될 것이다. 2022년 12월에 개정된 소방시설 설치 및 관리에 관한 법률 시행규칙(별표3 제6호)에 의거, 2023년부터 공동주택 입주자는 2년마다 1회 이상 세대 내에 설치된 소방시설을 직접 점검해야 하며, 미이행 시 입주자 및 관리자에게 3백만 원 이하의 과태료가 부과된다.[54]

우리나라는 매년 화재가 4만여 건 발생하며 주택화재는 약 1만여 건으로서 25%를 차지한다. 주택화재 발생 장소는 주방 51%, 침실 14%, 거실 11% 순이며, 원인은 부주의 50%, 전기적 요인이 24%이다.[55]

그러므로 주방에서 요리할 때 부주의에 대비하고, 사고 예방을 위한 안전장치 보강이 필요하며, Fail−safe 개념의 기기 보급이 큰 도움이 된다. 예컨대 디지털시대에 맞추어 무선통신을 이용하여 24시간 알아서 가스누출을 점검하고 자동으로 잠그는 다

---

54) 공동주택 관리사무소에서 입주민들에게 안내하는 소방시설 자율점검 내용은 소화기, 주거용 주방 자동소화장치, 스프링쿨러, 자동화재탐지설비, 가스누설경보기, 완강기, 대피공간 등이며, 입주민들은 관리사무소에서 나누어준 양식에 소방시설 외관을 점검하여 관리사무소에 제출하는 방식이다. 여기에서 실제 입주자가 세부 내용을 이해하고 비상시 조작할 수 있도록 관리사무소에서 가구별로 실질적으로 점검함을 확인하고 실질적인 내용을 주지시켜야 효과적인 조치로 자리 잡을 수 있을 것이다.

55) 김인규 세이프텍 대표, 국가화재정보시스템, 주택화재 원인분석 및 예방대책(2022.2)

기능 퓨즈콕 등이다.

가스안전관리는 산업통상자원부에서 법 제, 개정 등 가스안전관리정책을 총괄하고, 한국가스안전공사에서 안전기술개발, 안전교육 등 가스안전관리 활동을 추진하며, 지자체에서 가스 관련 사업 인허가, 행정처분 등을 시행하고, 도시가스사업자는 공급시설은 직접 관리하되, 사용시설은 안전관리업무 대행자(고객센터)에게 위탁 관리하는 체제이다. 사용자와 대면하는 고객센터 역할이 중요하므로 이들이 사용자의 안전을 제대로 확보하는지 확인해야 한다.

현재 전국적으로 도시가스 사용 1천 8백만 세대에 대하여 매년 1회 이상 전국 지역고객센터 6천여 명의 안전점검원들이 안전관리규정에 따라 개별세대를 방문하여 사용자 사용시설(가스계량기, 중간밸브, 연소기, 보일러) 상태와 가스누출 여부 등을 점검한다. 사용시설, 기술기준에 부적합할 경우 개선을 권고하고 적합한 시공과 개선조치를 취해야 한다.

그러나 현재 전국 260여 고객센터 중에서 46.5% 정도가 이를 시행하고 있으며, 절반 이상(53.5%)은 안전관리규정을 준수하지 않고 부적합시설을 관행적으로 방치하고 있다. 따라서 사용시설 관리 실태를 시스템화하여 개선 내용을 정례적으로 파악하도록 도시가스사 경영층의 관심과 대응이 필요하다.[56]

통계에 따르면 적합 시공과 개선조치를 정상적으로 수행하는 고객센터의 관할 지역에서는 주방화재 발생률이 현저히 낮아지고 있다. 수도권의 경우 2019년 4월 이후 가스누출 확인장치의 보급이 본격화되면서 주방화재가 유의미하게 감소하는 패턴을 보이고 있다(가스누출 확인장치 보급률: 서울지역 92%, 경기, 인천지역 82%). 또한 경제 수준 향상과 사용자 편의, 설비 고급화 등으로 주방구조가 빌트인으로 트렌드화되어 2000년대 후반부터 싱크대가 일체화된 매립형 가스레인지 보급이 절반 이상으로 확산되었다. 이에 따라 2011년에 도시가스 빌트인 연소기 설치기준이 신설되고 연소기 점검항목을 세분화시켜 시설, 기술기준에 적합한 안전관리를 시행하고 있다.

그러나 가스누출, 폭발사고가 상대적으로 빈번한 LPG 사용 세대에 대해서는 "액화석유가스 사용시설의 시설, 기술, 검사기준(KGS FU431)"에 빌트인 연소기에 대한 설치기준이 미비되어 있다. 따라서 LPG용기 판매업자의 개별세대 방문 시 안전관리와

---

56) 한국가스안전공사

기본 안전점검의 실효성을 확보하기 위해 "액화석유가스의 안전관리 및 사업법 시행규칙"의 보완이 필요하다.

이처럼 안전 관련 각 분야에서 사용자 입장에서 살펴보는 입체적이고 실질적인 안전 관리체제를 갖추어야 하며, 사용시설, 기술기준에 적합한 업그레이드된 기기의 보급으로 사고 발생률을 획기적으로 줄여나가야 한다. 이를 위해 중앙정부와 지자체 그리고 가스 관련 기업 경영층에서 세심한 정책 입안과 관리가 절대적으로 요구되고 있다.

숙련기술인(Skilled Technician) 우대

1 국제기능올림픽대회

국제기능올림픽대회(International Youth Skill Olympics)는 청소년 근로자의 직업 기능을 겨루는 국제대회이며 스페인 마드리드에 본부가 있는 World Skills International이 주관한다.[57] 청소년 근로자 간 기능경연을 통해 최신 기술 교류와 세계 청소년 근로자들과의 상호 이해와 친선을 꾀하며, 각국의 직업훈련제도 및 관련 정보 교환을 목적으로 한다. 참가 연령은 7~22세이며(일부 종목은 25세), 1989년 이후 2년에 한 번씩 각국을 순회하며 개최한다.[58] 우리나라는 1967년 16회 스페인 마드리드 대회부터 참가하였으며, 참가 10년째 1977년 제23회 네덜란드 대회에 28명이 출전, 금메달 12, 은메달 4, 동메달 5, 총 21명이 입상, 정상을 차지하였다. 이후 최상위권을 놓치지 않고 정상을 19회 차지하며, 23회부터 31회까지 9연패를 달성하였다(나무위키).

우리나라는 숙련기술 장려법에 의거 한국산업인력공단이 고용노동부로부터 업무를 위임받아 정기적으로 지역대회와 전국대회를 열어 대표팀 선발, 포상 등을 관장하고 있다.[59] 제47회 프랑스 리옹대회(2024. 10)에 75개 회원국에서 5천여 명이 참가하

---

57) 명칭에 올림픽이 들어가지만 국제올림픽위원회 (IOC)와는 관련이 없다.

58) 우리나라는 1978년 제24회 국제기능올림픽 부산대회(부산기계공고), 2001년 제36회 서울대회를 개최하였다.

59) 숙련기술 장려법은 대한민국 명장 등 우수 숙련기술인(Skilled Technician) 선정 및 우대, 숙련기술

며, 우리나라는 50개 직종의 선수가 출전한다.[60] 삼성전자는 2007년 제39회 시즈오카 대회부터 후원해오고, 2013년 제42회 독일 라이프치히 대회부터 단독으로 최상위 타이틀 후원사(Overall Event Presenter)로 참여하였다. 그리고 국내대회와 국가대표팀 훈련(해외 전지훈련 등)도 후원하며, 관계사에서는 전국기능경기대회에 출전한 숙련기술 인재를 특별채용하고 있다.

국내대회 우승이면 세계대회에서도 우승이다는 말이 있듯이 국내대회에서 두각을 나타내는 인재들로 인재풀(Pool)을 구성하고 필요한 부문에 등용하면 산업 발전과 안전에 큰 도움이 될 것이다.

2 안전과 연계성 및 변화 대응

이처럼 우수한 기능인력의 양성 및 우대정책을 강화해야 한다. 안전과 관련, 현장에서 디테일이 뒷받침되어야 하는데, 이를 기능적으로 보강할 최대의 인적 자산이 우수 기능인이다.[61] 앞으로 기능올림픽 종목이 산업 변화 추세에 맞추어 변화될 것이므로 대비해야 한다.[62]

국제기능올림픽 종목은 50개 종목인데 디지털 및 안전분야와 관련된 종목은 다음과 같다. ① 사이버 보안(Cyber security), ② 클라우드 컴퓨팅, ③ 3D 디지털 게임 아트, ④ 모바일 로보틱스, ⑤ 통신망 분배, ⑥ 전자(Electronics), ⑦ 웹 기술(Web Technologies), ⑧ 정보기술 솔루션(IT Software Solutions for Business), ⑨ IT 네트워크 시스템, ⑩ 건강 및 사회복지 분야(Health and Social Care) 등이다.

의 장려 및 우대풍토 조성, 민간 숙련기술자단체 지원 등을 규정하고 있다.

60) 한국산업인력공단 보도자료(2023. 9. 4)

61) 숙련기술장려법 일부 개정(2023. 6. 30)으로 매년 9월 9일을 숙련기술인의 날로 지정하여 숙련기술인에 대한 사회적 인식 제고 및 경제적, 사회적 지위 향상을 위한 계기를 마련하였다. 숙련기술에 대한 홍보와 교육을 강화하여 현장에서 땀 흘리며 노력하는 숙련기술인이 정당한 대우를 받고 예비 숙련기술인이 자신의 기술에 대해 자부심을 느끼고 미래의 꿈을 그려나가는 데 큰 힘이 될 것이다(고용노동부 보도자료 2023. 6. 30).

62) 예컨대 콘텐츠산업을 보면 2021년 기준 전 세계 시장규모는 2조 5,138억 달러이다. 2022년 기준 우리나라 매출은 148조 2천억 원, 고용효과는 65만 명 수준, 수출은 134억 달러로서 최대 흑자를 기록하였다. 이 중 게임에서 836 백만 달러의 무역흑자를 올렸다(한국콘텐츠진흥원).

재난 구조기관의 협력체제 강화

우리 사회는 커다란 재난사고를 당할 경우 공익기관의 사명의식과 전 국민들의 헌신적인 동참으로 이를 극복하는 데 큰 힘이 되고 있다. 2007년 12월 7일 태안반도 앞바다에서 유조선 허베이 스피리트호로부터 원유 12,547㎘가 유출되어 지역주민의 고충과 생태계가 돌이킬 수 없을 정도의 피해를 입었지만 전 국민의 자원봉사와 군, 관, 민의 총력 방제작업으로 예상보다 빠르게 복구되었다.[63]

대한적십자는 재난 발생 시 소방, 행정당국 다음으로 먼저 현장에 도착하여 구호활동을 펼친다. 전국 각지 20만 명의 봉사원과 15개 지사에 배치된 구호물자와 장비가 현장에 투입된다.

행정안전부와 함께 17개 시도에서 재난심리회복 지원센터를 운영하며 이재민의 심리적 응급처치와 무료 심리상담 및 찾아가는 심리지원 서비스도 제공한다. 심리적 응급처치(PFA-Psychological First Aid)는 초기 고통을 경감시키고 장기적으로 기능회복을 돕는다.[64]

농협은 다섯 카테고리(나눔, 동행, 글로벌, 미래, 환경)로 나누어 사회공헌활동을 펼치고 있다. 재해복구지원은 카테고리 '동행'에 속하는 활동이며 집중 호우, 태풍, 대형 산

---

63) 이봉길, '허베이 스피리트호 오염사고 방제 그리고 10년', 태안에 기적이 일어나다, pp.61-74, 허베이스피리트호 유류오염사고 방제부문 백서(2008. 12, 국토해양부, 해양경찰청, 충청남도)
64) 대한적십자 김철수 회장 인터뷰(세계일보 2023. 12. 12)

불, 지진 등의 다양한 피해의 복구 활동에 참여하고 있다.[65]

전국 단위 조직을 운영하는 농협은 지역사회 발전에 주도적인 역할을 감당하기 위해 노력하고 있다. '지역소멸시대, 지역센터로서의 농축협 역할 확대 방향'이란 제목으로 미래농협 포럼을 개최한 바 있으며, 지역밀착형 서비스 제공을 통한 지역주민 삶의 질 제고 등 지역센터로의 역할 확대 등에 대해 논의하였다(농협중앙회, 2023. 11. 7).[66]

농협은 재난안전과 관련, 지역 포괄 케어시스템에서 지역 재난과 개인 안전을 취급한다. 세부적으로 NH 안전, ICT와 연계한 안심 돌봄서비스, 재택 의료, 홈케어 등 수요자 맞춤형 서비스를 제공하고 있다.

한편 긴급재난사태를 극복하는데 군대의 역할을 빼놓을 수가 없다. 가까운 예로서 2023년 7월, 청주시 오송읍 지하차도 침수사고 시 군 병력이 동원되어 사태 수습에 크게 기여하였다.

그 외에도 전국적으로 지역 단위별 소비자단체, 종교단체, 사회봉사단체 등 다양한 기관들이 봉사활동을 펼치고 있다. 중앙행정기관과 지자체는 이러한 다양한 봉사기관들의 특성을 고려하여 강점을 최대한 발휘할 수 있도록 민관군 간 수평적 커뮤니케이션 채널을 연결하고, 유사시 신속하고 효과적인 복구작업이 이루어지도록 연계 체제 정비 및 기능 강화가 필요하다. 아울러 범국가적으로 사회 봉사활동에 헌신적으로 참여하는 사람들의 자부심과 명예를 높이는 방안도 강구해야 한다.

---

65) 농협중앙회, 범농협 사회공헌보고서(2022)
66) 농협경제연구소 안상돈 연구위원(2023. 11. 7)

안전 모범 기업인, 공직자 발굴 및 포상

안전 모범기업과 중앙정부, 지자체, 그리고 안전 관련 기관 등에서 우리나라의 안전수준 제고에 탁월하게 기여한 모범인을 선정하여 명예를 높이고 안전 모범 사례를 공유하는 것을 제안한다. 우리 사회가 지금까지 재해사고와 관련하여, 발생 원인, 부실한 대응, 정보 공유 및 협력 부족 등 부정적인 측면에 치우쳤다면 앞으로 모범 사례 발굴에도 역점을 두고 이를 공유할 필요가 있다. 우리 사회가 이러한 노력을 지속적으로 기울인다면 안전사회의 새 지평을 열어가는 데 큰 힘이 될 것이다.

사례 연구 (28) 전 사원의 연구원화

한국경제신문은 대한민국 혁신기업을 선정하여 발표하는데 눈길을 끄는 회사가 부산에 있는 리노공업이다(2021.6 선정). 이 회사는 반도체와 전자제품 불량 검사 테스트 핀을 제조하며, 글로벌기업들이 앞다퉈 줄을 설 정도의 경쟁력을 갖추고 있다.[67] 고객사는 삼성전자, 애플 등 전 세계 천여 곳에 이른다. 매출은 매년 15~20% 증가, 영업이익률은 10년 넘게 40% 안팎을 유지해 오고 있다. 이 회사의 경쟁력은 혁신적

---

[67] 한국경제신문 2021년 7월 1일 기사에서 발췌

R&D 체계이다.

리노공업 이채윤 회장은 R&D 기본개념을 '전 사원의 연구원 화'로 삼고 있다. 설문 조사에서 삼성그룹의 한 CEO가 리노공업을 혁신기업 1순위로 지목한 바 있다.

이채윤 회장의 경영철학은 감명을 주기에 충분하다. '전 사원의 연구원화'는 '전 사원의 안전요원화'인 Holistic Safety 개념과 같은 맥락이다. CEO들이 경영방침을 '전 사원의 안전 요원화'로 삼을 경우 안전문화 수준은 물론 생산성 향상으로 경쟁력이 획기적으로 강화될 것이다. 혁신기업 선정 평가 기준에 안전 항목 비중을 높이는 방안이 안전수준 제고에 도움이 될 것이라 믿는다.

> **참고** 행정안전부의 우수 안전기술과 재난안전 연구개발 표창

행정안전부는 재난안전 산업의 경쟁력을 높이고자 대한민국 안전기술과 재난안전 연구개발 대상 제도를 시행하고 있다. 서면심사, 현장심사, 국민심사, 발표심사를 거쳐 선정한다. 2023년에 안전기술대상 8점, 재난안전 연구개발 대상 17점을 선정하였다 (2023.9.12).

첫째, 안전기술대상이다. 대통령상은 현대모비스 '엠 브레인'이 선정되었다. 세계 최초로 뇌파를 통해 운전자의 컨디션을 실시간으로 측정하여 청각(알람), 촉각(진동), 시각(LED)적 신호를 운전자에게 보내주는 장치로서 졸음운전, 순간적인 딴 생각하기 등에 따른 사고를 예방할 수 있다. 장시간 혼자 일하는 분야, CCTV, 보안담당, 당직근무, 현장 모니터링 상황실 관리자 등에 적용 가능하므로 다양한 산업에서의 인적사고 예방에 크게 기여할 수 있다.

국무총리상은 아세아방재의 장애인과 함께 쓰는 유니버설 디자인이 적용된 '무동력 승강식 피난기'가 선정되고, 행정안전부장관상은 차량 화재 예방, 사면붕괴 피해 예방 등 6개의 안전기술 제품이 선정되었다.

둘째, 재난안전 연구개발대상이다. 최우수상(국무총리상)은 라지 김늘새롬 연구소장의 전기차 화재대응 고내열 원단 및 재봉사 적용 '질식소화포'가 선정되었다. 섭씨 1,400도 이상에서도 견디며 30회 이상 반복사용 가능한 자동차화재 대응 소방담요이다.

우수상(행정안전부장관상)은 빅데이터 기반 양간지풍 도시산불방재 기술개발(강원대

김병식 교수), 인공지능 기술을 통한 공공 CCTV 활용 시민안전 실증 및 사업화(한국전자통신연구원 배유석 책임연구원), 빗물 배수관 실시간 유량 감시를 통한 도시침수 예보시스템 구축 기반 확보(자인테크놀로지 신민철 대표) 등 6점이 선정되었다.

장려상은 지하시설 복합재난으로부터 지속가능한 사회구현을 위한 재난안전 디지털 트윈 플랫폼(한국전자통신연구원 정우석), 119 인공지능 골든타임 사수 신고접수(위니텍 정병호), 수환경내 화학물질 현장 처리 장치 개발(동명엔터프라이즈 윤현식) 등 10점이 선정되었다.

이러한 사례들은 메스컴, SNS 등을 통해 알려 우리 사회 안전문화 수준을 높이는데에 자극제가 되기를 기대한다.

도급관리에 대한 기준의 명확화[68]

　　재해 발생 시 사업주, 도급, 수급 및 작업자에게 책임과 처벌이 형평성 있게 집행되어야 인식 개선과 재해를 감소시킬 수 있으나, 원하청 이중구조가 고착되고, 고령자, 외국인 근로자 등 안전취약계층의 증가로 안전보건은 악화될 우려가 커지고 있다.[69]

　　건설업의 경우 원하청 간 구조의 문제점이 상존하고 원자재, 인건비 상승 등 기업 생존과 직결된 상황에서 도급사에게 예산, 안전인력 배치 등을 부담시키기에 무리가 있다. 소규모 사업장, 간헐적 또는 임시 등 비정기적 작업에 대한 실태 파악과 제도권 내에서의 관리와 지원방안도 연구되어야 한다.

　　산업안전보건법에 의하면 도급인의 수급인 근로자에 대한 책임 범위를 수급인 근로자가 작업하는 도급인 사업장 전체와 도급인이 관리하는 위험 장소로 확대하고 도급인이 위험에 대해 지배권리권이 있다면 수급인 근로자에 대한 안전보건을 책임지도록 규정하고 있다. 문제는 작업장소, 시설 등의 지배권리권에 대한 기준이 상황에 따라 다르며, 안전 확보 지휘, 감독 주체가 일방적이지 않은 경우가 있다. 도급인이 작업

---

68) 안전전문 저널인 안전정보(발행인 이선자)는 창간 20주년에 '대한민국 안전보건, 현재와 미래를 말하다'라는 주제로 지상 좌담회를 개최하였으며(2023.6), 여기에서 논의된 내용이다.

69) 안전 취약 계층의 확대와 관련, 한국어 소통이 가능한 중국인의 경우 인건비가 올라 부담이 커지고 있어 점차 인건비가 낮은 동남아시아 인력으로 대체되고 있다. 이들 인력이 현장에 투입되기 전에 충분한 안전 규정을 습득시켜 투입되도록 지도 감독을 철저히 해야 한다. 이를 소홀히 하면 안전사각지대가 확대될 수 있는 구조다.

방법, 불안전한 행동 등을 모두 관리하기에 어려움이 있다. 도급인이 강제로 관리하면 수급인에게 무리한 책무를 부과하게 되어 법률상으로 문제가 될 수 있고 다른 사고의 요인이 될 수 있다.

따라서 해당 작업 및 설비에 대해 지식과 경험이 많은 수급인이 안전 확보를 하는 것이 타당하다. 무조건적 도급인 책임이 아니라 작업의 내용과 계약에 따른 법적 의무와 지배 관계에 따른 의무를 명확하게 규정해 위험방지 조치는 수급인이, 지원 및 작업장 위험관리의무는 도급인이 하는 것이 타당하다.

원청의 의무를 명확하게 규정하고 실효성을 확보해야 한다. 하도급사가 자기 근로자의 안전 확보를 위해 취해야 할 조치를 원도급사에게 똑같이 지키라고 요구하는 것은 표면상으로는 원청의 책임 강화 같으나 실제로는 원도급사가 할 수 없는 것까지 이행하라는 것과 같아 현실성과 법규 준수에 문제가 있다.

아울러 안전관리에 대한 책임의 공유이다. 도급인과 수급인의 역할을 명확하게 규정하고 각자 원청과 하청의 위치에서 사고 예방에 필요한 역할을 수행해야 하며 제도적인 뒷받침이 이루어져야 한다. 양자 간에 전문성 존중, 역할 분담, 원활한 의사소통으로 안전에 만전을 기해야 한다.

산업보건 분야 관심 제고

안전보건 평가지표를 사망사고 중심으로 관리함에 따라 질병을 관리하는 보건 분야가 상대적으로 소홀히 취급되고 있다. 연도별 사고사망자 수는 2017년 964명에서 2022년 874명으로 감소했으나 질병 사망자 수는 2017년 993명에서 2022년 1,349명으로 356명 증가하였다. 업무상 질병 인정 기준이 완화되면서 산업재해로 인정받은 영향도 있지만 국가적으로 과로사 등 질병사망 예방책을 충분히 이행하지 않은 면도 있다.

안전보건공단에서 수행하던 과로사 예방사업 등 보건 분야 사업이 폐지되고 산업보건분야 전문가의 특성을 고려하지 않고 패트롤 점검 위주로 이루어지고 있다. 업무상 질병 중에서 근골격계질환, 뇌심혈관계질환, 직무 스트레스, 갈등, 정신질환 등은 중대재해처벌법에서 직업성 질병으로 인정되지 않는다.

근로자들은 자신의 질병에 대해 우선적인 관심을 가지므로 근로자 요구에 부응하는 산업보건 정책이 되기 위해서는 직업성 질병도 중시되고 기준도 확대되어야 한다. 안전과 보건은 분리된 것이 아니므로 두 분야가 유기적으로 결합되고 협력관계를 강화하면 안전 확보에 시너지를 크게 낼 수 있다. 안전사고 예방이 근로자 자신의 몸과 생명 보호를 위해 필요한 것이란 인식에서 출발할 때 안전수칙 준수, 보호구 착용, 위험한 환경에 대해 개선 요구 등을 통해 중대재해를 예방할 수 있다. 안전과 보건을 결합하고 보건관리자를 활용해 중대재해 예방 분위기를 높여야 한다.

4차산업혁명으로 업무 형태가 달라지고 기계설비의 안전성은 강화되겠지만 근로자들의 심리적, 정신적, 사회적 문제는 더욱 커질 것이다. 근골격계 질환, 감정노동, 일터 괴롭힘 등은 사업장에서 널리 발생하는 건강 문제이지만 이에 대해 상대적으로 소홀히 하고 사망사고에 치중했던 정책이 산업재해 대책을 반쪽으로 만들고 있다. 산재보상, 보건의(保健醫) 문제가 실질적 예방책으로 이어지도록 개선책이 마련되어야 한다. 보건인력 배치, 역량개발, 처우와 근무조건 개선 등에 관심을 제고해야 한다.

사업장 특성에 적합한 안전정책

산업안전보건법과 중대재해처벌법이 현장에 맞게 실무와 정책이 균형있게 작동되어야 한다. 특수 고용, 플랫폼 근로자는 일부 직종에 대해 일부 안전보건 조치만 적용되고 있다. 산업재해가 집중되는 데에도 법상으로 적용에서 제외되는 소규모 기업의 문제를 해결해야 한다.

원청 사업장에서 일하는 모든 근로자를 대상으로 하는 안전관리자, 보건관리자 체계가 구축되어야 한다. 근로자 참여 보장을 위한 활동시간과 권한을 배려하고, 산업안전보건위원회, 명예 산업안전감독관 설치를 확대하고, 원하청 산재보험위원회 등 실질적 방안이 마련되어야 한다.

정부의 중대재해감축 로드맵은 2026년까지 사고사망 만인율을 0.2로 낮추는 것인데 매년 0.03씩 감축하려면 어떠한 노력을 해야 할 것인가? 사회현상은 시간이 지남에 따라 점진적으로 변화율이 늦어진다. 재해율이 높을 때는 새로운 정책의 도입 효과가 크지만 재해율이 낮아질수록 정책효과가 점차 적게 나타나므로 큰 틀에서 해결책을 모색해야 한다.

안전환경은 급변하고 있다. 기후위기 등으로 새로운 위험의 발생, 사람의 역할 축소, 이념과 세대갈등, 도덕적 해이, 다양한 사회적 요구 증대 등이다. 반면에 사업장은 총체적 안전관리가 미흡한 것으로 평가되고 있다. 사업장 특성에 적합하고 안전관리가 제대로 작동되는 제도와 정책 수립이 필요하다. 소규모 사업장 지원, 민간역할 증대,

취약분야에 대한 지원, 관리를 강화해야 한다(교육 및 컨설팅, 기술인력 지원, 점검 등). 자율안전 체제가 작동하려면 노사 모두 안전보건의 핵심 주체임을 알아야 한다. 근로자는 안전의 '대상'이면서 동시에 '주체'임을 자각해야 하며, 안전 주체로서 근로자의 참여 확대를 위한 정책이 이루어져야 한다.

09
안전기술 R&D에 대한 국가 차원의 선도 및 지원

안전은 안전문화와 함께 안전기술이 매우 중요하다. 비전 AI, 유독가스 센서 및 모니터링시스템, Virtual Geo−Fence, 지능형 CCTV, 지능형 위험감지 및 작업자 보호 시스템, 지능형 로봇, AI 재난 예측 등은 고도의 기술이 요구되는 분야이다. 이러한 기술은 개별 기업의 역할과 함께 국가 차원의 선도와 지원이 촉발제 역할을 한다. 탄소 중립으로 Green이 강조되고 있지만 Green Design과 함께 Safety Design도 필수적이며, 이를 위해서는 기술적인 뒷받침이 필요하다.[70]

---

70) 김경원, 울산과학기술원(UNIST) 교수, SK 이노베이션 엔지니어링본부장(전)

국제사회 공헌 및 단계적 확산

국제노동기구(ILO)[71]는 2022년 6월 스위스 제네바에서 제110차 총회에서 기존의 4개의 노동기본권에 '안전하고 건강한 노동환경(Safe and Healthy Working Environment)'을 추가하였다. 기존의 노동기본권은 〈결사의 자유, 강제노동 금지, 차별 금지, 아동노동 금지〉이다. 이에 따라 회원국들은 재해 예방정책을 수립하고, 사용자는 재해방지에 협력해야 한다. 그리고 협약 내용의 이행을 보고하는 주기가 6년에서 3년으로 짧아지는 등 엄격한 점검을 받게 되었다.

국제노동기구의 산업안전보건 협약의 핵심은 노사단체, 노조와 협의하고, 근로자에 대해 정보를 공개하며, 국가 산업안전보건정책이나 사업장 내 시스템이 만들어질 때 노조와 협의를 살펴보아야 한다. 그리고 우리나라의 사망사고율이 높은 이유가 무엇인지 본격 대화를 시작해야 한다. 결의 과정에서 제161호 산업보건서비스협약이 기본협약 후보로 유력하게 검토되었던 만큼 이와 관련된 논의도 시작해야 한다(다양한 분야의 보건 전문가로 구성된 기구 설치, 근로자건강 모니터링, 위험성 평가와 예방조치 등).

---

71) 국제노동기구는 1919년 국제연맹 산하로 설립되었으며 1946년부터 유엔 산하 노동분야 전문 국제기구로 각국 정부와 노동 및 경영계가 참여하고 있다. 1998년에 선언된 노동기본권은 근로자의 최소한의 권리로 보장하기 위한 기준이며 중요한 4개 분야를 기본협약(핵심협약)으로 정했다. 2022년 6월 ILO 결의는 근로자 생명과 건강 보호에 노사정이 함께 힘써야 한다는 공감대의 결과이며 이에 따른 구체적인 협약으로 제155호 산업안전보건협약과 제187호 산업안전보건 증진체계 협약을 채택했다. 이번 결의는 2013년 방글라데시 수도 다카에서 의류공장 건물 붕괴로 인한 근로자 1,143명 사망과 코로나 19로 인해 작업장의 안전과 근로자의 건강에 대한 경각심을 일깨우게 되었다.

우리나라는 재난법규 체계가 사고성 재해에 초점을 맞추고 있으나 실제로 질병에 따른 사망사고도 적지 않다. 상기 제161호는 근로자 건강보호 차원에서 전문가 공동체 등 산업보건서비스 조직 구성 내용이며 이와 관련된 논의를 시작해야 한다.[72]

행정안전부(이한경 재난안전본부장)는 2024.3.18-24, 아세안 10개국의 과장급 재난 관리 공무원 20명을 대상으로 제12기 '아세안 재난관리 리더십 프로그램'을 운영했다. '아세안 재난관리 역량강화 과정(D-CAB)'은 한국, 브루나이, 인도네시아, 라오스, 말레이시아, 미얀마, 필리핀, 싱가포르, 태국, 베트남, 동티모르 등 아세안 회원국 간 재난 분야 협력 촉진과 전문인력 양성 프로그램으로 2020년부터 11회에 걸쳐 223명을 배출했다.

이 과정은 재난관리 리더십과 전문지식을 위해 마련된 것으로 재난관리 업무 총괄 및 조정, 현장 지휘·통제 능력 향상 등 재난관리 리더 역량에 대해 교육이 진행됐다. 아세안지역 홍수 등 재난 중심으로 한국의 재난위험경감 체계, 언론대응, 조기경보 운영 등 한국의 노하우를 공유했으며 재난유형별로 가상훈련 시뮬레이터를 활용한 시나리오 기반의 모의 실습도 실시했다. 아울러 중앙재난안전상황실, 청계천 홍수대응시설 등 재난대응 현장과 대국민 안전교육 체험, 보라매 체험관을 방문했다. 김용두 국가민방위 재난안전교육원장 직무대리는 "재난대응 능력은 국가 필수요소이며 재난관리 역할이 중요하다. 아세안 회원국 재난관리 리더들의 역량 강화에 도움이 되도록 노하우를 적극 공유하겠다"고 했다(안전신문 2024. 3. 25).

참고 정부 안전 정책 리뷰

1. 정부의 중대재해 감축 로드맵

정부는 2022년 11월, 선진 산업안전 관리체제로 도약하기 위한 중대재해 감축 로드맵을 발표, 안전문화 내면화를 강조하고 후속 과제들을 실행에 옮기고 있으며 요지는 다음과 같다. ① 재해사고의 예방과 재발 방지를 위한 핵심수단으로 위험성 평가제

---

72) ILO, 일터, 안전, 건강 노동기본권 선언, 경향신문 2022. 6. 12

도를 개편하고 자기규율 예방체계를 뒷받침하기 위한 감독 강화, 법령 및 기준 등을 정비한다. ② 중대재해 취약분야를 지원 및 관리하기 위해 중소기업 지원, 스마트기술 장비 지원, 3대 사고 및 8대 위험요인 경감을 위한 현장 특별관리, 원하청 간 협력 강화, 산업구조의 변화 및 기후변화에 따른 복합재난에 대비한다.73) ③ 안전의식, 안전문화 확산을 위해 근로자의 안전보건 책임의식과 참여 및 협력을 강화하고 안전문화 캠페인을 확산하며(중앙–지역–업종별), 현장의 안전보건 교육을 강화한다. ④ 안전 관련 전문기관 간 연계성과 협업을 강화하고, 응급의료 비상상황 대응체제를 정비하며, 중앙과 지역 간 긴밀한 협업체계를 수립하기 위해 산업안전 거버넌스를 정비한다.

고용노동부 산하 안전보건공단은 안전하고 건강한 일터 조성을 위한 슬로건으로서 '일터 안전에서 국민 안심으로'를 정하고 현장 기술지원, 안전문화 확산 캠페인, 홍보사업 등에 활용하고 있다.

행정안전부는 중대재해감축 로드맵 실천과제로서 국가안전시스템 개편 종합대책을 주기적으로 점검하고 재난안전 환경 변화에 대응하는 안전시스템의 혁신을 추진하고 있으며 사회적 핫 이슈 내용은 다음과 같다(2023. 9. 7 행정안전부장관 주재 점검회의). ① 인파사고에 대한 새로운 안전관리 체계를 현장에 적용한다. 100여 개 지자체가 선제적으로 다중운집, 옥외행사, 지역축제 등에서 주최자가 없는 행사까지 인파 관리 강화 지침을 배포하였다. 또한 과학기술을 기반으로 인파사고 위험 예측시스템을 구축하기로 하였다. ② 경찰, 소방 등 1차 대응기관 간의 소통강화를 위하여 상황실에 연락관을 배치하고 재난 상황 인지 시에 해당 지자체에 통보를 의무화하였다. 그리고 경찰–소방 공동 대응 시 출동 대원 정보(연락처, 차량번호 등)를 문자로 전송하고 경찰, 소방, 해경 등 긴급기관의 공동 대응 요청 시 현장 출동을 의무화하기로 하였다. ③ 재난안전분야에 우수 인재 영입 제도를 검토하기로 하였다(승진 가점 부여, 수당 등). ④ 수해

---

73) 3대 사고 유형은 추락, 끼임, 부딪힘이고, 8대 위험 요인은 비계, 지붕, 사다리, 고소작업대(추락 관련), 방호장치, LOTO(끼임 관련), 혼재작업, 충돌방지 장치(부딪힘 관련)이다. LOTO는 Lock Out Tag Out의 약자이며 점검, 수리 시 전원 잠금 및 표지부착을 말한다. 그리고 산업현장 4대 필수 안전수칙은 보호구 지급 및 착용, 안전보건 표지부착, 안전보건 교육 실시, 안전작업 절차 지키기이다.

대응 과정에서의 문제점을 개선하기 위해 기후위기까지 포함한 종합 대책안을 마련키로 하였다.

2. 기획재정부의 공공기관 위험수준 관리시스템 시행

기획재정부가 2020년부터 공공기관의 안전수준을 종합 심사해 안전관리능력을 강화하는 '안전관리등급제'를 시행해 오고 있어 산재 사망자 수가 감소하고 있다. 연도 별로 2020년(45명), 2021년(39명), 2022년(27명) 등이다.

기획재정부는 자율성과 지속성 측면에서 여전히 미흡한 부분이 있다고 보고 시범 운영 시스템을 도입하였다. 공공기관의 안전에 대한 일상적인 관리·감독 강화가 핵심 이다. 관리 대상은 전체 347개 공공기관이며 관심, 주의, 경계 세 단계별 위험 수준에 따라 차등 관리를 받는다. ① '관심' 단계는 중대재해 미발생 단계로 자율관리 역량 제 고를 위해 안전관리 전문기관으로부터 위험성 평가, 안전문화 확산, 자료제공 등 지원 을 받는다. ② '주의' 단계는 중대재해 1건 발생한 경우로 재발방지계획서를 제출하고, 전문기관으로부터 적정성을 검토받아 실행에 옮겨야 한다. ③ '경계' 단계는 중대 재해 가 2건 이상 발생하거나 국민안전에 영향을 미치는 사회 이슈 사고가 발생했을 때 전 문기관의 현장 패트롤 점검 결과를 통보받아 개선조치를 실시해야 한다.

3. 고용노동부의 민간재해예방기관 평가

고용노동부와 안전보건공단은 민간 재해예방기관의 업무수행 능력을 평가하여 민 간기관의 역량 강화와 안전보건 서비스 수준의 향상을 유도하고 하고 있다(평가 대상은 11개 분야 924개소). 평가방식은 분야별 5등급(S-D) 절대평가(1,000점 만점)를 실시하고 운영체계(400점)와 업무 성과(600점)로 나누어 평가한다.

운영체계는 인적 자원 보유, 시설, 장비 보유 및 관리, 가점, 감점 항목(포상, 행정 처분, 컨소시엄 구성 등 종합화) 등이며 업무 성과는 기술지도 충실성, 재해감소 성과, 사 업장 만족도 등으로 구성하며 분야별 특성을 반영하여 차별화한다.[74]

---

74) 민간재해 예방기관은 안전보건관리, 기술지도, 기계 등의 안전인증 및 검사, 교육 등을 수행하며

S등급을 받으면 차기 년도 점검 면제, 민간위탁사업 수행기관 선정 시 최고점 부여, 포상 추천 등 혜택을 받으나, C-D등급을 받으면 해당 기관 및 서비스를 받은 사업장에 대한 점검, 민간 위탁 사업 수행기관 선정 시 최저점 부여 등 불이익을 받는다.[75] 그리고 중대재해감축 로드맵 후속 조치로서 민간재해예방기관에 대한 평가를 '지원 성과'로 중점 반영키로 하여 개편된 평가지표를 2023년부터 적용하고 있다.

4. 안전보건공단 추진 내용

안전보건공단은 정부의 중대재해감축 로드맵에 의거, 다음과 같이 네 가지 전략을 수립하고 이에 따른 세부 과제를 추진하고 있다.

첫째, 현장의 위험성평가를 활성화하고 안전보건 종합서비스를 강화하여 산재예방사업의 실효성을 확보한다.

둘째, 소규모 사업장의 안전보건 경쟁력을 향상시키고 중대재해 예방을 위한 지원을 강화하여 중대재해처벌법을 안착시킨다.

셋째, 교육 강화 및 콘텐츠 개발 등을 통한 안전의식 개선과 사회 각층이 참여하는 안전문화를 확산시킨다.

넷째, 스마트 안전보건 기반을 확충하고 산재예방 사업평가체계 마련 및 민간위탁사업의 내실화를 기함으로써 스마트수준 고도화 및 평가를 강화한다.

11개 분야, 924개 소가 있다(11개 분야: 안전관리, 보건관리, 건설재해예방 전문지도, 안전인증, 안전검사, 자율안전검사, 안전보건진단, 작업환경 측정, 안전보건 교육, 직무교육, 건설업 기초교육).

[75] 2022년 평가는 2022년 3월부터 약 10개월 간 실시한 결과, 안전관리 전문기관인 경남안전기술단, 건설재해예방 전문지도기관인 한국건설안전지도원, 작업환경측정기관인 가톨릭대 서울성모병원 등 112개 기관(12.1%)이 S등급을 받았다. 경남안전기술단은 관리사업장의 작업별로 촬영한 동영상을 활용하여 위험성 평가를 실시, 근로자가 유해위험요인 발굴에 직접 참여하고 개선하도록 하였다. 경남안전기술단이 최근 3년간 관리한 사업장에서 사망사고의 미발생 및 지속적 재해 감소 성과를 보였다.

맺음말

안전관리의 영역이 넓고 특정 분야의 전문성이 높아 일반인은 안전에 대한 관점을 먼저 정립해야 하며, 관심 분야를 정해 학습할 필요가 있다(환경, 산업, 교통, 가정, 교육, 재난, 보건의료 등).

현업의 직·간접 경험은 안전관리의 가장 큰 자산으로서 더 큰 위해를 예방할 수 있다. 아차사고 보고, 동료들 간의 지적 활동, 안전을 화제로 회의 시작, TBM 등을 통해 안전문화가 성숙될 수 있다. 일반인으로서 일상생활에서 안전생활을 습관화하고 생활 가까이 ESG 경영을 실천해 나가면 머지않아 우리 사회도 안전문화가 성숙한 사회로 변모하리라 확신한다.

안전은 동전의 양면

안전은 동전의 양면처럼 권리(인권)인 동시에 의무(책임)이며, 일상생활 모든 면에 연관되어 있다. 안전은 안전관리자와 담당자만의 일이 아니다. 사회 구성원 모두의 일이며, 일상에서 수시로 마주치는 사소해 보이는 일에서부터 시작한다. "안전을 모르는 사람은 없으며 안전을 제대로 아는 사람 역시 없다."라는 구절을 다 같이 생각해 보았으면 한다.[76]

에릭 프롬의 건전 사회

독일 정신분석학자이자 사회심리학자인 에릭 프롬은 자신의 저서 '건전 사회(The Sane Society)'에서 건전 사회란 '어느 누구도 남의 목적을 위한 수단이 될 수 없으며 자

---

76) SK이노베이션 안전전문가를 역임한 임성배 코치는 이 구절이 의미하는 바가 크다고 한다.

기 자신이 목적이 되는 사회'라 하였다. '인간이 자신의 생활의 주인이고, 사회생활에 능동적이며, 책임감을 가지고 참여자가 되도록 허용하는 사회, 사회 구성원이 서로 사랑하도록 허용할 뿐 아니라 사랑하도록 조장하는 사회'를 말한다. 즉 인간주의적 공동체이다.

인간주의적 공동체는 인간이 가장 중요시된다. 인간이 가장 중요시되는 이유는 더 나은 가치와 삶을 위해 노력하기 때문이다. 인간이 존중받아야 하는 이유는 존재로서의 의무와 책임을 다하며, 더 나은 자신과 속해 있는 사회를 위해 노력하는 과정에 있다(존재와 행위).

건전한 사회는 구성원이 건전해야 하고, 건전한 개인이 건전한 사회를 만든다. 건전한 사회를 위해 먼저 건전한 개인으로 성장해야 건전한 사회에서 존중받고 존재가치를 누릴 수 있다. 이와 같은 맥락으로 안전을 확보하기 위해 사회 구성원인 우리가 건전한 개인, 즉 안전을 최우선 가치로 여길 때 모두가 바라는 안전 사회로의 새 지평을 여는 길이다.

안전의 안나카레니나 법칙

안전에 대해 안나카레니나 법칙을 적용해 보면 안전과 행복의 어울림을 발견할 수 있다. 톨스토이 소설 '안나 카레니나'의 첫머리에 다음과 같은 구절이 나온다. "행복한 가정은 모두 엇비슷하여 공통적인 이유가 있고, 불행한 가정은 그 이유가 제각기 다르다." 안전도 이와 같다.

안전수준이 높은 기업과 그렇지 않은 기업을 비교해 보면, 안전수준이 높은 기업은 구성원들이 안전수칙을 철저히 지키고 소통이 원활하다. 그러나 안전수준이 낮은 기업은 제대로 된 수칙이 없거나, 있더라도 구성원들이 잘 모르거나 제대로 지키지 않고 구성원 간 소통에 어려움을 느낀다.

안전 선진기업들은 협력업체의 안전도 동일한 수준으로 관리하지만, 안전 후진기업들은 협력업체와 책임소재 공방 등 갈등이 많다.

우리 사회에서 안전문화의 새 지평을 열기 위해 우리는 어떠한 시각을 가지고 새로운 변화를 추구해 나가야 할 것인지, 후손들에게 바람직한 유산을 남겨줄 것인지 결단을 내려야 한다. 안전문화의 정착을 위해서는 변화와 혁신의 과정을 겪어야 한다. 진정한 혁신은 아이디어 자체가 아니라 나 자신부터 솔선해서 변화를 일으키는 데서 시작한다. 진정한 리더는 새로운 아이디어를 내는 데 그치는 것이 아니라 구성원들이 새로운 아이디어를 받아들이도록 이끄는 사람이다.[77]

자연재해도 인간이 관련됐다면 인위적 재해

일본 간세이 가투인대학교 인간과학과 요시유키 야마 교수는 "자연재해도 인간이 관련되었다면 인위적 재해이며 재해와 인간 사이의 모든 분야가 연구 대상이다. 그 안에 있는 윤리, 인간관이 재해의 크기를 결정한다. 타국을 본뜬 게 아닌, 한국 고유의 안전철학, 윤리관을 정립해야 한다. 재난사고는 첨단 문명을 겪고 있는 국가들의 숙명이므로 한국도 고유의 재난 안전학을 정립해 나가야 한다."라고 주장하였다.[78]

안전의 생태학적 의미와 격의 시대

'사회란 무엇인가'에 대한 해답의 모색은 20세기 사회 이론의 핵심이었다. 이제 그 근대적 사회 개념을 넘어서는 새로운 고찰이 21세기 사회사상의 또 다른 과제로 주어지고 있다. 우리 사회가 코로나 팬데믹을 겪어오면서 보여준 것은 안전이 어떻게 공적이고, 정치적이고, 집합적인 가치가 되어 '나'의 안전을 넘어서는 '우리'의 안전, 그리고 '우리'를 넘어서는 더 넓은 의미의 안전으로 진화할 가능성이라 믿는다.

아직 우리 사회는 생태 감수성이 낮고 그동안 성장주의적 힘이 강해 우리가 몸담고 있는 세계를 여전히 개발해야 하는 경제적 영토로 이해하는 경향이 지배적이다. 그렇지만 지금 지배적인 것이 영원히 지배적인 것으로 남을 까닭은 없다. 우리 사회의 역량은 이를 넘어 새로운 생태주의적 감수성으로 진화해 나갈 것이다. 이것이 우리가 미래에 희망을 가져다줄 수 있는 중요한 기능성이다.[79] 저자가 소제목으로 '안전을 넘어서서(Beyond the Safety)'란 말을 등장시킨 이유는 기존 관점의 안전을 넘어서서 생태학적으로 생명을 다루는 소중한 안전의 가치를 강조하고자 함이다.

김진영 교수는 저서 '격의 시대'에서 격(格)은 문화 자본(Cultural Capital)을 의미하

---

77) 한국경제신문 이학영 논설 고문의 기고문 "끝내주는 아이디어가 왜 실패하나." 신제품 개발보다 중요한 것은 받아들이게 하는 것(2022. 10. 15). 인간 본성 불패의 법칙, 로런 노드그런 데이브드 숀설 지음, 이지연 옮김, 다산북스 참조.

78) 한겨레 21 제1014호, 2014. 6. 9.

79) 김홍중 서울대 사회학과 교수, 코로나19가 가져다 준 포스트 휴먼의 시선(교수신문 2022.11.21)

며, 21세기 창조사회에서 가장 중요한 경쟁우위 요소라 하였다. 그는 이의 판단 기준으로 숙성시간, 태도, 절제를 제시한다. 격의 시대에는 보이지 않는 것을 만들기 위해 혼, 정신, 철학이라는 가치를 유지해 오랜 시간을 거쳐 숙성시키는 일이 필요하다.[80] 안전문화도 이처럼 우리나라의 품격을 높이는 문화자본의 하나이다.

K-Safety 정립을 통한 안전사회로의 새 지평 열기

안전에 대해 모르는 사람은 없지만, 안전을 제대로 아는 사람 또한 드물다. 생명을 무엇보다 소중히 여기는 마음을 가지면 안전을 제대로 이해하는 사람들의 대열에 합류하는 것이라 단언하고 싶다. 이런 의미에서 안전은 한마디로 사랑이라 할 수 있다.

지금까지 환경 변화에 대응하고, 안전에 대한 인식을 전환하기 위한 다양한 방안을 살펴보았다. 매뉴얼 정비와 준수는 기본 중의 기본이지만 재해는 매뉴얼대로 일어나는 것이 아니므로 안전에 대한 인식의 확장이 필요하다.

안전관리는 안전관리자에게만 주어지는 것이 아니라 일상에서 내가 먼저 챙기고 주위 사람의 안전까지 배려한다는 마음을 가진다면 안전수준을 높이는 길목에 들어선 것이다.

앞으로 안전 선진국의 좋은 제도는 벤치마킹하되 우리의 문화와 융합하여 K-Safety를 정립하는 것이 우리의 과제이다. 이를 통해 대한민국의 품격을 높이고 안전 사회로 나아가는 새 지평을 열게 될 것이라 확신한다.

이는 곧 '안전'이란 관점을 초월해 더 높은 가치를 추구하고자 하는 바람이라 하겠다(BTS-Beyond the Safety).

---

80) 안근용 외, 전게서, 품격 있는 조직의 기준 3가지, pp.353-359.

찾아보기

김형준

고려대 경영대학에서 경영학을 전공한 경영학 석사로서 대기업 임원 재직 시 안전담당 임원을 포함하여 국내외 다양한 업무 경험을 쌓았다. 미국 아리조나주(洲) 소재 국제경영대학원에서 공부한 비교문화이론과 광운대에서 겸임교수로 학생들에게 가르친 위험관리론은 이번 저서의 골격이 되었다.

그리고 한국코치협회 임원을 역임하고 한국ESG학회 임원으로서 사회 분야에 초점을 맞추어 연구 활동을 하고 있다. 안전은 ESG경영과 사회 안정의 근간으로서 학회 세미나, 기업체, 대학 등에서 안전 관련 주제를 발표하고 특강을 실시하고 있다.

아울러 기업체 비즈니스 컨설팅과 칼럼니스트로 활동하며 코칭과 컨설팅, 인문학, 문화 예술을 통한 안전문화 확산에 앞장서고 있다. 특히 일반인들의 안전에 대한 안목을 키우는 방안에 대해 많은 연구를 해오고 있다.

모쪼록 이번 저서가 국민들에게 널리 읽혀 안전에 관한 인식 변화를 통해 안전문화의 정착을 앞당기고 행복 사회 구현에 도움이 되기를 기대하고 있다.

안전 사회 새 지평열기

초판발행	2024년 7월 25일
지은이	김형준
펴낸이	안종만·안상준
편 집	전채린
기획/마케팅	정연환
표지디자인	Ben Story
제 작	고철민·김원표
펴낸곳	(주)박영사

서울특별시 금천구 가산디지털2로 53, 210호(가산동, 한라시그마밸리)
등록 1959. 3. 11. 제300-1959-1호(倫)

전 화	02)733-6771
f a x	02)736-4818
e-mail	pys@pybook.co.kr
homepage	www.pybook.co.kr
ISBN	979-11-303-2067-0 93530

정 가   38,000원